图 2-2　彩色 RGB 图像的通道分离

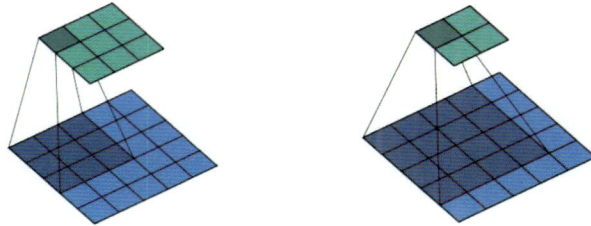

图 2-18　3×3 的卷积核（左）与 4×4 的卷积核（右）

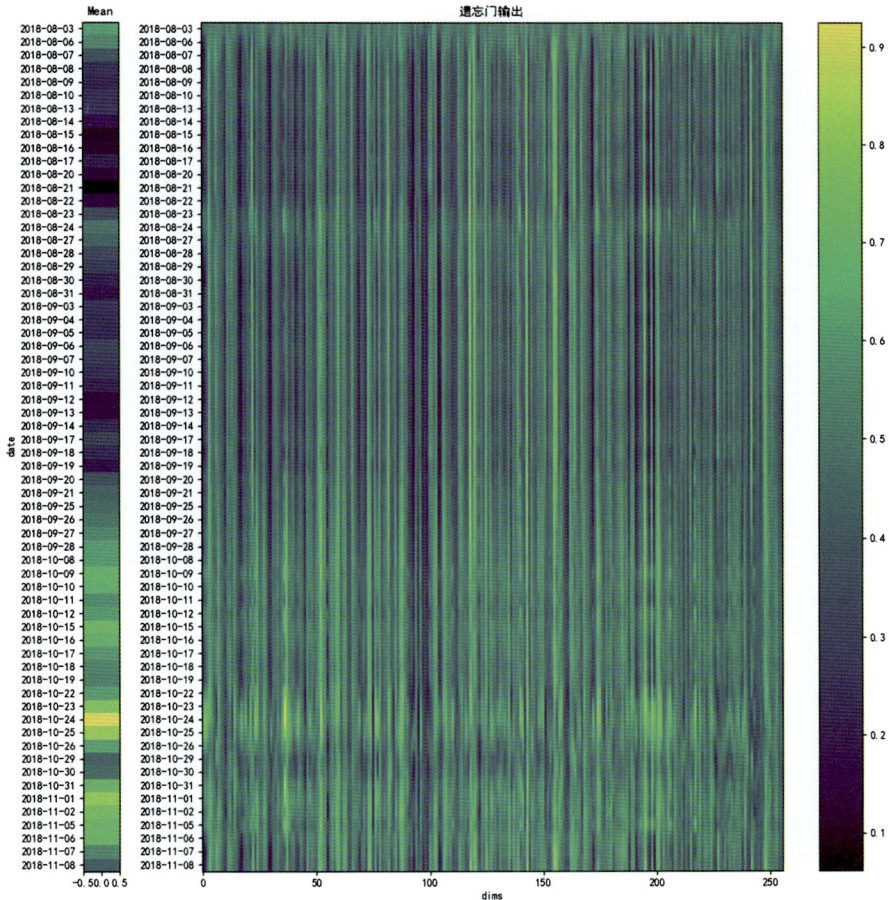

图 3-13　遗忘门每时刻的输出

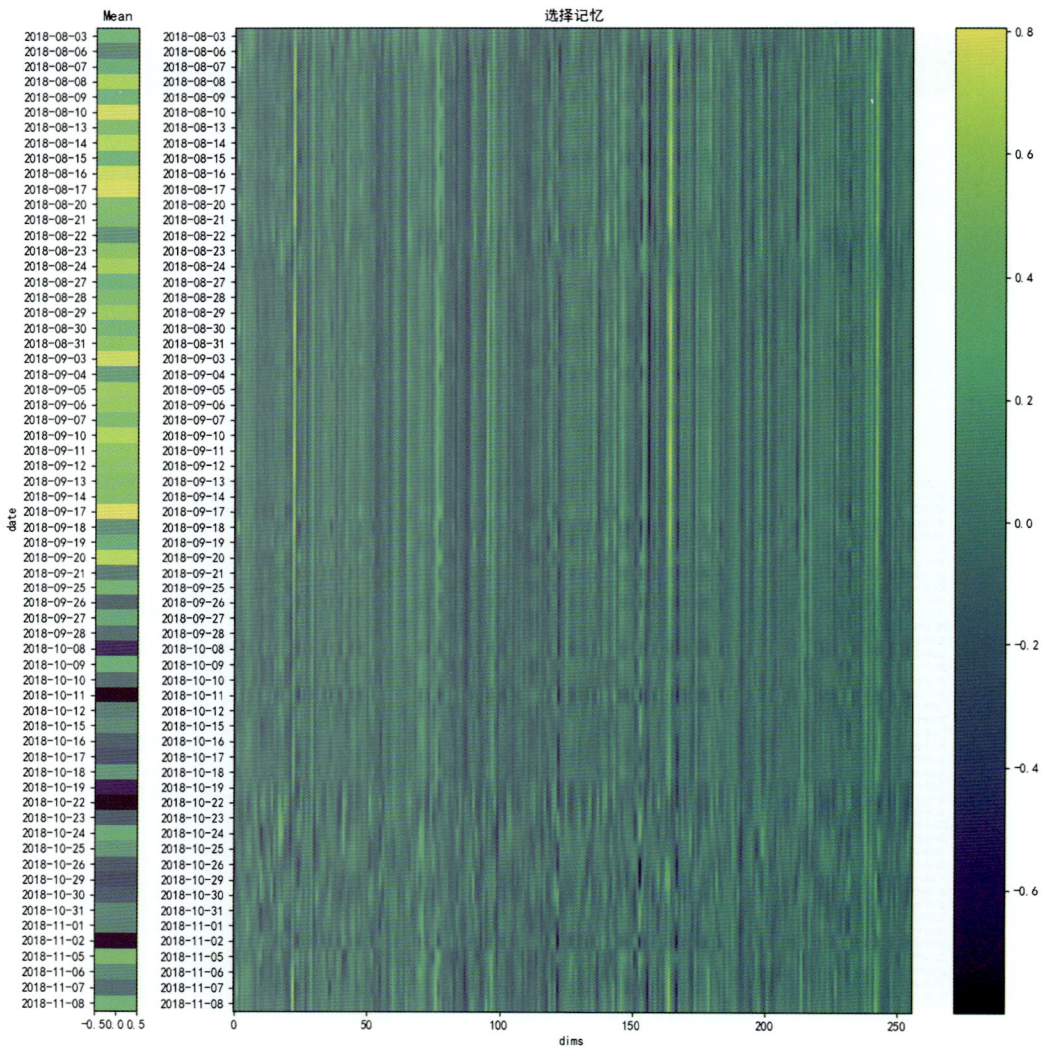

图 3-15　选择记忆门每时刻的输出

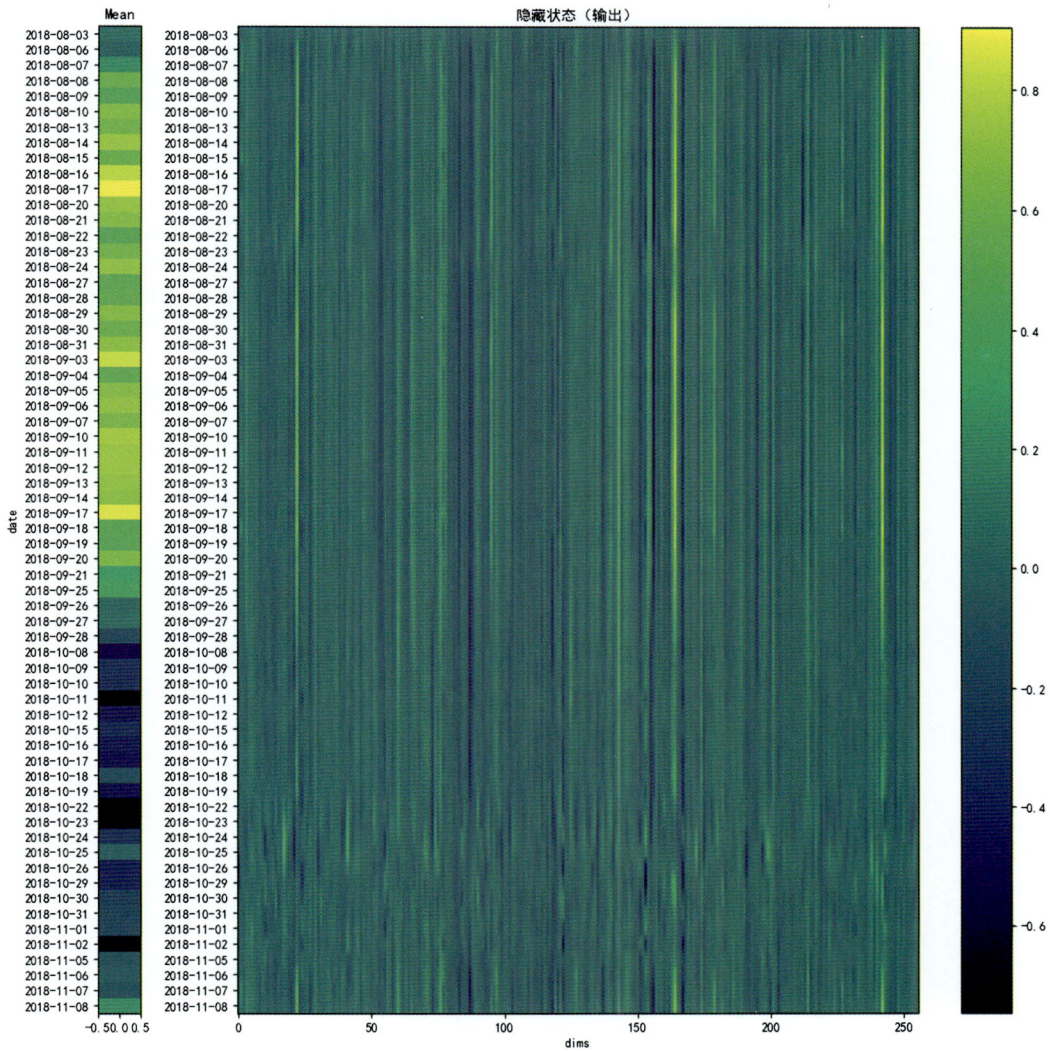

图 3-16　输出门每时刻的输出

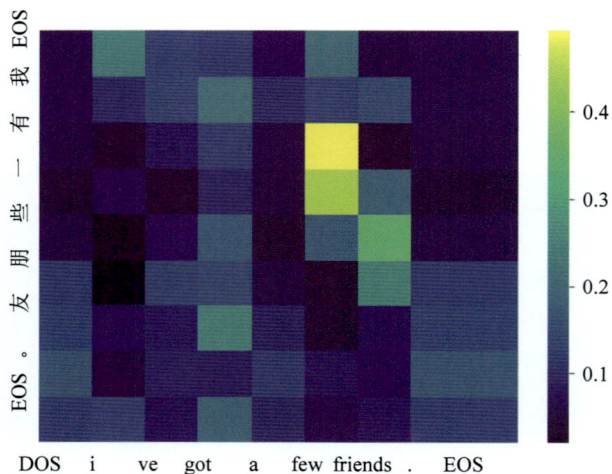

图 4-2　自然语言翻译任务中的自注意力机制

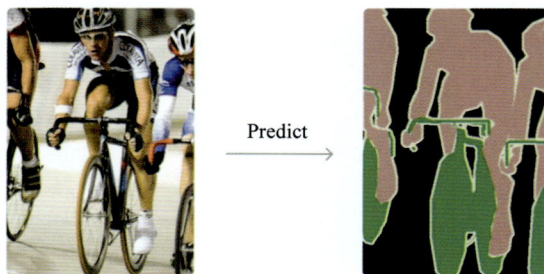

● Person　● Bicycle　● Background

图 5-17　图像的语义分割

问题：图中的猫是什么颜色的?
回答：橘色

图 8-14　视觉问答任务

迟殿委　贾泽豪 / 主编

深度学习全景：
技术与应用解析 微视频版

清华大学出版社

北京

内 容 简 介

本书基于 Python 语言和 PyTorch 框架,阐述深度学习技术与应用,内容包括深度学习基础模型与深度学习应用技术两部分。深度学习基础模型部分(第1~4章),介绍深度学习基础、卷积神经网络、循环神经网络、Transformer;深度学习应用技术部分(第5~8章),介绍计算机视觉技术、时间序列预测技术、自然语言处理技术、多模态技术。

本书从基础理论到前沿模型,全方位覆盖深度学习技术,通过可视化技术直观展示深度学习算法及其应用效果,结合作者的科研成果和实际项目案例,提供具体应用实例,增强读者的实践能力,涵盖最新的大模型技术和研究前沿,帮助读者紧跟技术发展潮流。本书适合对深度学习感兴趣的广大学习者和研究者,包括初学者、计算机科学及相关专业的学生、数据科学家、人工智能工程师以及希望在深度学习领域深入探索的专业人士。通过本书,读者可以系统地学习深度学习技术,并能将所学知识有效应用于实际项目中。

图书在版编目(CIP)数据

深度学习全景:技术与应用解析:微视频版/迟殿委,贾泽豪主编.
北京:清华大学出版社,2025.10. -- ISBN 978-7-302-70356-3

Ⅰ. TP181

中国国家版本馆 CIP 数据核字第 2025XJ6762 号

责任编辑:张　玥　常建丽
封面设计:吴　刚
责任校对:胡伟民
责任印制:杨　艳

出版发行:清华大学出版社
　　　　网　　　址:https://www.tup.com.cn,https://www.wqxuetang.com
　　　　地　　　址:北京清华大学学研大厦 A 座　　　　邮　　编:100084
　　　　社 总 机:010-83470000　　　　　　　　　　　邮　　购:010-62786544
　　　　投稿与读者服务:010-62776969,c-service@tup.tsinghua.edu.cn
　　　　质量反馈:010-62772015,zhiliang@tup.tsinghua.edu.cn
　　　　课件下载:https://www.tup.com.cn,010-83470236
印 装 者:三河市铭诚印务有限公司
经　　销:全国新华书店
开　　本:185mm×260mm　　印　　张:18.75　　插　页:2　　字　　数:475 千字
版　　次:2025 年 10 月第 1 版　　　　　　　　　　　印　　次:2025 年 10 月第 1 次印刷
定　　价:69.80 元

产品编号:108725-01

随着人工智能技术的飞速发展,深度学习技术已成为推动智能化革命的核心力量。深度学习技术通过构建多层次的神经网络模型,模拟人脑处理信息的方式,能自动学习和提取数据中的复杂特征。这种技术在图像识别、序列预测、自然语言处理、多模态分析等领域取得了突破性进展,极大地推动了智能系统的自主学习和决策能力。

本书旨在为广大人工智能深度学习爱好者、工程师和研究人员提供一本既有一定理论深度又有实践指导的参考指南。通过阅读本书,读者将深入理解深度学习的相关算法理论以及深度学习模型设计思路。本书提供微视频、PPT、项目代码等电子资料,可以满足教师开展大数据技术、人工智能等专业相关课程教学活动的需要。

本书分为深度学习基础模型与深度学习应用技术两部分,共 8 章,内容包括深度学习基础、卷积神经网络、循环神经网络、Transformer、计算机视觉技术、时间序列预测技术、自然语言处理技术和多模态技术。

本书具有以下特色:

(1)内容由浅入深,涵盖深度学习的基本概念、经典算法以及最新的前沿模型。从深度学习的基础神经网络入手,逐步深入卷积神经网络(CNN)、循环神经网络(RNN)以及 Transformer 等模型。在深度学习应用技术部分,进一步探讨了 SAM、BERT、GPT 等大模型技术前沿,紧跟技术发展的步伐。

(2)本书不仅提供了详尽的理论解释,还通过大量图表和可视化手段,帮助读者直观理解深度学习算法的工作原理和实际应用效果,使得复杂算法和理论的呈现更加直观。

(3)本书内容是基于作者在深度学习领域的项目研究成果整理而成的。这种将理论研究与实际应用相结合的方式,不仅保证了内容的前沿性和深度,也使得本书具有较高的实用价值。

(4)本书为从事深度学习研究和应用的工程师提供了宝贵的参考资源,又可作为高等院校计算机、数据科学与大数据技术、智能科学与技术、人工智能等专业的深度学习相关课程教材。

本书由迟殿委、贾泽豪共同编写,吸取了国内外教材的精髓,以及一些相关领域的论文，我们对这些作者的贡献表示由衷的感谢。本书在出版过程中，得到清华大学出版社张玥编辑的大力支持，在此表示诚挚谢意。

  由于作者水平有限，书中难免有不妥和疏漏之处，恳请各位专家、同仁和读者批评指正。

迟殿委

2025 年 5 月于烟台

目 录

深度学习全景：技术与应用解析（微视频版）

深度学习全景：技术与应用解析（微视频版）

第 1 章

深度学习基础

深度学习是人工智能机器学习领域中的一个重要分支,它模拟人脑神经网络的工作原理,通过构建多层次的神经网络模型处理和分析数据。深度学习模型能自动从原始数据中提取高级抽象特征,这些特征对于解决复杂任务至关重要。通过大量的训练数据和先进的优化算法,深度学习模型能在图像识别、语音识别、自然语言处理、强化学习等多个领域展现出卓越性能,推动人工智能技术飞跃发展。本章将介绍深度学习的基础理论,包括神经网络的原理与神经网路的优化算法等,为后面的章节打下坚实的基础。

1.1 深度学习概述

深度学习是一种强大的机器学习技术,其核心思想是通过多层的神经网络从数据中学习复杂的特征和模式,从而使机器具备处理和理解海量数据的能力。深度学习的崛起极大地推动了人工智能领域的进展,特别是在图像识别、自然语言处理、语音识别等领域取得了显著的成果。它的基础源于神经网络,这一概念最早可以追溯到 20 世纪 40 年代,但其真正的突破得益于计算能力的提升、大数据的可用性,以及算法的优化。

深度学习的基础是人工神经网络,它模仿了生物神经元的工作机制。最简单的神经网络——单层感知器(Perceptron)由输入层、权重、偏置和激活函数构成。当输入数据通过感知器时,权重和输入相乘再加上偏置,之后通过激活函数输出一个值,这个过程称为前向传播。激活函数是关键所在,它引入了非线性,使得神经网络可以拟合复杂的非线性关系。

深度学习中的"深度"指的是网络的层数。传统的神经网络通常只有 1～2 层,而深度学习模型则可以包含几十甚至上百层,每一层都是一个抽象的特征转换器。数据从输入层逐层传递到输出层,每经过一层,模型会从数据中提取出更高级的特征。例如,在图像分类任务中,前几层可能识别简单的边缘、角落等基本元素,接下来的层可能学习到更复杂的特征,如物体的形状或结构,而最后几层则会提取出抽象的概念,如物体的类别。

深度学习的典型模型包括全连接神经网络(Fully Connected Neural Network,FCNN)、卷积神经网络(Convolutional Neural Network,CNN)、循环神经网络(Recurrent Neural Network,RNN)、Transformer 等。这些模型在不同的任务中表现出优异的性能。

深度学习的优势在于,它能自动从数据中学习特征,避免了传统机器学习中复杂的手工特征工程。对于某些复杂任务,深度学习可以在海量数据的驱动下提取出非常复杂且有用的特征,从而超越传统的浅层学习方法。此外,深度学习模型的可扩展性使得它在大规模数据集上具有极强的表现力。

然而,深度学习也面临许多挑战。首先,深度学习模型通常需要大量的标注数据,才能训练出高性能的模型，数据的标注过程既耗时又昂贵。其次，深度学习模型的训练对计算资源要求极高，尤其是对于大规模的模型，训练时间可能需要数天甚至数周。此外，深度学习模型的可解释性问题仍未得到充分解决，复杂的多层结构使得模型的内部工作机制难以直观理解，这在某些对可解释性要求较高的领域（如医学、金融等）可能是一个重要限制。

在详细了解神经网络之前，首先介绍一下本章使用的数据集。本章使用鸢尾花数据集进行深度学习基础的讲述。鸢尾花数据集是人工智能任务中较为经典的数据集。鸢尾花数据集共有四个列：花萼长度（sepal length）、花萼宽度（sepal width）、花瓣长度（petal length）、花瓣宽度（petal width）。鸢尾花数据集分为三个类别：山鸢尾（setosa）、变色鸢尾（versicolor）、维吉尼亚鸢尾（virginica），三个类别表示三个不同的品种。鸢尾花数据集的目的是通过每一个样本的四个特征（四个列），预测样本属于哪个品种。为了方便可视化展示，仅选取前两个特征（花萼长度、花萼宽度）作为样本的特征，以 7∶3 的比例划分训练集与测试集，最后对数据进行标准化。鸢尾花数据集可视化如图 1-1 所示。

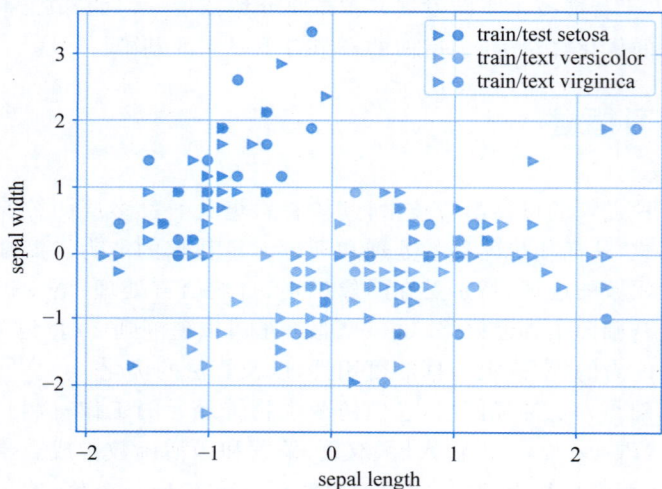

图 1-1　鸢尾花数据集可视化

数据可视化结果显示，setosa 的分类比较简单，而 versicolor 与 virginica 的特征区分度较小，分类难度较大。在随后的一节中，我们将会使用如上的鸢尾花数据集，结合可视化技术，讲解神经网络的原理。

1.2　神经网络原理

1.2.1　神经网络

1. 线性回归与逻辑回归

在日常生活中，数据之间往往存在着关联，其中最简单、直接的关系是线性关系。例如，匀速直线运动中时间与路程的关系，电阻恒定时电流与电压的关系等。这些线性关系都能通过一个公式表示，如式（1-1）所示。

$$y = xw + b \tag{1-1}$$

其中 x 为输入(自变量),y 为输出(因变量),w 为权重,b 为偏置。通过 w、x、b 求解 y 的过程称为线性回归。若想确定 x 与 y 之间是怎样的线性关系,只需要确定 w 与 b 的取值。

扩展到多维,生活中的一些线性关系往往是存在多因素的。例如,房子的价格可能与房子的面积、房间数量、与市中心的距离、年限等有关。假设自变量 x 有 n 个因素,此时 x 就无法使用数值表示,而需要一个矩阵,如式(1-2)所示,相应的 w 也是一个矩阵,如式(1-3)所示。

$$\boldsymbol{X} = \begin{bmatrix} x_1 & x_2 & \cdots & x_n \end{bmatrix} \tag{1-2}$$

$$\boldsymbol{W} = \begin{bmatrix} w_1 & w_2 & \cdots & w_n \end{bmatrix} \tag{1-3}$$

输出 y 时需要结合所有的 w_i、x_i、b,则可以使用加权求和的方式进行计算,如式(1-4)所示。

$$y = \sum_{i=1}^{n} x_i \times w_i + b \tag{1-4}$$

以线性代数中矩阵运算的角度,式(1-4)可以等价为式(1-5):

$$y = \boldsymbol{X}\boldsymbol{W}^{\mathrm{T}} + b \tag{1-5}$$

对于多维的情况,仍可以使用 $\boldsymbol{W}$ 与 b 进行建模,只不过 $\boldsymbol{W}$ 是矩阵的形式,若想确定多因素变量 $\boldsymbol{X}$ 与 y 之间是怎样的线性关系,只需要确定矩阵 $\boldsymbol{W}$ 与数值 b 的取值。

对于分类问题,可以将线性回归的输出 y 映射为一个取值为 $(0,1)$ 的概率值,这个映射通常是使用 sigmoid 函数进行的。sigmoid 函数公式如式(1-6)所示。

$$\mathrm{sigmoid}(x) = \frac{1}{1 + \mathrm{e}^{-x}} \tag{1-6}$$

sigmoid 是一个非线性函数,其函数图像如图 1-2 所示。

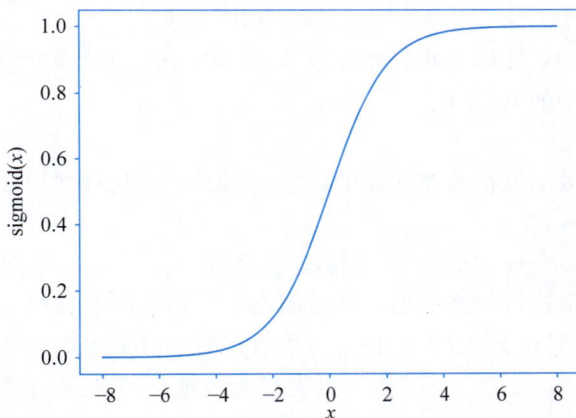

图 1-2　sigmoid 函数图像

经过 sigmoid 函数的计算,y 被映射到区间 $(0,1)$,此时便得到了概率输出,可以通过概率确定样本 x 属于该类别的概率。此过程的计算如式(1-7)所示。

$$y = \mathrm{sigmoid}(\boldsymbol{X}\boldsymbol{W}^{\mathrm{T}} + \boldsymbol{b}) \tag{1-7}$$

若想让概率值 y 趋近于 1,只需 $\boldsymbol{W}^{\mathrm{T}}\boldsymbol{X} + \boldsymbol{b}$ 的计算结果趋近于正无穷;若想让概率值 y 趋近于 0,只需 $\boldsymbol{W}^{\mathrm{T}}\boldsymbol{X} + \boldsymbol{b}$ 的计算结果趋近于负无穷。此过程被称为逻辑回归。

鸢尾花数据集中有三个类别,因此可以将三个类别分解为三个逻辑回归问题。三个逻辑回归问题分别确定三个不同的矩阵 $\boldsymbol{W}$ 与数值 $\boldsymbol{b}$，如式(1-8)～式(1-10)所示。

$$y_1 = \boldsymbol{X}\boldsymbol{W}_1^{\mathrm{T}} + b_1 \tag{1-8}$$

$$y_2 = \boldsymbol{X}\boldsymbol{W}_2^{\mathrm{T}} + b_2 \tag{1-9}$$

$$y_3 = \boldsymbol{X}\boldsymbol{W}_3^{\mathrm{T}} + b_3 \tag{1-10}$$

但最终样本 $\boldsymbol{X}$ 仅属于一个类别，因此使用 softmax 函数对 y_1、y_2、y_3 进行处理，softmax 计算公式如式(1-11)所示。

$$\mathrm{softmax}(x) = \frac{\mathrm{e}^{x_i}}{\sum\limits_{i=1}^{c} \mathrm{e}^{x_i}} \tag{1-11}$$

softmax 函数是对 y_1、y_2、y_3 的归一化处理，使 y_1、y_2、y_3 相加为 1，此时 y_1、y_2、y_3 的数值被表示为属于三个类别的概率，如式(1-12)所示。

$$\begin{bmatrix} y_1 & y_2 & y_3 \end{bmatrix} = \mathrm{softmax}(\begin{bmatrix} y_1 & y_2 & y_3 \end{bmatrix}) \tag{1-12}$$

最后，找到 y_1、y_2、y_3 中的最大值(最大概率)，就可以确定样本 $\boldsymbol{X}$ 的取值，如式(1-13)所示。

$$\mathrm{cls} = \max(\begin{bmatrix} y_1 & y_2 & y_3 \end{bmatrix}) \tag{1-13}$$

对于鸢尾花数据集中的多分类问题，同样可以利用线性代数中的矩阵运算进行简化，如式(1-14)～(1-17)所示。

$$\boldsymbol{X} = \begin{bmatrix} x_1 & x_2 \end{bmatrix} \tag{1-14}$$

$$\boldsymbol{W} = \begin{bmatrix} w_{11} & w_{12} \\ w_{21} & w_{22} \\ w_{31} & w_{32} \end{bmatrix} \tag{1-15}$$

$$\boldsymbol{b} = \begin{bmatrix} b_1 & b_2 & b_3 \end{bmatrix} \tag{1-16}$$

$$\boldsymbol{Y} = \mathrm{softmax}(\boldsymbol{X}\boldsymbol{W}^{\mathrm{T}} + \boldsymbol{b}) \tag{1-17}$$

因此，只要确定了 $\boldsymbol{W}$ 与 $\boldsymbol{b}$，就可以根据输入 $\boldsymbol{X}$ 确定输出 $\boldsymbol{Y}$。实际上，人工智能算法的核心任务就是确定模型中的 $\boldsymbol{W}$ 与 $\boldsymbol{b}$。

2. 神经网络

实际生活中大多数问题都是非线性的，此时就无法使用线性回归或逻辑回归实现预测，需要更复杂的非线性模式。

神经网络(Neural Network，NN)又称感知机(Perceptron)，是深度学习的核心概念。神经网络一般指的是全连接神经网络。神经网络是一种模仿人脑神经元连接模式的计算模型，由多个层级的人工神经元(节点)组成，每个节点通过权重连接到其他节点。这些网络通过大量的数据训练来学习模式和特征，从而进行预测和分类。神经网络也可以视作多个线性回归的堆叠，每层节点都是一个线性回归，并通过激活函数实现非线性。

神经网络是由许多神经元组合而成的。神经元结构示意图如图 1-3 所示。

结合线性回归的公式，可以发现，神经网络中的神经元实际上就是一个线性回归模型，不同的是，神经元可以通过不同的激活函数对线性回归

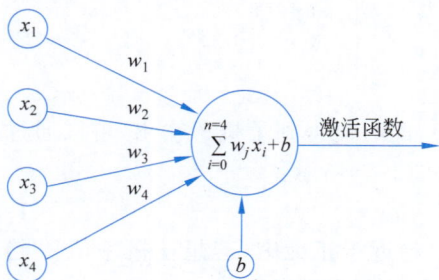

图 1-3　神经元结构示意图

输出进行不同的非线性映射。

神经网络一般分为三部分：输入层（input layer）、隐藏层（hidden layer）和输出层（output layer），每层都由神经元组成，如图 1-4 所示。

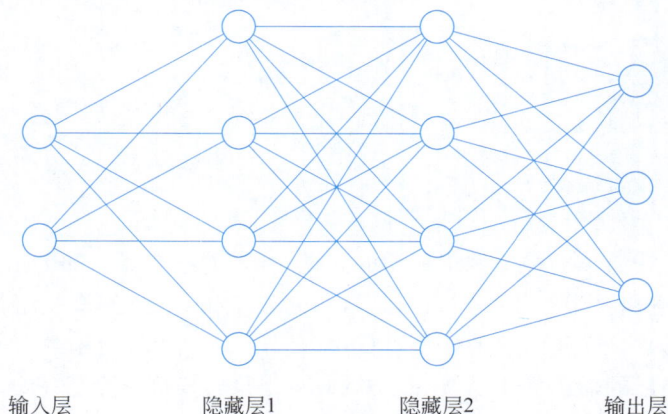

输入层　　　　　隐藏层1　　　　　隐藏层2　　　　　输出层

图 1-4　神经网络结构示意图

1）输入层

输入层用于接收外部数据。每个输入节点对应一个特征变量。例如，对于一个包含两个特征的输入数据，输入层会有两个节点。

2）隐藏层

隐藏层位于输入层和输出层之间，负责对输入数据进行特征提取和复杂的非线性变换。它们是神经网络处理和学习的主要场所。隐藏层可以有一个或多个节点，每个节点都通过连接权重接收前一层的输出。隐藏层可以有多个，也可以没有。若神经网络没有隐藏层，则等价于线性回归。

3）输出层

输出层用于生成最终的预测结果。输出的形式和数量取决于具体任务的要求。输出层的节点数量取决于预测任务的类型。例如，对于多分类问题，输出节点的数量等于类别的数量；对于回归问题，输出节点的数量等于需要预测的值的数量。

对于图 1-4 中的神经网络，可以使用公式表示神经网络的计算过程，如式（1-18）所示。

$$y = \text{softmax}(f(f(\boldsymbol{X}\boldsymbol{W}_1^{\text{T}} + \boldsymbol{b}_1)\boldsymbol{W}_2^{\text{T}} + \boldsymbol{b}_2)\boldsymbol{W}_3^{\text{T}} + \boldsymbol{b}_3) \tag{1-18}$$

其中，$\boldsymbol{X}$ 表示输入，$\boldsymbol{W}_1$、$\boldsymbol{W}_2$、$\boldsymbol{W}_3$ 分别表示输入层与隐藏层 1、隐藏层 1 与隐藏层 2、隐藏层 2 与输出层之间的权重矩阵，$\boldsymbol{b}_1$、$\boldsymbol{b}_2$、$\boldsymbol{b}_3$ 分别表示输入层与隐藏层 1、隐藏层 1 与隐藏层 2、隐藏层 2 与输出层之间的偏置向量，f 表示每一层的激活函数，softmax 表示输出层的概率映射。下面是一个神经网络的代码实现：

```python
import torch
from torch import nn

class Net(nn.Module):
    def __init__(self, input_size=2, output_size=3):
        super(Net, self).__init__()
        self.linear1 = nn.Linear(input_size, 4)   #激活函数
```

```
        self.linear2 = nn.Linear(4, 4)
        self.linear3 = nn.Linear(4, output_size)

        self.activation = nn.ReLU()

    def forward(self, x):
        x = self.linear1(x)
        x = self.activation(x)
        x = self.linear2(x)
        x = self.activation(x)
        x = self.linear3(x)
        return torch.softmax(x, dim=1)
```

以上代码是一个简单的神经网络模型的实现，神经网络有输入和输出，模型会逐层处理输入数据，逐步计算出结果。每一层（linear1，linear2，linear3）就像一组计算规则，将输入数据转换成新的形式。在每一层的转换过程中，使用一种叫"激活函数"的规则提升模型的学习能力。最后一层的输出使用 softmax 方法，将结果转换成一个概率分布，用来做分类任务。神经网络模型通过多层的计算和转换，将输入数据一步步变成最终的输出。

神经网络的训练指的就是，通过大量有标签的数据，引导模型通过优化算法，不断更新模型中的 W 与 b，使得模型输入数据，得到接近于标签的输出。

3. 神经网络的直观理解

为了能更加直观地理解神经网络的原理，使用鸢尾花数据集中的训练集对神经网络进行训练，结合可视化技术对神经网络的拟合情况进行展示，并使用测试集进行神经网络的评估。

鸢尾花数据集神经网络结构示意图如图 1-5 所示，为简单起见，神经网络的输入层神经元个数为 2，对应鸢尾花数据集中花萼长度、花萼宽度两个特征；隐藏层设为 1 层，神经元个数为 4；输出层神经元个数为 3，对应鸢尾花数据集中的三个类别。

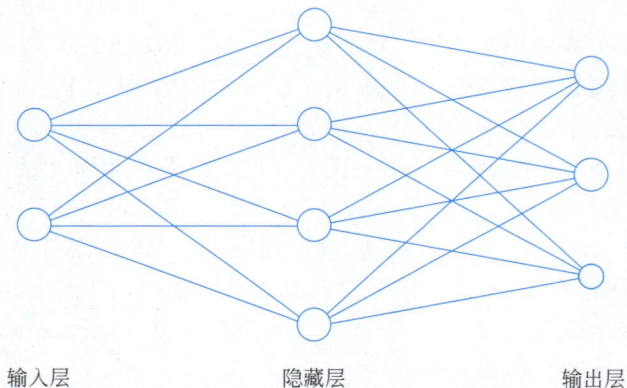

输入层　　　　　隐藏层　　　　　输出层

图 1-5　鸢尾花数据集神经网络结构示意图

代码实现如下。

```
class MLP(nn.Module):
    def __init__(self, input_size, hidden_size, num_classes):
        super(MLP, self).__init__()
```

```
        self.fc1 = nn.Linear(input_size, hidden_size)
        self.fc2 = nn.Linear(hidden_size, num_classes)
        self.relu = nn.ReLU()

        self.fc1.weight = torch.nn.init.kaiming_normal_(self.fc1.weight)
        self.fc2.weight = torch.nn.init.kaiming_normal_(self.fc2.weight)

    def forward(self, x):
        out = self.fc1(x)
        out = self.relu(out)
        out = self.fc2(out)
        return out

#初始化模型
input_size = 2
hidden_size = 4
num_classes = 3
model = MLP(input_size, hidden_size, num_classes)
```

模型经过训练后,其对于不同样本的分类情况,如图 1-6 所示。

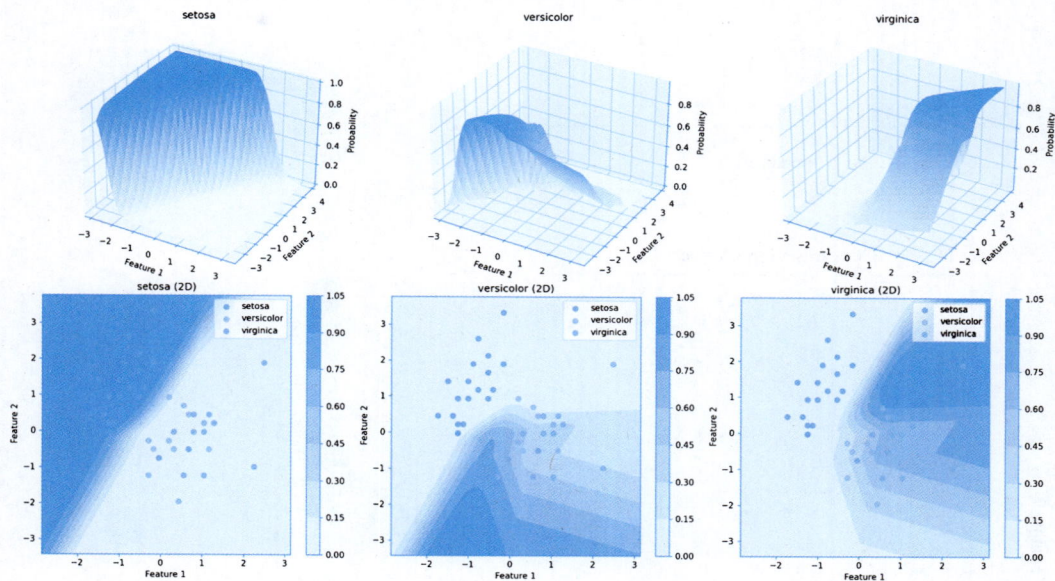

图 1-6　神经网络的分类情况可视化

图 1-6 展示了神经网络对于三个类别的输出情况。对于三个类别,神经网络分别得到三个映射关系。神经网络将特征的取值(平面坐标系)划分为三部分,第一部分为平面坐标系的左上角,第二部分为平面坐标系的左下角,第三部分为平面坐标系的右侧。三部分分别对应三个类别 s。即两个特征的 $X=\begin{bmatrix}x_1 & x_2\end{bmatrix}$ 经过神经网络的映射,得到三个类别的输出 $y=\begin{bmatrix}y_1 & y_2 & y_3\end{bmatrix}$。

接下来将对神经网络中的每层的数值进行展示,如图 1-7～图 1-9 所示。图 1-7～图 1-9 都有左右两个子图,左侧子图为测试集中的所有样本,右侧子图为神经网络可视化。在神经网络的可视化图中,节点中的值表示节点的输出,在隐藏层与输出层节点中,上方值表示加权求和值，下方值表示经过非线性激活函数运算的值，隐藏层节点激活函数为 ReLU，输出层激活函数为 softmax；边的宽度表示权重值绝对值的大小，边越粗，对运算结果的贡献越大；边的颜色表示权重的取值大小，颜色越亮，表示取值越大，颜色越暗，表示取值越小。偏置项显示在隐藏层与输出层节点的下方。

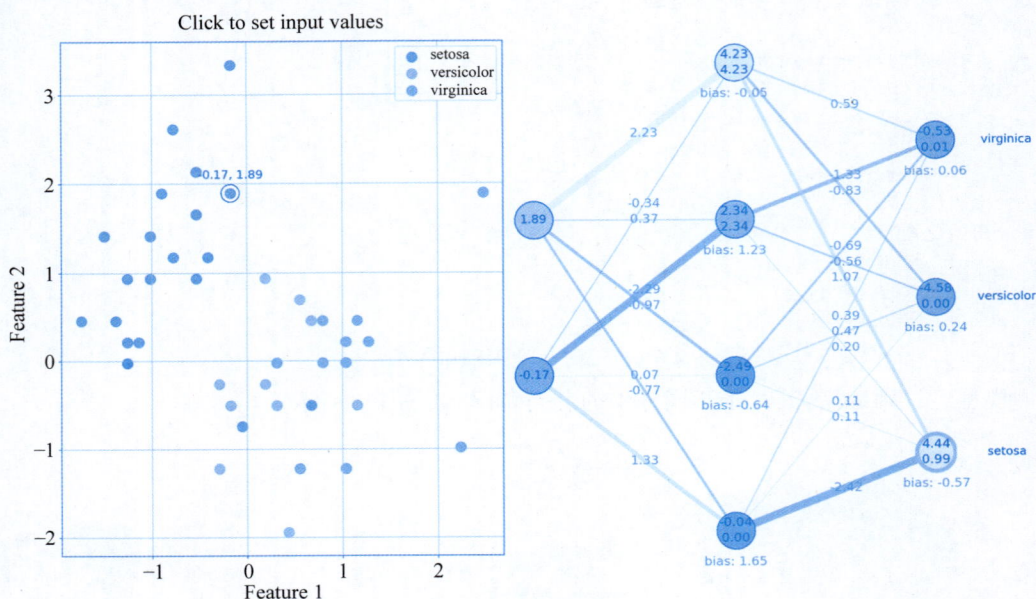

图 1-7　神经网络可视化示例 1

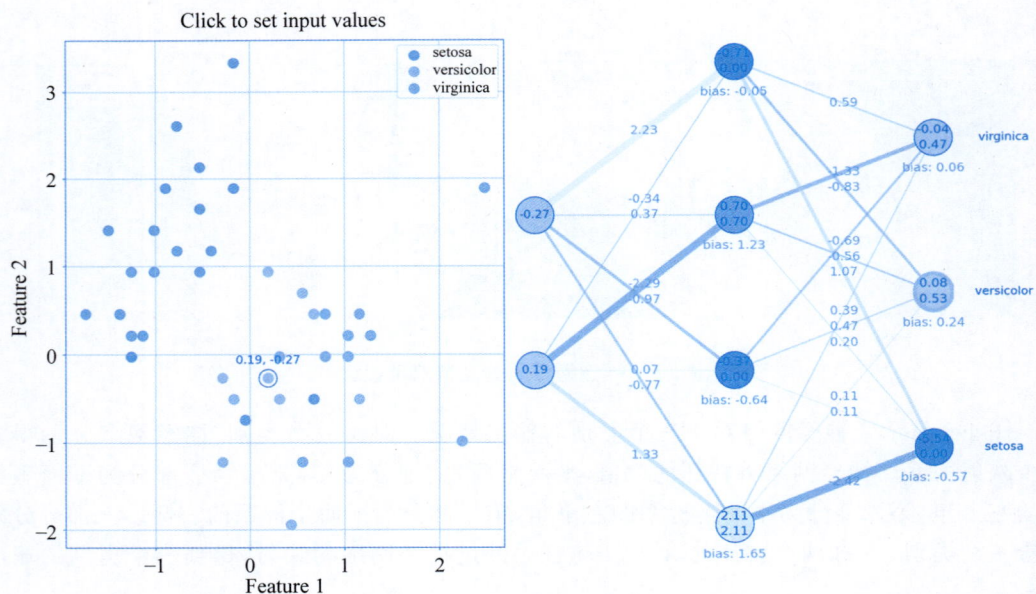

图 1-8　神经网络可视化示例 2

　　观察图 1-7～图 1-9，在左侧子图选择不同的样本作为输入，可以发现神经网络中的权重是静态的，即节点与节点之间的权重关系保持不变，而节点中的值是一直变化的。通过激

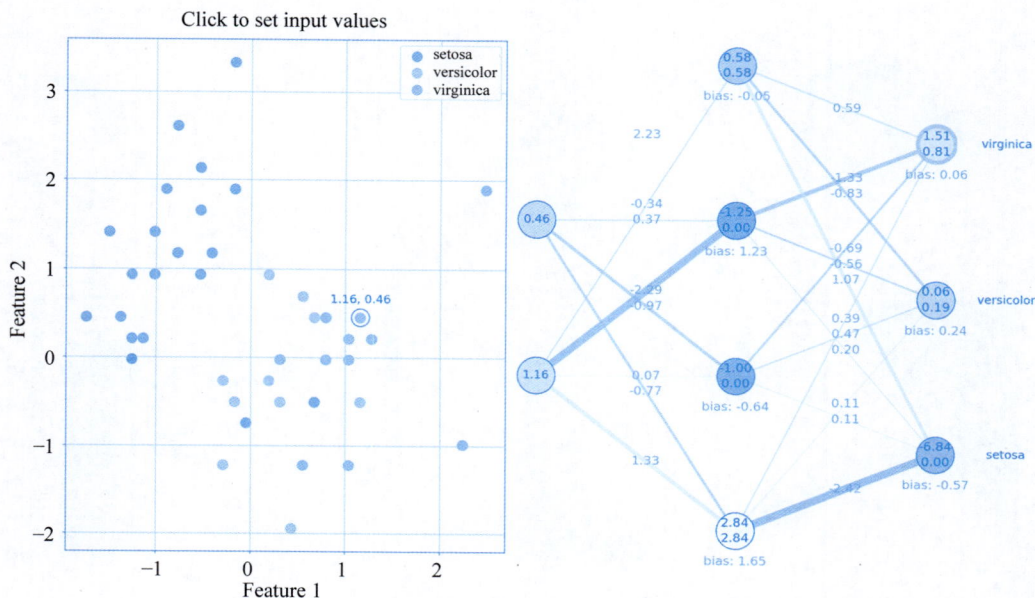

图 1-9　神经网络可视化示例 3

活函数的处理,大于 0 的值被保留,小于 0 的值被修改为 0。通过神经网络的可视化可以很好地将神经网络数据之间的运算关系展示出来,有助于进一步理解神经网络。

1.2.2　激活函数

1. 激活函数的作用

神经网络的非线性依靠激活函数实现,如果没有激活函数,多层的神经网络也只能实现线性效果。可以通过公式进行证明,在式(1-18)的基础上,去掉激活函数,如式(1-19)所示。

$$y = ((\boldsymbol{XW}_1^{\mathrm{T}} + \boldsymbol{b}_1)\boldsymbol{W}_2^{\mathrm{T}} + \boldsymbol{b}_2)\boldsymbol{W}_3^{\mathrm{T}} + \boldsymbol{b}_3 \tag{1-19}$$

对式(1-19)进行化简,如式(1-20)和式(1-21)所示。

$$y = (\boldsymbol{XW}_1^{\mathrm{T}}\boldsymbol{W}_2^{\mathrm{T}} + \boldsymbol{b}_1\boldsymbol{W}_2^{\mathrm{T}} + \boldsymbol{b}_2)\boldsymbol{W}_3^{\mathrm{T}} + \boldsymbol{b}_3 \tag{1-20}$$

$$y = \boldsymbol{XW}_1^{\mathrm{T}}\boldsymbol{W}_2^{\mathrm{T}}\boldsymbol{W}_3^{\mathrm{T}} + \boldsymbol{b}_1\boldsymbol{W}_2^{\mathrm{T}}\boldsymbol{W}_3^{\mathrm{T}} + \boldsymbol{b}_2\boldsymbol{W}_3^{\mathrm{T}} + \boldsymbol{b}_3 \tag{1-21}$$

其中 $\boldsymbol{W}_1$、$\boldsymbol{W}_2$、$\boldsymbol{W}_3$、$\boldsymbol{b}_1$、$\boldsymbol{b}_2$、$\boldsymbol{b}_3$ 均为需要学习的参数,因此可以用一个 $\boldsymbol{W}$ 替代 $\boldsymbol{W}_1^{\mathrm{T}}\boldsymbol{W}_2^{\mathrm{T}}\boldsymbol{W}_3^{\mathrm{T}}$,用一个 $\boldsymbol{b}$ 替代 $\boldsymbol{b}_1\boldsymbol{W}_2^{\mathrm{T}}\boldsymbol{W}_3^{\mathrm{T}} + \boldsymbol{b}_2\boldsymbol{W}_3^{\mathrm{T}} + \boldsymbol{b}_3$,则式(1-21)可表示为式(1-22)。

$$y = \boldsymbol{XW}^{\mathrm{T}} + \boldsymbol{b} \tag{1-22}$$

由此可见,在多层的神经网络中,如果不使用激活函数,仅能实现线性效果。

为了更加直观地展示激活函数对神经网络的影响,将先前的神经网络中的激活函数去除,再次训练神经网络,可视化结果如图 1-10 所示。

对比图 1-6 与图 1-10,是否使用激活函数的不同主要体现在分类边界上。图 1-6 中,使用激活函数后,模型能实现分类边界的非线性表达,能应对更多复杂的分类情况;而在图 1-10 中,模型仅能找到线性的分类边界,无法应对复杂的分类情况。

2. 常见的激活函数

理论上,只要是非线性函数,都能作为神经网络的激活函数。不同的激活函数具有不同

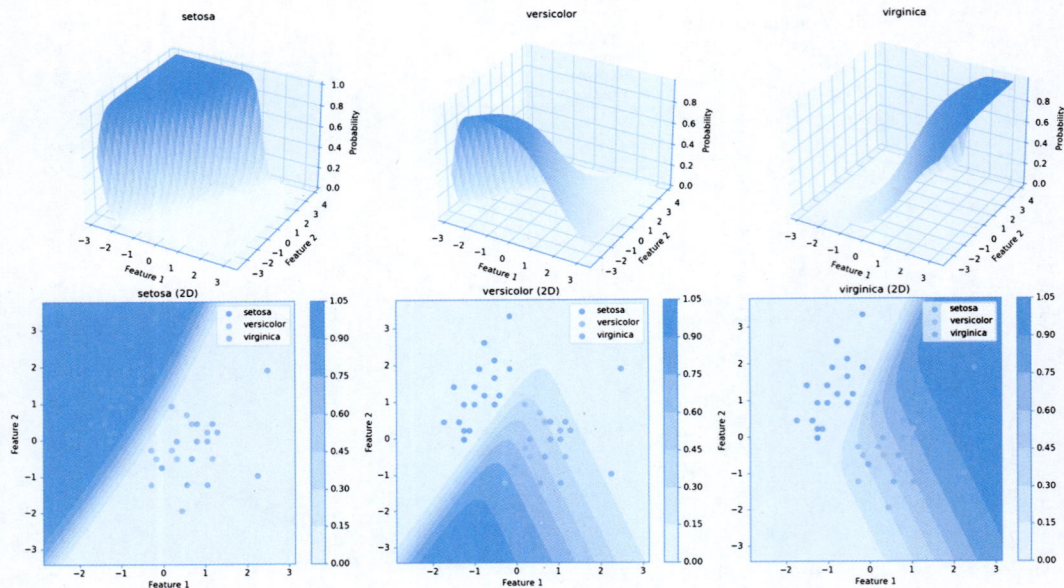

图 1-10   不使用激活函数的神经网络分类情况可视化

的特性。在主流的深度学习框架中，激活函数都是预定义好的，方便用户直接调用。比如，在 PyTorch 中，绝大多数激活函数都能在 torch.nn 模块中找到。

1）sigmoid 激活函数

最初的神经网络使用 sigmoid 作为激活函数。sigmoid 函数的计算公式如式(1-23)所示。

$$\text{sigmoid}(x) = \frac{1}{1 + e^{-x}} \tag{1-23}$$

sigmoid 激活函数图像如图 1-11 所示。

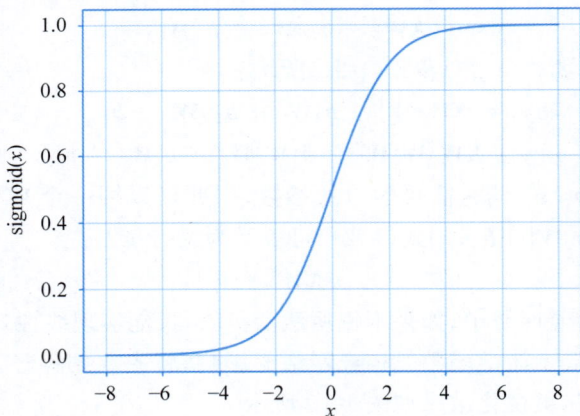

图 1-11   sigmoid 激活函数图像

sigmoid 激活函数能将数据映射至(0,1)区间，相当于对每个神经元进行了归一化处理，但 sigmoid 激活函数在接近 0 或 1 处导数值接近 0，容易造成梯度消失，不利于深度神经网络的训练。

2）tanh 激活函数

tanh 激活函数是 sigmoid 激活函数的改进。tanh 激活函数的计算公式如式（1-24）所示。

$$\tanh(x) = \frac{e^x - e^{-x}}{e^x + e^{-x}} \tag{1-24}$$

tanh 激活函数图像如图 1-12 所示。

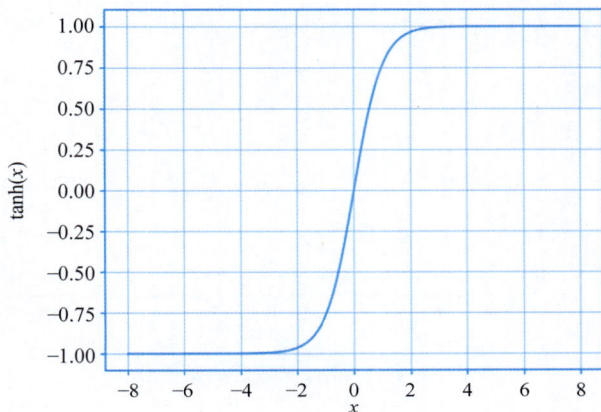

图 1-12　tanh 激活函数图像

tanh 能将输入映射至（−1,1）区间，tanh 以 0 为均值，相比 sigmoid 函数能放大数据之间的差异，但在接近−1 或 1 处，仍存在梯度消失问题。

3）ReLU 激活函数

ReLU 激活函数是一种极为简单的激活函数，其计算公式如式（1-25）所示。

$$\text{relu}(x) = \max\{0, x\} \tag{1-25}$$

ReLU 激活函数图像如图 1-13 所示。

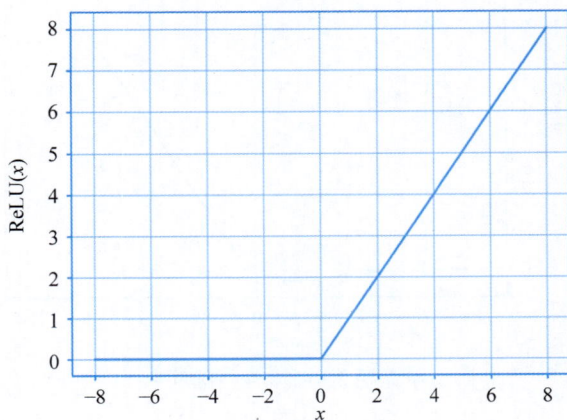

图 1-13　ReLU 激活函数图像

ReLU 激活函数不仅计算简单，还有效解决了 sigmoid 激活函数与 tanh 激活函数中的梯度消失问题，是应用最为广泛的激活函数之一。

4）leakyrelu 激活函数

leakyrelu 激活函数是对 ReLU 激活函数的改进，其计算公式如式(1-26)所示。

$$leakyrelu(x) = \max\{\alpha \times x, x\} \tag{1-26}$$

其中，α 为缩放因子，一般取 0.01。leakyrelu 激活函数图像如图 1-14 所示。

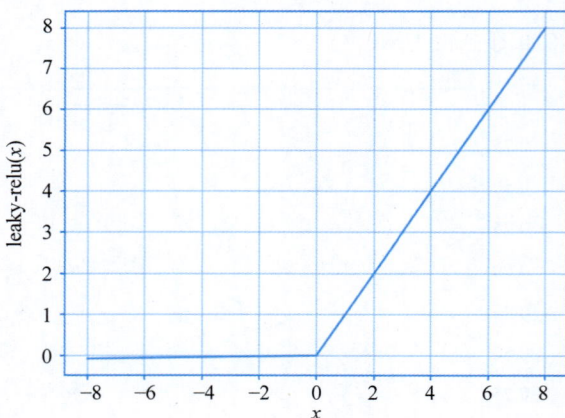

图 1-14　leakyrelu 激活函数图像

leakyrelu 激活函数对负值的处理更为灵活，ReLU 将负值直接设为 0，而 leakyrelu 将负值乘以一个较小的权重，使得负值也能保留。

5）silu 激活函数

silu 激活函数的计算公式如式(1-27)所示。

$$silu(x) = x \times sigmoid(x) \tag{1-27}$$

silu 激活函数图像如图 1-15 所示。

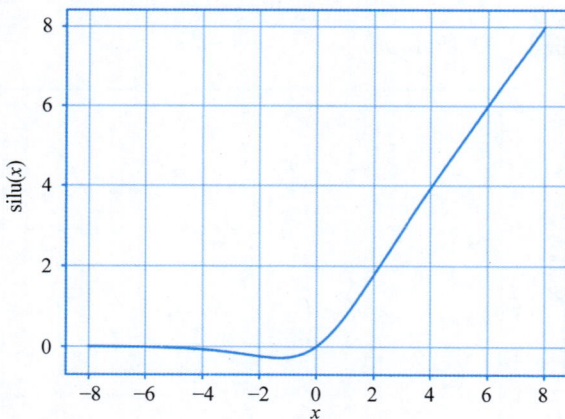

图 1-15　silu 激活函数图像

silu 激活函数在 0 点更加平滑，使得激活函数在 0 点可导，保留更多的信息。silu 激活函数往往在目标检测、语音识别等问题中表现更好。

6）gelu 激活函数

gelu 激活函数是 2020 年提出的，它在运算过程中加入了随机正则化，以此提高神经网络的非线性表达与泛化能力,其计算公式如式(1-28)所示。

$$gelu(x) = x \times \varphi(x)$$ (1-28)

其中$\varphi(x)$是x的高斯正态分布的累积函数,gelu函数难以通过图像绘制,但一些研究者发现,gelu激活函数可以利用式(1-29)近似表示:

$$gelu(x) \approx 0.5x\left(1 + \tanh\left(\sqrt{\frac{2}{\pi}}(x + 0.047715x^3)\right)\right)$$ (1-29)

gelu激活函数近似图像如图1-16所示。

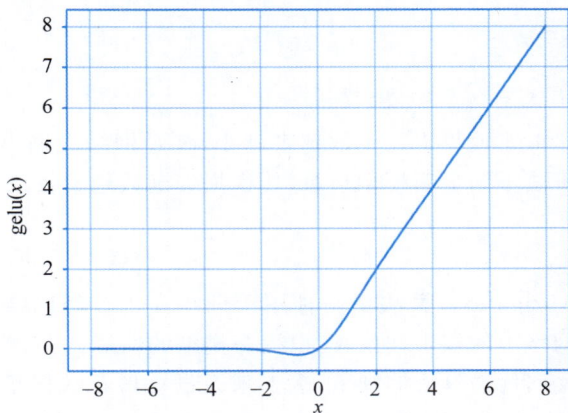

图 1-16 gelu 激活函数近似图像

gelu激活函数通过引入随机正则化,提高了激活函数的非线性表达和泛化能力,广泛应用于近年来的模型中,包括视觉、语言大模型。

1.3 优化算法

优化算法是用于调整模型参数,以最小化(或最大化)损失函数的算法。在机器学习和深度学习中,优化算法在训练过程中起着至关重要的作用,因为它们决定了如何更新模型的参数,以逐步逼近最佳解决方案。

1.3.1 前向传播与损失函数

前向传播是神经网络中从输入层到输出层的数据流动过程。在前向传播过程中,输入数据通过网络中的各层,逐层计算输出。每一层对输入数据进行一系列线性和非线性变换,并将结果传递给下一层,直到最终在输出层产生模型的预测结果。前向传播就是由输入到输出的运算过程。

如果想让神经网络得到足够好的效果,就需要神经网络的输出与标签值尽可能相似。因此,在得到神经网络的预测结果后,需要一个指标对预测与标签的相似程度进行衡量,这个衡量的指标通常被称为损失函数(Loss Function)。常用的损失函数有均方差(MSE)损失函数与交叉熵(Cross Entropy)损失函数。均方差损失函数常用于回归任务,交叉熵损失函数常用于分类任务。它们二者的计算公式如式(1-30)与式(1-31)所示。

$$\text{mse}(\text{pred}, \text{target}) = \frac{1}{n} \sum_{i=1}^{n} (\text{pred}_i - \text{target}_i)^2 \qquad (1\text{-}30)$$

$$\text{cross entropy}(\text{pred}, \text{target}) = -\sum_{i=1}^{n} \sum_{j=1}^{c} \text{target}_{ij} \times \log(\text{pred}_{ij}) \qquad (1\text{-}31)$$

其中 pred 为神经网络输出的预测值，target 为标签值，n 为样本数，c 为类别数。可以发现，神经网络的输出值与标签值越接近，损失值越小。torch.nn 中提供了均方差损失函数与交叉熵损失函数的代码实现，如下。

```
#均方差损失函数
criterion = nn.MSELoss()
#交叉熵损失函数
criterion = nn.CrossEntropyLoss()
```

神经网络优化的目的是使得损失函数越来越小，神经网络的输出与标签更加接近。神经网络将会通过优化算法不断更新模型权重，使得损失函数趋于收敛。

1.3.2　反向传播

反向传播（Backpropagation）算法是一种用于训练人工神经网络的优化算法。它通过最小化损失函数调整网络中的权重和偏置，以提高模型的性能。

为了能详细阐述反向传播算法的细节，接下来通过鸢尾花数据集进行梯度下降的可视化展示。鸢尾花数据集共有三个类别，属于多类别分类任务，因此损失函数使用交叉熵损失函数。为了方便可视化展示，可设计一个不包含隐藏层的简易的神经网络，如图 1-17 所示。

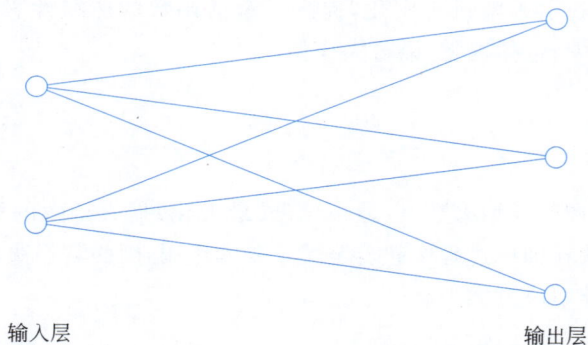

输入层　　　　　　　　　　　　　　　输出层

图 1-17　简易神经网络

反向传播的目的是更新权重与偏置，使得损失函数最小。为方便起见，暂时不考虑偏置项。想理解反向传播，就要找到权重与损失函数之间的关系。图 1-17 所示的神经网络中，输入维度为 2，输出维度为 3，因此可以将一个 2×3 的矩阵分解为 3 个维度为 2 的矩阵，分别记作 w_1、w_2、w_3，三个向量分别决定三个类别的输出。由于 w_1、w_2、w_3 是二维的向量，因此，可以将其视作二维平面上的坐标，每一个坐标都对应一个 w 的取值。经过前向传播和损失函数的计算，每个 w 又能对应一个损失值，因此可以构建一个三维坐标系，x 轴与 y 轴构成的平面表示 w 的取值空间，z 轴表示损失值。遍历 w 的取值空间，可以得到 w 与损失值的映射关系，如图 1-18 所示。

通过权重与损失的可视化，可以清楚地观察到，权重与损失的映射关系是一个凹面，即

setosa Gradient Descent　　versicolor Gradient Descent　　virginica Gradient Descent

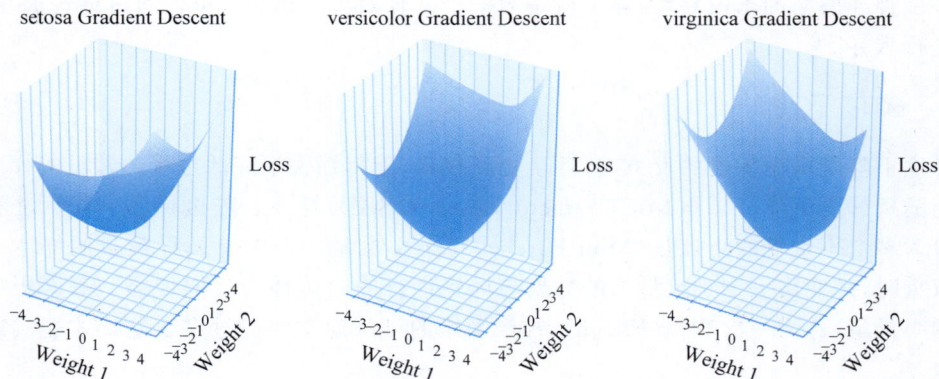

图 1-18　权重取值与损失值的映射关系

存在一点 w，使得损失为全局最小值。

　　一般来说，神经网络的初始权值都是随机的。对于单层神经网络中 w 的二维取值空间，很容易找到全局损失最小值点。而在复杂的神经网络中，参数的取值空间是巨大的，无法通过遍历的方式，找到全局损失最小值点。但找到权值点周围的梯度是简单的，在三维坐标系中，可以将梯度抽象为坡度，通过计算权值点周边的坡度，然后顺着坡度向下走，从而逐步接近损失最小值点，如图 1-19 所示。

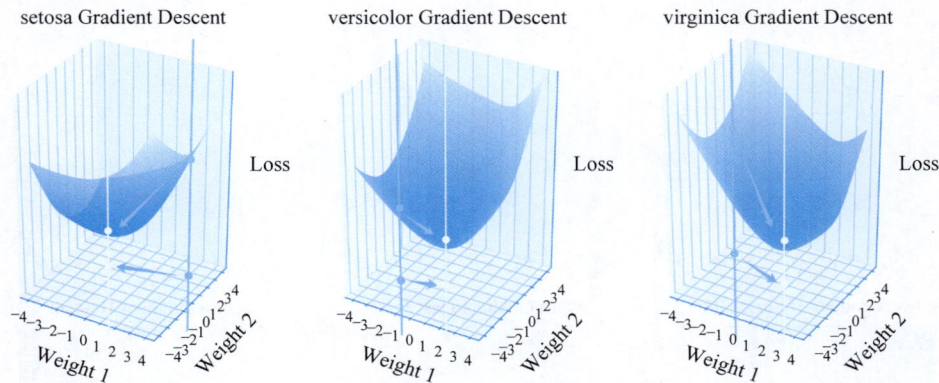

setosa Gradient Descent　　versicolor Gradient Descent　　virginica Gradient Descent

图 1-19　通过计算坡度靠近损失最小值点

　　反向传播算法就是逐层计算梯度的过程。为了方便梯度计算，可以将式（1-31）中的 pred 用一个函数运算替代，如式（1-32）所示。

$$\text{pred} = \varphi(\boldsymbol{W}, \boldsymbol{X}) \tag{1-32}$$

其中 φ 表示神经网络，$\boldsymbol{W}$ 表示权重，$\boldsymbol{X}$ 表示输入。交叉熵损失函数可表示为式（1-33）的形式。

$$\text{cross entropy}(\varphi(\boldsymbol{W}, \boldsymbol{X}), \text{target}) \tag{1-33}$$

因此，交叉熵损失函数可以视作一个关于 $\boldsymbol{W}$ 与 $\boldsymbol{X}$ 的多元函数。想求得 $\boldsymbol{W}$ 的梯度，可以对 $\boldsymbol{W}$ 求偏导，如式（1-34）所示。

$$\text{grad} = \frac{\partial}{\partial \boldsymbol{W}} \text{cross entropy}(\varphi(\boldsymbol{W}, \boldsymbol{X}), \text{target}) \tag{1-34}$$

多层神经网络的求偏导，实际上就是对一个复合函数求偏导。可以通过链式求导法则，逐层进行求导。

1.3.3 梯度下降

梯度下降是根据梯度的反方向，逐步更新权重，使得损失下降的过程。常见的梯度下降算法为随机梯度下降（Stochastic Gradient Descent，SGD）算法。随机梯度下降算法将数据集划分为多个不重复的小批量（Mini Batch），每个小批量中都含有同样数量的样本。每次更新权重时，都使用一个小批量内的数据与标签进行前向传播与反向传播。每遍历完一次所有的小批量，称为一次迭代（Epoch），神经网络的训练通常要经过多次迭代才能实现损失的收敛。

梯度下降的过程可以通过式（1-35）表示。

$$\theta = \theta - \alpha \times \text{grad} \tag{1-35}$$

其中，θ 表示模型中所有需要更新的参数的集合，α 表示学习率，grad 表示式（1-34）中计算所得的梯度。由于 θ 是逐步更新的，因此需要一个因子控制参数的更新幅度，学习率就是控制更新幅度的因子。梯度下降算法需要多次迭代才能完成。鸢尾花数据集梯度下降迭代过程如图 1-20 所示。

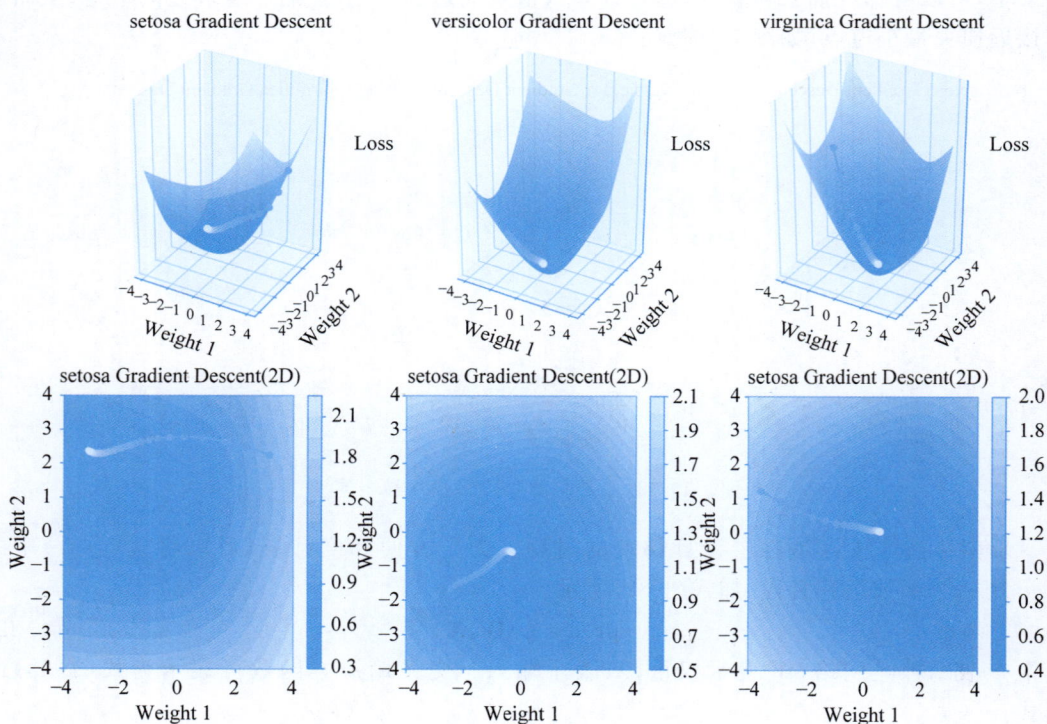

图 1-20 鸢尾花数据集梯度下降迭代过程

随着梯度下降的循环迭代，权重不断更新，损失也不断减小。可以在梯度下降的同时，对神经网络的分类情况进行可视化展示，第 1 轮、第 10 轮、第 50 轮迭代的梯度下降和分类情况如图 1-21～图 1-23 所示。

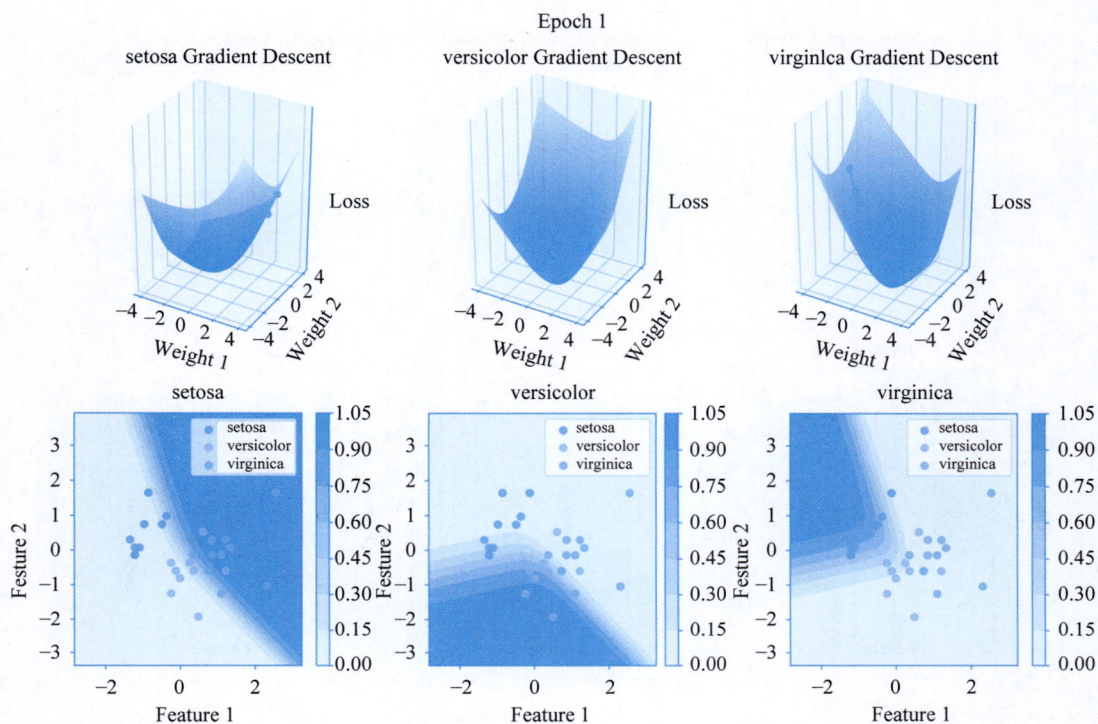

图 1-21　第 1 轮迭代的梯度下降和分类情况

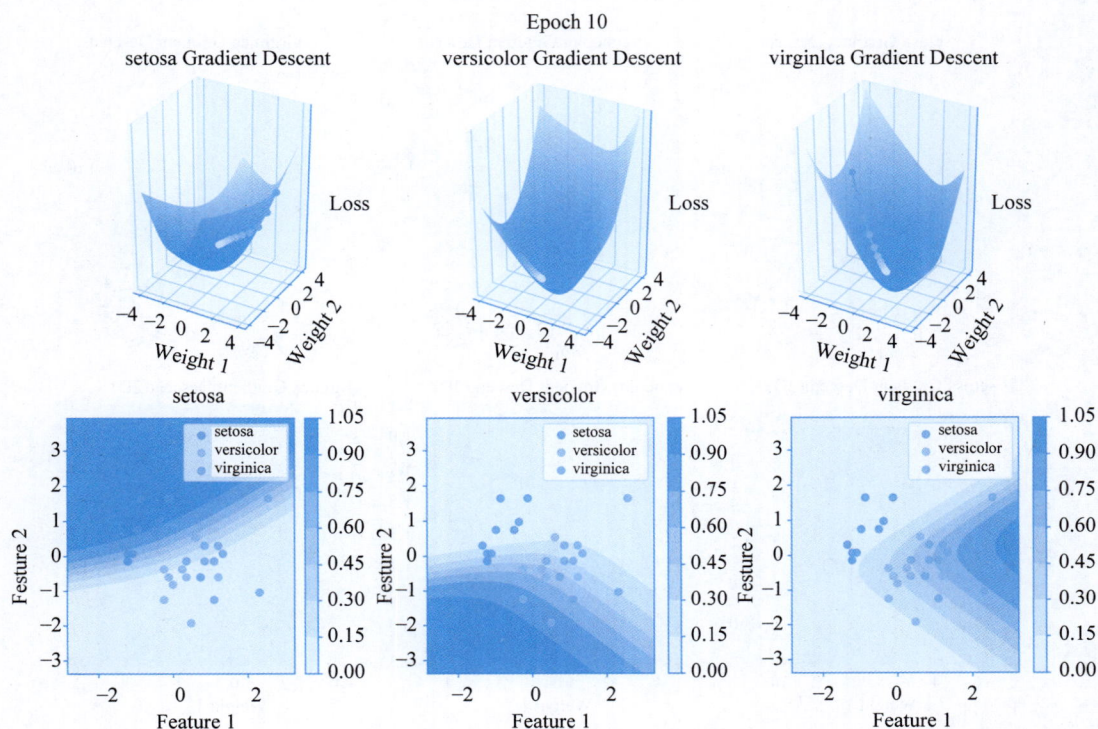

图 1-22　第 10 轮迭代的梯度下降和分类情况

Epoch 50

setosa Gradient Descent · versicolor Gradient Descent · virginlca Gradient Descent

setosa · versicolor · virginica

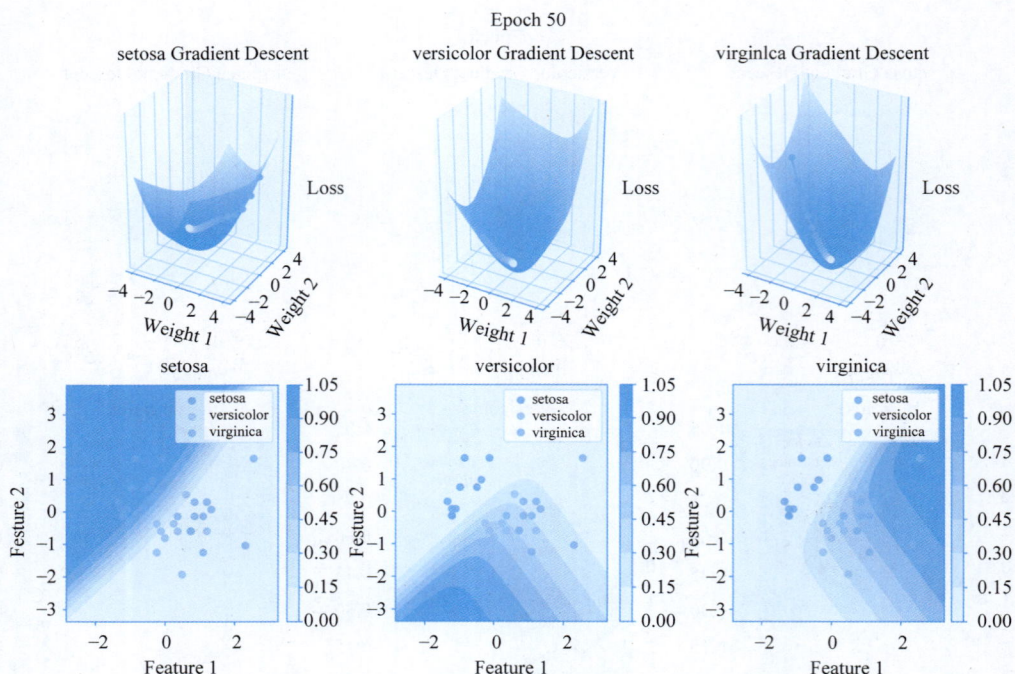

图 1-23　第 50 轮迭代的梯度下降和分类情况

在梯度下降算法中，需要注意学习率的调节，学习率过高或过低都容易造成神经网络效果不佳。学习率过大时，容易造成梯度下降方向混乱，如图 1-24 所示；学习率过小时，梯度

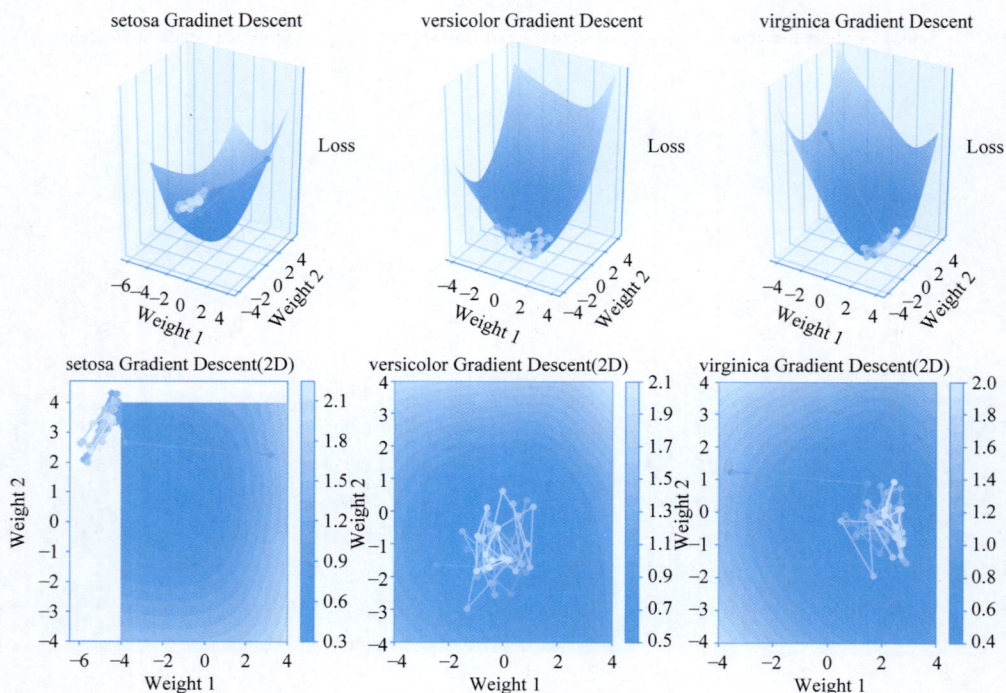

setosa Gradinet Descent · versicolor Gradient Descent · virginica Gradient Descent

setosa Gradient Descent(2D) · versicolor Gradient Descent(2D) · virginica Gradient Descent(2D)

图 1-24　学习率过大时的梯度下降

下降步幅较小，需要更多的迭代才能降低损失，且容易陷入局部最优解，如图 1-25 所示。

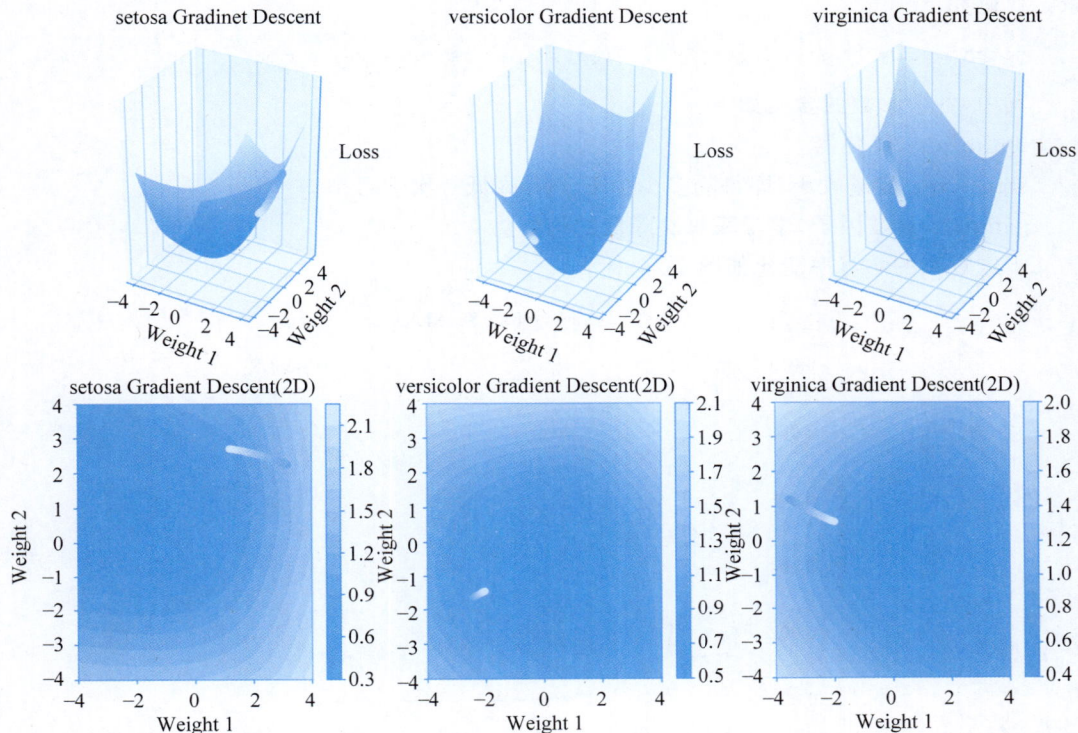

图 1-25　学习率过小时的梯度下降

在 PyTorch 中已经集成好了随机梯度下降以及其他的梯度下降优化算法实现，代码如下。

```
#随机梯度下降优化器
optimizer = torch.optim.SGD(model.parameters(), lr)
#Adam 优化器
optimizer = torch.optim.Adam(model.parameters(), lr)
```

其中，Adam 是随机梯度下降算法的改进，这里不对其原理展开说明，可以根据任务特性选择合适的优化器。

1.3.4　学习率衰减

在深度学习中，优化算法负责调整网络权重以最小化损失函数。学习率作为优化过程中的关键超参数，决定了权重更新的幅度。选择合适的学习率对于模型能否成功收敛至关重要。过高的学习率可能导致模型权重更新的幅度过大，从而使模型在损失函数的极小值附近振荡，甚至发散，随着训练的进行，梯度将会不断减小，逐渐减小学习率可以使模型在接近全局最优解时进行更细致的搜索，提高神经网络的精度。

常见的学习率衰减策略如下。

1）步进衰减

步进衰减是一种简单的学习率衰减策略，它会在每个设定的周期数后将学习率乘以一个给定的因子。这种策略适用于当训练过程中需要逐步降低学习率以稳定训练过程的场景。代码如下。

```
torch.optim.lr_scheduler.StepLR(optimizer, step_size, gamma)
```

其中，各个参数的含义如下。

optimizer：优化器。

step_size：步进大小，即每隔多少个 Epoch 降低一次学习率。

gamma：衰减因子，学习率每次降低的倍数。

步进衰减的学习率变化如图 1-26 所示。

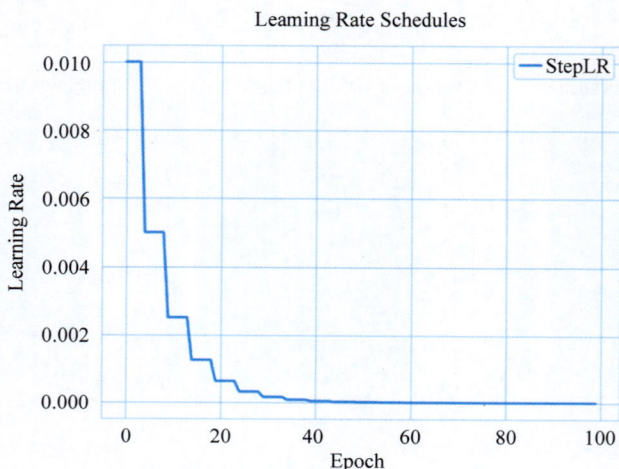

图 1-26　步进衰减的学习率变化

2）指数衰减

指数衰减按照指数衰减的方式减少学习率，即每个周期结束后学习率变为原来的 gamma 倍，其中 gamma 是一个小于 1 的常数。代码如下。

```
torch.optim.lr_scheduler.ExponentialLR(optimizer, gamma)
```

其中，各个参数的含义如下。

optimizer：优化器。

gamma：衰减率，学习率的指数衰减因子。

指数衰减的学习率变化如图 1-27 所示。

3）余弦退火衰减

余弦退火衰减根据余弦函数调整学习率，使学习率在周期内从初始值变化到最小值，然后恢复到初始值。这种策略适用于需要周期性调整学习率的场景。代码如下。

```
torch.optim.lr_scheduler.CosineAnnealingLR(optimizer, T_max)
```

其中，各个参数的含义如下。

optimizer：优化器。

T_max：周期的最大次数，在这个周期内学习率会完成一个从最小到最大再到最小的变化。

Learning Rate Schedules

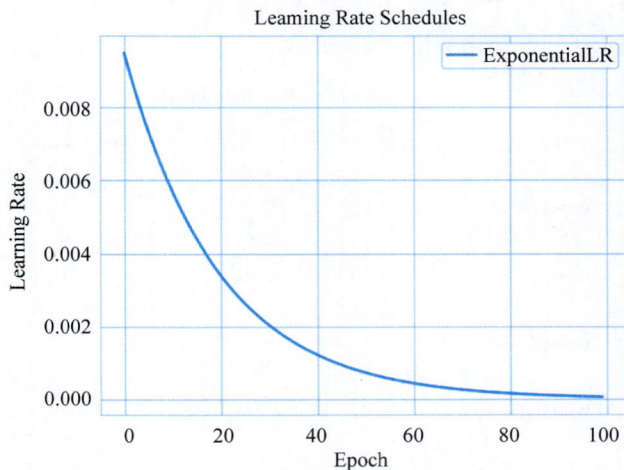

图 1-27　指数衰减的学习率变化

余弦退火衰减的学习率变化如图 1-28 所示。

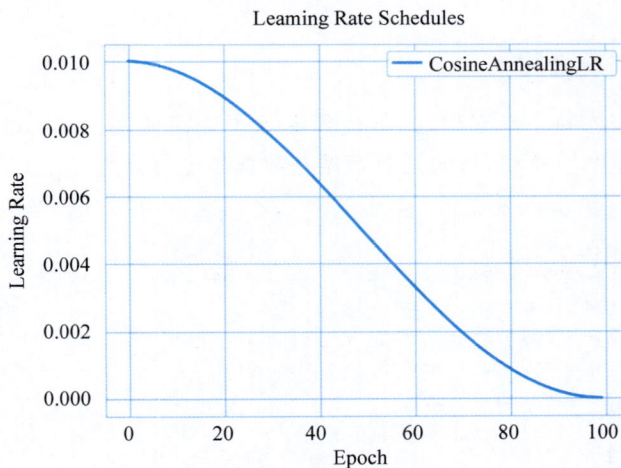

Learning Rate Schedules

图 1-28　余弦退火衰减的学习率变化

4）OneCycle 衰减

OneCycle 是一种较为复杂的学习率调度策略，它在一个周期内首先快速增加学习率至最大值，然后缓慢减少至一个较小的值。实验证明，这种策略可以在训练初期快速逃离局部最小值，在训练后期细致调整，逐步逼近全局最小值。代码如下。

```
torch.optim.lr_scheduler.OneCycleLR(optimizer, max_lr, div_factor, final_div_
factor)
```

其中，各个参数的含义如下。

optimizer：优化器。

max_lr：周期内的最大学习率。

div_factor：周期前半部分学习率衰减的因子。

final_div_factor：周期后半部分学习率衰减的因子。

OneCycle 衰减的学习率变化如图 1-29 所示。

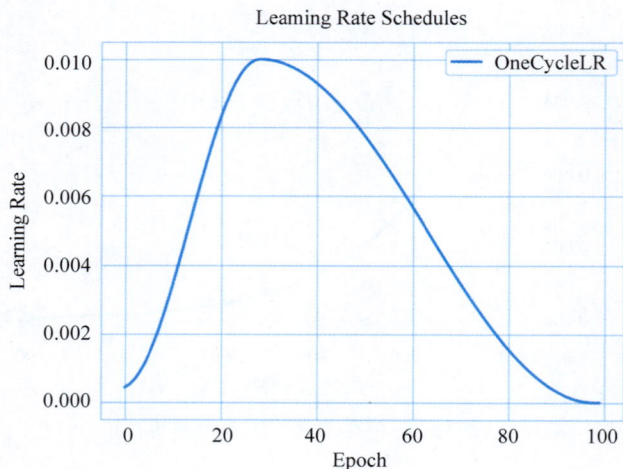

图 1-29　OneCycle 衰减的学习率变化

1.3.5　模型的训练流程

为了展示模型训练的完整流程，如下代码演示了如何使用 PyTorch 框架构建、训练和测试一个简单的神经网络模型，目的是对鸢尾花数据集进行分类。

```python
import torch.nn as nn
import torch.optim as optim
from torch.utils.data import Dataset, DataLoader
from sklearn.datasets import load_iris
from sklearn.model_selection import train_test_split
from sklearn.preprocessing import StandardScaler
import torch

#定义自定义数据集类
class IrisDataset(Dataset):
    def __init__(self, X, y, dim=2):
        self.X, self.y = X[:, :dim], y

    def __len__(self):
        #总样本数
        return len(self.X)

    def __getitem__(self, idx):
        #读取每一个样本所进行的操作
        return self.X[idx].astype('float32'), self.y[idx].astype('int64')

#定义神经网络模型
class MLP(nn.Module):
    def __init__(self, input_size, hidden_size, num_classes):
```

```
            super(MLP, self).__init__()
            self.fc1 = nn.Linear(input_size, hidden_size)
            self.fc2 = nn.Linear(hidden_size, num_classes)
            self.relu = nn.ReLU()

    def forward(self, x):
            out = self.fc2(self.relu(self.fc1(x)))
            return out

#加载数据集
iris = load_iris()
X, y = iris.data, iris.target
names = iris.target_names

#分割数据集
X_train, X_test, y_train, y_test = train_test_split(X, y, test_size=0.3, random_
state=42)

#标准化数据
scaler = StandardScaler()
X_train = scaler.fit_transform(X_train)
X_test = scaler.transform(X_test)

#创建数据集和数据加载器
train_dataset = IrisDataset(X_train, y_train)
test_dataset = IrisDataset(X_test, y_test)

#创建迭代器
train_loader = DataLoader(train_dataset, batch_size=16, shuffle=True)
test_loader = DataLoader(test_dataset, batch_size=16, shuffle=False)

#定义模型
model = MLP(2, 4, 3)

#定义损失函数和优化器
criterion = nn.CrossEntropyLoss()
optimizer = optim.Adam(model.parameters(), lr=0.001)
#定义学习率衰减策略
scheduler = optim.lr_scheduler.StepLR(optimizer, step_size=5, gamma=0.1)

#训练模型
num_epochs = 200
#循环迭代
for epoch in range(num_epochs):
    correct, total = 0, 0
    model.train()   #切换为训练模式
    for inputs, labels in train_loader:
        #清空梯度
        optimizer.zero_grad()
```

```python
    #前向传播和计算损失
    outputs = model(inputs)
    loss = criterion(outputs, labels)

    #反向传播
    loss.backward()

    #梯度下降
    optimizer.step()

    #计算准确率
    _, predicted = torch.max(outputs.data, 1)
    total += labels.size(0)
    correct += (predicted == labels).sum().item()

#每隔100个batch输出一次日志
if (epoch + 1) %100 == 0:
    print(f'Epoch [{epoch + 1}/{num_epochs}], Loss: {loss.item():.4f}')

print(f'Accuracy of the network on the train set: {100 * correct / total:.2f}%')
#保存模型
torch.save(model.state_dict(), 'model_weights.pth')
scheduler.step()

#测试模型
with torch.no_grad():
    correct, total = 0, 0
    model.eval()    #切换为预测模式
    for inputs, labels in test_loader:
        #前向传播
        outputs = model(inputs)
        #计算准确率
        _, predicted = torch.max(outputs.data, 1)
        total += labels.size(0)
        correct += (predicted == labels).sum().item()

    print(f'Accuracy of the network on the test set: {100 * correct / total:.2f}%')

#模型的预测
#加载模型
model.load_state_dict(torch.load('model_weights.pth'))
model.eval()    #切换为预测模式
#定义一个样本
sample = torch.Tensor([0.5, 0.5]).unsqueeze(0)
outputs = model(sample)
#获取概率与类别
conf, predicted = torch.max(torch.softmax(outputs, 1), 1)
conf, predicted = conf.view(-1).item(), predicted.view(-1).item()
print(f'{names[predicted]}: {conf}')
```

代码首先导入了必要的 PyTorch 模块和 Sklearn 库,用于数据处理和训练流程的搭建。

(1) 定义了一个自定义的 PyTorch 数据集类 IrisDataset,该类继承自 torch.utils.data. Dataset,用于封装鸢尾花数据集,并重写了 __init__()、__len__() 和 __getitem__() 方法,以实现数据的加载和预处理。代码定义了一个简单的神经网络模型 MLP,该模型包含一个隐藏层和 ReLU 激活函数,用于分类任务。

(2) 使用 Sklearn 库加载并预处理鸢尾花数据集,包括分割训练集和测试集,以及使用 StandardScaler 进行特征标准化。随后,创建了训练集和测试集的 PyTorch 数据加载器 DataLoader,用于在训练和测试过程中批量加载数据。

(3) 定义了模型的损失函数为交叉熵损失(nn.CrossEntropyLoss),优化器为 Adam (optim.Adam),并设置了学习率衰减策略 StepLR,该策略会在每个设定的周期后降低学习率。

(4) 进入训练循环,代码在每个 Epoch 中执行以下操作:设置模型为训练模式,清空梯度,执行前向传播,计算损失,执行反向传播,更新模型参数,并计算训练准确率。在训练过程中,每隔 100 个 batch 输出一次日志,并在每个 Epoch 结束时更新学习率。

(5) 训练完成后,代码保存了模型的权重,并在测试集上评估了模型的性能。在测试过程中,模型以预测模式运行,不计算梯度,以评估模型在测试集上的准确率。

(6) 最后,代码演示了如何加载保存的模型权重,并使用模型对一个样本进行预测,输出了预测的类别和对应的置信度。

1.4 过拟合的抑制

1.4.1 过拟合

过拟合是深度学习中的一个常见问题,它发生在模型在训练数据上表现得非常好,但在未见过的测试数据或真实数据上表现不佳。也就是说,模型"记住"了训练数据中的细节和噪声,而不是学习到数据的通用特征。这导致模型在新数据上的预测能力较差。造成过拟合的原因主要有以下几个。

(1) 模型复杂度过高:模型参数过多,函数过于负载,致使模型能拟合训练数据中的每一个细节和噪声。

(2) 训练数据量不足:数据量太少,无法提供足够的信息让模型学习到数据的普遍特征。

(3) 训练时间过长:训练时间过长,模型对训练数据的拟合逐渐过度。

过拟合现象在训练集与测试集上主要表现为:训练集准确率持续提高,损失持续下降;测试集准确率持续降低,损失持续上升。

为了演示神经网络中存在的过拟合现象,定义了一个复杂度较高的神经网络,该神经网络具有三个隐藏层,每个隐藏层有 12 个神经元,如图 1-30 所示。

对神经网络进行 2000 次迭代训练,得到过拟合后的分类结果,如图 1-31 所示。

缓解过拟合的方式有很多,从模型与数据层面,可以从以下两点出发。

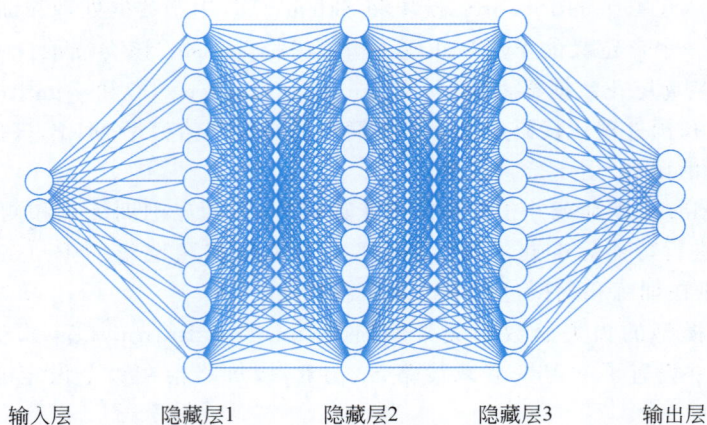

输入层　　　　隐藏层1　　　　隐藏层2　　　　隐藏层3　　　　输出层

图 1-30　复杂神经网络

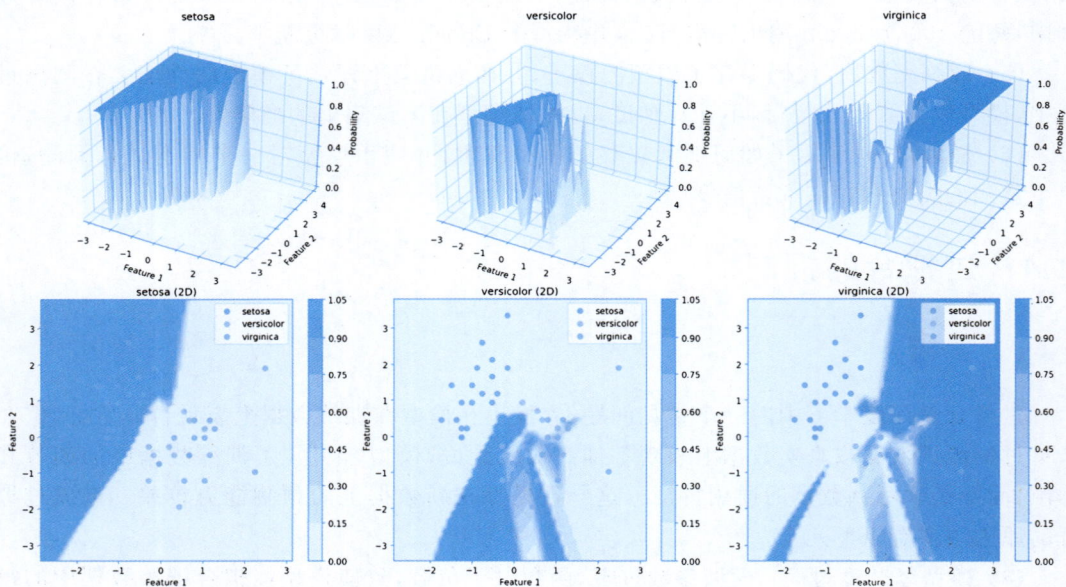

图 1-31　过拟合的分类结果

1）简化模型

选择参数较少、复杂度较低的模型，避免使用过于复杂的模型拟合训练数据。除此之外，还可以使用 Dropout 的方式在每次训练过程中随机"丢弃"一部分神经元，使模型不依赖于特定的神经元，从而增强模型的鲁棒性。Dropout 在神经网络过拟合的抑制中，有效性极高。

2）扩充数据集

收集更多样本，尤其是那些在特征空间中代表性较好的数据。这有助于模型更好地学习数据的总体分布，而不是训练数据中的特定细节。也可以使用数据增强的方式，通过各种变换（如旋转、平移、缩放、翻转等）人工增加训练数据的数量和多样性。这种方式在图像处理等领域尤其有效。

此外，还可通过正则化、早停机制等缓解过拟合，这些策略后续将介绍。

1.4.2　Dropout

Dropout是深度学习领域用于减少模型过拟合现象的一种正则化策略，它在处理大规模数据集时尤其有效。过拟合的产生可能是因为模型过于复杂，使得模型学习到了训练数据中的噪声和非普遍特征，而不是真正的底层模式，从而影响了模型的泛化能力。

在传统的神经网络训练中，每个神经元都参与到整个网络的前向和反向传播过程中，它们之间形成了复杂的依赖关系。这种高度的相互依赖可能导致某些神经元变得对其他神经元的输出过于敏感，从而使网络对训练数据中的特定模式过于敏感。这种敏感性可能会在面对不包含这些特定模式的新数据时，导致模型的预测性能下降。

为了解决这一问题，Dropout技术通过在训练过程中随机"丢弃"一部分神经元的输出，即以一定的概率 p 使这些神经元在当前迭代中不参与计算，减少网络对任何单一神经元的依赖。这种随机丢弃可以迫使网络学习到更加稳健的特征表示，因为网络不能依赖于任何特定的神经元或神经元集合。通常，这个概率 p 被设置为0.5，这意味着大约有一半的神经元在每次迭代中被随机丢弃。在迭代过程中，被丢弃的神经元通常是不固定的，Dropout技术会在每次迭代中都按照概率对神经元进行随机选择。以0.5的概率随机丢弃神经元如图1-32所示。

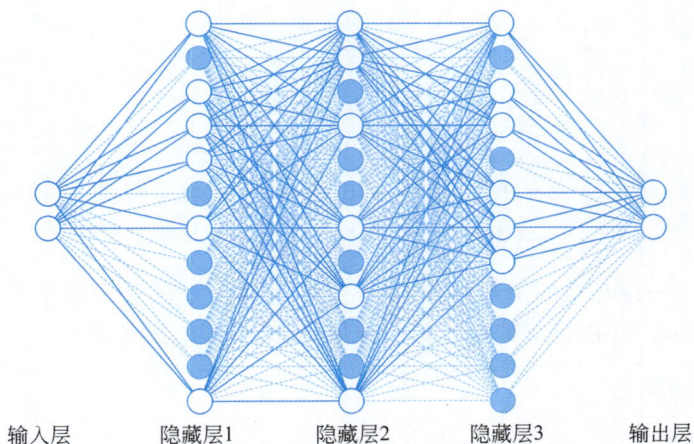

输入层　　隐藏层1　　隐藏层2　　隐藏层3　　输出层

图 1-32　以 0.5 的概率随机丢弃神经元

Dropout的引入不仅提高了模型的泛化能力，还有助于防止某些神经元变得过于重要，从而避免了模型对特定特征的过度拟合。具体来说，每次前向传播时，网络会随机决定哪些神经元的输出需要丢弃，哪些神经元需要保留。这意味着，网络的结构在每次训练中都是不同的，网络的一部分神经元被丢弃，其他部分仍然保持连接。这种随机性迫使网络不能依赖某些特定的神经元，而必须学会更加鲁棒的特征表达。

此外，Dropout还可以被看作一种模型平均的近似方法，因为它在每次迭代中都创建了一个不同的"缩放"网络，这些网络的平均效果通常比单一网络的表现更稳健。

在训练过程中，Dropout以 p 的概率随机丢弃神经元。测试时，为了使得网络的整体输出与训练时保持一致，通常对保留下来的神经元输出进行缩放。具体来说，保留的神经元输

出乘以 $1/(1-p)$，以此补偿在训练过程中丢弃的神经元。这保证了网络的输出在训练和测试时具有相同的期望值

Dropout 在 PyTorch 中，代码实现如下。

```
nn.Dropout(p)
```

其中 p 表示丢弃概率。

在相同条件下，加入 Dropout 后的神经网络的训练结果如图 1-33 所示，相比过拟合的训练结果，加入 Dropout 后能有效降低神经网络的复杂度。

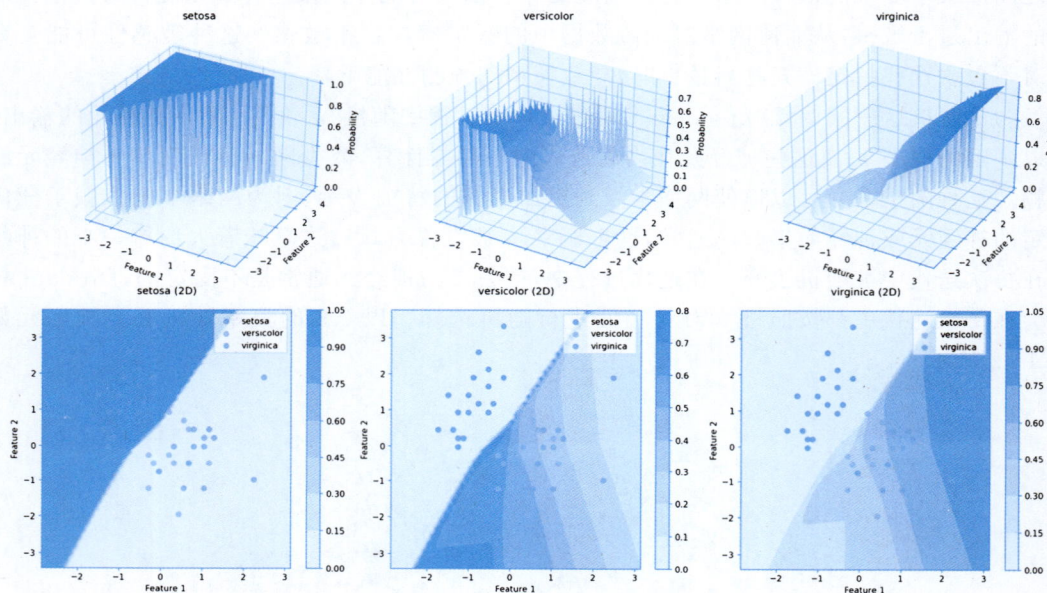

图 1-33　引入 Dropout 后的训练结果

Dropout 作为一种有效的正则化技术，已经广泛应用于各类深度学习任务中。通过随机丢弃神经元，Dropout 能显著减少过拟合现象，提升模型的泛化能力。

1.4.3　批标准化

批标准化（Batch Normalization，BN）的主要目的是规范化输入，使得每一层的输入分布更加稳定，加快模型的收敛速度，同时减弱对初始化参数的敏感性，提高模型的泛化能力。

在训练过程中，每层的输入分布可能随着前一层参数的更新而变化，这种现象称为内部协变量偏移。批标准化通过规范化层的输入，使得每一层的输入分布更加稳定，从而加快了梯度下降的收敛速度，减少了这种偏移。批标准化对小批量数据进行统一的映射，降低了异常值对神经网络的影响。

批标准化只有两个需要学习的参数，即 γ（缩放因子）和 β（平移因子）。批标准化的核心思想是对每个小批量的数据进行归一化处理，使得数据的均值接近 0，方差接近 1。具体步骤如下。

1）计算批次数据的均值和方差

对于每个特征，计算当前批次数据的均值（μ）和方差（σ^2）。

2）标准化

使用批次均值和方差对数据进行标准化处理，得到：

$$\hat{x} = (x - g\mu)/\sqrt{(\sigma^2 + \varepsilon)} \tag{1-36}$$

其中，ε 是一个很小的常数，防止分母为 0。

3）缩放与平移

归一化后的数据通过两个可学习的参数 γ（缩放因子）和 β（平移因子）进行缩放和平移，得到最终的输出：

$$y = \gamma\hat{x} + \beta \tag{1-37}$$

批标准化在训练阶段与预测阶段略有不同，训练阶段往往是以小批量的形式进行的，一个小批量中含有多个样本，可以根据这些样本计算出均值与方差；但在模型的预测阶段，往往只有一个样本，此时就无法计算除一个批量内的均值与方差。为了解决这个问题，批标准化将会记录训练过程中每个批次的均值与方差，预测时，采用所有小批量均值的期望作为预测时的均值，采用所有小批量方差的无偏估计作为预测时的方差。

批标准化在 PyTorch 中，代码实现如下。

```
nn.BatchNorm1d(hidden_size)
```

其中，hidden_size 表示隐藏层的输出尺寸。

加入批归一化后的训练结果如图 1-34 所示，过拟合问题得到了缓解。

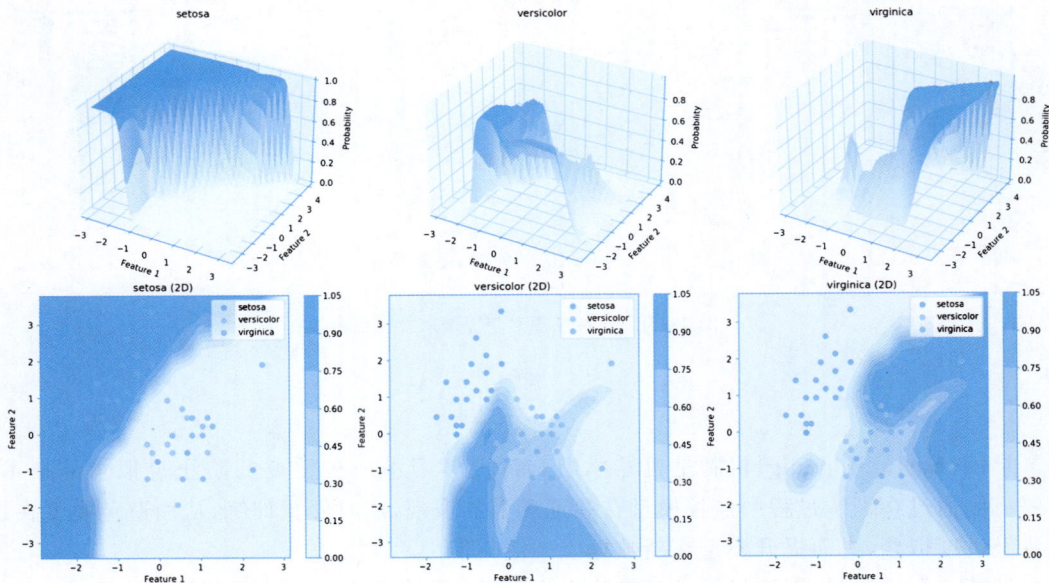

图 1-34　引入批归一化后的训练结果

1.4.4　权重衰减

权重衰减是一种通过在损失函数中添加一个额外项来惩罚模型权重的过大值的方法。这个额外项通常是权重的欧几里得范数（L2 范数）与一个正则化系数的乘积。简单来说，加入权重减后，优化算法在优化神经网络时，不仅要缩小损失函数，而且要保证权重的值不

能太大。权重衰减通过公式可定义为

$$L_{total} = L + \lambda \cdot \|w\|_2^2 \tag{1-38}$$

其中，L_{total} 表示加入权重衰减后的总损失函数，优化目标转变为最小化总损失函数；L 表示原始的损失函数；λ 表示正则化系数，λ 越大，权重衰减的强度越大；w 表示神经网络中的参数。

PyTorch 中已经实现了权重衰减的功能，代码如下。

```
optimizer = torch.optim.SGD(model.parameters(), lr, weight_decay=1e-5)
```

只在优化器的基础上添加参数 weight_decay 即可。weight_decay 表示的是正则化系数，正则化系数越大，权重衰减的强度越大。

加入权重衰减后，训练神经网络，结果如图 1-35 所示，过拟合现象得到了缓解。

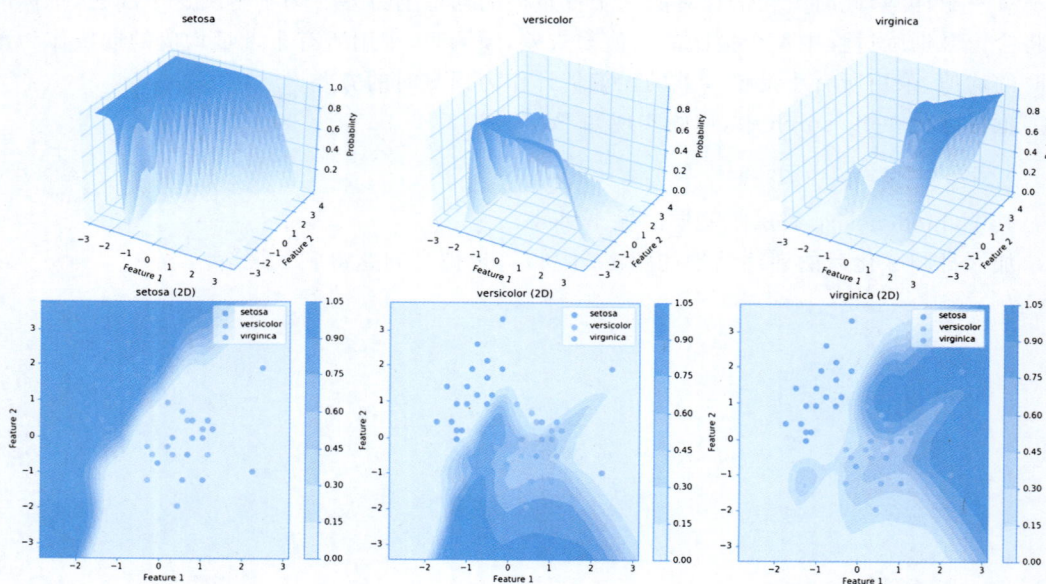

图 1-35　引入权重衰减后的训练结果

1.4.5　早停机制

早停（Early Stopping）机制是机器学习和深度学习中一种重要的防止过拟合的技术。早停机制通过在训练过程中监控模型在验证集上的表现，适时停止训练，从而避免模型在训练集上过度拟合，进而提升模型在新数据上的泛化能力。

训练一个模型时，训练目标是最小化损失函数，使模型能准确地预测输出。通常，模型的损失函数在训练集上会随着训练轮次（Epoch）的增加逐渐减小。然而，如果训练时间过长，模型可能会开始过度拟合训练数据，即它不仅学习到了数据的有用模式，还"记住"了训练数据中的噪声和特例。这种情况下，模型的验证集损失可能会在训练的某个时刻达到最低点，然后开始上升。这表明模型已经开始失去泛化能力，即它在新数据上的表现开始下降。

早停机制的基本思想是在模型的测试集损失达到最小值后，立即停止训练。具体而言，在每个训练周期后,早停机制都会监控测试集上的损失值。如果损失在一段时间内不再下降,早停机制会判断模型已经达到了最佳状态,并提前结束训练。

引入早停机制后的训练结果如图 1-36 所示,模型在出现过拟合迹象前及时停止训练,有效避免过拟合。

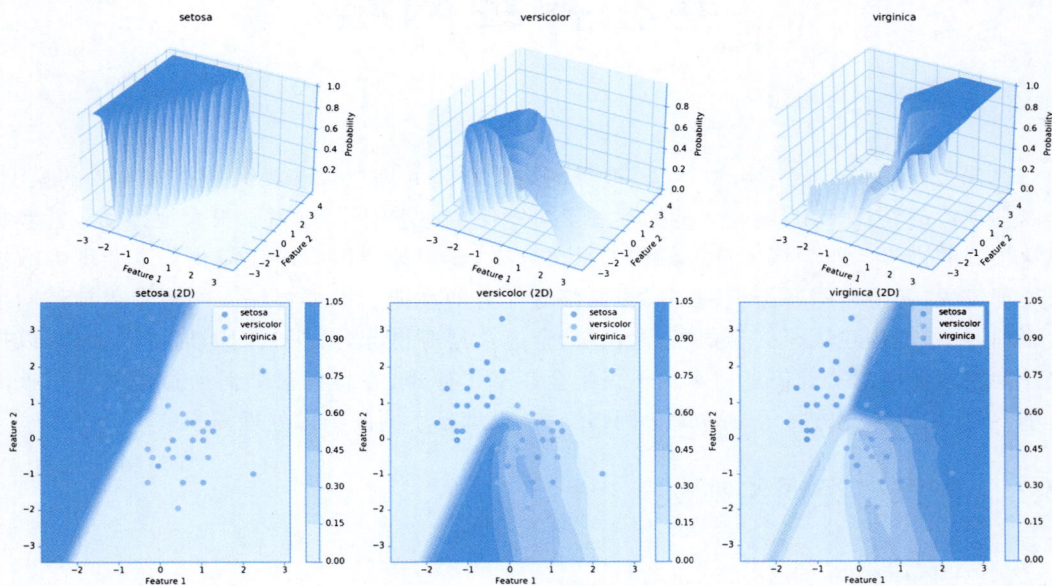

图 1-36　引入早停机制后的训练结果

第 **2** 章

卷积神经网络

在深度学习的广阔领域中,卷积神经网络无疑是处理图像和视频数据最重要的模型。它以其独特的卷积操作,能高效地捕捉并学习图像中的空间层级特征,极大地推动了计算机视觉领域的进步。作为深度学习架构的重要分支,卷积神经网络不仅简化了复杂图像数据的处理流程,还显著提升了识别、分类、分割等任务的性能。本章将深入剖析卷积神经网络的原理,从基本构建块——卷积层、池化层、全连接层等讲起,解析它们如何协同工作,以提取并抽象图像中的关键信息。本章不仅学会其基本原理,还将探讨如何通过调整卷积核的大小、步长以及填充方式等参数优化网络结构,以满足不同的图像处理需求。

2.1 卷积神经网络概述

1. 数字图像

数字图像是计算机视觉和图像处理领域的基础概念,它通过将视觉信息转换为计算机可处理的数据格式实现对图像的存储、处理和分析。数字图像的核心在于将连续的光学图像离散化和数字化,从而能以数字形式表示和操作。

一幅数字图像可以看作一个由像素(Pixel)组成的矩阵,每个像素代表图像中的一个最小单位,并且具有特定的颜色或灰度值。在灰度图像中,每个像素值通常是0~255的整数,表示不同的灰度级别,其中0表示黑色,255表示白色,如图2-1所示。

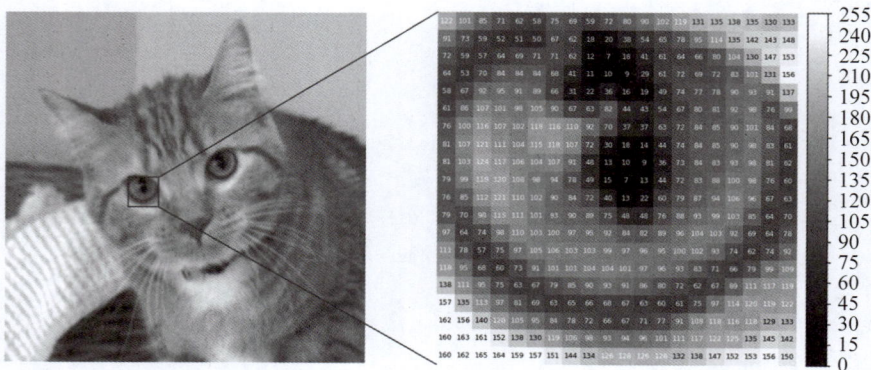

图 2-1 灰度图的局部放大

可以看出,灰度值越高,颜色越亮;灰度值越低,颜色越暗。通过每一个像素点的明暗表示整幅图像。

彩色图像则由多个颜色通道组成,最常见的是 RGB 图像,它包括红色(Red)、绿色(Green)和蓝色(Blue)三个通道,每个通道也由 0～255 的像素值表示,如图 2-2 所示。

图 2-2 彩色 RGB 图像的通道分离

对于彩色图像,可以将每个像素点视作一个长度为 3 的向量(Red,Green,Blue),分别代表每个色彩通道的亮度。通过组合不同通道的亮度值,即可组合成任何需要的颜色。对向量的取值空间进行遍历,并将其进行 3D 可视化展示,可形成 RGB 色彩空间,如图 2-3 所示。

2. 维数问题

若现在有一幅大小_____类,判断其是猫还是狗_____

利用全连_____,向量的长度为 224×224_____连接神经网络具有一个隐_____情况下,神经网络共有_____增加,参数数量会迅速增长,_____。在训练过程中,每次前向传播和反向_____时间。同时,大量的参数也容易导致过拟合,_____不是学习到泛化能力。

_____性,相邻像素之间往往有很强的相关性。然而,全连接神经_____它们将所有像素视为独立的输入。这不仅增加了计算量,

还忽略了图像中的局部结构信息。

3. 卷积神经网络

卷积神经网络（Convolutional Neural Networks，CNN）是深度学习中最具代表性和影响力的架构之一，其设计灵感和功能源自对生物视觉系统的理解。自 20 世纪 60 年代以来，神经科学家发现哺乳动物的大脑皮层中存在专门用于处理视觉信息的神经元，这些神经元在视觉输入的局部区域内响应特定的特征。这一发现为卷积神经网络的构建提供了理论基础。

1）感受野

人类视觉系统的功能很大程度上依赖于视觉皮层中的神经元，这些神经元专门处理视网膜传递来的视觉信息。视觉皮层的结构和功能为卷积神经网络的设计提供了重要启示。在视觉皮层中，每个神经元只响应视野中的特定区域，这个区域称为神经元的感受野。

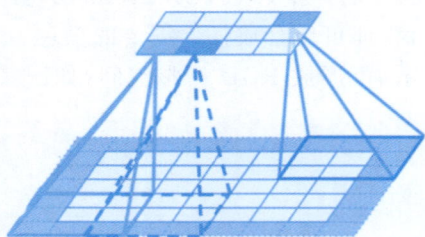

图 2-4　用局部特征表示全局特征

从感受野的角度出发，为了解决图像数据中的维数灾难，也可以设计一个具有局部特征提取能力的神经网络，专门用于处理图像数据，这称为卷积神经网络的设计理念之一。卷积神经网络中的卷积核（Convolution Kernel）就是一个具有局部特征提取能力的特征提取器。使用相同卷积核对图像的所有局部进行处理，即可得到图像全局的特征，如图 2-4 所示。

2）多层次特征

人眼看到一幅图像时，通常不会在意图像中的细节，而是一眼就能捕获图像中的高级特征，即图像中的主体形状、颜色等。通过这些高级特征，可以直接判断出图像中物体的类别。而图像中的一些低级特征，如纹理、点角、边缘等，对图像物体类别的判断影响较小。这意味着，在图像中可以丢弃一些低级特征，可以通过缩小图像的形式实现，这也对应了卷积神经网络中池化的概念。不同的特征可以通过不同的尺度进行展示，如图 2-5 所示。

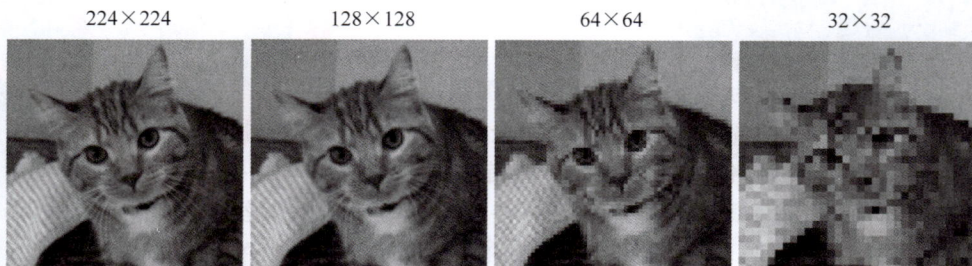

图 2-5　不同大小的图像

常见的卷积神经网络分为卷积层、池化层、分类器三部分，如图 2-6 所示。

（1）卷积层。卷积层是卷积神经网络中用于提取图像特征的关键部分，负责提取输入数据的局部特征，生成特征图。它通过使用一组可学习的过滤器（或称为卷积核）扫描输入图像，每个卷积核负责提取一种特定的特征，如边缘、纹理或形状。

（2）池化层。池化层的主要作用是降低特征图的空间尺寸，负责降低特征图的空间尺

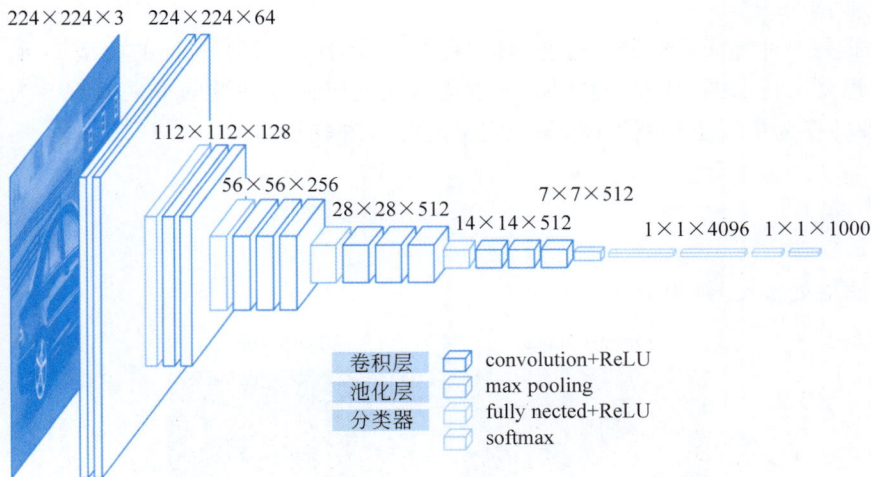

图 2-6　卷积神经网络示意图

寸,减少计算量,提高特征的不变性,使特征检测更加鲁棒。

（3）分类器。分类器是卷积神经网络的最后一部分,用于将提取的特征转换为最终的输出,通常是类别标签的概率分布。分类器通常由一个或多个全连接层（Fully Connected Layer）组成,最后通常有一个 softmax 层来输出每个类别的概率。

本章将围绕猫狗分类的案例进行卷积神经网络的介绍。猫狗分类是卷积神经网络分类中的一个比较经典的应用,能较好地反映出卷积神经网路在实际生活中的应用。为了完成猫狗分类任务,需要准备猫狗分类数据集,本章选取微软亚洲研究院（Microsoft Research Asia,MSRA）在 Kaggle 平台上公开的 Cats VS. Dogs 比赛数据集。该数据集包括 25 000 张猫和狗的带标注图片,其中 12 500 张是猫的图片,另外 12 500 张是狗的图片。猫狗数据集中的图像示例如图 2-7 所示。

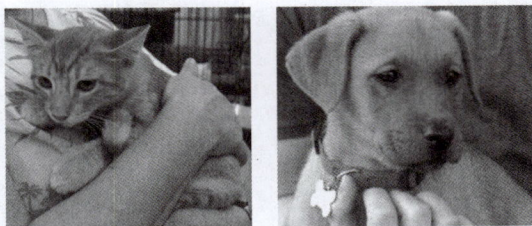

图 2-7　猫狗数据集中的图像示例

2.2　卷积

2.2.1　卷积操作

在图像处理中,卷积（Convolution）通常用于提取图像特征,如边缘、纹理、形状等。对于二维图像,卷积操作是一个将卷积核在图像上滑动,并计算过滤器与图像局部区域的点积,生成特征图的过程。卷积核的核心组成是过滤器（Filter）。

1. 过滤器

过滤器是一种特征提取器。过滤器内核的参数不同,提取的特征的类型不同。

如果想突出显示图中竖向的特征,可以通过定义竖向过滤器的方式实现。为了方便处理,将图像转换为单通道的灰度图,随后定义过滤器内核如下。

$$\begin{bmatrix} 1 & 0 & -1 \\ 1 & 0 & -1 \\ 1 & 0 & -1 \end{bmatrix}$$

经过滤器处理后,结果如图 2-8 所示。

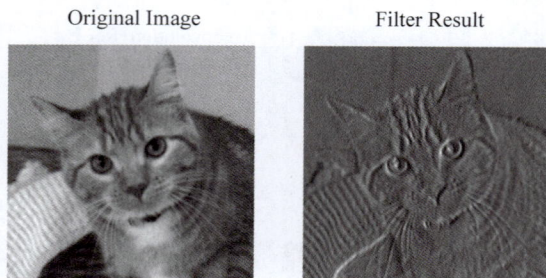

图 2-8　竖向过滤器处理结果

可以发现,图 2-8 中竖向的特征被保留下来。同理,如果想突出显示图中的横向特征,可以对过滤器内核进行转置,转置后的内核如下所示。

$$\begin{bmatrix} 1 & 1 & 1 \\ 0 & 0 & 0 \\ -1 & -1 & -1 \end{bmatrix}$$

横向过滤器处理结果如图 2-9 所示。

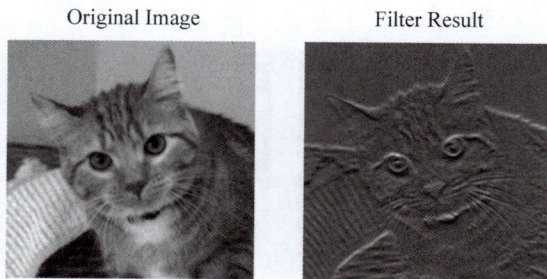

图 2-9　横向过滤器处理结果

可以发现,横向的特征被提取出来。

通过这个案例可以发现,不同的过滤器可以得到不同的特征。如果能动态更新过滤器内核,让过滤器自己学习应该提取什么样的特征,就能实现卷积神经网络中的特征提取。而卷积神经网络的优化目标是更新过滤器内核,使其提取有助于分类的特征。

1）竖向过滤器的计算过程

了解过滤器的效果后,接下来对过滤器的计算过程进行细致分析。过滤器是一个动态的过程。过滤器内核首先从图像的左上角开始,从左到右、从上到下不停移动。在移动过程中,过滤器内核与覆盖的图像区域按位相乘,最后将相乘结果相加,得到一个输出结果。

对于图 2-10,其运算过程为

$$1 \times 122 + 0 \times 101 + (-1) \times 85 + 1 \times 91 + 0 \times 73 + (-1) \times 59 +$$
$$1 \times 72 + 0 \times 59 + (-1) \times 57 = 84$$

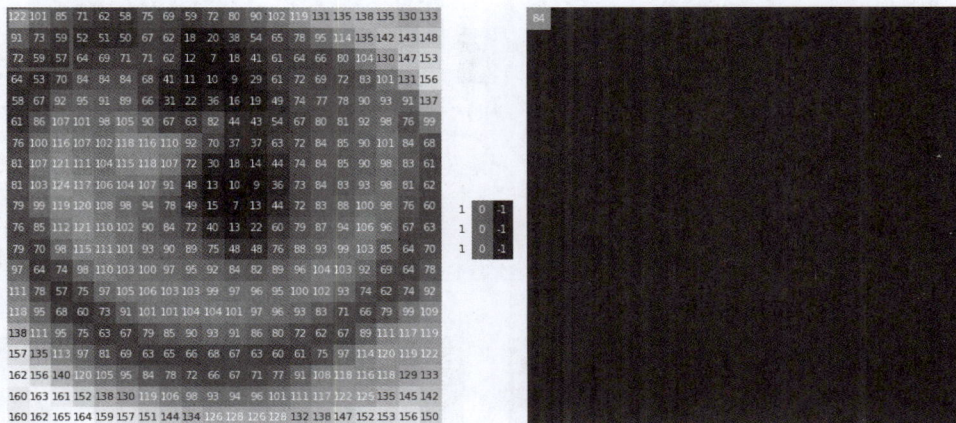

图 2-10 过滤器的运算过程(a)

对于图 2-11,其运算过程为

$$1 \times 101 + 0 \times 85 + (-1) \times 71 + 1 \times 73 + 0 \times 59 + (-1) \times 52 +$$
$$1 \times 59 + 0 \times 57 + (-1) \times 64 = 46$$

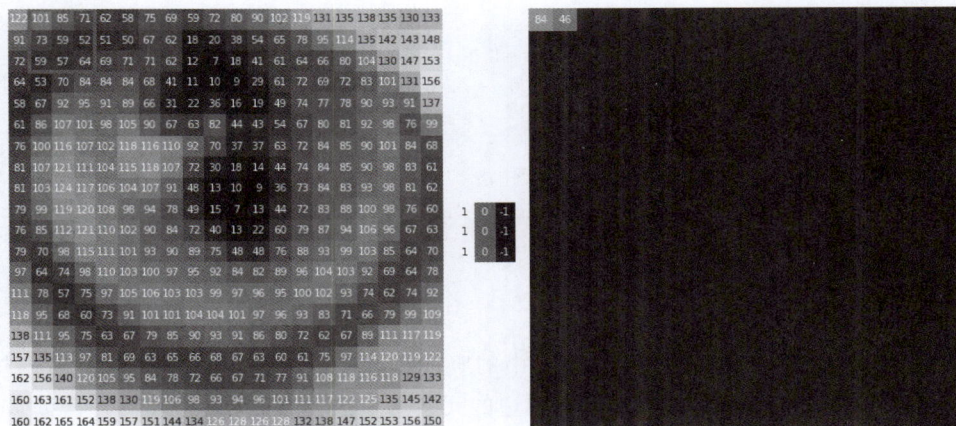

图 2-11 过滤器的运算过程(b)

随着过滤器内核在图像中的滑动,会不断计算出新的数值。内核每滑动一次,将会进行一次计算,程序会通过一个新的矩阵保存每次滑动产生的结果。当过滤器内核滑动至图像右下角时,即可停止运算,如图 2-12 所示。

通过滤波器的处理,图 2-12 中竖向的瞳孔特征得到增强,竖向区域变得更加突出。

滤波器可以通过在微观上对图像进行处理,每次运算仅利用 3×3 的小区域。通过滑动操作,对微观的处理可以逐步逼近宏观图像,如图 2-13 所示。

为了更清晰地展示过滤器的计算过程,可以定义一段代码,用来演示过滤器的计算,代

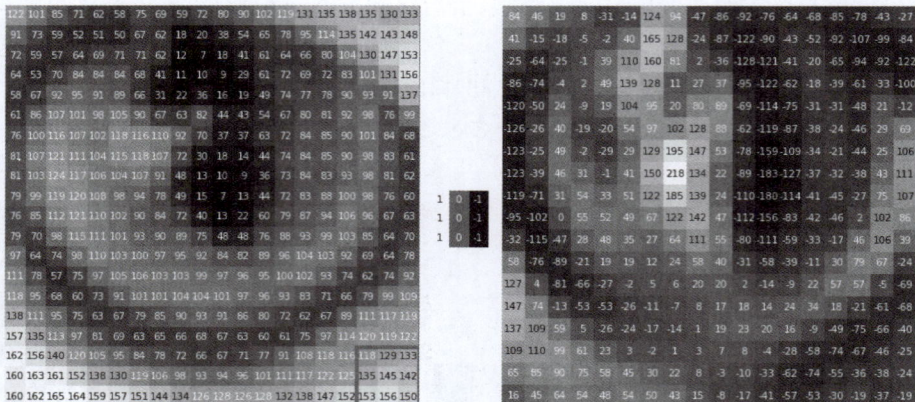

图 2-12　过滤器的运算过程（c）

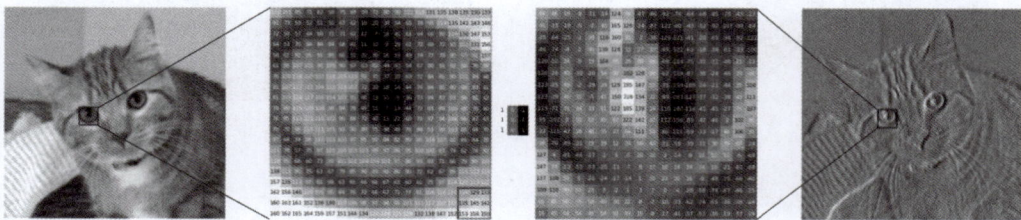

图 2-13　通过对微观的处理逼近宏观图像

码如下。

```
def compute_convolution(image, kernel):
    output = np.zeros((image.shape[0] - kernel.shape[0] + 1,
                       image.shape[1] - kernel.shape[1] + 1))
    for i in range(output.shape[0]):
        for j in range(output.shape[1]):
            region = image[i:i + kernel.shape[0], j:j + kernel.shape[1]]
            output[i, j] = np.sum(region * kernel)
    return output
```

2）竖向过滤器生效的原因

竖向滤波器内核的设计是为了对图像中的竖向边缘变化敏感。在这个滤波器内核中，左边的元素为正值（1），中间的元素为 0，右边的元素为负值（−1）。这种布局使得滤波器能对感受野中的竖向梯度（从左到右的变化）进行响应。具体地，如图 2-14 所示，当图像中存在横向特征时，即图像的中间行（255，255，255），这显然是一条白色的横向直线。经过竖向滤波器的运算后，横向的特征（255，255，255）与（1，0，−1）相乘，横向特征就会被抵消，结果为 0，因此竖向的过滤器能过滤掉图像中的横向特征，保留竖向特征。

2. 卷积核

卷积核是多通道输入情况下的过滤器，多个过滤器并称为一个卷积核。

在前面的例子中，都是以灰度（单通道）图为过滤器的输入。而在深度学习任务中，需要考虑图像中的颜色信息，处理的图像大多为彩色图像。

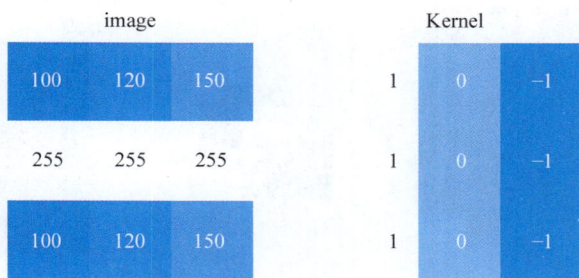

图 2-14　横向特征与竖向过滤器

1）多通道输入

当输入通道为多通道时，此时无法再通过常规的过滤器对图像进行特征提取，需要重新设计特征提取的流程。处理多通道输入时，首先要定义与图像通道数相同个数的过滤器，每个过滤器对应处理每个图像通道，每个过滤器处理完成后，将所有过滤器的处理结果进行相加，得到一个特征图，如图 2-15 所示。输入图像为 RGB 三通道图像，定义三个过滤器，分别用于处理图像的三个通道，得到三个处理结果，最后将三个处理结果相加，得到一个输出。

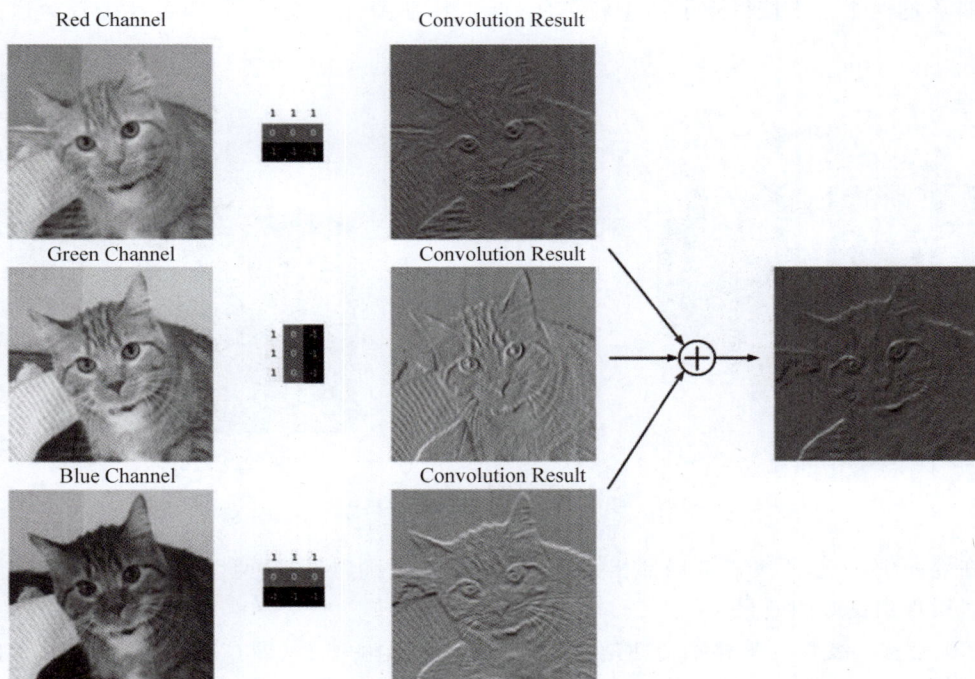

图 2-15　多通道输入的处理过程

为了方便运算，可以用矩阵的形式表示输入图像、卷积核、输出图像的大小，如图 2-16 所示，其中，输入图像的形状为（3，224，224），表示（通道数，图像的高，图像的宽）；卷积核的形状为（1，3，3，3），表示（卷积核的个数，每个卷积核中过滤器的个数，卷积核的高，卷积核的宽），每个卷积核中过滤器的个数与输入通道数相等；输出图像的形状为（1，222，222），表示（通道数，图像的高，图像的宽），经过卷积处理过的图像大小会略微减小。

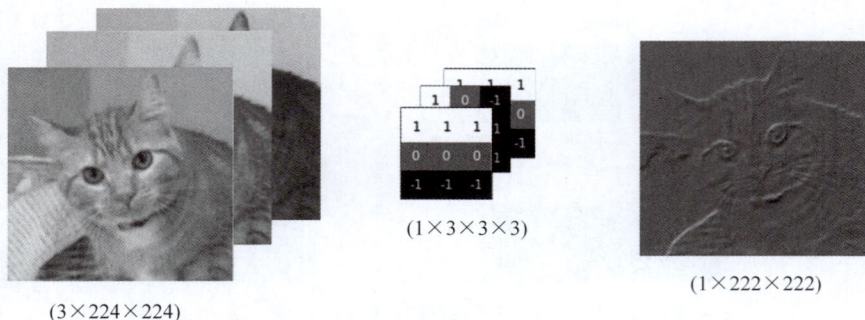

(3×224×224)　　(1×3×3×3)　　(1×222×222)

图 2-16　多通道输入处理过程的矩阵表示

2）多通道输出

卷积不仅要适应多通道的输入，更要有多通道输出的能力，以提取更多、更丰富的特征。要实现多通道输出，只需增加卷积核的个数。一个卷积核对应一个特征输出，那么多个卷积核就对应多个通道的输出。如图 2-17 所示，在原来卷积核的基础上，又添加了一个随机生成的卷积核，利用随机生成的卷积核对图像进行特征提取，得到一张新的特征图。因此，图 2-17 中的两个卷积核得到了两个特征图，两个特征图合并在一起，即可视为双通道的特征图。

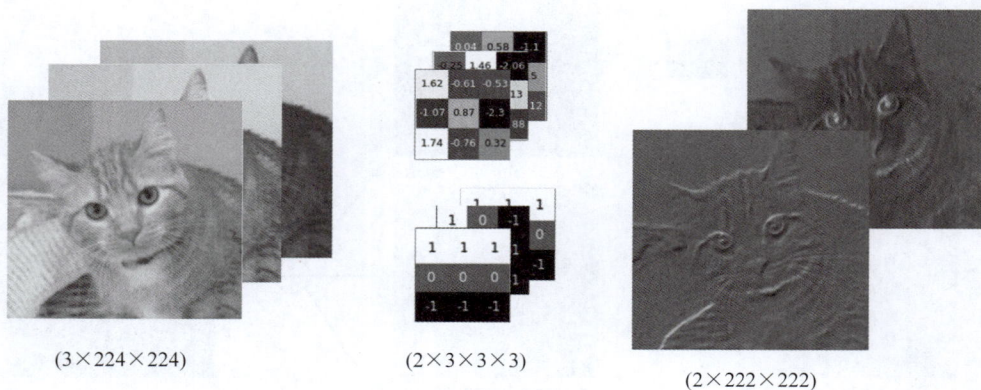

(3×224×224)　　(2×3×3×3)　　(2×222×222)

图 2-17　多通道输出过程

在卷积中，平移不变性和局部相关性是其两个重要的特性，这两个特性使其在处理图像数据时展现出良好的效果。

（1）平移不变性。平移不变性是指卷积对输入数据的平移（即在空间上移动）具有鲁棒性。具体来说，如果一个物体在图像中稍微移动，卷积仍能很好地对齐进行特征提取。在卷积中，卷积核在整个输入图像上滑动，并使用相同的权重。这意味着，相同的特征可以在不同的位置被检测到，得到的计算结果不受特征位置的影响。

（2）局部相关性。局部相关性指的是图像数据具有局部相关联的特性。例如，图像的某一个像素点的四周，通常存在大量相似的像素点。这些相似的像素点通常表示相似的特征。卷积通过卷积核进行特征提取，卷积核在每次运算中也只会关注被卷积核覆盖区域内的特征，不会关注距离较远的特征。随着卷积的不断进行，特征图将会不断缩小，关注的特征也会逐渐聚合。

2.2.2　尺寸、填充与步长

卷积操作中有几个需要控制的参数,它们决定了卷积操作的输出特征图的大小和性质。

1. 尺寸(Size)

卷积核是一个小矩阵,用于在输入数据上进行卷积操作。卷积核的尺寸通常表示为 $k \times k$,如 3×3、5×5、7×7 等,在前面提到的例子中,使用的卷积核尺寸为 3×3。卷积核的尺寸直接影响特征提取的方式。

小卷积核:有助于提取局部特征,保留更多的细节,如 3×3 卷积核。

大卷积核:可以捕捉更广泛的上下文信息,但可能导致特征图尺寸迅速减小,如 7×7 卷积核。

卷积核尺寸的不同如图 2-18 所示,蓝色矩阵表示输入图像,大小为 5×5;绿色矩阵表示输出图像;阴影部分表示卷积核。卷积核大小不同,输出图像的大小往往也不同。卷积核一般是正方形,除此之外,卷积核也可以是长方形,卷积核的长宽比可以根据任务需求自行设定。

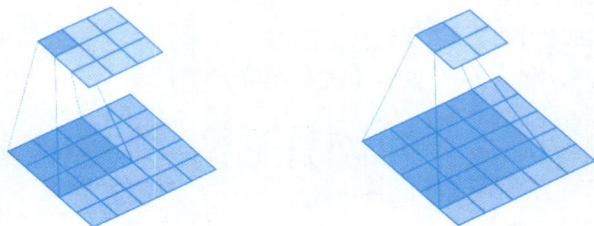

图 2-18　3×3 的卷积核(左)与 4×4 的卷积核(右)

2. 填充(Padding)

填充是指在输入数据的边缘添加额外的像素(通常是零),以控制输出特征图的空间尺寸。通过对原始图像进行填充,一方面可以保证输入图像与输出图像的大小相同,避免卷积过程中的信息丢失,另一方面可以使卷积核尽可能多地涵盖图像边缘部分,防止边缘部分采样不足。对 3×3 卷积核进行 1×1 填充如图 2-19 所示,输入图像为 5×5,经过 1×1 的填充与 3×3 的卷积运算后,输出图像为 5×5。

3. 步长(Stride)

步长是指卷积核在输入数据上滑动的步幅。步幅的大小影响特征图的尺寸和计算效率。在卷积神经网络中,步长往往用于图像的下采样。通过控制卷积步长,可以很大

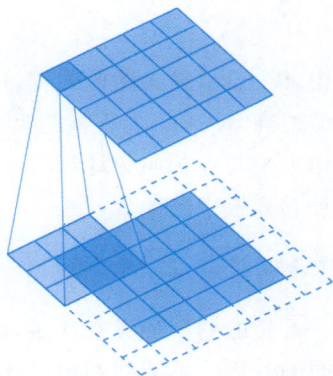

图 2-19　对 3×3 卷积核进行 1×1 填充

程度上缩小输出图像的大小,如图 2-20 所示,将步长设为 2,卷积核完成一次运算后,将会移动两个单位长度,这导致卷积的运算次数减半,因此 10×10 的输入经过步长为 2 的卷积运算后,将产生 5×5 的输出结果。

PyTorch 中已经实现了卷积的代码,可以直接调用,代码如下。

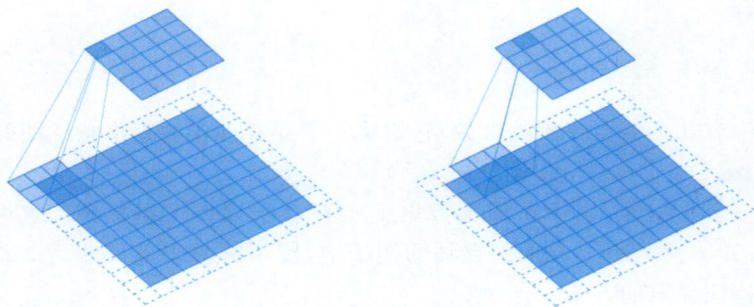

图 2-20　步长为 2 的 3×3 卷积

```
import torch.nn as nn
conv_layer = nn.Conv2d(in_channels, out_channels, kernel_size, stride, padding)
```

其中，参数含义如下。

in_channels：输入特征图的通道数。

out_channels：卷积层输出特征图的通道数。

kernel_size：卷积核的尺寸。

stride：卷积操作的步长，默认为 1。

padding：边界填充，默认为 0，表示不进行填充。

4. 输出图像大小的计算

卷积参数的不同将会导致输出大小的不同，可以通过公式对输出图像大小进行计算，计算公式如下。

$$W_{\text{out}} = \frac{W_{\text{in}} - K + 2P}{S} + 1 \tag{2-1}$$

$$H_{\text{out}} = \frac{H_{\text{in}} - K + 2P}{S} + 1 \tag{2-2}$$

其中，W_{in} 表示输入图像的宽，H_{in} 表示输入图像的高，W_{out} 表示输出图像的宽，H_{out} 表示输出图像的高，K 表示卷积核的尺寸，P 表示填充，S 表示步长。通过这个公式，可以根据输入图像大小与卷积参数计算出输出图像大小，反之，也可以根据输出图像与输入图像的大小，设计卷积核中的参数。

2.2.3　常见卷积

常见的卷积种类有许多，前文中介绍的卷积被称为标准卷积，除标准卷积外，还有多种不同的卷积。不同的卷积设计不同，功能也不同。

1. 深度卷积

深度卷积（Depthwise Convolution）是深度可分离卷积（Depthwise Separable Convolution）的一部分。它是一种针对输入张量的每个通道分别进行卷积操作的方法。在标准的卷积操作中，一个卷积核同时作用于所有输入通道，生成一个输出通道。而在深度卷积中，如果输入张量有 D 个通道，那么将有 D 个卷积核，每个卷积核对应一个输入通道，分别进行卷积运算，如图 2-21 所示。深度卷积是卷积神经网络轻量化中的重要改进。

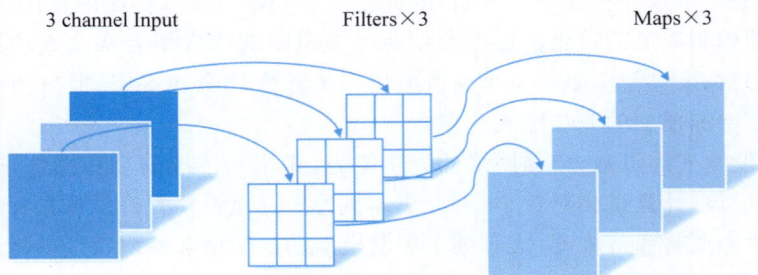

图 2-21　深度卷积

深度卷积的优势在于大幅减少了模型的参数数量,因为每个卷积核独立于其他卷积核。同时,减少了卷积操作中的乘法和加法次数,降低了模型的计算复杂度。

深度卷积在深度可分离卷积中的作用是提取输入数据中的空间特征,为后续的逐点卷积提供基础。逐点卷积将进一步组合这些独立的特征图,以生成最终的输出通道。这种分离的卷积策略在保持模型性能的同时,显著降低了模型的资源消耗,使得模型更适合在资源受限的环境中部署。

虽然深度卷积有助于实现神经网络的轻量化,但深度卷积独立地对每个输入通道进行卷积操作,这限制了不同通道间特征的融合和交互。在某些情况下,特征融合对于捕获复杂的数据模式是必要的,尤其是在需要模型学习复杂特征的高阶任务中。

PyTorch 中的深度卷积代码如下。

```
depthwise_conv = torch.nn.Conv2d(in_channels, in_channels, kernel_size,
stride, padding, groups=in_channels)
```

使用深度卷积,如输入通道数与输出通道数须一致,同时只设置 groups＝in_channels 即可。

2. 逐点卷积

逐点卷积(Pointwise Convolution)是深度可分离卷积中的第二步,它紧随深度卷积之后执行。逐点卷积的核心思想是使用 1×1 的卷积核,在每个位置对深度卷积的输出进行处理,从而实现通道间的信息整合。逐点卷积如图 2-22 所示。为了解决深度卷积表征能力差的问题,通常在深度卷积后引入逐点卷积,深度卷积与逐点卷积并称为深度可分离卷积。由

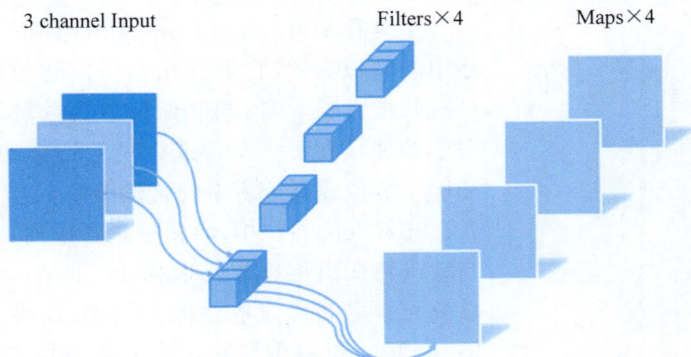

图 2-22　逐点卷积

于逐点卷积的卷积核仅能覆盖一个像素，因此逐点卷积没有特征提取的作用，多用于卷积的升维与降维，即控制通道的数量。逐点卷积通过通道间的线性组合实现通道数的控制。这一步可以看作对深度卷积结果的每个通道应用一个独立的全连接层，但只使用卷积的方式实现，这有助于增加模型的非线性表达能力。

逐点卷积能改变通道数，增强网络的表达能力，相比于传统的卷积操作，逐点卷积由于其小尺寸的卷积核，计算量相对较小，可以快速执行。逐点卷积允许模型在保持空间维度不变的同时，灵活地调整通道维度，这有助于控制模型的复杂度和输出特征的维度。

PyTorch 中的逐点卷积代码如下。

```
pointwise_conv = torch.nn.Conv2d(in_channels, out_channels, 1)
```

逐点卷积仅需设置 kernel_size＝1。

完成深度卷积与逐点卷积的实现后，将二者进行堆叠，即可实现深度可分离卷积，代码如下。

```
def depthwise_separable_conv(kernel_size=(3, 3), stride=(1, 1), padding=(1, 1),
in_channels=3, out_channels=10):
    #深度卷积
    depthwise_conv = torch.nn.Conv2d(in_channels, in_channels, kernel_size,
    stride, padding, groups=in_channels)
    #逐点卷积
    point_conv = torch.nn.Conv2d(in_channels, out_channels, (1, 1), stride,
    padding)
    #深度可分离卷积
    conv = torch.nn.Sequential(
        depthwise_conv,
        point_conv
    )
    return conv
```

深度卷积与逐点卷积有机结合，很大程度上能减少卷积的参数量，从而实现卷积的轻量化。例如，在标准卷积中，假设输入通道数为 32，输出通道数为 64，卷积核大小为 3×3，在忽略偏置参数的情况下，标准卷积的参数量为 32×3×3×64＝18 432；而在深度可分离卷积中，在同样的条件下，深度可分离卷积的参数量为 32×3×3＋32×64＝2336，极大程度减少了卷积过程中的参数量。

3. 空洞卷积

空洞卷积（Dilated Convolution）是一种卷积神经网络中的卷积变体，它通过在卷积核的元素之间引入间隔（空洞）增大感受野，同时保持参数数量不变。这种技术对于处理具有密集结构或大尺寸特征的图像特别有用，如医学成像或高分辨率的自然图像。

在标准的卷积中，卷积核紧密排列，每个元素都直接与输入特征图相邻的元素相连。而在空洞卷积中，卷积核的元素之间可以有空隙。例如，如果空洞率（Dilation Rate）为 2，则卷积核的每个元素将跳过一个输入元素，如图 2-23 所示。这意味着，对于给定的卷积核大小，空

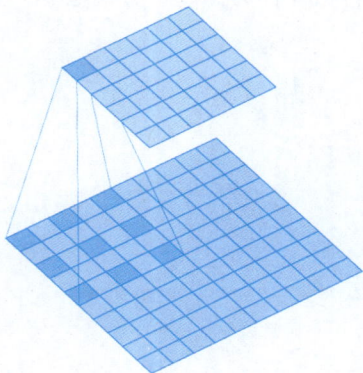

图 2-23　空洞率为 2 的空洞卷积

洞卷积可以在不增加参数数量的情况下,扩大卷积核的覆盖范围。

空洞卷积通过增加空洞率,可以显著增加网络的感受野,使网络能捕捉更广泛的上下文信息。与传统卷积相比,空洞卷积在扩大感受野的同时,保持了相同的参数数量和计算复杂度。空洞卷积可以有效地结合不同尺度的特征,有助于提取多尺度的特征表示,这对完成图像分割等任务特别重要。尽管感受野增大,但空洞卷积避免了使用大尺寸卷积核带来的计算量增加,因为实际参与计算的卷积核元素数量并未增加。在某些任务中,如语义分割,空洞卷积已被证明可以提高模型的性能,因为它允许网络在不显著增加计算成本的情况下捕获更广泛的上下文信息。

然而,空洞卷积也有一些潜在的挑战。例如,较大的空洞率可能导致输入特征图的有效分辨率降低,因为空洞操作实际上稀疏了卷积操作。此外,空洞卷积的设计和实现需要仔细考虑空洞率的选择,以平衡感受野大小和计算效率。

PyTorch 中,使用空洞卷积代码如下。

```
conv = torch.nn.Conv2d(
    in_channels,
    out_channels,
    kernel_size,
    stride,
    padding,
    #扩张因子默认为 1,可以通过控制扩张因子调整卷积核之间的间隙
    dilation=2
)
```

仅对 dilation 参数进行调整,即可实现空洞卷积。

4. 转置卷积

转置卷积(Transposed Convolution),也称为反卷积(Deconvolution)或上采样卷积(Up-sampling Convolution),是一种在卷积神经网络中用于逐步恢复特征图空间维度的卷积操作。它通常用于由深层网络到浅层网络的逆向传播过程中,例如在语义分割、去噪自动编码器或生成模型中。

转置卷积的核心思想是通过一种特殊的卷积运算增加特征图的尺寸。这与传统的卷积操作相反,传统卷积通常减少特征图的空间维度。在转置卷积中,输入特征图的每个元素会与卷积核进行卷积操作,生成一个更大的输出特征图。

转置卷积的输出尺寸的计算与标准卷积不同,计算公式如下。

$$W_{out} = S \times (W_{in} - 1) + K - 2 \times P + A \tag{2-3}$$

$$H_{out} = S \times (H_{in} - 1) + K - 2 \times P + A \tag{2-4}$$

其中,K 表示转置卷积中卷积核的尺寸,P 表示填充参数,S 表示步长参数,A 表示对输出的填充。转置卷积参数的作用与标准卷积不同,S 用于控制元素间填充,元素间填充 $S-1$ 行、$S-1$ 列;P 用于控制特征图四周填充,特征图四周填充 $K-P-1$ 行、$K-P-1$ 列。不同参数下的转置卷积如图 2-24 所示。

转置卷积用于增加特征图的空间分辨率。它是卷积操作的逆操作,但并不是简单的反向操作,而是通过学习的方式实现上采样。

转置卷积的代码实现如下。

(a) S=1, P=0, K=3　　(b) S=2, P=0, K=3　　(c) S=2, P=1, K=3

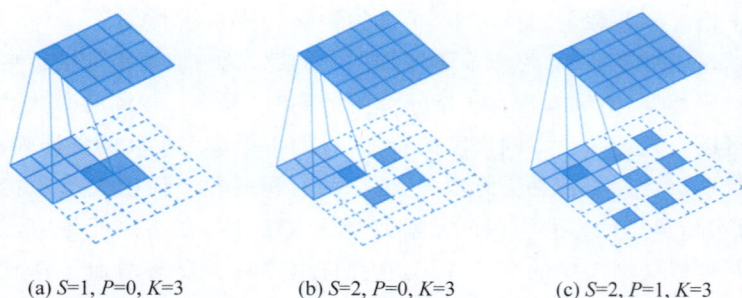

图 2-24　不同参数下的转置卷积

```
transpose_conv_layer = nn.ConvTranspose2d(in_channels, out_channels, kernel_
size, stride, padding, output_padding)
```

其中，参数含义如下。

in_channels：输入特征图的通道数。

out_channels：转置卷积层输出特征图的通道数。

kernel_size：卷积核的尺寸。

stride：步长参数。

padding：填充参数。

output_padding：对输出的填充。

2.3 池化

在卷积神经网络中，池化（Pooling）是一种非常重要的操作。基于图像的特性，池化操作可以显著减少数据的空间尺寸（即宽度和高度），从而减少参数数量和计算量。与此同时，池化操作能保留图像中大致的特征。这对于训练深层网络尤其重要，因为能减小特征图维度，筛除不重要的特征，加大特征的密度。

2.3.1 平均池化

平均池化（Average Pooling）是一种在深度学习中常用的池化操作，它的作用是对输入特征图（Feature Map）中的局部区域进行下采样，以减少数据的空间维度，从而降低计算复杂度和参数数量，同时保留重要的特征信息。

3	3	2	1	0	0	0	1
3	1	3	1	2	2	3	2
0	0	2	2	2	0	0	0
1	0	1	3	2	2	3	2
0	3	0	1	2	2	2	3
3	3	0	1	3	0	3	2
3	0	1	3	3	3	2	1
2	3	3	0	2	3	2	0

2.5	1.8	1.0	1.5
0.2	2.0	1.5	1.2
2.2	0.5	1.8	2.5
2.0	1.8	2.8	1.2

图 2-25　平均池化计算过程

平均池化通过在特征图的局部区域计算平均值来实现下采样。这个局部区域通常是一个 2×2 的正方形。平均池化操作会覆盖整个特征图，每次移动一个步长，步长通常为 2，直到覆盖整个特征图。执行平均池化时，首先确定池化窗口的大小和步长。然后，将滑动池化窗口遍历整个特征图，每次移动步长个像素。在每个位置，计算窗口内所有像素的平均值，并用这个平均值替换窗口中心的像素值，如图 2-25 所示。

为了能更清晰地展示不同池化的效果,对实际图像进行池化操作。首先将图像缩放至 64×64 像素,以突出池化效果,缩放后的原始图像如图 2-26 所示。

随后,对图像进行平均池化操作,结果如图 2-27 所示。

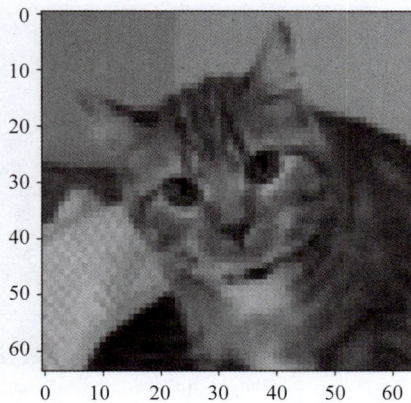

图 2-26   缩放后的原始图像

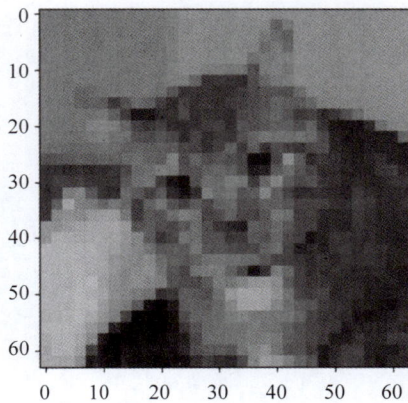

图 2-27   平均池化后的图像

经过池化操作后,图像的尺寸由 64×64 变为 32×32,由于平均池化中的平均操作,整体图像变得更加模糊。

平均池化减少了特征图的尺寸,可以显著降低后续层的计算量。同时,平均池化不需要学习额外的参数,因为它对所有位置使用相同的操作。平均池化一定程度上保留了特征的空间分布,使得网络对小的平移和形变具有一定的不变性。此外,平均池化可以平滑特征图,减少噪声的影响,有助于提高模型的泛化能力。

平均池化的代码实现如下。

```
average_pooling_layer = nn.AvgPool2d(kernel_size=2, stride=2, padding=0)
```

其中,

kernel_size:池化窗口的尺寸。

stride:池化操作的步长。

padding:边界填充。

2.3.2　最大池化

最大池化(Max Pooling)通过从输入特征图中提取最重要的特征降低特征的空间维度,同时减少计算量。最大池化是一种非线性下采样操作,它在特征图的局部区域内选择最大值作为输出。这通常通过一个滑动窗口实现,窗口的大小通常为 2×2。执行最大池化时,首先确定池化窗口的大小和步长,步长通常设为 2。然后,滑动池化窗口遍历整个特征图,每次移动步长个像素。在每个位置,选择窗口内的最大值作为输出,替换窗口中心的像素值。重复这个过程,直到覆盖整个特征图。最大池化的计算过程如图 2-28 所示。

同样,对实际图像进行最大池化操作,结果如图 2-29 所示。

由于最大池化是选择窗口内的最大值作为输出,最大池化处理后的图像亮度明显高于平均池化。与平均池化相比,最大池化更倾向于保留特征图中的突出特征,而平均池化则尝试保留更多的信息。最大池化可能会丢失一些细节信息，但在许多情况下，这些信息对于最终的任务可能不是必要的。在卷积神经网络的下采样过程中，通常使用最大池化能最大程度地保留学习到的特征。

图 2-28　最大池化的计算过程

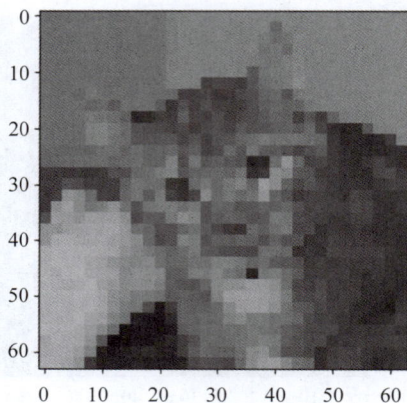

图 2-29　最大池化后的图像

最大池化代码实现如下。

```
max_pooling_layer = nn.MaxPool2d(kernel_size=2, stride=2, padding=0)
```

其中，

kernel_size：池化窗口的尺寸。

stride：池化操作的步长。

padding：边界填充。

2.3.3　自适应池化

自适应池化（Adaptive Pooling）是卷积神经网络中一种特殊的池化技术，它允许输出特征图的大小在不同的输入尺寸下保持一致。这种特性使得自适应池化层非常适合作为卷积网络的最后几个层之一，因为它可以确保网络的输出尺寸不依赖输入图像的尺寸。

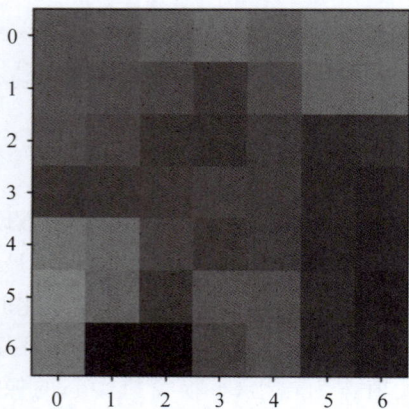

图 2-30　自适应池化处理结果（7×7）

自适应池化的目的是将任意尺寸的特征图转换为固定大小的特征图，通常为 1×1 或 $N \times N$（N 是一个手动指定的超参数）。自适应池化不依赖输入特征图的具体尺寸，这使得网络可以处理不同尺寸的输入图像。自适应池化能确保无论输入特征图的大小如何，输出特征图的尺寸总是固定的，这为后续的全连接层提供了一致的输入尺寸。如图 2-30 所示，通过自适应池化，可以将图像修改为任意（图中为 7×7）尺寸。

自适应池化通常有两种形式：自适应最大池化（Adaptive Max Pooling）和自适应平均

池化(Adaptive Average Pooling)。在自适应最大池化中,算法会为每个输出位置选择输入特征图中对应位置的最大值。在自适应平均池化中,算法会计算输入特征图中对应位置的平均值。

自适应池化常用于需要固定尺寸输出的场景,如特征提取、分类任务等。它特别适合作为网络中的最后一个池化层,以确保全连接层的输入尺寸一致。当自适应池化应用于神经网络的最后一个池化层时,通常使用自适应平均池化对所有特征进行聚合。

自适应平均池化代码实现如下。

```
#创建自适应平均池化层实例,输出特征图的尺寸为(1, 1)
adaptive_avg_pool = nn.AdaptiveAvgPool2d((1, 1))
```

2.4 分类器

分类器负责将提取的特征转换为最终的分类结果,输出类别的概率分布。

2.4.1 全连接分类器

全连接分类器(Fully Connected Classifier)是卷积神经网络中用于最终分类决策的部分。在 CNN 中,全连接层负责将前面层(通常是卷积层和池化层)提取的特征转换为最终的类别标签。全连接分类器是一个全连接神经网络,其中每个神经元都与前一层的所有激活值相连。在卷积神经网络中,全连接层通常位于网络的末端,紧随卷积层和池化层之后。

在一些卷积神经网络架构中,全连接层之前可能会使用全局平均池化(Global Average Pooling)层。全局平均池化可通过自适应平均池化实现。这种池化层将每个特征图的大小减少到1×1,同时保留通道维度,然后这些1×1的特征图被展平为特征向量,输入到全连接层。

全连接层将卷积层和池化层输出的高维特征图转换为一维特征向量。这些特征向量包含输入数据的重要信息,可用于分类或其他任务。由于全连接层包含大量的参数,因此它们可能会过拟合训练数据。为了防止过拟合,通常在全连接分类器中使用 Dropout 等正则化策略。

此外,全连接分类器可以扩展到多任务学习场景,其中网络可以同时预测多个输出,例如在图像中同时检测多个对象。

全连接分类器代码实现如下。

```
classifier = nn.Linear(num_features, num_classes)
```

其中,num_features 为特征的数量,num_classes 表示类别的数量。

2.4.2 全卷积分类器

在卷积神经网络中,有时会使用1×1卷积替代全连接层作为分类器,这种分类器称为全卷积分类器。一般来说,1×1卷积与单层全连接层在计算上的效果完全一致,如图 2-31 所示。在某些情况下,1×1卷积相对于全连接层更为便捷,无须对数据进行维度变形操作。在一些卷积神经网络的模块设计中,经常会看到1×1卷积的身影,其运算模式与单层全连

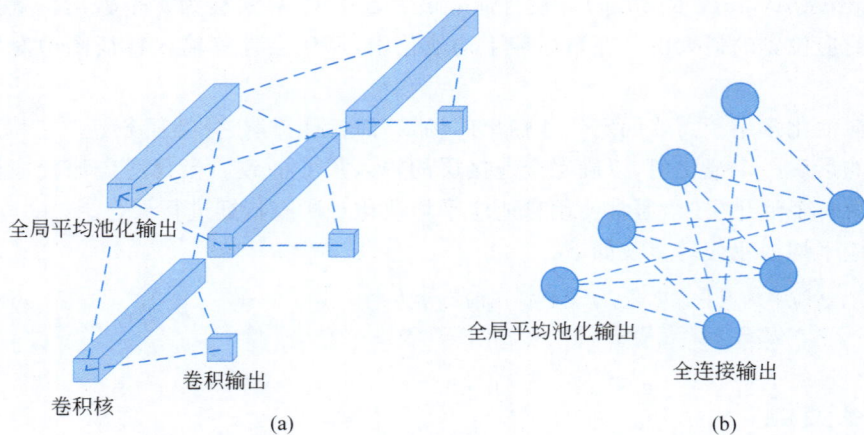

图 2-31　1×1 卷积层与全连接层

接类似。

　　全卷积分类器多用于多输出类别，即一幅图像有多个输出，每个输出均含有多个类别，例如图像分割、目标检测、OCR 识别等任务。

　　全卷积分类器的代码实现如下。

```
classifier = torch.nn.Conv2d(in_channels, num_classes, 1)
```

其中，in_channels 表示特征的通道数，num_classes 表示类别的数量。

2.5　卷积神经网络设计

　　不同的神经网络设计能获得不同的性能，本节将介绍几个经典的神经网络设计思路。

　　在介绍卷积神经网络设计之前，不得不介绍计算机视觉领域中重要的数据集之一——ImageNet 数据集。ImageNet 是一个大型的图像数据库，用于视觉对象识别软件研究，这个项目由斯坦福大学的研究者李飞飞和其他国际合作者共同创建。ImageNet 数据集规模庞大且种类繁多，每年都会举办的 ImageNet 大规模视觉识别挑战赛（ILSVRC），是一个重要的计算机视觉和机器学习领域的竞赛。ImageNet 数据库包含超过 1400 万张图片，分为 2 万多个不同的类别。通常所指的 ImageNet 数据集实际上是 ILSVRC2012 竞赛使用的子集，其中训练集包含约 128 万张图片，涵盖 1000 个类别，平均每类约 1300 张图片；验证集包含 5 万张图片，每个类别 50 张；测试集则有 10 万张图片，每个类别 100 张。ILSVRC 竞赛从 2010 年开始举行，到 2017 年最后一届结束。在 ImageNet 竞赛的历年获奖者中，诞生了一些著名的深度学习架构，包括 2012 年的 AlexNet、2014 年的 VGGNet，以及 2015 年的 ResNet 等。这些模型因其在视觉识别领域的创新和高效性能而广为人知。

2.5.1　AlexNet

　　AlexNet[1] 是一种经典的深度卷积神经网络，由 Alex Krizhevsky、Ilya Sutskever 和 Geoffrey Hinton 于 2012 年提出。它在当年的 ImageNet 大规模视觉识别挑战赛中取得了突破性的成绩,从而引发了深度学习和卷积神经网络在计算机视觉领域的广泛应用。

AlexNet 是一个简单的卷积结构,由 5 个卷积层和 3 个全连接层组成,首次使用 ReLU 激活函数。AlexNet 模型结构如图 2-32 所示。

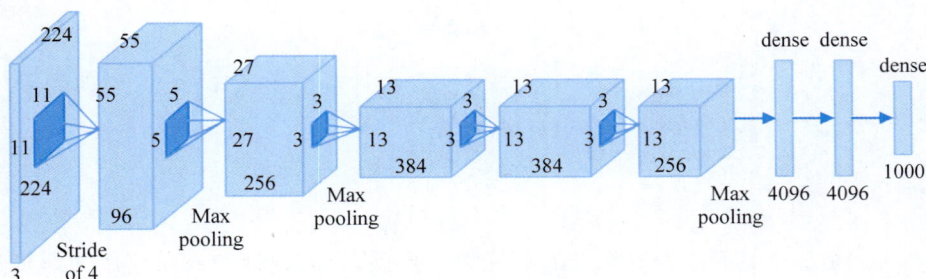

图 2-32　AlexNet 模型结构

AlexNet 模型结构如下。

第 1 层:96 个卷积核,大小为 11×11,步长为 4,后接最大池化层(3×3,步长为 2)。

第 2 层:256 个卷积核,大小为 5×5,后接最大池化层(3×3,步长为 2)。

第 3 层:384 个卷积核,大小为 3×3,后接局部响应归一化层。

第 4 层:384 个卷积核,大小为 3×3,后接局部响应归一化层。

第 5 层:256 个卷积核,大小为 3×3,后跟最大池化层(3×3,步长为 2)。

第 6、7、8 层:分别为 4096、4096 和 1000 个神经元的全连接层,其中第 8 层对应 1000 个类的输出。

可以通过 PyTorch 实现 AlexNet,代码如下。

```python
class AlexNet(nn.Module):
    def __init__(self, num_classes=1000):
        super(AlexNet, self).__init__()
        self.features = nn.Sequential(
            nn.Conv2d(3, 96, kernel_size=11),
            nn.ReLU(inplace=True),
            nn.MaxPool2d(kernel_size=3, stride=2),
            nn.Conv2d(96, 256, kernel_size=5, padding=2),
            nn.ReLU(inplace=True),
            nn.MaxPool2d(kernel_size=3, stride=2),
            nn.Conv2d(256, 384, kernel_size=3, stride=1, padding=1),
            nn.ReLU(inplace=True),
            nn.Conv2d(384, 384, kernel_size=3, stride=1, padding=1),
            nn.ReLU(inplace=True),
            nn.Conv2d(384, 256, kernel_size=3, stride=1, padding=1),
            nn.ReLU(inplace=True),
            nn.MaxPool2d(kernel_size=3, stride=2),
        )

        self.classifier = nn.Sequential(
            nn.Linear(160000, 4096),
            nn.ReLU(inplace=True),
            nn.Dropout(0.5),
```

```
            nn.Linear(4096, 4096),
            nn.ReLU(inplace=True),
            nn.Dropout(),
            nn.Linear(4096, num_classes),
        )

    def forward(self, x):
        x = self.features(x)
        x = torch.flatten(x, start_dim=1)
        x = self.classifier(x)

        return x
```

AlexNet 是一个具有里程碑意义的深度学习模型，它的设计和成功应用为深度学习和卷积神经网络的发展奠定了基础。尽管随着时间的推移，出现了更多先进的网络结构，但 AlexNet 在深度学习历史上仍占有重要地位。

2.5.2 VGGNet

VGGNet[2]是由牛津大学的视觉几何组（Visual Geometry Group）在 2014 年提出的深度卷积神经网络架构，它在当年的 ImageNet 竞赛中取得了优异的成绩。VGGNet 的设计原则简单而有效，主要贡献在于展示了通过使用更小的卷积核和更深的网络结构可以提高模型的性能，其网络结构如图 2-33 所示。

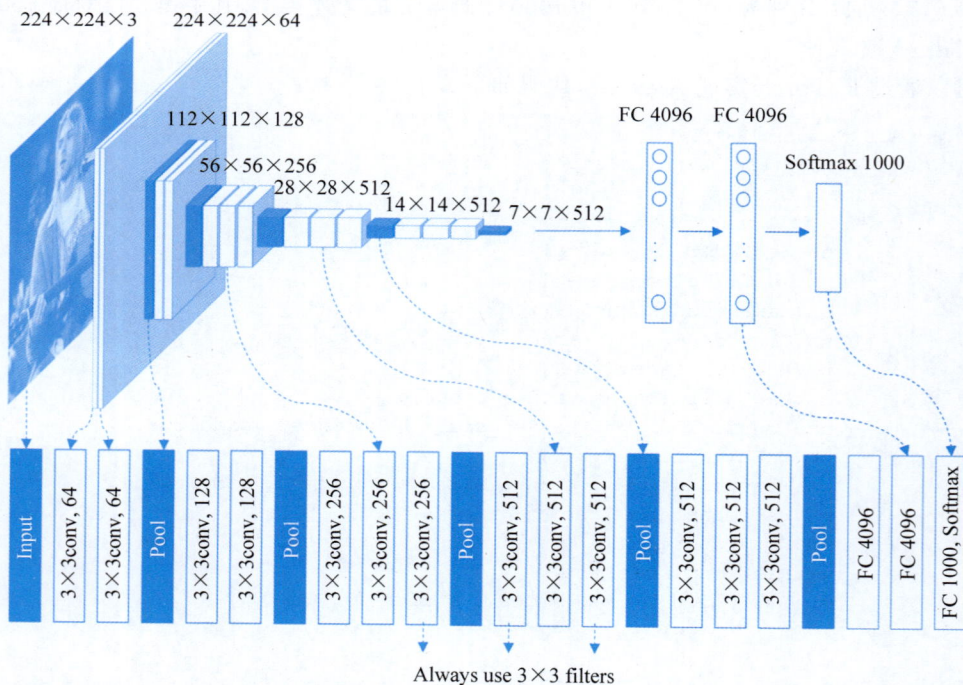

图 2-33　VGGNet 网络结构

VGGNet 采用了深层的网络结构，基础版本包含 13 个卷积层（VGG-13）和 3 个全连接层，而更深层次的版本则包含 16（VGG-16）或 19（VGG-19）个卷积层。

　　与当时流行的其他网络结构不同，VGGNet 使用了 3×3 的小型卷积核，这些卷积核通过堆叠的方式捕获图像特征。这种设计减少了参数数量，同时保持了感受野。

　　VGGNet 中的卷积层通常是连续的，没有使用池化层来降低特征图的空间维度。相反，它通过连续的卷积层和步长为 2 的卷积实现降维。

　　VGGNet-16 代码实现如下。

```python
class VGG16(nn.Module):
    def __init__(self, num_classes=1000):
        super(VGG16, self).__init__()
        self.layer1 = nn.Sequential(
            nn.Conv2d(in_channels=3, out_channels=64, kernel_size=3, stride=1,
            padding=1),
            nn.BatchNorm2d(64),
            nn.ReLU(inplace=True),

            nn.Conv2d(in_channels=64, out_channels=64, kernel_size=3, stride=1,
            padding=1),
            nn.BatchNorm2d(64),
            nn.ReLU(inplace=True),

            nn.MaxPool2d(kernel_size=2, stride=2)
        )

        self.layer2 = nn.Sequential(
            nn.Conv2d(in_channels=64, out_channels=128, kernel_size=3, stride=1,
            padding=1),
            nn.BatchNorm2d(128),
            nn.ReLU(inplace=True),

            nn.Conv2d(in_channels=128, out_channels=128, kernel_size=3, stride=1,
            padding=1),
            nn.BatchNorm2d(128),
            nn.ReLU(inplace=True),

            nn.MaxPool2d(2, 2)
        )

        self.layer3 = nn.Sequential(
            nn.Conv2d(in_channels=128, out_channels=256, kernel_size=3, stride=1,
            padding=1),
            nn.BatchNorm2d(256),
            nn.ReLU(inplace=True),

            nn.Conv2d(in_channels=256, out_channels=256, kernel_size=3, stride=1,
            padding=1),
            nn.BatchNorm2d(256),
            nn.ReLU(inplace=True),

            nn.Conv2d(in_channels=256, out_channels=256, kernel_size=3, stride=1,
            padding=1),
            nn.BatchNorm2d(256),
            nn.ReLU(inplace=True),
```

```
            nn.MaxPool2d(2, 2)
        )

        self.layer4 = nn.Sequential(
            nn.Conv2d(in_channels=256, out_channels=512, kernel_size=3, stride=1,
            padding=1),
            nn.BatchNorm2d(512),
            nn.ReLU(inplace=True),

            nn.Conv2d(in_channels=512, out_channels=512, kernel_size=3, stride=1,
            padding=1),
            nn.BatchNorm2d(512),
            nn.ReLU(inplace=True),

            nn.Conv2d(in_channels=512, out_channels=512, kernel_size=3, stride=1,
            padding=1),
            nn.BatchNorm2d(512),
            nn.ReLU(inplace=True),

            nn.MaxPool2d(2, 2)
        )

        self.layer5 = nn.Sequential(
            nn.Conv2d(in_channels=512, out_channels=512, kernel_size=3, stride=1,
            padding=1),
            nn.BatchNorm2d(512),
            nn.ReLU(inplace=True),

            nn.Conv2d(in_channels=512, out_channels=512, kernel_size=3, stride=1,
            padding=1),
            nn.BatchNorm2d(512),
            nn.ReLU(inplace=True),

            nn.Conv2d(in_channels=512, out_channels=512, kernel_size=3, stride=1,
            padding=1),
            nn.BatchNorm2d(512),
            nn.ReLU(inplace=True),

            nn.MaxPool2d(2, 2)
        )

        self.conv = nn.Sequential(
            self.layer1,
            self.layer2,
            self.layer3,
            self.layer4,
            self.layer5
        )

        self.fc = nn.Sequential(
            nn.Linear(25088, 4096),
            nn.ReLU(inplace=True),
            nn.Dropout(0.5),
```

```
            nn.Linear(4096, 4096),
            nn.ReLU(inplace=True),
            nn.Dropout(0.5),

            nn.Linear(4096, num_classes)
        )

    def forward(self, x):
        x = self.conv(x)
        x = torch.flatten(x, start_dim=1)
        x = self.fc(x)
        return x
```

VGGNet 是一个具有里程碑意义的深度学习模型,它的设计展示了通过增加网络深度和使用小卷积核可以提高性能。在后续的设计网络设计中,多采用 3×3 的卷积核设计。

2.5.3 ResNet

ResNet[3] 的全称为残差网络(Residual Networks),由微软研究院的何恺明等于 2015 年提出。ResNet 在多个视觉识别任务上取得了显著的成功,并在 2015 年的 ImageNet 和 COCO 竞赛中赢得了冠军。ResNet 的核心创新是引入了残差学习框架,解决了随着网络深度的增加,训练困难的问题。

随着深度神经网络层数的增加,理论上模型的表达能力应该变得更强,能学习更加复杂的特征。然而,在实际中,当网络的层数达到一定程度后,训练误差不但不下降,反而出现了增加的现象。这与网络的容量并没有直接关系,而是由于深层网络在梯度传递时容易出现梯度消失等问题,使得网络的权重更新变得困难。此外,随着网络的加深,信息在从输入传播到输出的过程中可能逐渐变得模糊,导致模型难以学习到有效的特征。

ResNet 通过引入跳跃连接(Skip Connections)或快捷连接(Shortcut Connections)构建了一种新的残差模块(Residual Block)。其核心思想是,让每一层的输出直接添加到后面几层的输出上,形成残差,即网络中的每个残差块学习的是输入和输出之间的残差(即差异),而不是直接学习输出,如图 2-34 所示。这使得网络能在学习过程中保持梯度的流动,从而能成功训练更深的网络。ResNet 通过引入跳跃连接,使得反向传播过程中能跳过梯度较小的模块,有效地解决了梯度消失问题。

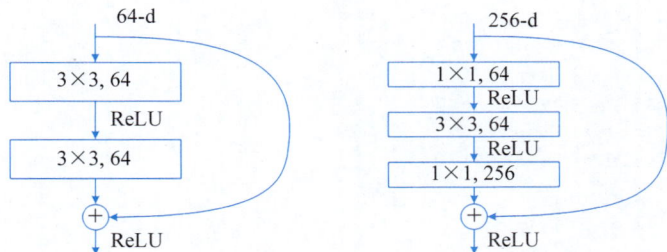

图 2-34　残差学习示意图

ResNet 有多个版本,其中 ResNet-18、ResNet-34、ResNet-50、ResNet-101 和 ResNet-152 分别具有不同数量的层。这些网络的深度远超过之前的 CNN 架构。ResNet 结构如

图 2-35 所示。

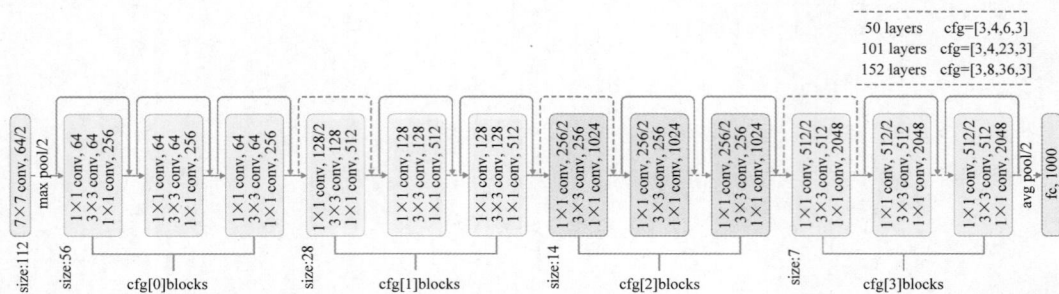

图 2-35　ResNet 结构

ResNet 的提出标志着深度学习领域的一个重要里程碑。它不仅在多个视觉识别任务上取得了突破性的性能，而且其残差学习的思想也被广泛应用于其他深度学习架构中。ResNet 的成功证明了即使在非常深的网络中，通过适当的设计也可以有效地训练网络，并且能学习到有用的特征表示。

ResNet-34 的 PyTorch 代码实现如下。

```python
#对应 18、34 层的残差结构，ResNet18/34 的残差结构，用的是 2 个 3x3 的卷积
class BasicBlock(nn.Module):
    expansion = 1    #残差结构中，主分支的卷积核个数是否发生变化，若不变则为 1

    def __init__(self, in_channel, out_channel, stride=1, downsample=None,
**kwargs):
        super(BasicBlock, self).__init__()
        self.conv1 = nn.Conv2d(in_channels=in_channel, out_channels=out_channel,
                        kernel_size=3, stride=stride, padding=1, bias=False)
        self.bn1 = nn.BatchNorm2d(out_channel)
        self.relu = nn.ReLU()
        self.conv2 = nn.Conv2d(in_channels=out_channel, out_channels=out_channel,
                        kernel_size=3, stride=1, padding=1, bias=False)
        self.bn2 = nn.BatchNorm2d(out_channel)
        self.downsample = downsample

    def forward(self, x):
        identity = x
        if self.downsample is not None:
            identity = self.downsample(x)

        out = self.conv1(x)
        out = self.bn1(out)
        out = self.relu(out)

        out = self.conv2(out)
        out = self.bn2(out)

        out += identity
        out = self.relu(out)
        return out
```

```python
class ResNet(nn.Module):
    #block = BasicBlock or Bottleneck
    #block_num 为残差结构中 conv2_x~ conv5_x 中残差块的个数,是一个列表
    def __init__(self,
                 block,
                 blocks_num,
                 num_classes=1000,
                 include_top=True,
                 groups=1,
                 width_per_group=64):
        super(ResNet, self).__init__()
        self.include_top = include_top
        self.in_channel = 64

        self.groups = groups
        self.width_per_group = width_per_group

        self.conv1 = nn.Conv2d(3, self.in_channel, kernel_size=7, stride=2,
                               padding=3, bias=False)
        self.bn1 = nn.BatchNorm2d(self.in_channel)
        self.relu = nn.ReLU(inplace=True)
        self.maxpool = nn.MaxPool2d(kernel_size=3, stride=2, padding=1)
        self.layer1 = self._make_layer(block, 64, blocks_num[0])
        self.layer2 = self._make_layer(block, 128, blocks_num[1], stride=2)
        self.layer3 = self._make_layer(block, 256, blocks_num[2], stride=2)
        self.layer4 = self._make_layer(block, 512, blocks_num[3], stride=2)
        if self.include_top:
            self.avgpool = nn.AdaptiveAvgPool2d((1, 1))  #output size = (1, 1)
            self.fc = nn.Linear(512 * block.expansion, num_classes)
        for m in self.modules():
            if isinstance(m, nn.Conv2d):
                nn.init.kaiming_normal_(m.weight, mode='fan_out', nonlinearity=
                'relu')

    def _make_layer(self, block, channel, block_num, stride=1):
        downsample = None
        if stride != 1 or self.in_channel != channel * block.expansion:
            downsample = nn.Sequential(
                nn.Conv2d(self.in_channel, channel * block.expansion,
                kernel_size=1, stride=stride, bias=False),
                nn.BatchNorm2d(channel * block.expansion))
        layers = []
        layers.append(block(self.in_channel,
                            channel,
                            downsample=downsample,
                            stride=stride,
                            groups=self.groups,
                            width_per_group=self.width_per_group))
        self.in_channel = channel * block.expansion

        for _ in range(1, block_num):
            layers.append(block(self.in_channel,
                                channel,
```

```
                              groups=self.groups,
                              width_per_group=self.width_per_group))

        return nn.Sequential(*layers)

    def forward(self, x):
        x = self.conv1(x)
        x = self.bn1(x)
        x = self.relu(x)
        x = self.maxpool(x)

        x = self.layer1(x)
        x = self.layer2(x)
        x = self.layer3(x)
        x = self.layer4(x)

        if self.include_top:
            x = self.avgpool(x)
            x = torch.flatten(x, 1)
            x = self.fc(x)

        return x
def resnet34(num_classes=1000, include_top=True):
    #https://download.pytorch.org/models/resnet34-333f7ec4.pth
    return ResNet(BasicBlock, [3, 4, 6, 3], num_classes=num_classes, include_
    top=include_top)
```

2.6 卷积神经网络的训练与分析

本节将介绍如何对神经网络进行训练，并对训练好的模型进行一定的可解释性分析。

2.6.1 训练流程

卷积神经网络的训练可分为以下几个步骤：导入依赖库、构建数据集、构建模型与配置、循环迭代训练与测试、保存权重与训练日志。接下来将详细介绍卷积神经网络训练的步骤。

1. 导入依赖库

导入代码所需的依赖库，保证代码可以正常运行。代码如下。

```
import random
import pandas as pd
import torch
from PIL import Image
from torch.utils.data import Dataset, DataLoader
from torchvision import transforms
from pathlib import Path
from torchvision import models
import numpy as np
import matplotlib.pyplot as plt
from torch import nn
from tqdm import tqdm
```

2. 构建数据集

由于猫狗数据集中仅提供了训练集,因此需要在训练集中划分一部分数据,作为验证集,用于评估模型的训练效果。同时,设定数据集加载类与数据迭代器,代码如下。

```python
def split_data(data_dir=Path('dogs-vs-cats') / 'train' / 'train', train_size=0.7,
seed=42):
    #设置随机数种子,保证每次分割结果不变
    random.seed(seed)

    #获取猫狗图像路径
    cats = list(data_dir.glob('cat.*.jpg'))
    dogs = list(data_dir.glob('dog.*.jpg'))

    #合并数据
    dataset = cats + dogs

    #打乱数据
    random.shuffle(dataset)

    #计算训练集数量
    train_num = int(len(dataset) * train_size)

    #分割数据
    train_set = dataset[:train_num]
    val_set = dataset[train_num:]

    return train_set, val_set

class ImageDataset(Dataset):
    def __init__(self, data_dir, transform=None):
        self.data_dir = data_dir
        self.transform = transform
        self.classes = ['cat', 'dog']

    def __len__(self):
        return len(self.data_dir)

    def __getitem__(self, index):
        im_path = self.data_dir[index]
        im = Image.open(im_path)
        label = self.data_dir[index].name.split('.')[0]
        label = self.classes.index(label)
        if self.transform:
            im = self.transform(im)
        return im, label

#数据转换器
transforms = {
    'train': transforms.Compose([
        transforms.RandomHorizontalFlip(),
        transforms.RandomResizedCrop(224, (0.5, 1.0)),
        #transforms.Resize((224, 224)),
        transforms.ToTensor(),
```

```
    ]),
    'val': transforms.Compose([
        transforms.Resize((224, 224)),
        transforms.ToTensor(),
    ])
}

#构建数据集
train_images, val_images = split_data()
dataset = {
    'train': ImageDataset(data_dir=train_images, transform=transforms['train']),
    'val': ImageDataset(data_dir=val_images, transform=transforms['val']),
}

#构建迭代器
dataloader = {
    'train': DataLoader(dataset['train'], batch_size=32, shuffle=True),
    'val': DataLoader(dataset['val'], batch_size=32, shuffle=False),
}
```

3. 构建模型与配置

根据需求定义需要的模型，为了方便起见，这里直接使用 PyTorch 中预定义好的 AlexNet、VGGNet、ResNet，不同模型的代码定义如下。

```
model = models. alexnet (num_classes=2).to(device)
model = models.vgg11(num_classes=2).to(device)
model = models.resnet18(num_classes=2).to(device)
```

使用时，可根据需求切换成不同的模型。

在模型定义完成后，根据需求配置损失函数与优化器，代码如下。

```
#构建模型
device = torch.device('cuda' if torch.cuda.is_available() else 'cpu')
model = models.resnet18(num_classes=2).to(device)
criterion = nn.CrossEntropyLoss()
optimizer = torch.optim.Adam(model.parameters(), lr=0.0001)
```

4. 循环迭代训练与测试

完成以上配置后，即可开始训练模型，训练过程中不仅要对模型进行训练，同时还要对模型进行评估，以便能及时调整训练。代码如下。

```
#设置训练轮数
num_epochs = 10
train_losses, test_losses, train_accuracies, test_accuracies = [], [], [], []
#开始训练
for epoch in range(num_epochs):
    model.train()
    total_train_loss = 0
    correct_train_preds = 0
    total_train_samples = 0

    #遍历每个 batch
    for batch_idx, (data, targets) in enumerate(tqdm(dataloader['train'])):
```

```
        data, targets = data.to(device), targets.to(device)
        optimizer.zero_grad()
        logits = model(data)
        loss = criterion(logits, targets)
        loss.backward()
        optimizer.step()

        total_train_loss += loss.item()
        _, predicted = torch.max(logits.data, 1)
        correct_train_preds += (predicted == targets).sum().item()
        total_train_samples += targets.size(0)

    train_losses.append(total_train_loss / len(dataloader['train']))
    train_accuracies.append(correct_train_preds / total_train_samples)

    #测试
    model.eval()
    total_test_loss = 0
    correct_test_preds = 0
    total_test_samples = 0

    with torch.no_grad():
        for data, targets in dataloader['val']:
            data, targets = data.to(device), targets.to(device)
            logits = model(data)
            loss = criterion(logits, targets)
            total_test_loss += loss.item()
            _, predicted = torch.max(logits.data, 1)
            correct_test_preds += (predicted == targets).sum().item()
            total_test_samples += targets.size(0)

    test_losses.append(total_test_loss / len(dataloader['val']))
    test_accuracies.append(correct_test_preds / total_test_samples)

    if (epoch + 1) %1 == 0:
        print(f'Epoch {epoch + 1}, '
            f'Train Loss: {train_losses[-1]}, '
            f'Train Accuracy: {train_accuracies[-1]}, '
            f'Test Loss: {test_losses[-1]}, '
            f'Test Accuracy: {test_accuracies[-1]}')
```

5. 保存权重与训练日志

训练完成后,保存模型的权重与训练日志。保存权重的目的是对训练好的模型进行保存,方便后续调用,无须再次训练;保存训练日志的目的是能对模型的训练过程进行分析,以便后续调优。代码如下。

```
#Save to CSV
results_df = pd.DataFrame({
    'Epoch': range(1, num_epochs + 1),
    'Train Loss': train_losses,
    'Train Accuracy': train_accuracies,
    'Test Loss': test_losses,
    'Test Accuracy': test_accuracies
```

```
})
results_df.to_csv('resnet18_results.csv', index=False)
torch.save(model.state_dict(), 'resnet18.pth')
```

通过如上代码，即可完成对卷积神经网络的训练。可以通过修改 model，使用不同的模型，达到不同的效果。

2.6.2　可解释性分析

完成 AlexNet、VGGNet-11、ResNet-18 三个模型的训练后，可以对三个模型进行对比，将其训练日志中的测试集准确率与测试集损失绘制到一张图上，如图 2-36 所示。

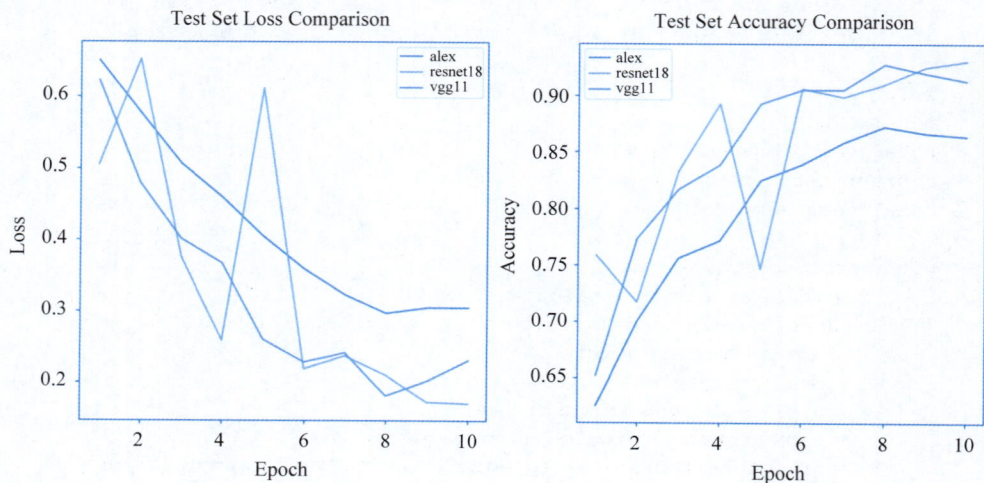

图 2-36　不同模型的对比

可以发现，ResNet-18 在训练的最后一轮实现了更小的损失与更高的准确率。

为了探究卷积神经网络更关注图像中哪部分的特征，可以通过 Grad-CAM[4] 的方式对卷积神经网络进行可视化。Grad-CAM（Gradient-weighted Class Activation Mapping）是一种可视化技术，用于理解深度学习模型（特别是卷积神经网络）在进行图像分类时的决策过程，如图 2-37 所示。

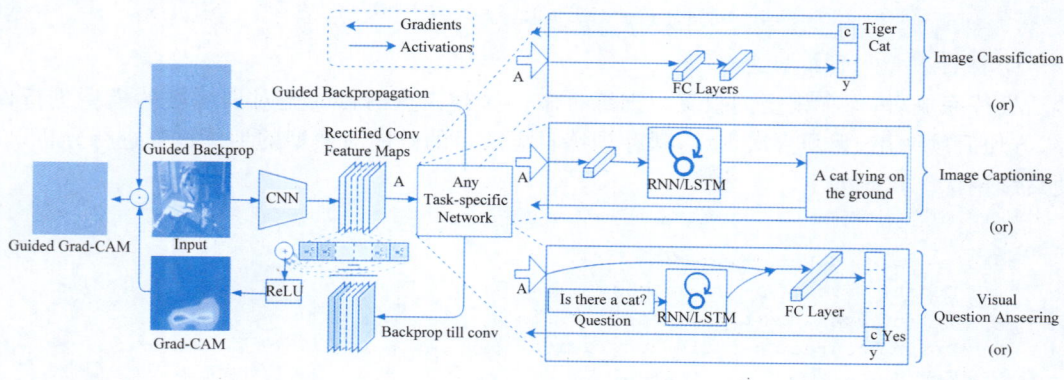

图 2-37　Grad-CAM 技术

　　Grad-CAM 通过将模型的预测结果与输入图像的特征图关联起来,展示哪些区域对模型的最终分类决策贡献最大。首先确定要解释的类别,通常选择模型预测为最可能的那个类别。对于选定的类别,执行反向传播算法来计算最后卷积层输出的特征图相对于该类别得分的梯度。这个梯度反映了每个特征图像素对类别得分的贡献大小。随后将得到的梯度按照特征图进行聚合,通常通过逐元素相加的方式实现。这一步骤的目的是将所有特征图对类别得分的贡献合并到一起。对聚合后的梯度应用 ReLU 操作,这一步是为了保留对类别得分有正贡献的梯度信息,忽略负贡献的部分。

　　Grad-CAM 的优势在于,它提供了一种直观的方式来理解模型的预测逻辑,即模型是基于图像中的哪些特征区域做出特定预测的。

　　对三个模型进行 Grad-CAM 可视化,探究不同模型是否关注了正确的特征,如图 2-38 所示。

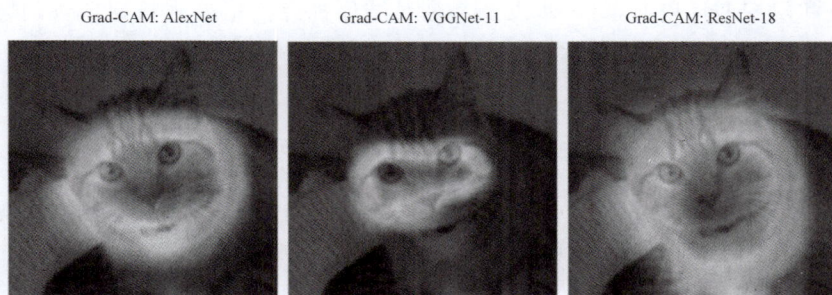

Grad-CAM: AlexNet　　　　Grad-CAM: VGGNet-11　　　　Grad-CAM: ResNet-18

图 2-38　Grad-CAM 可视化

　　通过可视化可以发现,AlexNet 更多关注猫面部的特征,VGGNet 更多关注眼睛、鼻子处的特征,而 ResNet 关注到更多的特征,包括面部、颈部等。

第 **3** 章

循环神经网络

在深度学习对于序列数据的处理中,循环神经网络(RNN)凭借其对序列的处理能力成为该领域不可或缺的关键技术之一。循环递归机制作为循环神经网络的核心,是捕捉数据间时间依赖性和动态变化的强大工具。从基础的循环神经网络结构到先进的变体,如长短期记忆网络和门控循环单元,每一步发展都是对循环神经网络处理长期依赖问题能力的显著提升。本章将详细介绍循环神经网络的原理,以及循环神经网络的不同实现。

3.1 RNN

循环神经网络(Recurrent Neural Network,RNN)是一种适合于序列数据的深度学习模型。与传统的全连接神经网络不同,RNN能处理序列中的动态特征,能捕捉时间序列数据中的前后依赖关系。

3.1.1 序列数据

序列数据(Sequential Data)是一种数据类型,其特点是数据点之间存在时间或空间上的顺序关系。这种数据类型在很多领域都很常见,例如股票价格、气温记录、销售数据等,它们随时间变化而变化;在自然语言处理领域,自然语言文本也是序列数据,如句子、段落或整个文档,其中的单词和句子都是按照特定的顺序排列的;在音频数据中,音频信号(如语音或音乐)是按照时间顺序排列的声波序列;在视频数据中,视频由一系列图像(帧)组成,每一帧都与前一帧和后一帧在时间上连续。

处理序列数据时,通常需要考虑其时间或空间上的顺序性,以及数据点之间的依赖关系。例如,在自然语言处理中,一个词的出现往往依赖其前后文;在时间序列分析中,当前的观测值可能与过去的观测值有关。因此,序列数据的分析和建模通常需要使用能捕捉这种顺序和依赖性的方法。

股票是常见的序列数据,如图3-1所示。序列数据可以通过表格的形式呈现,在常规的数据中,例如鸢尾花数据集,每行数据为一个样本,每一列视为一个特征。而序列数据每个样本由多行数据组成,每一列视为一个特征。其中date表示日期;open表示开盘价;high表示最高价;low表示最低价;close表示收盘价;volume表示交易量。股票预测的目标是根据这些历史数据,预测出未来的交易量。

在PyTorch中,时间序列数据通常以(batch,length,features)的形式组织数据。其中batch表示批次数,length表示序列长度(即行数),features表示特征的数量。

例如,在股票数据中,需要以过去3天的数据,预测出未来1天的数据,那么length为3;

	A	B	C	D	E	F
1	date	open	high	low	close	volume
2	2016/1/4	30.57	30.57	28.63	28.78	70997200
3	2016/1/5	28.41	29.54	28.23	29.23	87498504
4	2016/1/6	29.03	29.39	28.73	29.26	48012112
5	2016/1/7	28.73	29.25	27.73	28.5	23647604
6	2016/1/8	28.73	29.18	27.63	28.67	98239664
7	2016/1/11	27.73	28.06	26.73	26.76	99355696
8	2016/1/12	27	27.29	26.55	26.94	74380912
9	2016/1/13	27.5	27.51	26.58	26.72	62533020
10	2016/1/14	25.63	26.79	25.53	26.72	79722712
11	2016/1/15	26.37	26.6	25.63	25.93	59140260
12	2016/1/18	25.46	26	25.32	25.8	48369368
13	2016/1/19	25.95	26.41	25.48	26.24	67392536
14	2016/1/20	25.95	26.18	25.02	25.26	1.01E+08
15	2016/1/21	25.1	25.54	24.6	24.88	68190104

图 3-1　股票数据

股票数据中除去日期(date)后,有 5 列,则特征数为 5;若 batch 设为 64,那么股票数据的形状为(64,3,5)。原始数据可以通过滑窗的形式,划分为多个窗口,用于训练与测试。

3.1.2　递归特性

要开发一个深度学习模型来预测股票走势,选择合适的基础模型至关重要。在股票数据中,未来的股票涨跌形势与历史数据有关:如果股票价格呈现上升趋势,即股价高于之前的价格,并且价格的涨幅逐步扩大,那么可能会吸引更多的投资者,从而推动股价继续上涨。相反,如果股价呈现下降趋势,可能导致更多的投资者选择卖出,从而加速股价下跌。

循环神经网络可以很好地处理这些问题。循环神经网络是一类以序列数据为输入,在序列的演进方向进行递归,所有节点(循环单元)按链式连接的递归神经网络。递归在循环神经网络中意味着神经网络的输出不仅依赖于当前输入,还依赖于之前的状态(记忆)。这一特性使得循环神经网络特别适合处理时间序列数据,如文本、语音、信号数据等,因为这些数据的每一个时间步的输入通常与之前的时间步相关。

对于前面提到的股票预测问题,循环神经网络模型的流程图如图 3-2 所示。任务目标为利用过去 3 天的全部股票数据,预测出未来 1 天的成交量。其中,输入数据为 2016 年 1 月 4 日至 6 日的股票数据,标签为 2016 年 1 月 7 日的成交量。模型的学习目标是在过去 3

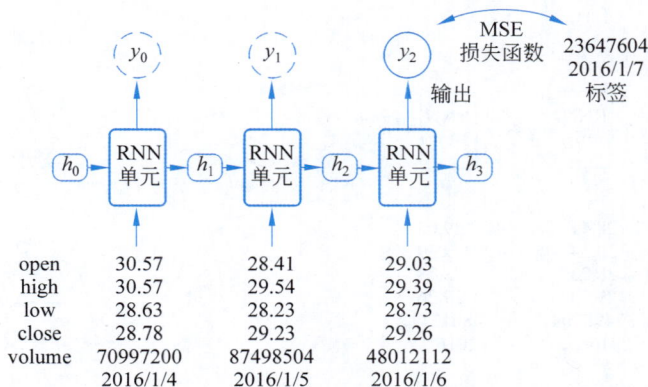

图 3-2　RNN 模型在股票预测中的应用

天的数据中学习规律,找到与未来 1 天的成交量之间的映射关系,使得模型输出与标签之间的损失越来越小。

其中,每一个 RNN 单元的权重都是共享的。简单来说,RNN 使用相同的计算单元对每一个时刻的数据都进行相同的运算。这类似于编程中函数递归的思想,因此将此特性称为"递归特性"。递归特性的优点在于,它可以为 RNN 实现记忆的功能。

RNN 对于输入序列的处理并不是并行的,需要单独输入每一个序列进行处理。第一时刻 RNN 的输入与输出如图 3-3～图 3-5 所示。

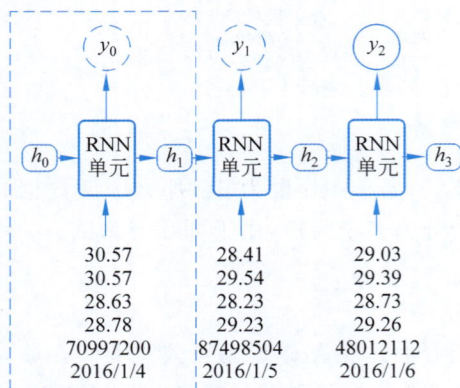

图 3-3　第一时刻的 RNN 单元计算

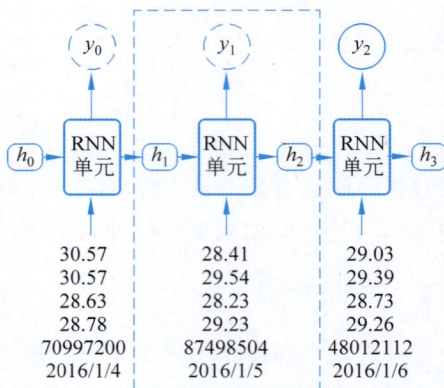

图 3-4　第二时刻的 RNN 单元计算

RNN 是一个在输入序列上滑动的过程,对于每一时刻,使用相同的 RNN 单元对输入序列进行计算。RNN 单元是 RNN 中用于输入与输出的计算单元,如图 3-6 所示。RNN 单元具有两个输入与两个输出,两个输入分别为:原始数据(x_0)、隐藏状态(h_0);两个输出分别为:预测(y_0)、隐藏状态(h_1)。隐藏状态是 RNN 的"记忆",它保存了到当前时间步为止的所有重要信息。这使得 RNN 能在处理序列时保留过去的上下文信息。隐藏状态在每个时间步都会更新,并在下一时间步传递。需要注意的是,在第一个时刻,没有来自上一个时刻的隐藏状态,此时可以通过人为定义的方式定义隐藏状态,第一个时刻的隐藏状态的取值通常为 0。

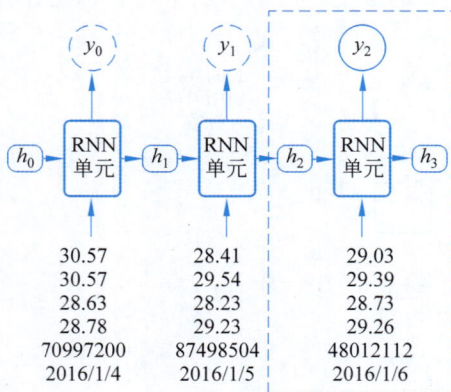

图 3-5　第三时刻的 RNN 单元计算

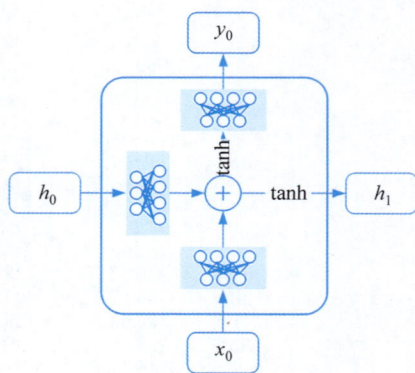

图 3-6　RNN 单元结构图

　　在 RNN 单元中,有三组需要训练的参数,即三个全连接层,当输入特征输入 RNN 中时,会先通过第一个全连接层,得到特征的抽象表示;随后,上一时刻产生的隐藏状态会被输入第二个全连接层中,对其进行线性变换,二者通过相加的方式组合在一起;完成组合后,使用 tanh 激活函数对相加结果进行限制;同时,将 tanh 的处理结果输入最后一个全连接层中,得到最终的输出。

　　由于 RNN 的隐藏状态会在每个时间步更新并传递给下一个时间步,这使得 RNN 能"记住"前面看到的输入。换句话说,RNN 有一种短期记忆能力,可以通过递归捕捉序列数据中的依赖关系。

　　为了方便理解,使用 PyTorch 自定义一个 RNN 神经网络,代码如下。

```python
#定义 RNN 单元
class RNNCell(nn.Module):
    def __init__(self, input_size, hidden_size, output_size):
        super(RNNCell, self).__init__()

        #定义输入到隐藏状态的线性层
        self.input_to_hidden = nn.Linear(input_size, hidden_size)

        #定义隐藏状态到隐藏状态的线性层
        self.hidden_to_hidden = nn.Linear(hidden_size, hidden_size)

        #定义隐藏状态到输出的线性层
        self.hidden_to_output = nn.Linear(hidden_size, output_size)

        #定义激活函数(如 tanh 或 ReLU)
        self.activation = nn.Tanh()

    def forward(self, input, hidden):
        #计算当前时间步的隐藏状态
        hidden = self.activation(self.input_to_hidden(input) + self.hidden_to_
        hidden(hidden))

        #计算输出
        output = self.hidden_to_output(hidden)

        return output, hidden

class RNN(nn.Module):
    def __init__(self, input_size, hidden_size, output_size):
        super(RNN, self).__init__()
        self.hidden_size = hidden_size
        #RNN 单元
        self.cell = RNNCell(input_size, hidden_size, output_size)

    def forward(self, input):
        batch_size, seq_len, feature_size = input.shape

        #初始化隐藏层
        hidden = self.init_hidden()

        #循环递归
```

深度学习全景：技术与应用解析（微视频版）

```
        for i in range(seq_len):
            output, hidden = self.cell(input[:, i, :], hidden)

        return output

    def init_hidden(self):
        #初始化隐藏状态为 0
        return torch.zeros(1, self.hidden_size)
```

PyTorch 中也对 RNN 代码进行了更细致的实现，可以通过以下接口，调用 RNN 模型。

```
nn.RNN()
```

但 RNN 的设计也存在一定的缺陷。尽管递归属性使得 RNN 在处理序列数据时具有优势，但它也带来一些局限性，特别是在处理非常长的序列时。标准 RNN 可能难以捕捉到序列中的长距离依赖关系。同时，由于 RNN 是一种递归模型，在反向传播过程中将会出现梯度连续相乘的现象，容易导致梯度消失问题。此外，由于递归结构的顺序性，RNN 需要等待上一个 RNN 的训练，通常比前馈神经网络（如卷积神经网络）慢，无法并行训练也是 RNN 需要解决的问题。

3.2　LSTM

RNN 模型有许多变体，不同变体都对其进行了一定程度的改良，其中最有效的改进当属长短期记忆网络模型。

长短期记忆（Long Short Term Memory，LSTM）网络[5]是一种特别设计的循环神经网络，它在处理序列数据方面具有显著的优势。与标准 RNN 相比，LSTM 通过其独特的结构，能有效地捕捉序列中的长期依赖，同时解决了梯度消失的问题，这使得它在执行序列建模任务时更加出色。

在 RNN 的运作过程中，会遇到以下两个主要挑战。

1）梯度消失

处理长序列数据时，RNN 通过反向传播算法计算梯度，由于梯度的连续乘法操作，经常会出现梯度迅速减小或急剧增加的现象，这种现象被称为梯度消失或梯度爆炸。这种情况会影响 RNN 的学习效率和模型的泛化能力。LSTM 通过其创新的门控机制，有效缓解了这一问题，允许模型更有效地处理长期依赖。

2）短期记忆

RNN 在记忆信息时，由于隐藏状态来源于上一个时间节点的输出，通常只能保持对最近事件的记忆，而难以追踪更远时间点的依赖关系。这种记忆的局限性限制了 RNN 处理长序列的能力。LSTM 通过引入记忆单元和三个关键的门控机制——遗忘门、输入门和输出门来应对这些挑战。遗忘门帮助网络决定哪些信息应该被舍弃，以减少对不重要信息的关注。输入门则决定了哪些新的信息应该被纳入网络的状态中。输出门则负责将当前的记忆状态转换为网络的输出，同时确保对序列中关键信息的持续关注。这种结构的设计，使得 LSTM 在面对长序列数据时，能维持稳定的梯度，避免了传统 RNN 在反向传播过程中遇到的梯度消失或梯度爆炸问题。因此，LSTM 在诸如自然语言处理、语音识别、时间序列分析等需要处理序列信息的领域中,展现出卓越的性能。

　　LSTM 是 RNN 的变体,与 RNN 相同,其对时间序列也需要以滑动的形式单独对每一时刻进行处理。LSTM 与 RNN 的不同之处主要在于计算单元。LSTM 计算单元如图 3-7 所示。LSTM 与 RNN 的不同在于,LSTM 在计算单元中加入了记忆与门控(gate)结构。

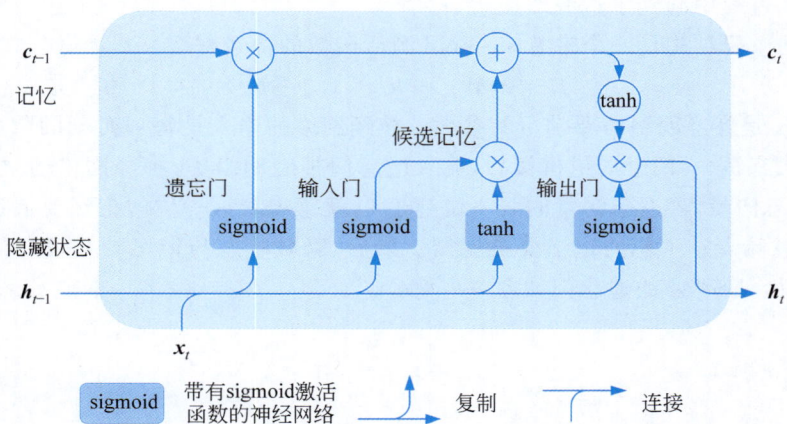

图 3-7　LSTM 计算单元

3.2.1　记忆

　　LSTM 通过短期记忆与长期记忆相互配合实现记忆。

　　1)短期记忆

　　LSTM 的每个单元都有一个内部状态(隐藏状态),这是一种短期记忆的形式。在 LSTM 的运算过程中,这个状态可以存储信息,并在需要时将信息传递给后续时间步的计算。

　　2)长期记忆

　　长期记忆是指 LSTM 能通过这种内部状态保存较长时间跨度内的信息,而不会随着时间的推移轻易遗忘。LSTM 实现长期记忆关键在于从单元上方贯穿而过的线,如图 3-8 所示。对记忆仅有两个操作:相乘与相加。在相乘操作中,LSTM 的记忆向量会与一个 $0\sim1$ 的向量相乘,若乘数趋于 0,相乘结果也趋于 0,那么可以认为,这个数值被遗忘;在相加操作中,记忆向量会与计算得到的向量相加,可以看作记忆的保存。

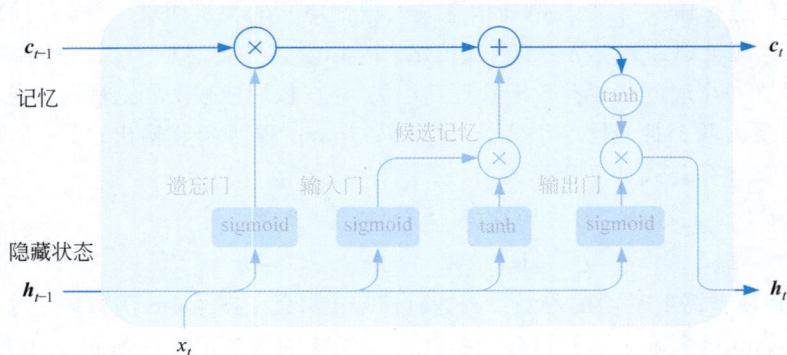

图 3-8　LSTM 中的记忆

3.2.2 遗忘门

遗忘门的主要功能是决定记忆中的哪些部分需要被"遗忘"，哪些部分需要被保留。在 LSTM 的每个时间步中，内部状态会根据当前的输入和前一时刻的隐藏状态进行更新，而遗忘门在这个过程中起到了过滤作用。

遗忘门的主要结构是一个带有 sigmoid 激活函数的神经网络。其计算公式如下所示。

$$f_t = \sigma(W_f \cdot [h_{t-1}, x_t] + b_f) \tag{3-1}$$

其中 W_f 与 b_f 是神经网络需要学习的参数。神经网络的输入是每一时刻的数据 x_t 与上一时刻的隐藏状态 h_{t-1}，两个向量拼接后，输入遗忘神经网络中，神经网络通过学习输出一个 0～1 的遗忘向量，若遗忘向量的某一位趋于 0，就意味着这一位的记忆要被遗忘；若某一位趋于 1，则意味着这一位的记忆要被保留。最后，隐藏状态与记忆相乘，即可实现对记忆的遗忘与保留。LSTM 的遗忘门如图 3-9 所示。

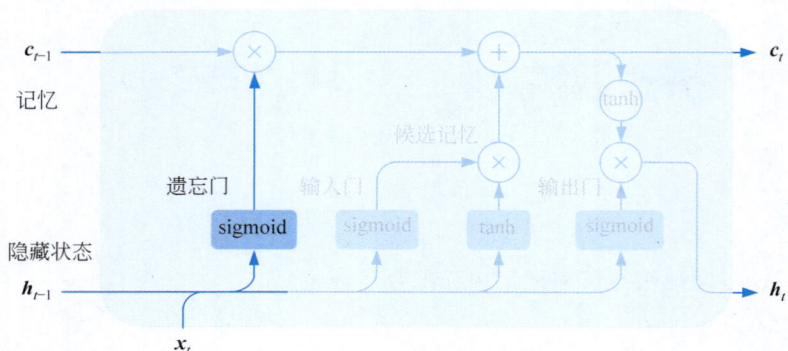

图 3-9　LSTM 的遗忘门

遗忘门使得 LSTM 能在处理长序列时避免梯度消失的问题。这是因为它可以动态地决定记住哪些信息，以及保留这些信息多久，从而使得网络能捕捉到长时间跨度内的依赖关系。允许模型在不同时间步上处理不同的上下文信息。具体来说，网络可以"忘记"那些在当前时刻不再重要的信息，而保留或引入新的重要信息。

3.2.3 选择记忆门

选择记忆门也称输入门，是控制新信息进入记忆单元的关键组件。输入门的主要作用是决定哪些新信息应被添加到单元状态（或记忆）中，以及这些信息应当以何种强度进行更新。这使得 LSTM 在每个时间步能有效地管理其记忆，并在长期依赖问题上展现出色的表现。

输入门主要由两个神经网络组成：一个以 sigmoid 激活函数输出；另一个则以 tanh 激活函数输出。其计算公式如下所示。

$$i_t = \sigma(W_i \cdot [h_{t-1}, x_t] + b_i) \tag{3-2}$$

$$\widetilde{C}_t = \tanh(W_c \cdot [h_{t-1}, x_t] + b_c) \tag{3-3}$$

其中，W 与 b 是模型需要学习的参数。σ 是 sigmoid 函数。sigmoid 函数确定了要保留的信息的比例，而 tanh 函数确定了新信息的幅度。LSTM 的选择记忆门如图 3-10 所示。

选择记忆门使 LSTM 能根据当前时间步的上下文动态筛选和存储信息。它确保只有

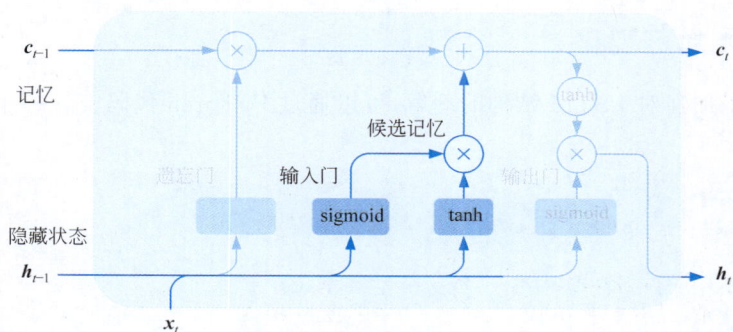

图 3-10   LSTM 的选择记忆门

那些对未来预测重要的输入才会被记忆,从而提高了模型在长时间序列预测中的表现。通过控制信息的流入,输入门避免了不必要的信息被过多累积到记忆中。这有助于防止记忆单元的状态变得过于复杂或被无关信息干扰,从而提高了网络的学习效果和稳定性。输入门与遗忘门协同工作,使得 LSTM 可以在时间序列数据中有效地保留重要的历史信息,并根据需要逐步更新记忆。这种记忆更新机制使得 LSTM 在处理具有长期依赖关系的数据时具有显著优势。

3.2.4   输出门

输出门决定了当前时间步的隐藏状态应该输出哪些信息。隐藏状态不仅用于传递给下一时间步,还常常用作网络的最终输出,因此输出门的作用至关重要。输出门的主要功能是控制从单元状态中提取出哪部分信息,用于生成当前时间步的隐藏状态。

需要注意的是,LSTM 的输出 y 与 h 是相同的,即 LSTM 单元的特征输出与隐藏状态一致。输出门主要由一个神经网络组成,其计算公式如下所示。

$$O_t = \sigma(W_i \cdot [h_{t-1}, x_t] + b_i) \tag{3-4}$$

其中 W 与 b 是模型需要学习的参数。其目的是将当前输入值与上一时刻的输出值进行整合,再通过 sigmoid 激活函数确定特征的重要程度,随后通过下面的计算公式,将整合信息与记忆进行融合。

$$h_t = o_t \times \tanh(C_t) \tag{3-5}$$

对于记忆 C,使用 tanh 激活函数将其映射到 $(-1, 1)$ 区间,再与神经网络输出按位相乘,即可得到每一时刻的特征输出,如图 3-11 所示。

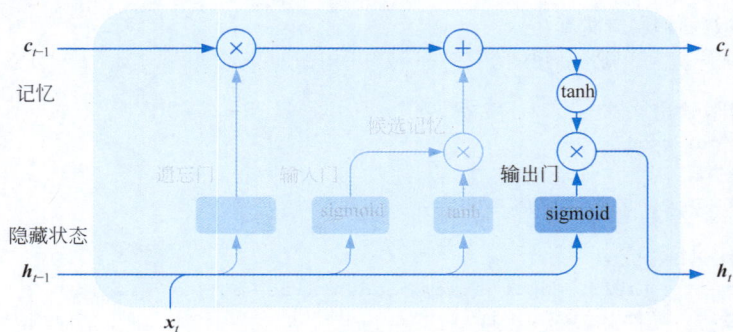

图 3-11   LSTM 的输出门

3.2.5 LSTM 的可视化

为了进一步加强对 LSTM 结构的理解，可以通过 PyTorch 代码实现一个 LSTM 模型，代码实现如下。

```python
import torch
import torch.nn as nn

class LSTMCell(nn.Module):
    def __init__(self, input_size, hidden_size):
        super(LSTMCell, self).__init__()

        #定义遗忘门的线性层
        self.forget_gate = nn.Linear(input_size + hidden_size, hidden_size)

        #定义输入门的线性层
        self.input_gate = nn.Linear(input_size + hidden_size, hidden_size)

        #定义输出门的线性层
        self.output_gate = nn.Linear(input_size + hidden_size, hidden_size)

        #定义候选记忆的线性层
        self.cell_gate = nn.Linear(input_size + hidden_size, hidden_size)

        #定义激活函数(tanh 和 sigmoid)
        self.tanh = nn.Tanh()
        self.sigmoid = nn.Sigmoid()

    def forward(self, input, hidden, cell):
        #拼接输入和前一时间步的隐藏状态
        combined = torch.cat((input, hidden), dim=1)

        #计算遗忘门、输入门、输出门和候选记忆
        forget_gate = self.sigmoid(self.forget_gate(combined))
        input_gate = self.sigmoid(self.input_gate(combined))
        output_gate = self.sigmoid(self.output_gate(combined))
        candidate_cell = self.tanh(self.cell_gate(combined))

        #更新记忆
        cell = forget_gate * cell + input_gate * candidate_cell

        #计算新的隐藏状态
        hidden = output_gate * self.tanh(cell)

        #计算输出
        output = hidden

        return output, hidden, cell

class LSTM(nn.Module):
    def __init__(self, input_size, hidden_size, output_size):
        super(LSTM, self).__init__()
```

```
        self.hidden_size = hidden_size
        #LSTM 单元
        self.cell = LSTMCell(input_size, hidden_size)

        self.fc = nn.Linear(hidden_size, output_size)

    def forward(self, input):
        batch_size, seq_len, feature_size = input.shape

        #初始化隐藏层和记忆
        hidden, cell = self.init_hidden(batch_size)

        #循环递归
        for i in range(seq_len):
            output, hidden, cell = self.cell(input[:, i, :], hidden, cell)

        #获取预测结果
        output = self.fc(output)

        return output

    def init_hidden(self, batch_size):
        #初始化隐藏状态和记忆为 0
        return (torch.zeros(batch_size, self.hidden_size),
                torch.zeros(batch_size, self.hidden_size))
```

在实际使用中,也可以调用 PyTorch 中提供的 LSTM 模型,代码如下。

```
Lstm = nn.LSTM()
```

接下来,使用自定义的 LSTM 模型,对前文中提到的股票预测问题进行训练。任务目标是使用过去 64 天的股票数据,预测出未来 1 天的成交量(Volume)。代码实现如下。

```
import pandas as pd
import torch
from sklearn.model_selection import train_test_split
from torch.utils.data import DataLoader, TensorDataset
from sklearn.preprocessing import StandardScaler
from LSTM import LSTMCell, LSTM
import torch.nn as nn
import torch.optim as optim
import matplotlib.pyplot as plt

#读取 CSV 文件
data = pd.read_csv('data.csv')

#提取特征和目标
features = data[['open', 'high', 'low', 'close', 'volume']].values
target = data['volume'].values.reshape(-1, 1)

#划分数据集,验证集样本数为 100
val_size = 100
train_features = features[:-val_size]
train_target = target[:-val_size]
```

```
test_features = features[-val_size:]
test_target = target[-val_size:]

#对数据进行标准化
scaler_feature = StandardScaler()
scaler_target = StandardScaler()

train_features = scaler_feature.fit_transform(train_features)
train_target = scaler_target.fit_transform(train_target)
test_features = scaler_feature.transform(test_features)
test_target = scaler_target.transform(test_target)

#创建时间窗口
def create_windows(features, target, window_size=64):
    X, y = [], []
    for i in range(len(features) - window_size):
        X.append(features[i:i+window_size])
        y.append(target[i+window_size])
    return torch.tensor(X, dtype=torch.float32), torch.tensor(y, dtype=torch.
float32)

X_train, y_train = create_windows(train_features, train_target)
X_test, y_test = create_windows(test_features, test_target)

#创建数据加载器
batch_size = 16
train_data = TensorDataset(X_train, y_train)
test_data = TensorDataset(X_test, y_test)

train_loader = DataLoader(train_data, batch_size=batch_size, shuffle=True)
test_loader = DataLoader(test_data, batch_size=batch_size, shuffle=False)

#初始化模型、损失函数和优化器
input_size = 5   #open, high, low, close, volume
hidden_size = 256
output_size = 1

model = LSTM(input_size, hidden_size, output_size)
criterion = nn.MSELoss()
optimizer = optim.Adam(model.parameters(), lr=0.001)

#训练模型
epochs = 100
min_loss = 100.
for epoch in range(epochs):
    model.train()
    for X_batch, y_batch in train_loader:
        optimizer.zero_grad()
        output = model(X_batch)
        loss = criterion(output, y_batch)
        loss.backward()
        optimizer.step()
```

```
        print(f'Epoch {epoch+1}/{epochs}, Loss: {loss.item():.4f}')

    #测试模型
    model.eval()
    test_loss = 0.0
    with torch.no_grad():
        for X_batch, y_batch in test_loader:
            output = model(X_batch)
            loss = criterion(output, y_batch)
            test_loss += loss.item()
    test_loss /= len(test_loader)
    print(f'Test Loss: {test_loss:.4f}')

    #保存最优模型
    if test_loss < min_loss:
        min_loss = test_loss
        torch.save(model.state_dict(), 'model.pt')
        print('Model saved')

#测试模型并进行预测
model.load_state_dict(torch.load('model.pt'))
model.eval()
predictions = []
with torch.no_grad():
    for X_batch, y_batch in test_loader:
        output = model(X_batch)
        predictions.extend(output.numpy().reshape(-1).tolist())

predictions = torch.tensor(predictions).flatten()

#逆标准化
predictions = scaler_target.inverse_transform(predictions.reshape(-1, 1))
y_test = scaler_target.inverse_transform(y_test.numpy().reshape(-1, 1))

#绘制真实值与预测值的对比图
plt.figure(figsize=(12, 6))
plt.plot(y_test, label='Real Volume')
plt.plot(predictions, label='Predicted Volume')
plt.xlabel('Time Steps')
plt.ylabel('Volume')
plt.legend()
plt.title('Real vs Predicted Volume')
plt.show()
```

代码运行结束后,将会得到真实值与预测值的对比,如图 3-12 所示。LSTM 能实现对未来 1 天股票数据的基本预测。

为了进一步对 LSTM 模型进行解释,对于 2018 年 11 月 9 日的预测情况,将输入序列每一时刻的遗忘门进行可视化展示,如图 3-13 所示。输入序列为 2018 年 8 月 3 日至 2018 年 11 月 8 日的股票数据,每一时刻的遗忘门输出是一个长度为 256 的向量,256 表示 LSTM

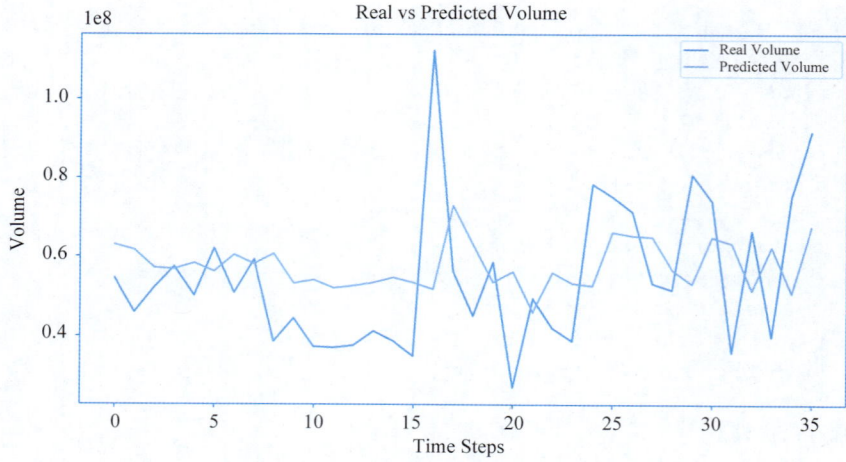

图 3-12　真实值与预测值的对比

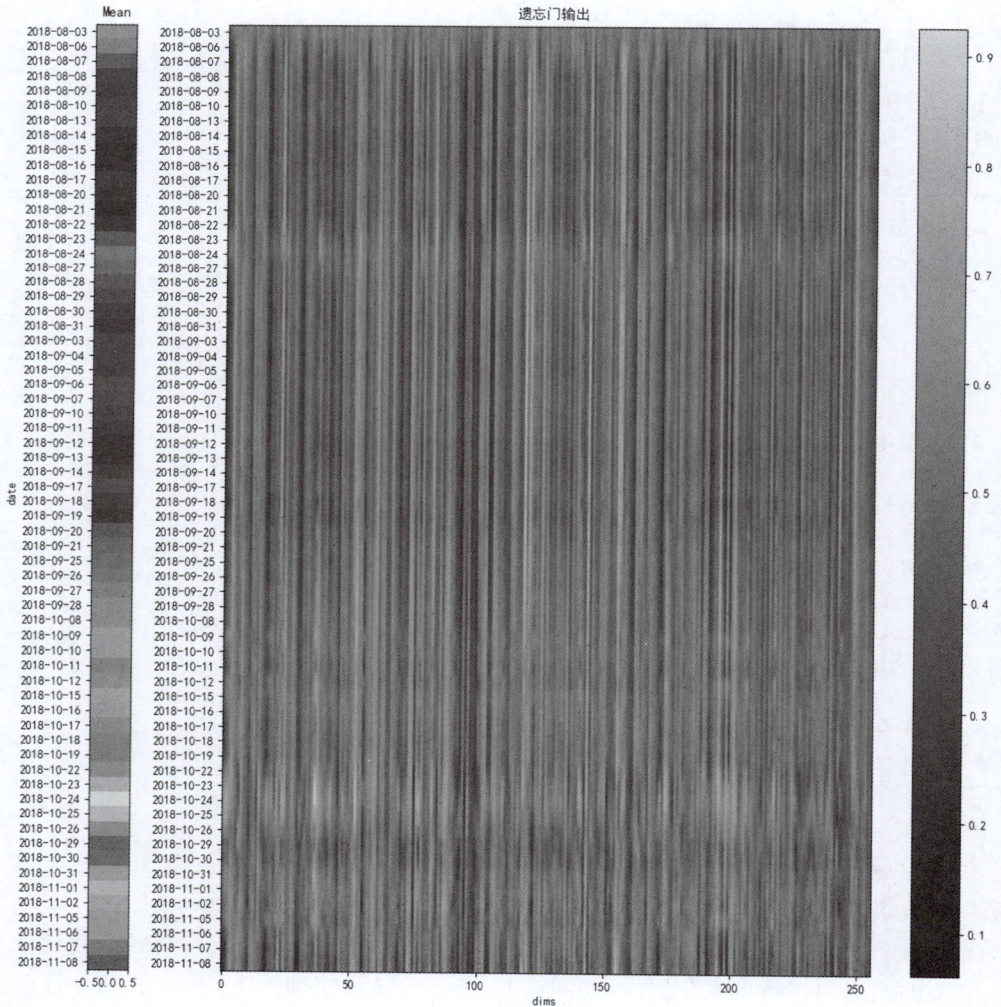

图 3-13　遗忘门每时刻的输出

的隐藏维度,即 5 列特征会通过全连接层映射为长度为 256 的向量,这类似于全连接神经网络中的隐藏层。遗忘门输出将决定向量的哪些位会被记住,哪些位会被遗忘。为了探究每一时刻的综合情况,对 256 维的向量求平均,用于反映每一时刻的综合情况。若平均值趋近于 1,则说明此时刻的向量较为重要,总体上将会被记住;若平均值趋近于 0,则说明此时刻的向量不重要,总体上将会被遗忘。

通过图 3-13 可以发现,2018 年 10 月 24 日的均值最接近 1,说明此时刻的数据会被最大程度地记住。此外,2018 年 8 月 3 日至 2018 年 8 月 7 日、2018 年 8 月 23 日至 2018 年 8 月 29 日、2018 年 9 月 20 日至 2018 年 11 月 8 日都在一定程度上被记住;2018 年 8 月 14 日至 2018 年 8 月 22 日、2018 年 9 月 11 日至 2018 年 9 月 13 日的时刻趋近于 0,将会被遗忘。

接下来可以通过 2018 年 8 月 3 日至 2018 年 11 月 9 日的成交量数据,结合遗忘门输出,对股票成交量情况进行一定程度的解释。历史成交量数据与未来一天的成交量如图 3-14 所示。遗忘门输出趋近于 1 的时刻大多为成交量变化幅度较大的情况;遗忘门输出趋近于 0 的情况大多为成交量变化平稳的情况。也可以对成交量进行求导,并进行可视化,分析变化量与遗忘门输出的关联情况,这里不再展开。

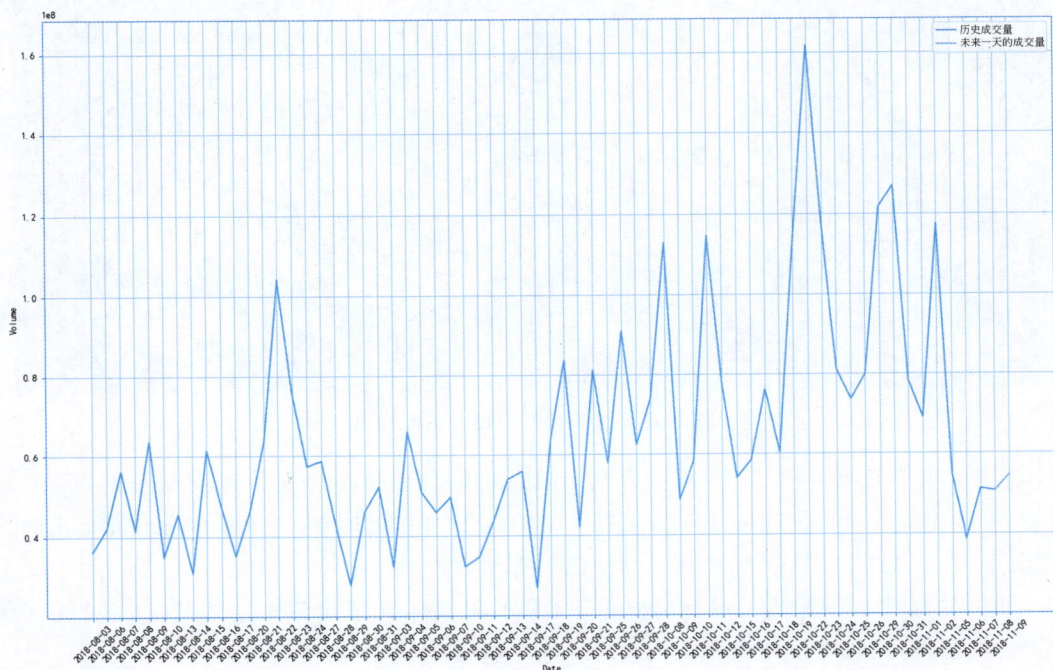

图 3-14　历史成交量数据与未来一天的成交量

除了对遗忘门进行可视化,还可对选择记忆门进行可视化,如图 3-15 所示。选择记忆门是一个取值为 −1~1 的向量,向量的长度同样为 256。趋近于 1 的部分可以被视为一种正向的记忆,而趋向于 −1 的部分可以被视为负记忆。

图 3-15   选择记忆门每时刻的输出

选择记忆门的输出在 2018 年 8 月与 9 月初的均值整体上是更加趋向于 1 的，而在 10 月与 11 月初整体上更加趋向于 −1，可视为 8 月与 9 月初的时刻对预测的输出具有正向影响，而 10 月与 11 月初的时刻对预测的输出具有负面影响。

最后对 LSTM 的输出门进行可视化，如图 3-16 所示。输出门输出的是 LSTM 每时刻的隐藏状态，隐藏状态再经过分类头进行线性变换，得到最终的预测结果。

由于 LSTM 通过一个线性分类层将隐藏状态转化为输出，隐藏状态应当在一定程度上与真实的成交量呈现一定程度的线性相关。

可视化是一种非常有效的研究神经网络的方法。通过对 LSTM 的可视化，能深刻理解 LSTM 中各门控结构的作用，同时，结合实际的数据与领域知识，可以发现数据中的规律，并对数据进行一定的解释。

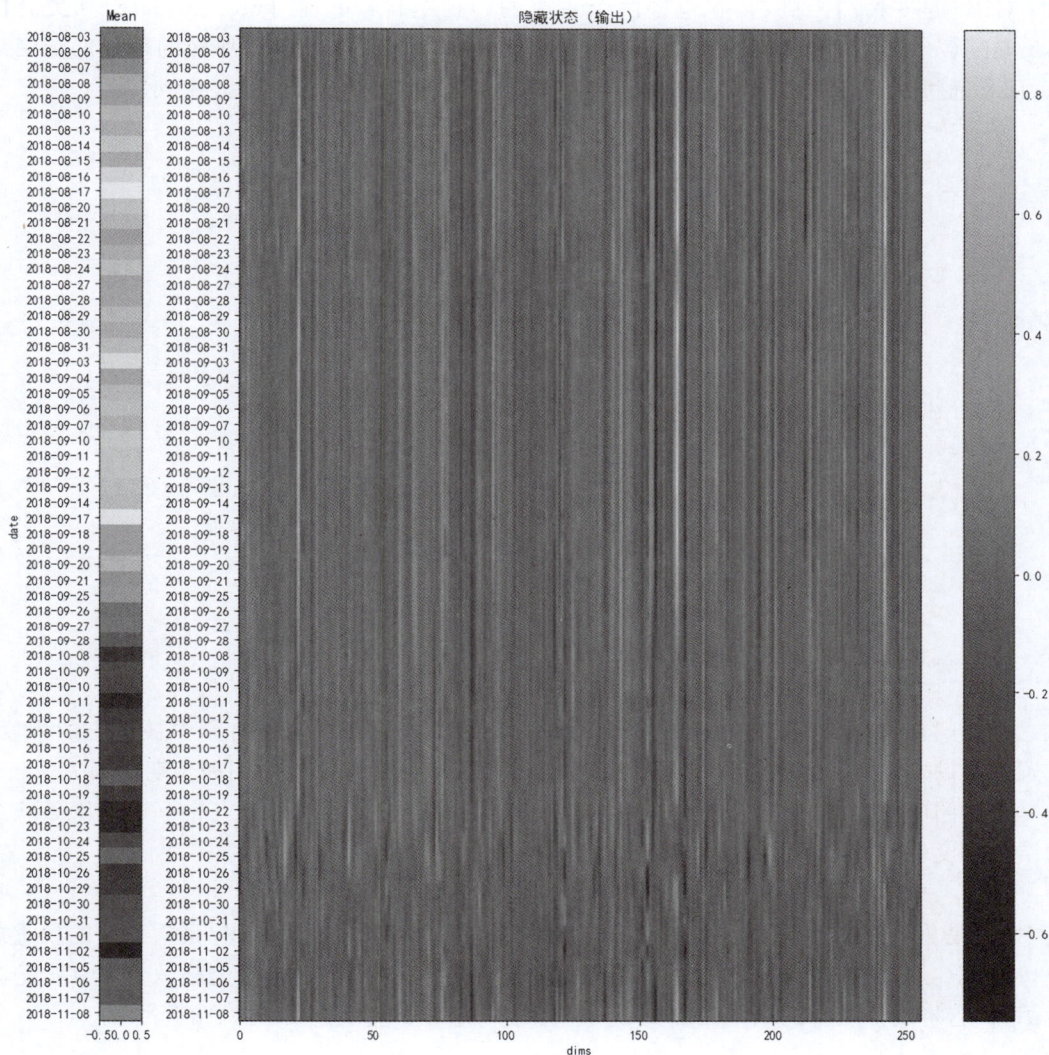

图 3-16 输出门每时刻的输出

3.3 GRU

门控循环单元(Gated Recurrent Unit,GRU)[6]是一种改进的循环神经网络,由 Cho 等于 2014 年提出。GRU 旨在解决传统 RNN 中的长期依赖问题,并且在某些任务中具有比 LSTM 更好的性能和更低的计算复杂度。

LSTM 包含遗忘门、选择记忆门和输出门三个门控机制,这使得模型的参数数量较多,训练和调试过程相对复杂。由于 LSTM 的复杂性,其计算成本较高,尤其是在处理大规模数据集时。GRU 旨在简化 LSTM 的结构,减少模型参数,以降低模型的复杂性和计算成本。尽管简化了结构,GRU 仍然希望保持与 LSTM 相似的性能,特别是在处理长序列数据时。

GRU 是一种门控机制，它包含两个主要的门控结构：重置门（Reset Gate）和更新门（Update Gate）。与 LSTM 相比，GRU 更简洁，因为它没有像 LSTM 那样的单独的记忆单元，而是通过这两个门控机制控制信息的流动。GRU 计算单元如图 3-17 所示。

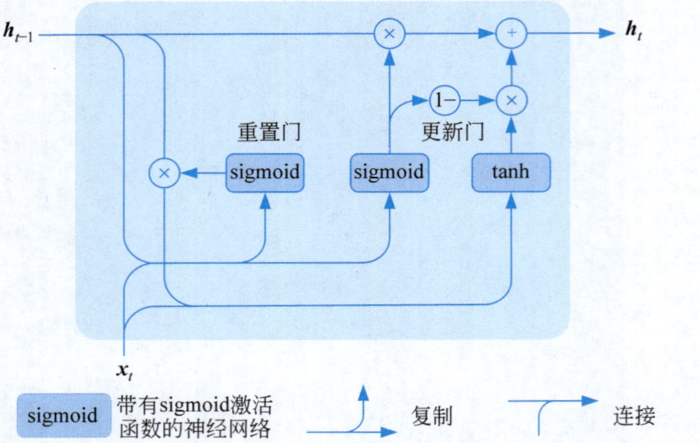

图 3-17　GRU 计算单元

3.3.1　重置门

重置门在每个时间步中决定了前一时刻的隐藏状态信息在当前时刻中被遗忘的程度。重置门帮助 GRU 灵活地处理和更新隐藏状态，使其能有效地捕捉短期和长期依赖关系。

重置门的输出是一个各分量值在 0～1 的向量，用于控制当前输入与前一时刻隐藏状态的结合程度。重置门的计算公式如下。

$$r_t = \sigma(W_r \cdot [h_{t-1}, x_t])\qquad(3-6)$$

其中，r_t 是重置门的输出，它是一个与隐藏状态 h_t 维度相同的向量。W_r 是重置门的权重矩阵，包含学习到的权重。h_{t-1} 是前一时刻的隐藏状态。x_t 是当前时刻的输入向量。σ 是激活函数，它将线性组合的结果压缩到 0～1 范围。GRU 的重置门如图 3-18 所示。

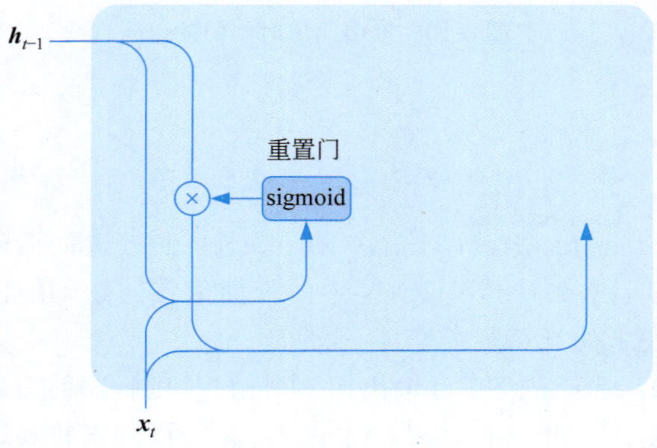

图 3-18　GRU 的重置门

如果重置门的值接近 0，那么前一时刻的隐藏状态对当前的候选隐藏状态的贡献会非常小。这意味着，GRU 将"重置"隐藏状态，从而忽略不相关的过去信息。这在处理一些序列数据时特别有用。例如，当模型遇到需要从头开始处理的新上下文时，可以通过重置门忘记先前的上下文信息。

当重置门输出接近 1 时，意味着模型认为前一时刻的隐藏状态信息对当前时刻仍然很重要。因此，更多的历史信息会被传递到当前的候选隐藏状态的计算中。这使得 GRU 可以灵活地在短期依赖和长期依赖之间进行切换。当需要捕捉短期依赖时，重置门输出会较大；当需要忽略不相关的历史信息并关注新输入时，重置门输出会较小。

3.3.2 更新门

更新门是 GRU 中的另一个关键组件，它在每个时间步中控制隐藏状态的更新方式。更新门决定了前一时刻的隐藏状态和当前候选隐藏状态之间的平衡，从而管理信息的流动和记忆的更新。这使得 GRU 能有效地捕捉和维持序列数据中的长短期依赖关系。

更新门的输出同样是一个各分量介于 0 到 1 的向量，用于控制隐藏状态的更新程度。其计算公式如下。

$$z_t = \sigma(W_z \cdot [h_{t-1}, x_t]) \tag{3-7}$$

其中，z_t 是更新门的输出。W_z 是更新门的权重矩阵。h_{t-1} 是前一时刻的隐藏状态向量。x_t 是当前时刻的输入。σ 是 sigmoid 激活函数。需要注意的是，更新门输入 h 是未经重置的隐藏状态。

更新门通过控制隐藏状态的更新程度决定模型是否保留过去的记忆，还是更多地依赖当前输入来更新状态，如果更新门输出的值接近 1，意味着模型倾向于保留前一时刻的隐藏状态。并且当前输入的影响将被弱化。这种机制使 GRU 能保持长期依赖信息，避免过度遗忘。而当更新门的值接近 0 时，模型则倾向于更新隐藏状态，更加依赖当前时刻的输入。此外，GRU 的更新门还通过使用一个带有 tanh 激活函数的神经网络，控制重置后的隐藏状态，并使用非线性的 tanh 激活函数确保候选隐藏状态中的值保持在 $(-1,1)$ 区间。GRU 的更新门如图 3-19 所示。

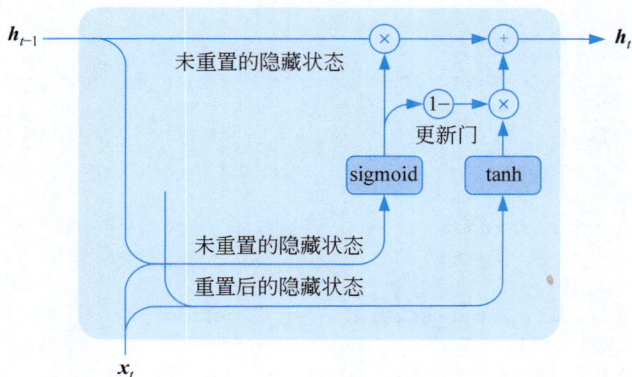

图 3-19　GRU 的更新门

GRU 是 LSTM 的一种简化版本，通过使用更新门和重置门控制信息的流动。它在某些任务上提供了更高效的性能，同时仍然保持了处理长期依赖的能力。

3.3.3　GRU 的代码实现

了解 GRU 的基本原理后，可以通过代码定义一个 GRU 网络。代码实现如下。

```python
import torch
import torch.nn as nn

class GRUCell(nn.Module):
    def __init__(self, input_size, hidden_size):
        super(GRUCell, self).__init__()

        #定义重置门的线性层
        self.reset_gate = nn.Linear(input_size + hidden_size, hidden_size)

        #定义更新门的线性层
        self.update_gate = nn.Linear(input_size + hidden_size, hidden_size)

        #定义候选隐藏状态的线性层
        self.candidate_gate = nn.Linear(input_size + hidden_size, hidden_size)

        #定义激活函数(tanh 和 sigmoid)
        self.tanh = nn.Tanh()
        self.sigmoid = nn.Sigmoid()

    def forward(self, input, hidden):
        #拼接输入和前一时间步的隐藏状态
        combined = torch.cat((input, hidden), dim=1)

        #计算重置门和更新门
        reset_gate = self.sigmoid(self.reset_gate(combined))
        update_gate = self.sigmoid(self.update_gate(combined))

        #计算候选隐藏状态
        combined_reset = torch.cat((input, reset_gate * hidden), dim=1)
        candidate_hidden = self.tanh(self.candidate_gate(combined_reset))

        #更新隐藏状态
        hidden = update_gate * hidden + (1 - update_gate) * candidate_hidden

        #输出隐藏状态
        output = hidden

        return output, hidden

class GRU(nn.Module):
    def __init__(self, input_size, hidden_size, output_size):
        super(GRU, self).__init__()
        self.hidden_size = hidden_size
        #GRU 单元
        self.cell = GRUCell(input_size, hidden_size)

        self.fc = nn.Linear(hidden_size, output_size)
```

```
def forward(self, input):
    batch_size, seq_len, feature_size = input.shape

    #初始化隐藏层
    hidden = self.init_hidden(batch_size)

    #循环递归
    for i in range(seq_len):
        output, hidden = self.cell(input[:, i, :], hidden)

    #获取预测结果
    output = self.fc(output)

    return output

def init_hidden(self, batch_size):
    #初始化隐藏状态为 0
    return torch.zeros(batch_size, self.hidden_size)
```

其中,GRUCell 类定义单个时间步的 GRU 单元,包含重置门、更新门和候选隐藏状态的计算。GRU 类定义了整个序列的处理逻辑,包括隐藏状态的初始化和序列的递归处理。

PyTorch 中也实现了 GRU 的定义,可以通过以下代码进行调用。

```
nn.GRU()
```

3.4　应用模式

循环神经网络有多种应用模式,不同的应用模型可以解决不同的问题。

3.4.1　双向 RNN

处理序列数据时,传统的 RNN 模型通常只能利用先前时刻的信息预测当前时刻的输出。然而,在某些任务中,当前时刻的输出可能同时受到之前和之后信息的影响。例如,在句子中填充缺失的单词时,不仅需要考虑前面的上下文,还需要考虑后面的内容。

在机器翻译等任务中,这种双向依赖尤为明显。例如,句子"There are some apples"中的"are"可能与后面的"apples"有关。然而,标准的 RNN 模型在处理文本时,信息的流动是单向的,通常从左到右,这限制了它们捕捉从右向左的依赖关系的能力。

为了解决这个问题,双向 RNN 被提出。双向 RNN 的核心思想是对每个序列同时进行正向和反向的 RNN 处理,然后将两个方向的信息合并,为输出层提供每个点的完整的上下文信息。这样,双向 RNN 能同时获取到单词的前后信息,从而更准确地进行预测。

双向 RNN 模型通过两个 RNN 网络分别处理序列的正向和反向信息,然后将这些信息结合起来,以增强模型对上下文的理解。这种结构使得双向 RNN 在处理语言模型和其他序列预测任务时,通常比单向的 RNN 模型表现得更好。

双向 RNN 的结构如图 3-20 所示。

可以通过替换双向 RNN 中的计算单元,将双向 RNN 改进为双向 LSTM 或双向 GRU。

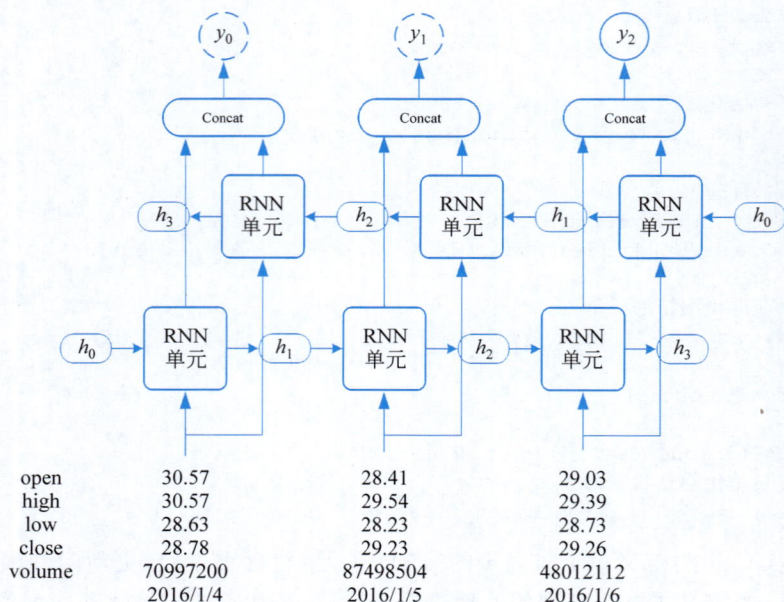

图 3-20 双向 RNN 的结构

双向 RNN 的代码实现如下。

```
class BiRNN(nn.Module):
    def __init__(self, input_size, hidden_size, output_size):
        super(BiRNN, self).__init__()
        self.hidden_size = hidden_size
        #RNN 单元
        self.cell1 = RNNCell(input_size, hidden_size, output_size)
        self.cell2 = RNNCell(input_size, hidden_size, output_size)

        #映射层
        self.prediction = nn.Linear(output_size * 2, output_size)

    def forward(self, input):
        batch_size, seq_len, feature_size = input.shape

        #初始化隐藏层
        hidden = self.init_hidden()

        #正向 RNN 计算
        output1 = []
        for i in range(seq_len):
            output, hidden = self.cell1(input[:, i, :], hidden)
            output1.append(output)

        #初始化隐藏层
        hidden = self.init_hidden()

        #反向 RNN 计算
```

```
        output2 = []
        for i in range(seq_len):
            output, hidden = self.cell2(input[:, i, :], hidden)
            output2.append(output)

        #将不同时间步合并
        output1 = torch.stack(output1, dim=1)
        output2 = torch.stack(output2, dim=1)

        #合并两个方向
        output = torch.cat([output1, output2], dim=-1)
        output = self.prediction(output)

        return output

    def init_hidden(self):
        #初始化隐藏状态为 0
        return torch.zeros(1, self.hidden_size)
```

在 PyTorch 中，仅指定参数 bidirectional 为 True，即可实现双向 RNN，代码如下。

```
rnn = nn.RNN(bidirectional=True)
```

除 RNN 外，LSTM 与 GRU 中都提供了 bidirectional 参数，可以通过设定 bidirectional 参数决定是否使用双向结构。需要注意的是，使用双向结构后，输出数据的维度数将会变为原来的两倍。

3.4.2 多对一

循环神经网络的多对一结构是指在序列数据中输入多个时间步的数据，并在最后的时间步得到一个输出。这个模式常用于需要从整个序列中提取信息并在序列结束时做出单一预测的任务，如文本分类、序列分类或情感分析。多对一模式结构如图 3-21 所示。

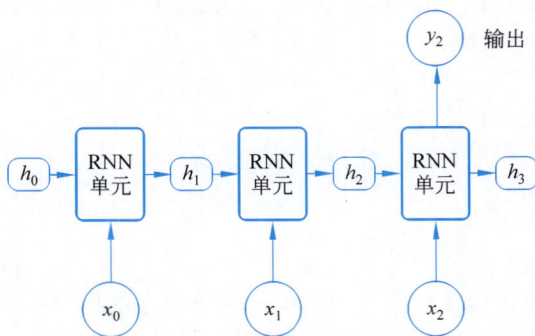

图 3-21 多对一模式结构

多对一模式的应用场景如下。

1）文本分类

给定一段文本作为序列输入，循环神经网络通过处理文本的每个词或字符，最终使用最后的隐藏状态对文本的类别进行预测。

2）情感分析

输入一个句子，循环神经网络逐字或逐词处理输入，最终在最后一个时间步输出该句子的情感标签。

3）时间序列预测

给定一段时间序列数据，循环神经网络可用来预测最后一个时间点的值（例如股票价格、温度等）。

在多对一结构中，RNN 逐步处理输入序列的每一个时间步，将信息逐步积累在隐藏状态中。最后一个时间步的隐藏状态被视为整个序列的总结，代表了序列中的重要信息。RNN 的多对一结构适合处理长度可变的序列，并且能在最后的时间步综合之前所有时间步的信息。这种多对一的结构在自然语言处理、时间序列分析和其他序列任务中广泛应用。

3.4.3 一对多

循环神经网络的一对多结构是一种神经网络架构，在这种架构中，模型接收一个单一的输入并生成一个输出序列。

在 RNN 的一对多结构中，模型的输入为单一的向量（或单个数据点），而输出则是一个长度为 T 的序列。模型会根据初始输入，通过递归的方式生成一系列输出。在每一时刻，RNN 的输出不仅依赖于当前时间步的输入，还依赖于之前时间步的输出和隐藏状态。

模型接收一个单一的输入，该输入可以是一个图像的特征向量、一个文本的表示，或其他形式的单点数据。一对多模式如图 3-22 所示。

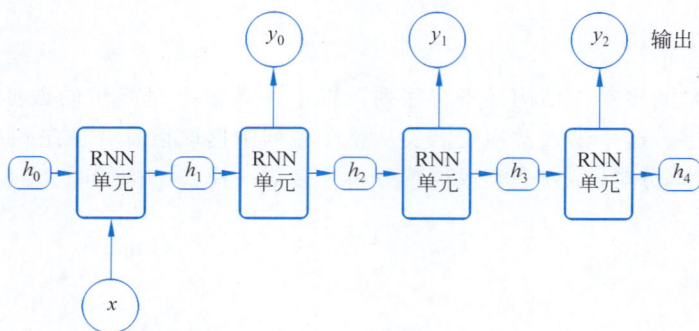

图 3-22　一对多模式

一对多模式的应用场景如下。

1）图像字幕生成

模型接收图像的特征向量（通过 CNN 提取），并基于该向量生成描述图像内容的文字序列。输入为图像的特征向量，输出为描述该图像的句子。

2）音乐生成

模型接收一个音符或和弦作为输入，然后生成一个完整的音乐片段。输入为初始音符，输出为多个音符组成的序列。

3）文本生成

基于一个起始词或短语，生成一段文字。输入为起始词，输出为生成的文本序列。

在文本生成等任务中，RNN 可能会生成重复或不连贯的内容，这需要通过高级技巧，如束搜索(Beam Search)等后处理机制处理。

3.4.4 多对多

循环神经网络的多对多结构,尤其是在序列到序列(Seq2Seq)模型中的应用,是一种常见且强大的深度学习架构,用于处理输入和输出都是序列的任务。这种结构在机器翻译、文本生成、语音识别等任务中应用广泛。

多对多模式主要由编码器(Encoder)和解码器(Decoder)两部分组成。编码器是一个循环神经网络,负责将输入序列逐步处理,将其编码成一个上下文向量(Context Vector),即最后一个时间步的隐藏状态。隐藏状态可以被视为对整个输入序列的综合表示,包含序列中的关键信息。解码器也是一个 RNN,它以编码器的上下文向量作为初始隐藏状态,然后逐步生成输出序列。在每个时间步,解码器基于当前的隐藏状态和上一个时间步的输出,预测下一个时间步的输出。多对多模式如图 3-23 所示。

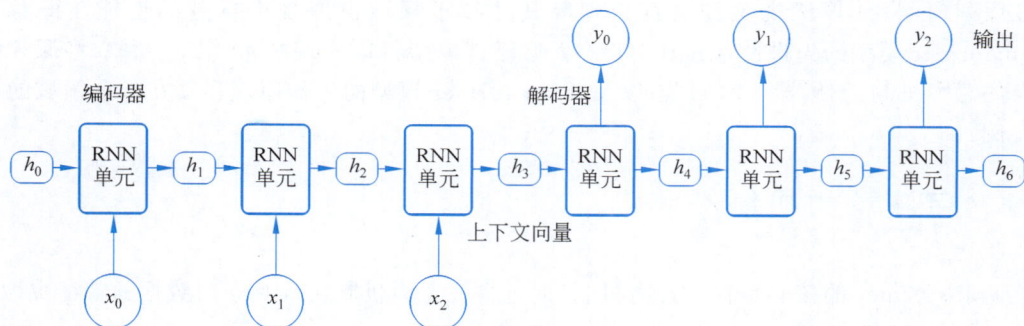

图 3-23　多对多模式

多对多模式的应用场景如下。

1)机器翻译

机器翻译任务是将一种语言的句子翻译为另一种语言的句子。输入一个序列,输出一个序列。

2)文本摘要

文本摘要是将一段文本总结为一个简短的摘要。文本摘要通常将一个较长的序列输入循环神经网络中,循环神经网络输出一个较短的序列。

3)语音识别

语音识别任务是将音频序列转换为文本序列。

4)聊天机器人

聊天机器人通过给定用户的输入(句子),生成一个合适的回复(句子)。

编码器逐步接收输入序列的每个元素,并更新其隐藏状态。处理完最后一个输入元素后,编码器的隐藏状态作为输入传递给解码器。此时,隐藏状态包含了解码器中的所有信息,被称为上下文向量。解码器接收到上下文向量后,开始生成输出序列。通常,解码器的每一时刻的输入是上一个时间步的预测输出。解码器将重复输入上一个时间步的预测输出,得到当前时刻的输出,直到生成完整的输出序列,或者达到预定义的停止条件。

第 4 章

Transformer

Transformer 架构作为一种前沿的深度学习模型,在自然语言处理(NLP)的多个子领域中发挥着重要作用,包括但不限于机器翻译、文本分类和问答系统等。Transformer 自 2017 年由 Google 公司首次提出以来,它以处理长文本数据时的高效性和计算的并行性而著称,显著提升了模型的训练效率。此外,Transformer 模型的影响力不局限于 NLP 领域,它在序列预测、计算机视觉和语音识别等其他技术领域也展现出卓越的性能。得益于 Transformer 模型的先进性,ChatGPT 等大型语言模型得以实现技术飞跃。本章将深入探讨自注意力机制、编码器与解码器,以及 Transformer 模型的工作原理和其在各个领域的应用实例。

4.1 自注意力机制

Transformer 的核心是自注意力机制,通过自注意力机制实现对序列数据的特征提取。

4.1.1 自注意力机制

Transformer[7] 模型是一种能处理文本等序列数据的强大模型,在文本翻译、文本生成等领域展现出强大的性能。Transformer 模型之所以在处理序列数据时表现出色,主要得益于其核心特性——自注意力机制。

在时间序列数据中,不同时间点的数据往往存在紧密的联系。传统上,RNN 通过其递归结构和隐藏状态捕捉这种联系,但这种方法存在局限性。尽管 LSTM 等模型对 RNN 进行了改进,以缓解梯度问题并增强其处理长距离依赖的能力,但在处理极长序列时,RNN 仍然面临挑战。此外,由于 RNN 的递归依赖性,它在计算过程中难以实现并行化,这在处理长序列数据时会导致效率降低。

为了克服这些限制,Transformer 引入了自注意力机制,它允许模型直接捕捉序列中任意两个时间点之间的直接联系,而无须依赖递归结构。这种机制的直观理解可以通过观察人类的视觉注意力来获得。例如,在图 4-1 所示的视觉示例中,当观察一幅图像时,注意力会被图像中的主要对象所吸引。如果图像中包含"狗"和"猫",注意力会分别集中在图像的相应部分,这反映了大脑对图像区域相关性的认知。

如果寻找的是"狗",那么注意力会自动聚焦于图片的左侧区域;同样,如果寻找的是"猫",那么视线则会转向图片的右侧区域。这种现象反映了人类大脑在处理视觉信息时的注意力分配机制,这种机制基于人类的思维与图像中特定区域之间的关联。换句话说,对"狗"的识别与左侧区域紧密相关,而对"猫"的识别则与右侧区域紧密相关。

图 4-1　视觉中的注意力机制

Transformer 就是通过注意力机制捕获时序数据中的依赖关系。Transformer 中的注意力机制被称为"自注意力机制"。自注意力机制作用于数据本身，它允许输入的每个元素都与其他所有元素进行交互，从而获取全局信息。图 4-1 中展示的是输入与输出的注意力关系，而自注意力机制是输入与输入之间的注意力关系，例如小狗的鼻子与眼睛可能存在很强的依赖性。

在文本数据中，如自然语言翻译问题，自注意力机制用于捕获不同单词或字之间的依赖性。图 4-2 展示了自然语言翻译任务中的自注意力机制。

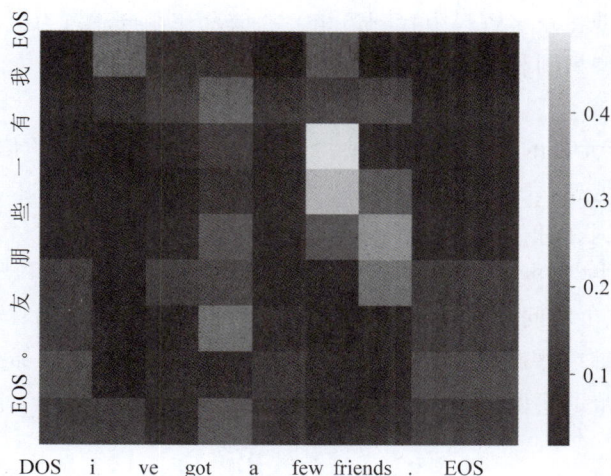

图 4-2　自然语言翻译任务中的自注意力机制

待翻译句子为"I've got a few friends ."，Transformer 的翻译结果为："我有一些朋友。"图中展示的是经过训练的 Transformer 中的注意力机制，其中"a few"和"一些"等词语呈现高亮颜色，证明两词之间具有较大的相关性，也说明 Transformer 能通过注意力机制，有效地完成机器翻译任务。

本章将会通过一个机器翻译的例子，讲解 Transformer 的原理。本章使用的数据集为 CMN 数据集，这是一个小型的机器翻译数据集，训练集包含 18 167 条中英文对照的文本对，测试集包含 1817 条测试样本，并标注了正确的翻译结果。数据集的部分示例如下。

```
Hi.        嗨。
Hi.        你好。
```

```
Run.        你用跑的。
Wait!       等等!
Hello!      你好。
I try.      让我来。
I won!      我赢了。
Oh no!      不会吧。
```

4.1.2 注意力机制中的 QKV

自注意力机制的核心由查询（Quary，Q）、键（Key，K）与值（Value，V）组成。

1. QKV 的基本概念

1）查询

查询可以被视为一种对序列中特定元素的探询或请求。它代表当前处理步骤的特定需求，旨在衡量序列中其他元素与当前处理点的相关性。通过与序列中所有键的比较，查询能帮助模型确定每个元素对当前处理点的重要性。

设想你在图书馆中，想查阅一个明确的研究主题的资料。查询就像是你对这个主题的搜索请求，它可以帮助在众多资料中找到最相关的信息。在自注意力机制中，查询就是这种搜索请求，它指导模型识别和关注与当前处理点最相关的信息。

2）键

键是序列中每个元素的"标签"，它们使得查询能"定位"到特定的信息。每个键都与查询进行比较，相似度越高，表明其对应的值对当前查询更重要。这意味着，模型会更多地关注与高匹配度键相关联的信息。

例如，在图书馆中，每本书的目录或索引就是键。通过目录，你可以找到包含所需信息的书籍。当你想研究生物问题时，可以到自然科学的目录下查询资料；当你想研究哲学问题时，可以到人文科学目录下查询资料。在自注意力机制中，每个元素都有一个对应的键，这些键与查询相匹配，帮助模型识别相关信息。

3）值

值是序列中每个元素的"实质内容"，它们包含了每个位置的具体信息。一旦查询与键之间的匹配度被计算出来，值会根据这些匹配度被加权求和，形成每个位置的输出表示。

当在图书馆中找到一本书，并根据目录定位到特定的章节时，阅读的内容就是值。这些内容提供了需要的具体信息。在自注意力机制中，值就是这些具体信息，它们在查询和键匹配后用来构建模型的输出。

生活中同样存在许多场景，可以用 QKV 的概念进行解释。例如，在搜索引擎中搜索关键词时，搜索引擎会根据用户的查询（Q）匹配数据库中相关的网页内容。在这个过程中，每个网页的标题和摘要可以看作该网页的键（K），而网页的完整内容则是值（V），这就达到了用户访问特定网页的目的。

自注意力机制中学习的就是如何根据序列的特征，产生合适的 QKV。自注意力机制只需要学习三个全连接层，分别用于预测 Q、K、V，如图 4-3 所示。

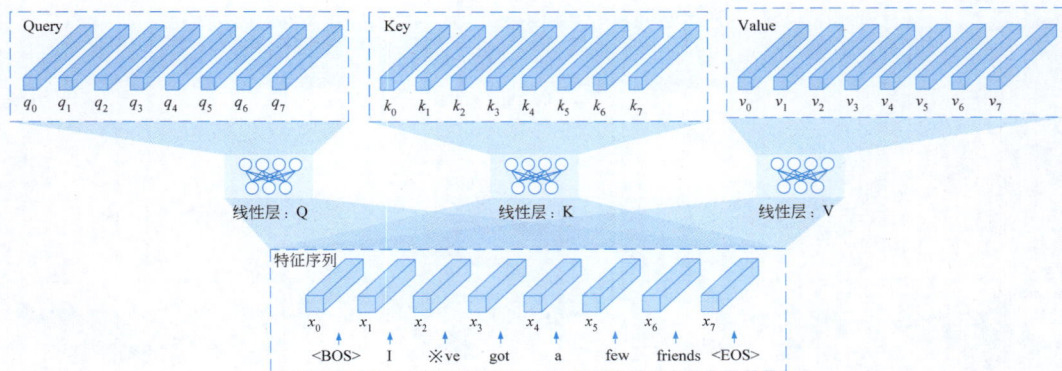

图 4-3　QKV 的生成

自注意力机制中的 QKV 计算代码如下。

```
#定义模型维度
d_model = 512

#假设特征序列为[1 7 512],分别表示[batch 序列长度特征数]
x = torch.randn(1, 7, d_model)

#定义三个全连接层,分别学习 Q、K、V
query_proj = nn.Linear(in_features=d_model, out_features=d_model)
key_proj = nn.Linear(in_features=d_model, out_features=d_model)
value_proj = nn.Linear(in_features=d_model, out_features=d_model)

#产生 Q、K、V
query = query_proj(x)
key = key_proj(x)
value = value_proj(x)
```

2. 自注意力机制的计算

对于序列中的每个词,计算其与序列中所有其他词的注意力分数(Attention Score)。这是通过将查询向量与所有键向量进行点积(Dot Product)实现的,通常会使用一个缩放因子,即除以键向量的维度的平方根,以避免梯度消失或爆炸的问题。最后通过 Softmax 函数对注意力进行归一化约束,其公式如下所示。

$$\text{Attention}(\boldsymbol{Q}, \boldsymbol{K}, \boldsymbol{V}) = \text{Softmax}\left(\frac{\boldsymbol{Q}\boldsymbol{K}^{\text{T}}}{\sqrt{d_k}}\right)\boldsymbol{V} \tag{4-1}$$

注意力的计算过程如图 4-4 所示。

计算查询向量与所有键向量进行点积,实际上是计算二者之间的余弦相似性。查询与键越相似,则匹配度越高。具体来说,当在搜索引擎上搜索"美食"时,此时"美食"将会作为查询,搜索出的每一个词条就是键,与查询"美食"最相似的词条,会排在最前面,如"红烧肉""酸菜鱼"等,这些键与查询的相似性较高,那么它们的注意力分数就更高;而"足球""篮球"等与查询相似度较低的键,则搜索引擎忽略。

经过 Query、Key 的匹配与 Softmax 函数的映射,Query、Key 的相关程度转换为概率表示。相似度越高,概率表示越趋近于 1;相似度越低,概率表示越趋近于 0。经过 Softmax 映

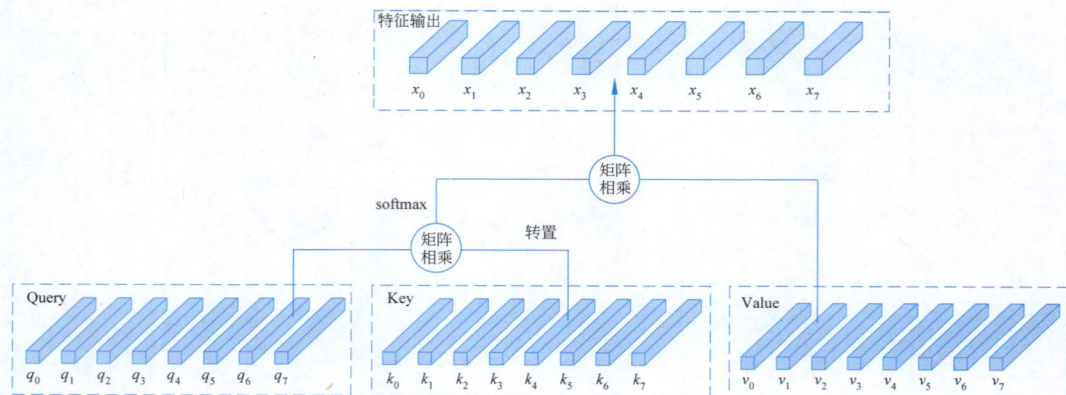

图 4-4　注意力的计算过程

射的矩阵被称为注意力分数矩阵。注意力分数矩阵与 Value 相乘后，注意力分数高的 Value 会被保留，注意力分数低的 Value 会被抑制。Q 与 K 的作用实际上是对 V 进行加权。

定义一个类，用于表示自注意力机制的计算过程，代码如下。

```python
class ScaledDotProduct(nn.Module):
    def __init__(self, d_model, dropout=0.1):
"""计算注意力"""
        super(ScaledDotProduct, self).__init__()
        #设置 dropout 抑制过拟合
        self.dropout = nn.Dropout(dropout)
        #softmax 归一化
        self.softmax = nn.Softmax(dim=-1)
        #缩放因子
        self.scale = d_model ** 0.5

    def forward(self, query, key, value):
        #qk 相乘
        scores = torch.matmul(query, key.transpose(-2, -1)) / self.scale
        #softmax 归一化
        attention = self.softmax(scores)
        #dropout
        attention = self.dropout(attention)
        #注意力分数与 v 相乘
        output = torch.matmul(attention, value)
        #返回输出与注意力分数
        return output, attention
```

自注意力机制的效能可以通过多层堆叠来增强。在这种结构中，每一层都能筛选和提炼信息，使得重要的特征得到累积强化，而那些不太重要的特征则逐渐被削弱。这种层次化的处理方式允许每一层专注于输入序列的不同方面，逐步深化对特征的抽象和理解。同时，自注意力机制能捕捉到输入序列中更加细微和复杂的关联。这种分层处理不仅增强了模型对局部特征的敏感度，也提高了对全局上下文的理解能力。

4.1.3　多头自注意力机制

Transformer 模型采用的自注意力机制，实际上是一种多头的自注意力机制。这一机制是对标准自注意力的扩展,使得模型能并行地学习多组注意力权重。在这一过程中,每个独立的注意力头负责学习一组独特的权重,之后将这些不同头的输出汇总,以构建一个更全面的序列表示。

这种多头自注意力的优势在于,它允许模型在多个抽象层次和不同的关注点上同时对输入数据进行编码,从而深化了模型对数据的理解。如图 4-5 所示,这一机制的执行始于将输入数据分配给不同的注意力头,每个头处理数据的一个子集。可以根据模型的需要确定注意力头的数量,但需确保输入数据的维度能被均匀分配到每个头,即数据维度能被头数整除。

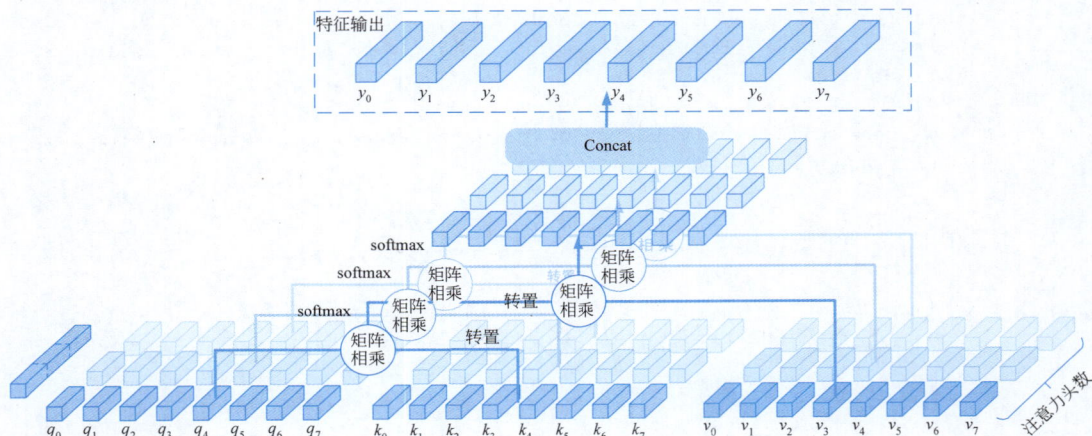

图 4-5　多头自注意力机制的计算过程

随后,每个注意力头独立地执行自注意力计算。最终,所有头的输出被汇总,整合成一个统一的表示,这个表示融合了从各个角度获取的信息,丰富了对输入序列的理解。

为了表示自注意力机制的计算过程,可以定义一个类,代码如下。

```python
class MultiHeadAttention(nn.Module):
    def __init__(self, d_model, num_heads, dropout=0.1):
        """多头自注意力机制"""
        super(MultiHeadAttention, self).__init__()
        #检查维度与自注意力机制的头数是否满足整除关系
        assert d_model %num_heads == 0
        #注意力的维度
        self.d_model = d_model
        #注意力的头数
        self.num_heads = num_heads
        #每个头的维度
        self.d_k = d_model // num_heads

        #query 计算层
        self.query = nn.Linear(d_model, d_model)
        #key 计算层
        self.key = nn.Linear(d_model, d_model)
        #value 计算层
        self.value = nn.Linear(d_model, d_model)
        #为了增强多头自注意力的效果,添加一个线性层
        self.fc_out = nn.Linear(d_model, d_model)
```

```
    #注意力计算
    self.attention = ScaledDotProduct(d_model, dropout)

def forward(self, query, key, value, mask=None):
    #获取 batch_size
    batch_size = query.size(0)

    #计算 query,并将 query 平分为 num_heads 个头
    query = self.query(query).view(batch_size, -1, self.num_heads, self.d_
    k).transpose(1, 2)
    #计算 key,并将 key 平分为 num_heads 个头
    key = self.key(key).view(batch_size, -1, self.num_heads, self.d_k).
    transpose(1, 2)
    #计算 value,并将 value 平分为 num_heads 个头
    value = self.value(value).view(batch_size, -1, self.num_heads, self.d_
    k).transpose(1, 2)

    #计算注意力
    output, attention = self.attention(query, key, value, mask)

    #转换维度
    output = output.transpose(1, 2).contiguous().view(batch_size, -1, self.
    d_model)
    #线性映射
    output = self.fc_out(output)
    #返回多头自注意力输出与多头自注意力
    return output, attention
```

通过多头自注意力机制这种并行处理的方式,Transformer 模型能从多个视角捕捉序列数据中的复杂特征,为模型提供了更细致和深入的序列编码能力,在实际任务中也展现出较好的效果。图 4-6 展示的是机器翻译任务中,定义了 8 个自注意力机制头,对不同的头计算所得的注意力分数矩阵进行可视化展示,颜色越亮表示注意力分数越高。其中 Head：0 捕获到了"few"与"些"之间的相关性,Head：4 捕获到了"friends"与"朋"之间的相关性,此外,还有一些相关性是较为抽象的。多头自注意力机制通过划分特征,捕获了不同的相关性,提升了特征的多样性。

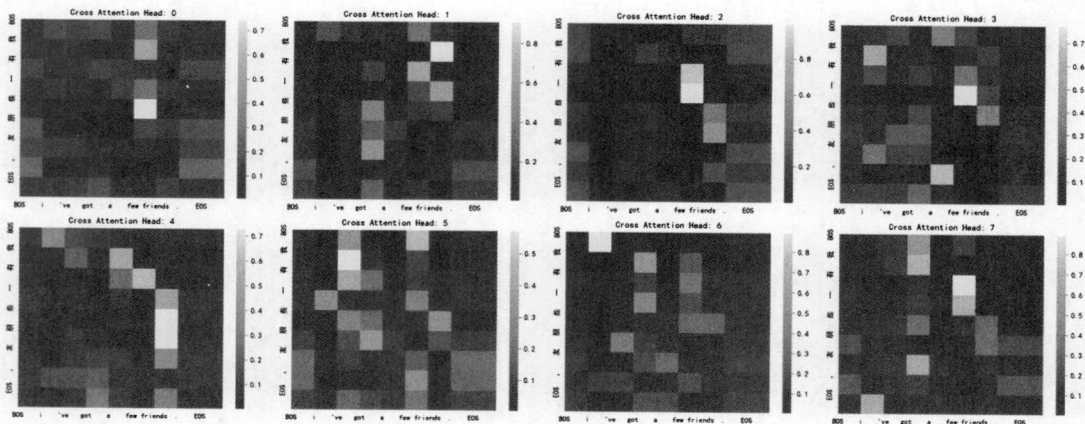

图 4-6　机器翻译中的多头自注意力机制

4.1.4 掩码多头自注意力机制

掩码多头自注意力机制(Masked Multi-Head Attention)是一种特殊的自注意力机制。加入掩码的目的是保证模型在训练过程中只能访问到当前位置及当前位置之前的信息,避免信息泄露,提前获取到未来的信息。

在注意力分数矩阵经过 Softmax 函数映射之前,使用-inf 对注意力分数矩阵的上三角进行填充,经过 Softmax 运算后,-inf 变为 0。此时,当前序列未来的相关性全部置为 0。假如掩码后的注意力分数矩阵如下所示。

$$\begin{bmatrix} 1.00 & 0 & 0 & 0 \\ 0.73 & 0.27 & 0 & 0 \\ 0.20 & 0.25 & 0.55 & 0 \\ 0.28 & 0.32 & 0.10 & 0.30 \end{bmatrix}$$

掩码自注意力机制实质上是将注意力矩阵填充为下三角矩阵,当注意力矩阵与 V 相乘时,v_1(第一个时刻的 v)与注意力矩阵的第一行相乘,此时 v_1 能获得的注意力仅有对自身的注意力;而当计算 v_2(第二个时刻的 v)时,v_2 获得的注意力不光包含自身的注意力,还包含 v_2 时刻之前的注意力,后面的时刻以此类推。掩码多头自注意力机制正是通过这种方式,避免了注意力机制中的信息泄露。

4.2 Transformer 的基本结构

Transformer 的结构由一个编码器(Encoder)和一个解码器(Decoder)组成,如图 4-7 所示,这种结构使得 Transformer 模型能同时处理输入序列的全局上下文信息,并将其与目标序列的生成过程结合起来,生成准确的目标语言序列。在翻译任务中,编码器将源语言的语义信息编码为上下文表示,解码器则利用这些上下文表示生成目标语言的译文。左侧的结构是 Transformer 的编码器,它将输入序列进行位置编码后映射成特征向量。右侧结构对应解码器,解码器通过利用编码器生成的上下文信息和自身的自注意力机制生成输出序列。

4.2.1 位置编码

位置编码的引入旨在补充输入数据的序列顺序信息。由于自注意力机制本身不具备对序列中不同位置的敏感性,它无法直接识别序列元素的相对或绝对位置,这可能导致模型无法区分语义上与位置相关的细微差别。例如,在句子"今天不一定下雨"和"今天一定不下雨"中,为了弥补这一缺陷,位置编码被用来为输入序列的每个元素赋予独特的位置标识。

在 Transformer 模型中,位置编码通常采用特定的三角函数序列生成,这些函数以一种规律性的方式为每个位置生成唯一的编码。编码的计算可以通过以下公式进行。

$$PE_{(pos, 2i)} = \sin\left(\frac{pos}{10000^{\frac{2i}{d_{model}}}}\right) \qquad (4\text{-}2)$$

$$PE_{(pos, 2i+1)} = \cos\left(\frac{pos}{10000^{\frac{2i}{d_{model}}}}\right) \qquad (4\text{-}3)$$

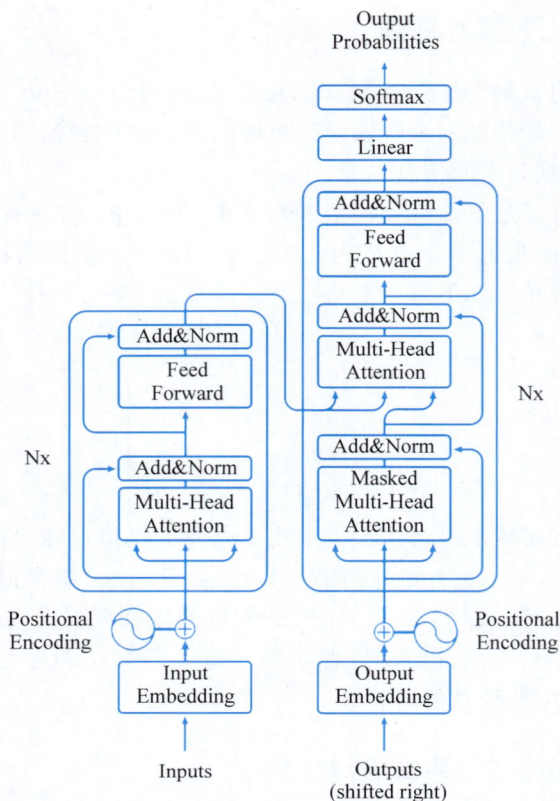

图 4-7　Transformer 模型结构图

其中，pos 表示序列索引，i 表示维度索引 d_{model}，当维度为奇数时，位置编码使用 sin 函数；当维度为偶数时，位置编码使用 cos 函数。如此产生的位置编码是固定不变的。这种编码方式利用了正弦和余弦函数的周期性，确保了不同位置的编码向量之间具有必要的差异性，从而使得模型能在自注意力机制中考虑到单词的位置信息。图 4-8 所示是长度为 256，维度为512 的三角函数位置编码的可视化，纵轴为序列长度，横轴为序列的维度。可以发现，序列的位置不同，位置编码的表示也不同。

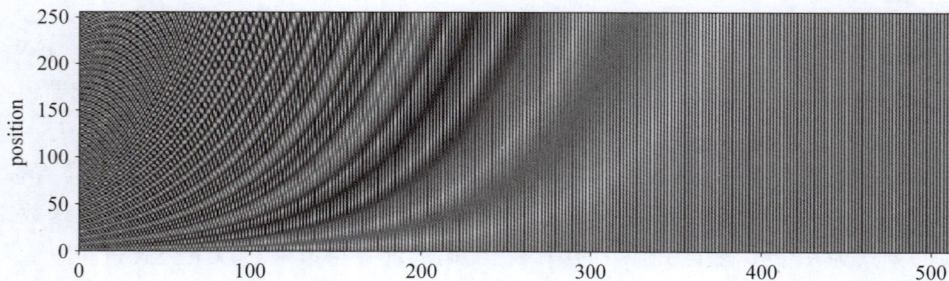

图 4-8　三角函数位置编码可视化

得到位置编码后，将其与原本的序列相加，即为输入多头自注意力机制的向量，公式如下所示。

$$x' = x + \text{PE} \tag{4-4}$$

其中，x 为输入嵌入序列，PE 为位置编码，x' 为最终得到的输入特征。

位置编码的代码实现如下所示。

```python
class PositionalEncoding(nn.Module):
    def __init__(self, d_model, max_len=5000):
        """位置编码"""
        super(PositionalEncoding, self).__init__()
        #初始化位置编码
        pe = torch.zeros(max_len, d_model)
        #生成位置索引
        position = torch.arange(0, max_len, dtype=torch.float).unsqueeze(1)
        #用于控制位置编码的频率
        div_term = torch.exp(torch.arange(0, d_model, 2).float() * (-math.log
        (10000.0) / d_model))
        #计算位置编码
        pe[:, 0::2] = torch.sin(position * div_term)
        pe[:, 1::2] = torch.cos(position * div_term)
        #扩展维度
        pe = pe.unsqueeze(0)
        #注册缓冲区
        self.register_buffer('pe', pe)

    def forward(self, x):
        #加入位置编码
        x = x + self.pe[:, :x.size(1), :]
        return x
```

除三角函数位置编码外，Transformer 的位置编码还可以通过别的方式实现。常见的位置编码如下。

1）可学习的位置编码（Learnable Positional Encoding）

与三角函数生成的固定位置编码不同，学习型位置编码是可训练的参数，位置编码作为可学习的参数，通常初始化为随机向量。模型在训练过程中通过反向传播算法调整这些向量，以最佳地表示序列中的位置信息。这些编码向量与词嵌入向量相加，使得模型能根据数据学习到每个位置的最佳表示。

2）相对位置编码（Relative Positional Encoding）

相对位置编码关注序列中元素之间的相对距离，而不是绝对位置，通过计算自注意力机制中的相对位置差作为参考，并使用这些差值调整注意力分数或权重。这种方法通常与自注意力机制结合使用，以增强模型对序列中元素相对顺序的理解。

3）基于 CNN 的位置编码（CNN-based Positional Encoding）

使用卷积神经网络（CNN）学习位置编码，利用卷积神经网络的局部感知能力捕捉序列中的位置信息。卷积层可以设计为对输入序列的局部窗口进行操作，从而提取位置特征。

4）基于 RNN 的位置编码（RNN-based Positional Encoding）

利用循环神经网络（RNN）生成位置编码，RNN 的隐藏状态可以携带序列中先前位置的信息，RNN 按顺序处理序列中的每个元素，其隐藏状态包含了之前所有位置的信息。

通过位置编码，Transformer 模型不仅能处理序列数据的语义内容，还能捕捉到序列的结构特征，这在处理诸如自然语言等有序数据时尤为重要。位置编码的加入显著提升了模型对序列中词语顺序的理解能力，使得模型能更好地处理依赖于词语位置的语言现象，如句法结构、语序等。这种编码策略是 Transformer 模型能成功应用于各种序列建模任务的关键因素之一。

4.2.2　编码器

在 Transformer 模型中，编码器的作用是将输入序列（如文本数据）转换成一系列高级

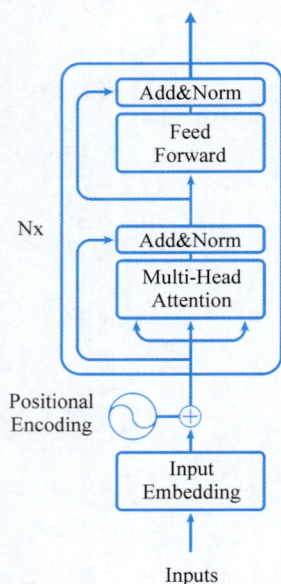

图 4-9　**Transformer** 编码器结构

且连续的向量表示，这些向量捕捉了输入数据的语义信息和结构特征，其结构如图 4-9 所示。编码器能理解输入序列的语义内容，将离散的单词或标记转换为连续的向量形式，这些向量包含了单词的语义信息。通过自注意力机制，编码器能捕捉序列中单词之间的上下文关系，无论这些单词之间的距离有多远，自注意力机制都能捕获两者之间的相关性。

编码器主要由以下结构组成。

1）输入嵌入与位置编码

Transformer 编码器的输入阶段主要包括两部分：输入嵌入和位置编码。输入嵌入是将输入序列（如文本中的单词或句子）转换为连续的向量表示，通常通过词嵌入层实现，这有助于捕获词汇的语义信息。

紧接着，位置编码被引入以保持序列中单词的位置信息。这是通过为每个输入嵌入向量添加一个唯一的位置编码实现的。位置编码通常是通过正弦和余弦函数的组合生成的，也可使用其他位置编码引入位置信息。

2）多头自注意力机制

多头自注意力机制是 Transformer 编码器的关键特性之一。它允许模型在处理序列时同时关注序列中的多个位置，从而能捕捉长距离依赖关系。每个头学习序列的不同表示，然后将这些表示合并，以获得综合的注意力输出。

3）残差连接与层标准化

为了防止深层网络训练中出现梯度消失或爆炸等问题，Transformer 编码器在每个子层（如自注意力层和前馈网络层）后引入了残差连接。残差连接通过将子层的输入直接添加到子层的输出实现，这有助于信息在深层网络中的流动。

与残差连接结合使用的是层标准化（Layer Normalization），它对每个子层的输出进行标准化处理，以稳定训练过程并加速收敛。

4）前馈神经网络

在自注意力层之后，每个位置的输出会被送入一个前馈神经网络（Feed-forward Newral Network，FFNN）。这个网络通常由线性变换和非线性激活函数组成，它对自注意力层的输出进行进一步的处理，以学习更复杂的特征表示。

5）编码器的堆叠

Transformer 编码器通常由多个相同的层（如 6 层）堆叠而成，每一层都包含上述的自注意力机制、残差连接和前馈网络。这种堆叠结构使得模型能逐层抽象和提炼输入数据的

特征，从而获得更深层次的理解。
　　编码器的代码实现如下所示。

```python
class FeedForward(nn.Module):
    def __init__(self, d_model, d_ff, dropout=0.1):
        """前馈神经网络层"""
        super(FeedForward, self).__init__()

        #两个全连接层
        self.fc1 = nn.Linear(d_model, d_ff)
        self.fc2 = nn.Linear(d_ff, d_model)
        self.dropout = nn.Dropout(dropout)
        #激活函数
        self.relu = nn.ReLU()

    def forward(self, x):
        x = self.dropout(self.relu(self.fc1(x)))
        x = self.fc2(x)
        return x

class EncoderLayer(nn.Module):
    def __init__(self, d_model, num_heads, d_ff, dropout=0.1):
        """Transformer Encoder Layer"""
        super(EncoderLayer, self).__init__()
        #多头自注意力机制
        self.attention = MultiHeadAttention(d_model, num_heads, dropout)
        #前馈神经网络层
        self.feed_forward = FeedForward(d_model, d_ff, dropout)
        #层归一化
        self.norm1 = nn.LayerNorm(d_model)
        self.norm2 = nn.LayerNorm(d_model)
        self.dropout = nn.Dropout(dropout)

    def forward(self, x, mask=None):
        #计算注意力
        attention, _ = self.attention(x, x, x, mask)
        #残差连接与层归一化
        x = self.norm1(x + self.dropout(attention))
        #前馈神经网络
        feed_forward_output = self.feed_forward(x)
        #残差连接与层归一化
        x = self.norm2(x + self.dropout(feed_forward_output))
        #返回输出
        return x

class Encoder(nn.Module):
    def __init__(self, input_dim, d_model, num_heads, num_layers, d_ff, dropout=0.1):
        """Transformer Encoder"""
        super(Encoder, self).__init__()
        #词嵌入层
        self.embedding = nn.Embedding(input_dim, d_model)
        #位置编码
        self.pos_encoder = PositionalEncoding(d_model)
```

```
#多个编码器层堆叠
self.layers = nn.ModuleList([EncoderLayer(d_model, num_heads, d_ff,
dropout) for _ in range(num_layers)])
#层归一化
self.norm = nn.LayerNorm(d_model)

def forward(self, src, mask=None):
    #词嵌入并进行缩放
    x = self.embedding(src) * math.sqrt(self.embedding.embedding_dim)
    #加入位置编码
    x = self.pos_encoder(x)
    #逐层计算解码器结果
    for layer in self.layers:
        x = layer(x, mask)
    #返回结果
    return self.norm(x)
```

4.2.3　解码器

Transformer 的解码器是 Transformer 架构中的另一个关键组件，其结构如图 4-10 所示。它负责生成与输入序列相关联的输出序列。解码器用于生成目标序列，例如在机器翻译中生成译文，在文本摘要中生成摘要，或在问答系统中生成问题的答案。解码器的输出是条件性的，它基于编码器的输出以及之前已经生成的序列。这种条件性使得解码器能生成与给定上下文紧密相关的输出。

1）双重输入结构

与编码器接收单一输入序列不同，解码器接收两个输入：一部分是之前生成的输出序列；另一部分是编码器的输出。这种设计使得解码器能在生成每个词时，考虑已经生成的内容和原始输入的上下文信息，在接收之前生成的输出序列作为输入时，同样也需要词嵌入与位置编码。

在文本翻译任务中，首先要将待翻译的文本输入编码器，编码器通过多头自注意力机制实现待翻译文本的语义理解，输出特征向量。编码器输出的特征向量将作为解码器的其中一个输入；另一个输出是起始符号，如机器翻译中的"<BOS>"标记，给定起始符号和编码器的输出，解码器将生成第一个词。此时，解码器的自注意力机制只能关注到起始符号，因为生成过程是自回归的。解码器生成每个新词后，将这个词添加到它的输入中，与之前生成的词语一起作为第二个输入，再次输入至解码器内。如此循环往复，直到解码器输出结束标记，如"<EOS>"，此时循环将会终止，停止迭代生成，生成过程如图 4-11 所示。

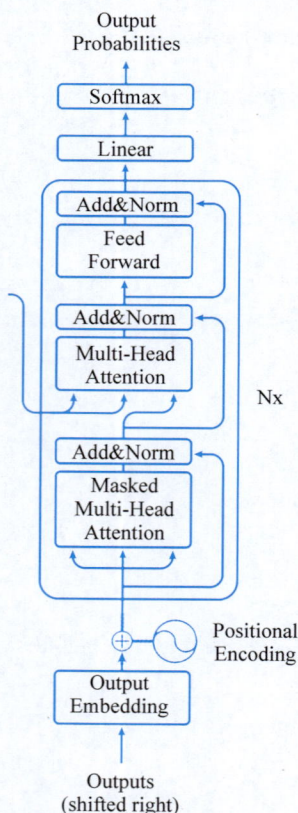

图 4-10　Transformer 解码器结构

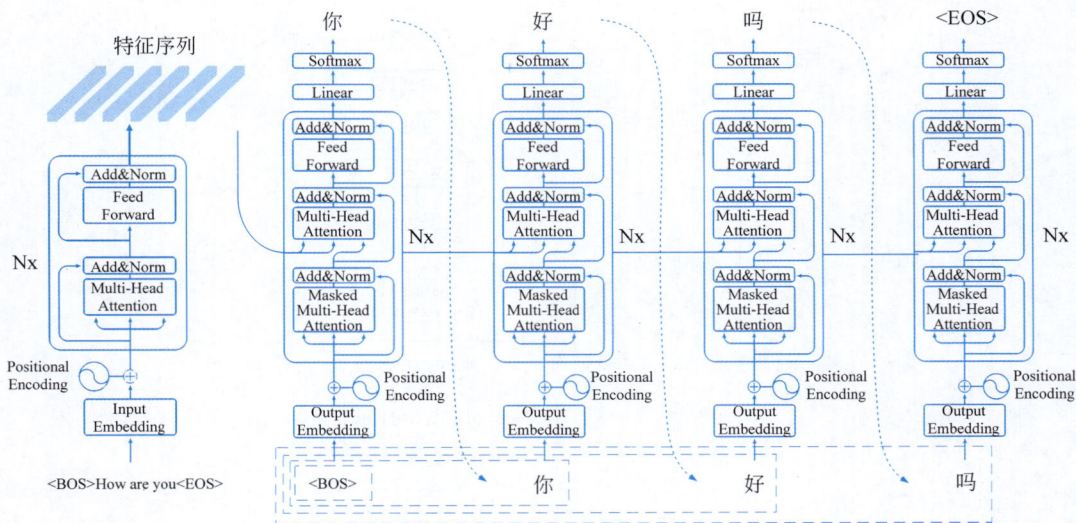

图 4-11　机器翻译中的解码器输入

2）掩码自注意力机制

在 Transformer 的训练过程中，以机器翻译任务为例，待翻译的英文文本将会输入编码器中，文本的中文翻译（标签）将会并行地输入解码器中。但解码器的生成过程是自回归的，即每个词的生成依赖于之前生成的词。这就需要 Transformer 的解码器在训练过程中，不能看到未来的"正确答案"，通过使用掩码，使得每个输入只能与之前的时刻进行注意力的交互，若模型在训练过程中与来自未来的信息进行注意力的交互，会导致模型无法学习到文本的生成模式，无法完成预测流程。

3）残差连接与层标准化

解码器中使用了与编码器中相同的残差连接与层标准化。

4）交叉多头自意力机制

在 Transformer 模型结构中，交叉注意力机制用于不同组件之间的交叉注意力交互。这种机制最常见于将 Transformer 应用于如机器翻译等任务，其中模型的编码器和解码器需要互相交互来处理信息。它允许解码器的每个时间步骤都能访问整个编码器的输出。解码器生成每个输出词时，会使用其当前状态查询编码器输出的序列，这个查询过程通过交叉注意力层实现。这样做可以帮助解码器根据编码器提供的上下文信息决定下一个最合适的词是什么。其结构如图 4-12 所示。

交叉注意力机制中的 Q 来自解码器，而 K、V 来自编码器，即解码器通过解码器的输入产生一个 Q，用于与来自编码器中的 K 做查询匹配（计算相似度），得到解码器输入与编码器输出的注意力分数矩阵，再将注意力分数矩阵与来自编码器的 V 相乘，产生最后的输出结果。交叉注意力机制可以有效地在两个不同的数据源中进行交互，除在 Transformer 解码器中使用，还经常使用在多模态任务中，通过交叉注意力集中，模型可以更好地理解和整合不同模态的信息，从而提高处理复杂场景的能力。

5）前馈神经网络

解码器同样使用前馈神经网络来增强对特征的表达。

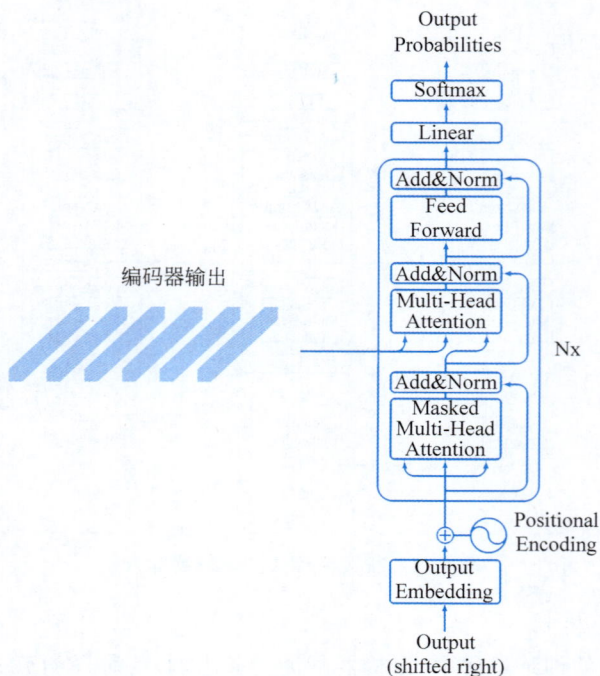

Probabilities

Softmax

Linear

Add&Norm
Feed
Forward

Add&Norm
Multi-Head
Attention

编码器输出

Add&Norm
Masked
Multi-Head
Attention

Positional
Encoding

Embedding

(shifted right)

图 4-12 交叉注意力机制

解码器的代码实现如下。

```python
class DecoderLayer(nn.Module):
    def __init__(self, d_model, num_heads, d_ff, dropout=0.1):
        """Transformer Decoder Layer"""
        super(DecoderLayer, self).__init__()
        #掩码注意力机制
        self.attention1 = MultiHeadAttention(d_model, num_heads, dropout)
        #交叉注意力机制
        self.attention2 = MultiHeadAttention(d_model, num_heads, dropout)
        #前馈神经网络
        self.feed_forward = FeedForward(d_model, d_ff, dropout)
        #层归一化
        self.norm1 = nn.LayerNorm(d_model)
        self.norm2 = nn.LayerNorm(d_model)
        self.norm3 = nn.LayerNorm(d_model)
        #丢弃层
        self.dropout = nn.Dropout(dropout)

    def forward(self, x, encoder_output, src_mask=None, tgt_mask=None):
        #计算掩码注意力机制
        attention1, _ = self.attention1(x, x, x, tgt_mask)
        #残差连接与层归一化
        x = self.norm1(x + self.dropout(attention1))
        #交叉注意力机制,其中 q 来自解码器,kv 来自编码器
        attention2, _ = self.attention2(x, encoder_output, encoder_output, src_mask)
        #残差连接与层归一化
        x = self.norm2(x + self.dropout(attention2))
```

```
                    #前馈神经网络
                    feed_forward_output = self.feed_forward(x)
                    #残差连接与层归一化
                    x = self.norm3(x + self.dropout(feed_forward_output))
                    return x

class Decoder(nn.Module):
    def __init__(self, output_dim, d_model, num_heads, num_layers, d_ff, dropout=0.1):
        """Transformer Decoder"""
        super(Decoder, self).__init__()
        #词嵌入层
        self.embedding = nn.Embedding(output_dim, d_model)
        #位置编码
        self.pos_encoder = PositionalEncoding(d_model)
        #多个编码器层堆叠
        self.layers = nn.ModuleList([DecoderLayer(d_model, num_heads, d_ff,
        dropout) for _ in range(num_layers)])
        #层归一化
        self.norm = nn.LayerNorm(d_model)
        #输出层
        self.fc_out = nn.Linear(d_model, output_dim)

    def forward(self, tgt, encoder_output, src_mask=None, tgt_mask=None):
        #词嵌入并进行缩放
        x = self.embedding(tgt) * math.sqrt(self.embedding.embedding_dim)
        #加入位置编码
        x = self.pos_encoder(x)
        #逐层计算解码器层结果
        for layer in self.layers:
            x = layer(x, encoder_output, src_mask, tgt_mask)

        #计算输出
        return self.fc_out(self.norm(x))
```

完成编码器与解码器的定义后，即可定义一个完整的 Transformer 模型。代码如下。

```
class Transformer(nn.Module):
    def __init__(self, input_dim, output_dim, d_model, num_heads, num_encoder_
    layers, num_decoder_layers, d_ff, dropout=0.1):
        """Transformer model"""
        super(Transformer, self).__init__()
        #解码器
        self.encoder = Encoder(input_dim, d_model, num_heads, num_encoder_
        layers, d_ff, dropout)
        #编码器
        self.decoder = Decoder(output_dim, d_model, num_heads, num_decoder_
        layers, d_ff, dropout)

    def forward(self, src, tgt, src_mask=None, tgt_mask=None):
        #计算编码器输出
        encoder_output = self.encoder(src, src_mask)
        #计算解码器输出
        output = self.decoder(tgt, encoder_output, src_mask, tgt_mask)
        #返回结果
        return output
```

4.2.4 交叉自注意力机制的应用

交叉自注意力机制不仅可应用于机器翻译任务中，还可以实现数据的跨模态交互。它允许模型在处理多种不同类型的输入数据（如文本、图像、声音等）时能有效地整合来自不同模态的信息。

在交叉注意力中，查询来自解码器，通常是解码器自注意力层的输出，代表了解码器当前的上下文信息。交叉注意力中的键和值来自编码器的输出。编码器的每个层输出一个键值对 (K,V)，这些键值对包含了源序列的上下文信息，即交叉注意力机制是通过解码器的查询，与编码器的键相匹配，再将注意力分数矩阵与编码器的 V 相乘。编码器的值（V）携带了输入序列的上下文信息。通过将注意力分数与这些值相乘，解码器可以整合与当前生成任务最相关的上下文信息，让模型能动态地聚焦于输入序列中最相关的部分。

交叉注意力机制能充分反映编码器与解码器之间的关联性，实现编码器与解码器的信息交互。

实际上，交叉注意力不仅局限于英文与中文之间的交互。理论上，交叉注意力机制可以实现任意两个序列的特征交互和融合，这个特性使得交叉注意力机制在多模态任务中广泛应用。

1）语音-文本交互

语音信号本身就是一种序列，可以使用交叉注意力机制实现语音和文本的交互。

在自动语音识别系统中，交叉注意力可用于将声学特征序列（音频输入）与音素或单词的表示关联起来，帮助模型更好地理解语音信号并转换成文本。

在语音翻译系统中，交叉注意力有助于模型将听到的语音与正确的翻译文本对齐，特别是在处理长句或复杂语法结构时。

在文本到语音合成任务中，交叉注意力可用来将文本内容与相应的声学特征对齐，生成更加自然和表现力强的语音输出。

2）图像-文本交互

图像数据在拉平后，也可被描述为序列，因此，可以使用交叉注意力机制对图像与文本两个模态进行交互。

在图像描述生成任务中，模型需要根据输入图像生成相应的描述文本。交叉注意力使得模型能关注图像中与生成描述最相关的区域。例如，如果生成的描述是"一只棕色的狗在草地上奔跑"，模型会利用交叉注意力聚焦于图像中狗的区域。

在视觉问答任务中，模型需要根据输入的图像和相关问题生成答案。交叉注意力使得模型能同时考虑图像中的视觉信息和问题的语义内容，以选择最相关的视觉信息来回答特定的问题。

在医学图像与病例报告的关联分析中，交叉注意力有助于模型识别图像中的病理特征与文本报告中的描述之间的对应关系。

4.3 大模型的定义与应用

4.3.1 大模型的定义

大模型是由大量参数和复杂结构构成的神经网络模型，它们大多基于 Transformer 架构,旨在增强模型的表达力和预测准确性,以应对更复杂的任务和数据类型。大模型广泛应用于自然语言处理、图像识别、语音技术以及个性化推荐等领域。通过在庞大的数据集上进行训练,大模型能学习到丰富的模式和特征,从而对新数据进行有效预测。

大模型的主要特点如下。

1)参数量大

大模型的参数量极为庞大,通常以 B(Billion,十亿)衡量,GPT-3 等大语言模型的参数量更是达到了 175B。

2)训练数据量大

为了覆盖广泛的知识和模式,大模型需要在庞大的、多样化的数据集上进行训练,这些数据集通常达到 TB 级别。

3)计算资源需求高

无论是训练还是进行推理,大模型都需要消耗大量的计算资源,这通常意味着需要依赖高性能的 GPU 或专门的 TPU 执行。

4.3.2 大模型的应用

大模型的应用主要分为三个领域:自然语言处理、计算机视觉、多模态。

1)自然语言处理

大模型可用于生成文章、故事、新闻报道等,如图 4-13 所示,还可自动生成文档或文章的摘要,提取关键信息。同时,大模型可用于构建智能对话系统和聊天机器人,从大量文本中提取答案,回答用户的问题,例如 OpenAI 的 ChatGPT 3.5。

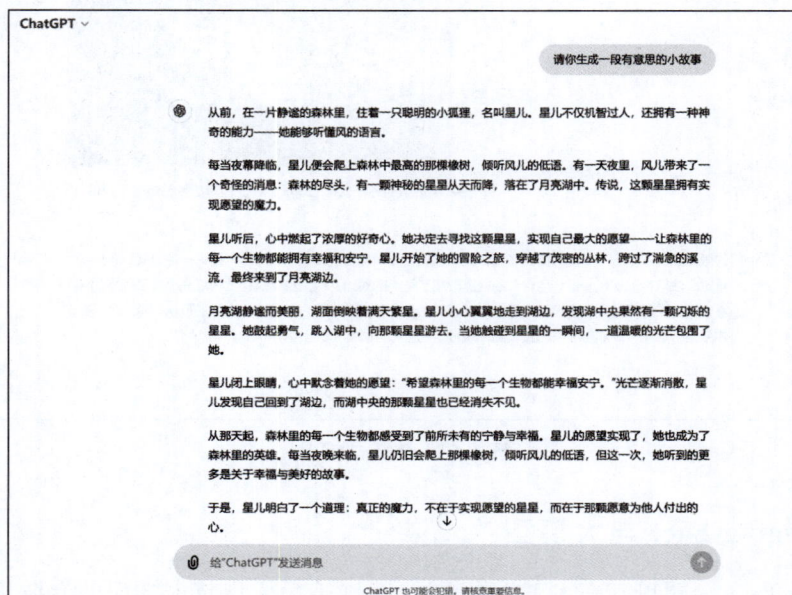

图 4-13　ChatGPT 的故事生成

2)计算机视觉

由于大模型在自然语言领域的巨大成功,研究人员受到启发,开始探索计算机视觉领域中的大型视觉模型。探索扩展视觉 Transformer 的规模，追求大模型所展现的新兴能力。SAM(Segment Anything Model)[8] 就是视觉大模型的代表之一。SAM 基于对自然语言处理(NLP)产生重大影响的基础模型(Foundation Model)。它专注于提示分割任务，使用提示工程适应不同的下游分割问题。SAM 经过数百万幅图像和超过 10 亿个掩膜的训练，可以针对任何提示返回有效的分割掩膜，如图 4-14 所示。

图 4-14　SAM 图像分割

3）多模态

2024 年，OpenAI 发布多模态大模型 GPT-4o，这是一个多模态大模型，支持文本、音频和图像的任意组合输入，并能生成文本、音频和图像的任意组合输出。与现有模型相比，它在视觉和音频理解方面尤其出色，如图 4-15 所示。

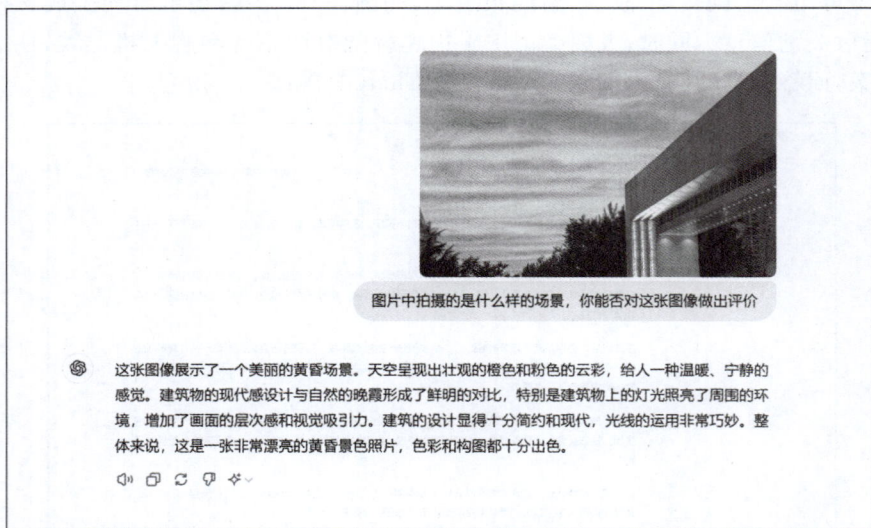

图 4-15　多模态问答

4.3.3　Hugging Face 与大模型

Hugging Face 公司以其在人工智能领域，特别是大模型技术方面的专业贡献而闻名。该公司开发了一个广受欢迎的开源库——Transformers，它汇集了众多预训练的语言处理模型，如 BERT、GPT-2 和 T5 等。这些模型不仅覆盖了自然语言处理的多个方面，还支持执行文本分类、实体识别、文本创作和语言翻译等任务。

Hugging Face 的贡献不仅限于语言模型,它还开源了多个领域的大模型,如图 4-16 所示。这些模型的应用范围广泛,包括但不限于文本内容的生成、问答系统、图像的创作、图像的分割以及目标检测等。用户可以根据自己的特定需求,从这些模型中挑选出最适合自己任务的模型使用。

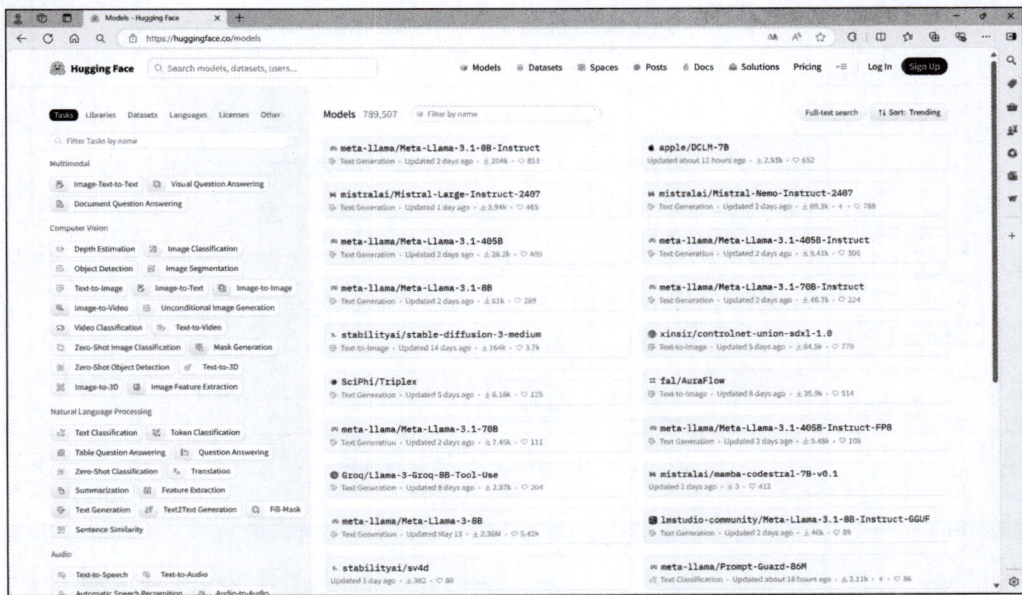

图 4-16 Hugging Face 中开源的大模型

若要部署 Hugging Face 平台中的模型实现文本生成功能,可以遵循以下步骤进行操作。首先,在任务选择区域,用户应定位到"Text Generation"选项。一旦选中该选项,系统会自动展示与文本生成任务相关的所有预训练模型。

对于特定语言的文本生成需求,比如中文,可以在搜索框中输入关键词"chinese",系统将筛选并展示所有支持中文文本生成的模型。这一筛选过程快速定位到满足特定语言需求的模型资源。

选择模型时,用户需要考虑自己的硬件配置和任务的复杂性。如果是为了演示或者初步测试,可以选择一个规模较小的模型,以便于快速部署和测试。如图 4-17 所示,可以从展示的模型中挑选一个合适的小型模型进行演示。

单击需要的模型进入后,将会展示对模型的介绍,如图 4-18 所示,单击 Files and versions,将会跳转到模型的文件下载页面。

下载模型的所有相关文件到本地,并按照模型的介绍进行部署,运行代码后,将会得到代码的运行结果,如图 4-19 所示。

模型输入为:"什么是大模型"。

模型输出为:"大模型指的是一种数学模型,它将现实世界中的各种现象和现象之间的关系用数学语言描述出来。它可以用来解释许多自然现象,如地震、火山爆发、地震波等。在大模型的基础上,我们也可以使用数学模型预测未来事件的发生,从而帮助我们做出更明智的决策。例如,我们可以使用大模型预测地震波的传播速度。在地震波传播过程中,我们

深度学习全景：技术与应用解析（微视频版）

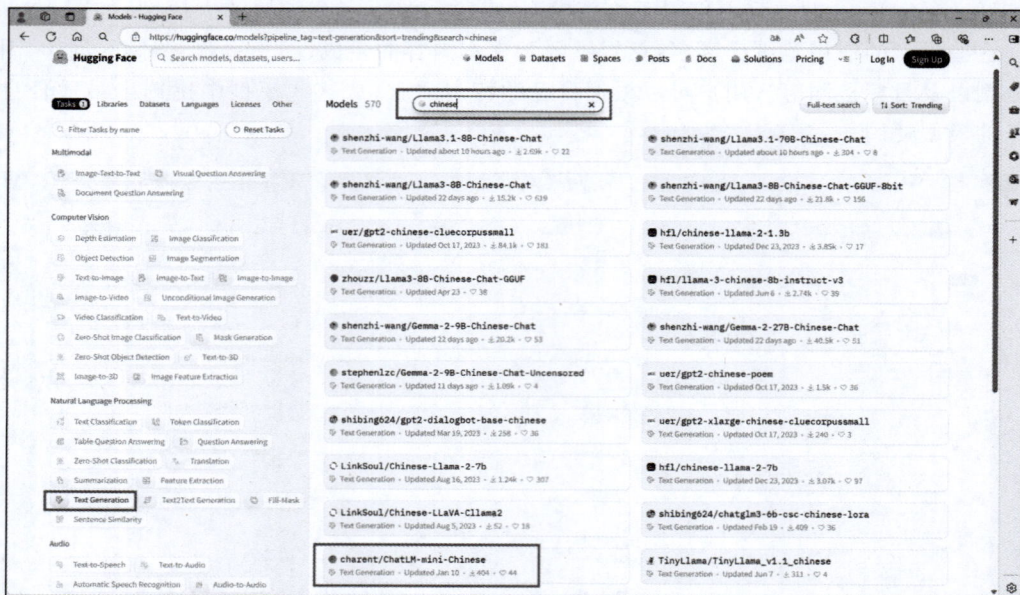

图 4-17　Hugging Face 模型的选择

图 4-18　模型介绍页面

可以观察到很多微小的变化，这些微小的变化可能会对我们的决策产生重大影响。此外，大模型还可以用来描述火山喷发的过程。当我们观察到大量的火山喷发时，我们可以计算出火山喷发所产生的能量和物质的总量。这些数据可以帮助我们更好地了解地球的形成和演化历史。总之，大模型是一种非常有用的工具，可以帮助我们更深入地理解自然现象，并帮助我们做出更好的决策。"

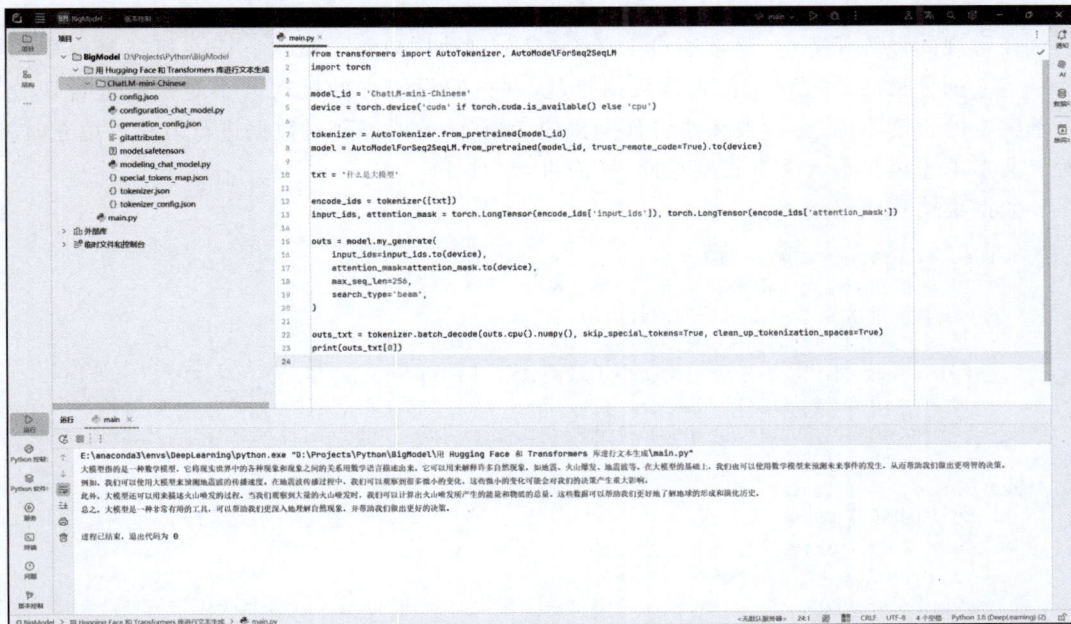

图 4-19　项目结构与代码示例

综上，通过 Hugging Face 与 Transformers 库实现了中文文本的生成。

4.4　机器翻译任务中 Transformer 的训练

整体的 Transformer 模型具有两个输入与一个输出，相对于常规任务较为特殊。机器翻译任务中，数据集的构建、损失函数的计算、预测流程等都有较大的差异。因此，本节将从机器翻译实际任务中出发，以实际代码介绍 Transformer 的训练过程。

4.4.1　数据集的构建

首先构建数据集，根据数据集的特性，对数据进行读取。数据集的构建主要通过 PrepareData 类实现，依次完成读取数据与分词、构建词表、将单词映射为索引、划分批次四个步骤。

1）读取数据与分词

对数据文件进行逐行读取，并对文本进行分词操作。为了方便起见，对于英文文本，按照空格将英文文本划分成不同词语；对于中文文本，按照单字进行划分，即每一个字分一个词。同时，为每段文本的开始与结束位分别标记"<BOS>"与"<EOS>"。

2）构建词表

对每个词语进行统计，按照词频进行排序，并添加填充（"<PAD>"）、未知（"UNK"）两个标记。最后生成一个字典，用于将词语与索引一一对应。

3）将单词映射为索引

将词语转换为索引，这一步的目的是对数据进行向量化。

4）划分批次

在常规的训练任务中，通常通过 DataLoader 自动构建每个批次。而在机器翻译中，需要自定义划分批次的过程。首先将数据打乱，并按照设定好的批次大小对数据进行切分。每条文本的长度不同，会导致无法将数据拼接为矩阵，此时需要对数据进行填充。填充时将所有文本填充至与最大文本长度相同，从而拼接为矩阵。

数据集构建代码如下。

```python
def seq_padding(X, padding=0):
    """按批次(batch)对数据填充、长度对齐"""
    #获取该批次样本中语句长度的最大值
    ML = max([len(x) for x in X])
    #遍历该批次样本,如果语句长度小于最大长度,则用 padding 填充
    return np.array([
        np.concatenate([i, [padding] * (ML - len(i))]) if len(i) < ML else i for i in X])

def cht_to_chs(sent):
    """繁体转简体"""
    sent = Converter("zh-hans").convert(sent)
    sent.encode("utf-8")
    return sent


class Batch:
    """1. 输入序列(源) 2. 输出序列(目标)"""
    def __init__(self, src, trg=None, pad=0, DEVICE='cuda' if torch.cuda.is_
available() else 'cpu'):
        #将输入、输出单词 id 表示的数据规范成整数类型
        src = torch.from_numpy(src).to(DEVICE).long()
        trg = torch.from_numpy(trg).to(DEVICE).long()
        self.src = src
        #对当前输入的语句非空部分进行判断,bool 序列
        #如果输出目标不为空,则需要对解码器使用的目标语句进行掩码
        if trg is not None:
            #解码器使用的目标输入部分
            self.trg = trg[:, :-1]   #去除最后一列
            #解码器训练时应预测输出的目标结果
            self.trg_y = trg[:, 1:]   #去除第一列的 SOS
            #将应输出的目标结果中实际的词数进行统计
            self.ntokens = (self.trg_y != pad).data.sum()


class PrepareData:
    def __init__(self, train_file, dev_file, BATCH_SIZE=128):
        #读取数据、分词
        self.train_en, self.train_cn = self.load_data(train_file)
        self.dev_en, self.dev_cn = self.load_data(dev_file)
        #构建词表
        self.en_word_dict, self.en_total_words, self.en_index_dict = self.
        build_dict(self.train_en)
        self.cn_word_dict, self.cn_total_words, self.cn_index_dict = self.
        build_dict(self.train_cn)
        #单词映射为索引
        self.train_en, self.train_cn = self.word2id(self.train_en, self.train_
        cn, self.en_word_dict, self.cn_word_dict)
```

```
        self.dev_en, self.dev_cn = self.word2id(self.dev_en, self.dev_cn, self.
        en_word_dict, self.cn_word_dict)
        #划分批次、填充、掩码
        self.train_data = self.split_batch(self.train_en, self.train_cn, BATCH_
        SIZE)
        self.dev_data = self.split_batch(self.dev_en, self.dev_cn, BATCH_SIZE)

    def load_data(self, path):
        """读取英文、中文数据,对每条样本分词并构建包含起始符和终止符的单词列表
        形式如: en = [['BOS', 'i', 'love', 'you', 'EOS'], ['BOS', 'me', 'too', 'EOS
        '], ...]
                  cn = [['BOS', '我', '爱', '你', 'EOS'], ['BOS', '我', '也', '是',
                  'EOS'], ...]"""
        en, cn = [], []
        with open(path, mode="r", encoding="utf-8") as f:
            for line in f.readlines():
                sent_en, sent_cn = line.strip().split("\t")
                sent_en = sent_en.lower()
                sent_cn = cht_to_chs(sent_cn)
                #英文按词切分
                en.append(["BOS"] + word_tokenize(sent_en) + ["EOS"])
                #中文按字符切分
                cn.append(["BOS"] + [char for char in sent_cn] + ["EOS"])
        return en, cn

    def build_dict(self, sentences, max_words=5e4, UNK=1, PAD=0):
        """ 构造分词后的列表数据,构建单词-索引映射(key 为单词,value 为 id 值)"""
        #统计数据集中的单词词频
        word_count = Counter([word for sent in sentences for word in sent])
        #按词频保留前 max_words 个单词构建词典
        #添加 UNK 和 PAD 两个单词
        ls = word_count.most_common(int(max_words))
        total_words = len(ls) + 2
        word_dict = {w[0]: index + 2 for index, w in enumerate(ls)}
        word_dict['UNK'] = UNK
        word_dict['PAD'] = PAD
        #构建 id 到 word 的映射
        index_dict = {v: k for k, v in word_dict.items()}
        return word_dict, total_words, index_dict

    def word2id(self, en, cn, en_dict, cn_dict, sort=True, UNK=1):
        """
        将英文、中文单词列表转为单词索引列表
        `sort=True`表示以英文语句长度排序,以便按批次填充时,同批次语句填充尽量少
        """
        #单词映射为索引
        out_en_ids = [[en_dict.get(word, UNK) for word in sent] for sent in en]
        out_cn_ids = [[cn_dict.get(word, UNK) for word in sent] for sent in cn]

        #按相同顺序对中文、英文样本排序
        if sort:
            #以英文语句长度排序
            sorted_index = sorted(range(len(out_en_ids)), key=lambda x: len(out
            _en_ids[x]))
```

```
                    out_en_ids = [out_en_ids[idx] for idx in sorted_index]
                    out_cn_ids = [out_cn_ids[idx] for idx in sorted_index]
                return out_en_ids, out_cn_ids

        def split_batch(self, en, cn, batch_size, shuffle=True):
            """ 划分批次,`shuffle=True`表示对各批次顺序随机打乱"""
                #每隔 batch_size 取一个索引作为后续 batch 的起始索引
                idx_list = np.arange(0, len(en), batch_size)
                #起始索引随机打乱
                if shuffle:
                    np.random.shuffle(idx_list)
                #存放所有批次的语句索引
                batch_indexs = []
                for idx in idx_list:
                    """ 形如[array([4, 5, 6, 7]),
                            array([0, 1, 2, 3]),
                            array([8, 9, 10, 11]),
                            ...] """
                    #起始索引最大的批次可能发生越界,要限定其索引
                    batch_indexs.append(np.arange(idx, min(idx + batch_size, len(en))))
                #构建批次列表
                batches = []
                for batch_index in batch_indexs:
                    #按当前批次的样本索引采样
                    batch_en = [en[index] for index in batch_index]
                    batch_cn = [cn[index] for index in batch_index]
                    #对当前批次中的所有语句进行填充、对齐长度
                    #维度为: batch_size * 当前批次中语句的最大长度
                    batch_cn = seq_padding(batch_cn)
                    batch_en = seq_padding(batch_en)
                    #将当前批次添加到批次列表
                    #Batch 类用于实现注意力掩码
                    batches.append(Batch(batch_en, batch_cn))
                return batches
```

4.4.2 模型的构建

为方便起见,模型构建中使用 PyTorch 中预定义的 Transformer 模块,不再单独定义编码器与解码器。Transformer 模型定义代码如下。

```
class Generator(nn.Module):
    """
    解码器输出经过线性变换和 softmax 函数映射为下一时刻预测单词的概率分布
    """
    def __init__(self, d_model, vocab):
        super(Generator, self).__init__()
        #decode 后的结果,先进入一个全连接层变为词典大小的向量
        self.proj = nn.Linear(d_model, vocab)

    def forward(self, x):
        #然后再进行 log_softmax 操作(在 softmax 结果上再多做一次 log 运算)
        return F.log_softmax(self.proj(x), dim=-1)
```

```python
class PositionalEncoding(nn.Module):
    def __init__(self, d_model, dropout, max_len=5000, DEVICE='cuda' if torch.
    cuda.is_available() else 'cpu'):
        super(PositionalEncoding, self).__init__()
        self.dropout = nn.Dropout(p=dropout)
        #位置编码矩阵,维度[max_len, embedding_dim]
        pe = torch.zeros(max_len, d_model, device=DEVICE)
        #单词位置
        position = torch.arange(0.0, max_len, device=DEVICE)
        position.unsqueeze_(1)
        #使用 exp 和 log 实现幂运算
        div_term = torch.exp(torch.arange(0.0, d_model, 2, device=DEVICE) *
        (- math.log(1e4) / d_model))
        div_term.unsqueeze_(0)
        #计算单词位置沿词向量维度的纹理值
        pe[:, 0:: 2] = torch.sin(torch.mm(position, div_term))
        pe[:, 1:: 2] = torch.cos(torch.mm(position, div_term))
        #增加批次维度,[1, max_len, embedding_dim]
        pe.unsqueeze_(0)
        #将位置编码矩阵注册为 buffer(不参加训练)
        self.register_buffer('pe', pe)

    def forward(self, x):
        #将一个批次中语句的所有词向量与位置编码相加
        #注意,位置编码不参与训练,因此设置 requires_grad=False
        x += Variable(self.pe[:, : x.size(1), :], requires_grad=False)
        return self.dropout(x)

class Embeddings(nn.Module):
    def __init__(self, d_model, vocab):
        super(Embeddings, self).__init__()
        #Embedding 层
        self.lut = nn.Embedding(vocab, d_model)
        #Embedding 维数
        self.d_model = d_model
        self.pe = PositionalEncoding(d_model, 0.05)

    def forward(self, x):
        #返回 x 的词向量(需要乘以 math.sqrt(d_model))
        return self.pe(self.lut(x) * math.sqrt(self.d_model))

class Transformer(nn.Module):
    def __init__(self, encoder, decoder, src_embed, tgt_embed, generator):
        super(Transformer, self).__init__()
        self.encoder = encoder
        self.decoder = decoder
        self.src_embed = src_embed
        self.tgt_embed = tgt_embed
        self.generator = generator

    def encode(self, src):
        return self.encoder(self.src_embed(src), None)

    def decode(self, memory, tgt):
```

```
        return self.decoder(self.tgt_embed(tgt), memory, nn.Transformer.
        generate_square_subsequent_mask(tgt.size(-1)))

    def forward(self, src, tgt):
        #encoder 的结果作为 decoder 的 memory 参数传入，进行 decode
        return self.decode(self.encode(src), tgt)

def make_model(src_vocab, tgt_vocab, N=6, d_model=512, d_ff=2048, h=8,
dropout=0.1, DEVICE='cuda' if torch.cuda.is_available() else 'cpu'):
    #实例化 Transformer 模型对象
    model = Transformer(
        nn.TransformerEncoder(
            nn.TransformerEncoderLayer(d_model, nhead=h, dim_feedforward=d_ff,
            dropout=dropout, batch_first=True), N),
        nn.TransformerDecoder(
            nn.TransformerDecoderLayer(d_model, nhead=h, dim_feedforward=d_ff,
            dropout=dropout, batch_first=True), N),
        Embeddings(d_model, src_vocab),
        Embeddings(d_model, tgt_vocab),
        Generator(d_model, tgt_vocab)
    ).to(DEVICE)
    return model
```

4.4.3 损失计算与优化

机器翻译任务采用 KLDivLoss，即 KL 散度损失（Kullback-Leibler Divergence Loss），是一种衡量两个概率分布差异的方法，其在机器翻译中有重要的应用。KL 散度是信息论中的一个概念，用于衡量两个概率分布 P 和 Q 之间的差异，其值越大，表示两个分布的差异越大。

训练机器翻译模型时，KL 散度可用来衡量模型输出的概率分布与真实翻译的概率分布之间的差异。通过最小化这种差异，可以提高翻译的准确性。在机器翻译中，有时会遇到罕见词汇或短语，这可能导致语言模型给出的概率分布非常尖锐，即高度集中在某些词汇上。使用 KL 散度可以帮助平滑这些分布，使得模型能更好地泛化到未见过的数据。

在模型优化时，采用学习率衰减策略，以便算法能更好地进行梯度下降。

损失计算与优化代码如下。定义好损失的计算与优化后，即可进行迭代训练，迭代训练的流程与常规模型一致。

```
class Loss(nn.Module):
    """ 损失计算 """
    def __init__(self, size, padding_idx, smoothing=0.0):
        super(Loss, self).__init__()
        self.criterion = nn.KLDivLoss(reduction='sum')
        self.padding_idx = padding_idx
        self.confidence = 1.0 - smoothing
        self.smoothing = smoothing
        self.size = size
        self.true_dist = None

    def forward(self, x, target):
```

```
        assert x.size(1) == self.size
        true_dist = x.data.clone()
        true_dist.fill_(self.smoothing / (self.size - 2))
        true_dist.scatter_(1, target.data.unsqueeze(1), self.confidence)
        true_dist[:, self.padding_idx] = 0
        mask = torch.nonzero(target.data == self.padding_idx)
        if mask.dim() > 0:
            true_dist.index_fill_(0, mask.squeeze(), 0.0)
        self.true_dist = true_dist
        return self.criterion(x, Variable(true_dist, requires_grad=False))

class SimpleLossCompute:
    def __init__(self, generator, criterion, opt=None):
        self.generator = generator
        self.criterion = criterion
        self.opt = opt

    def __call__(self, x, y, norm):
        x = self.generator(x)
        loss = self.criterion(x.contiguous().view(-1, x.size(-1)),
        y.contiguous().view(-1)) / norm
        loss.backward()
        if self.opt is not None:
            self.opt.step()
            self.opt.optimizer.zero_grad()
        return loss.data.item() * norm.float()

class Optimizer:
    "Optim wrapper that implements rate."

    def __init__(self, model_size, factor, warmup, optimizer):
        self.optimizer = optimizer
        self._step = 0
        self.warmup = warmup
        self.factor = factor
        self.model_size = model_size
        self._rate = 0

    def step(self):
        "Update parameters and rate"
        self._step += 1
        rate = self.rate()
        for p in self.optimizer.param_groups:
            p['lr'] = rate
        self._rate = rate
        self.optimizer.step()

    def rate(self, step=None):
        "Implement `lrate` above"
        if step is None:
            step = self._step
        return self.factor * (self.model_size ** (-0.5) * min(step ** (-0.5),
        step * self.warmup ** (-1.5)))
```

4.4.4 自回归预测

Transformer 机器翻译的预测环节是较为关键的一步。模型的参数训练好后，要通过循环迭代的方式逐步预测出翻译结果。首先将需要翻译的文本（src）输进 Transformer 的 Encoder，Encoder 将会提取 src 中的相关性，将其转换为特征向量（memory）。接下来将 memory 与开始符"<BOS>"同时输进 Transformer 的 Decoder 中，Decoder 会通过交叉注意力机制，提取开始符"<BOS>"与需要翻译的文本之间的相关性，并得到第一个输出；接下来将开始符"<BOS>"与第一个输出拼接到一起，再与 memory 同时输入 Decoder 中，Decoder 将会通过学习到的相关性，输出第二个输出，直到 Decoder 输出结束符"<EOS>"或达到最大长度。代码如下。

```
def greedy_decode(model, src, max_len, start_symbol):
    """ 解码，传入一个训练好的模型，对指定数据进行预测"""
    #先用 encoder 进行 encode
    memory = model.encode(src)
    #初始化预测内容为 1×1 的 tensor,填入开始符('BOS')的 id,并将 type 设置为输入数据
    #类型(LongTensor)
    ys = torch.ones(1, 1).fill_(start_symbol).type_as(src.data)
    #遍历输出的长度下标
    for i in range(max_len - 1):
        #decode 得到隐藏层表示
        out = model.decode(memory, Variable(ys))
        #将隐藏表示转为对词典各词的 log_softmax 概率分布表示
        prob = model.generator(out[:, -1])
        #获取当前位置最大概率的预测词 id
        _, next_word = torch.max(prob, dim=1)
        next_word = next_word.data[0]
        #将当前位置预测的字符 id 与之前的预测内容拼接起来
        ys = torch.cat([ys, torch.ones(1, 1).type_as(src.data).fill_(next_
                        word)], dim=1)
    return ys
```

模型翻译结果如图 4-20 所示。模型基本能做到翻译准确无误。

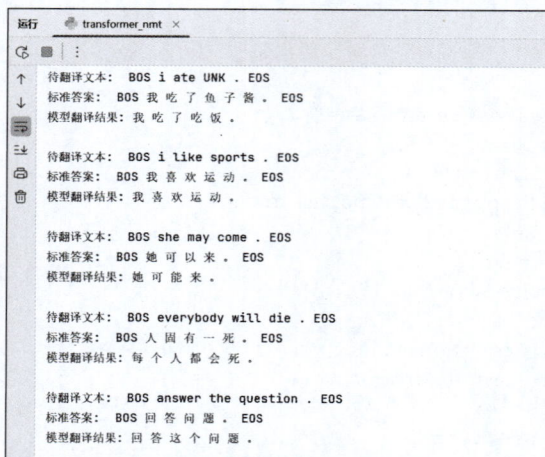

图 4-20　模型翻译结果

第 **5** 章

计算机视觉技术

计算机视觉技术是一种利用计算机和数学算法模拟人类视觉系统对图像和视频进行识别、理解、分析和处理的前沿科技。该技术融合了图像处理、模式识别、计算机图形学以及深度学习等多个领域的知识，旨在使计算机能像人类一样感知和理解视觉信息。深度学习为计算机视觉提供了一种强大的学习和表示方法，是计算机视觉领域的关键驱动力和技术基础。随着大数据、计算能力的提升和深度学习算法的进步，计算机视觉技术正快速发展，并逐步实现更多曾被视为科幻的应用。本章将深入剖析视觉模型的核心机制，包括分类任务的精细解析、目标检测任务的精准实现、图像分割任务的细致划分，并探索视觉自监督预训练的前沿技术，最后通过实战案例展示这些技术在视觉领域的广泛应用与探索。

5.1 视觉模型

视觉模型指的是用于完成计算机视觉任务的神经网络模型，主要分为卷积神经网络(Convolutional Neural Network，CNN)模型与视觉 Transformer(ViT)模型。

5.1.1 CNN 模型

CNN 是计算机视觉领域的核心模型之一，广泛应用于图像识别、目标检测、图像分割等任务。CNN 的引入极大地推动了计算机视觉的发展，是现代深度学习的重要里程碑。卷积神经网络能提取图像中的不同特征，并将图像最终表示为一个特征向量，随后可以通过特征向量对图像进行分类，如图 5-1 所示。

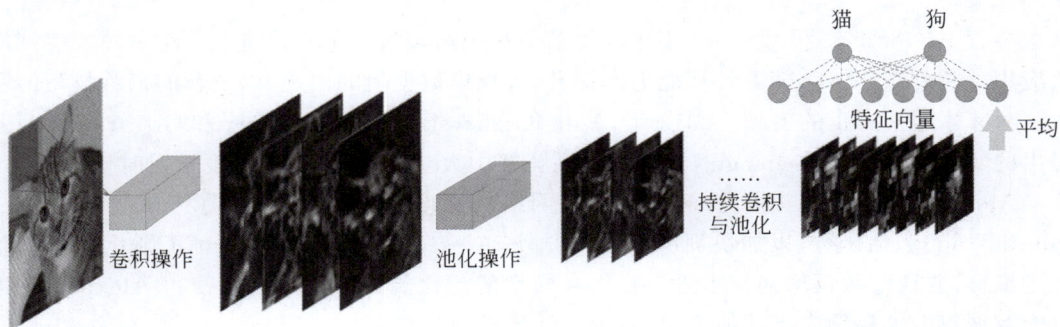

图 5-1　卷积神经网络的特征提取

卷积神经网络往往作为骨干网络(backbone network)。骨干网络又称为主干网络，在计算机视觉领域,骨干网络通常指的是一个深度神经网络的主体部分,它负责从输入数据中提取特征。骨干网络是许多现代深度学习架构的核心,尤其在进行图像分类、目标检测和语义分割等时。

1) 卷积神经网络的优势

CNN通过卷积层能自动提取图像中的空间层次特征,从低级的边缘、纹理到高级的形状、语义信息,逐层构建对图像的理解。卷积操作利用了图像的局部相关性,通过权重共享的方式,大大减少了参数数量,使得网络更容易训练,也降低了模型的计算成本。

CNN具有较强的平移不变性(translation invariance)。由于卷积操作在图像的每个位置都应用相同的滤波器,因此CNN能很好地识别出同一物体在不同位置的图像,从而提高了模型的鲁棒性。

此外,CNN结构相对简单且易于扩展。通过堆叠更多的卷积层和池化层,CNN可以设计出更深的网络,从而捕捉更复杂的图像特征。结合现代硬件的并行计算能力,CNN可以在较短的时间内处理大规模图像数据集,训练速度快,应用范围广。

2) 卷积神经网络的缺点

CNN对旋转、缩放等变换的鲁棒性相对较差,虽然通过数据增强等方法可以部分缓解这一问题,但它仍然是CNN的一个局限性。此外,CNN的卷积层虽然能提取局部特征,但难以捕捉长距离的依赖关系。因此,在处理具有复杂全局关系的任务时,CNN的表现可能不如其他方法。

CNN的训练需要大量的标注数据和计算资源。深度CNN模型通常包含数百万甚至数亿个参数,这使得训练变得非常耗时,并且对GPU等高性能硬件的依赖性较强。在没有大规模数据集的情况下,CNN容易出现过拟合的问题,需要通过复杂的正则化方法和数据增强技巧缓解。

3) 卷积神经网络的发展历程

CNN的基础思想可以追溯到20世纪80年代[9],当时Yann LeCun等在研究神经网络在图像识别中的应用。他们在1989年发表的论文中首次引入了CNN,用于手写数字识别。这种早期的CNN模型被称为LeNet-5,是为美国邮政服务开发的手写数字识别系统的一部分。LeNet-5的成功证明了神经网络在图像处理上的潜力。Yann LeCun也因此成为2018年图灵奖得主之一。

尽管LeNet-5在20世纪90年代取得了一些成功,CNN在随后的十几年中并未得到广泛应用。直到2012年,随着计算能力的提升、大规模数据集的出现,以及新的训练技巧的引入,CNN才迎来真正的突破。2012年,Alex Krizhevsky、Ilya Sutskever和Geoffrey Hinton提出的AlexNet模型在ImageNet图像识别竞赛中大获成功,标志着深度学习时代的到来。

AlexNet与LeNet-5相比,显著增加了网络的深度和宽度,并引入了ReLU(Rectified Linear Unit)激活函数,以加快训练速度。此外,AlexNet还采用Dropout正则化方法来防止过拟合,并通过数据增强技术进一步提高模型的泛化能力。这些创新使得AlexNet在当时的数据集上大幅领先于其他方法,震惊了计算机视觉界。

自AlexNet之后,CNN模型得到进一步的发展。2014年,VGGNet由牛津大学的研究团队提出,这一模型通过使用更深的网络(如16层或19层)进一步提高性能。VGGNet采用了较小的3×3卷积核,并在网络末端添加了多个全连接层,进一步提高了图像分类的精度。同年，Google 提出 GoogLeNet(Inception)，该模型引入了 Inception 模块，通过在同一层中使用多个不同大小的卷积核，捕捉多尺度的图像特征。

2015 年，ResNet(Residual Network)由微软研究院提出，再次刷新了图像分类的记录。ResNet 引入了残差块(Residual Block)的概念，通过跳过连接(Skip Connections)使得网络可以训练得更深(甚至达到 152 层)，同时避免了深度网络中常见的梯度消失问题。ResNet 的成功不仅奠定了其在计算机视觉中的地位，还启发了许多后续的网络设计。

随着移动设备的普及，人们对轻量化卷积神经网络的需求越来越高。MobileNet[10] 系列由 Google 于 2017 年提出，目标是设计一种计算量小但性能良好的模型，适用于移动和嵌入式设备。MobileNet 的核心创新在于深度可分离卷积(Depthwise Separable Convolution)，它将标准卷积分解为两个步骤：深度卷积(Depthwise Convolution)和逐点卷积(Pointwise Convolution)。这种方法大大减少了计算量和参数量，同时保留了较好的性能。MobileNet 的成功证明了轻量化卷积网络在资源受限的环境中依然可以达到较高的精度，并激发了后续(如 MobileNetV2、MobileNetV3)的进一步研究。这些模型继续优化了结构，提升了效率，并在图像分类、物体检测等任务中得到广泛应用。

EfficientNet[11] 于 2019 年提出，代表了一种系统化的网络架构搜索方法。EfficientNet 的核心思想是复合缩放(Compound Scaling)，即同时在网络的深度、宽度和分辨率三个维度进行缩放，以找到最优的模型规模。这种方法打破了以往依赖经验进行网络设计的局限，通过自动化搜索得到的模型在多个任务中表现出色。EfficientNet 的成功展示了自动化设计网络架构的潜力。通过复合缩放，EfficientNet 在减少参数量和计算量的同时，保持了甚至超越了更大模型的性能。这一设计思想不仅优化了 CNN 的效率，还推动了神经架构搜索(Neural Architecture Search，NAS)领域的研究。

ConvNeXt[12] 是 2022 年提出的一种改进的卷积神经网络架构，旨在结合 CNN 的优势和 Transformer 的先进理念。ConvNeXt 通过简化设计、增加层次以及引入一些从 Transformer 中借鉴的策略(如大尺寸卷积核)，在保留传统 CNN 优势的同时，实现了性能的提升。ConvNeXt 展示了现代卷积神经网络在与新兴架构的竞争中依然具有强大的生命力。

卷积神经网络是计算机视觉中最主流的模型，它的原理与实现已在第 2 章中介绍，这里不赘述。

5.1.2　ViT 模型

ViT(Vision Transformer)[13] 是一种基于 Transformer 的视觉分类模型，将自然语言处理领域的 Transformer 架构应用于计算机视觉任务。ViT 模型在 2020 年由谷歌研究人员提出，这一创新使传统的 CNN 在图像识别领域的主导地位受到挑战。

在 ViT 提出之前，CNN 一直是图像识别领域的主流模型。CNN 通过局部感受野捕捉图像的局部特征，并通过多层的卷积和池化操作逐步提取更高层次的特征。然而，CNN 在处理图像中的长距离依赖关系时存在局限性，因为卷积操作的范围有限。例如，如果图像的左上角区域与右下角区域的特征具有较强的相关性，CNN 仅凭局部的小窗口无法将其覆盖，只是卷积难以提取到这种长距离依赖的关系。而 Transformer 中的自注意力机制却能很好地解决此问题。

ViT 模型的设计思想来源于 NLP 领域中取得巨大成功的 Transformer 模型。Transformer 最初是为了解决序列到序列任务而提出的，它擅长处理包括翻译、文本生成和语言建模在内的各种 NLP 任务。其核心是自注意力机制（Self-Attention），可以高效地捕捉输入数据的全局依赖关系，而不依赖于传统的 RNN 或者 CNN。

ViT 的核心思想是利用 Transformer 处理图像数据，而不是传统的 CNN。在 ViT 中，图像首先被划分为固定大小的方块（patch），这些方块被展平成一维向量，然后被视作 Transformer 模型的输入"词嵌入"（类似于 NLP 中的词向量）。这些向量经过加权处理，作为输入被送入标准的 Transformer 架构中。ViT 的结构如图 5-2 所示。

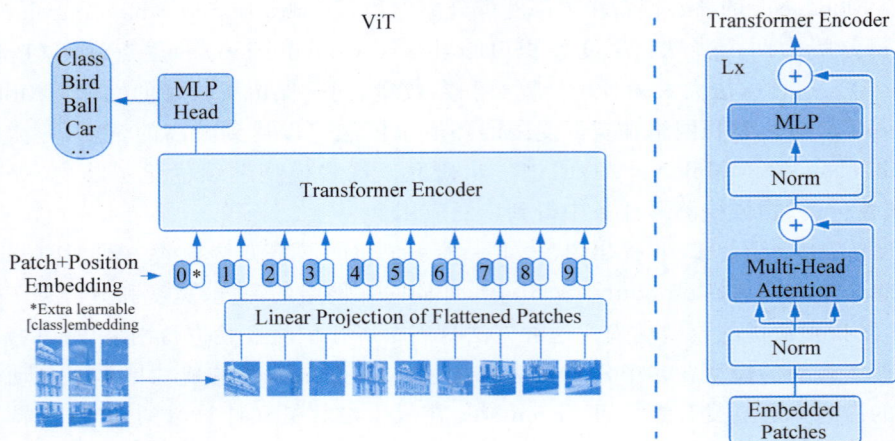

图 5-2　ViT 的结构

为了将 Transformer 应用于图像数据，ViT 模型做了几个关键修改。首先，它将输入的图像划分为固定大小的方块，比如 16×16 像素的方块。这些方块被展平成长度为 N 的向量，其中 N 取决于方块的大小和通道数。例如，对于一个 224×224 大小的 RGB 图像，每个方块包含 768 个特征值（$16 \times 16 \times 3 = 768$）。这些方块向量被当作 Transformer 的输入，类似于文本中的单词。

然后，ViT 在每个方块向量前加上一个位置嵌入（Positional Embedding），用于保留小块在图像中的相对位置信息。这是因为 Transformer 自身不具备空间位置信息的感知能力，因此需要显式地添加这些信息。

ViT 能实现对图像的分类，还依靠一个重要的结构——分类标记（Class Token）。分类标记是一个人为定义的向量。若将输入 ViT 的图像序列视作时间序列，那么分类标记就是在时间序列前添加了一个新的时间点，这个新的时间点会通过 Transformer 中的自注意力机制与其他时间点（图像块）进行交互，捕获与其他时间点的相关性，以此进行特征提取。完成自注意力机制特征提取后，分类标记将被输入至全连接分类器中，得到最终的预测输出。

与传统的 CNN 相比，ViT 省略了诸如池化层、激活函数等部分，取而代之的是全连接的自注意力层。Transformer 的多头自注意力机制可以并行处理每个补丁的关系，从而在计算上具有优势。

为了简单演示 ViT 的具体实现，通过 PyTorch 自定义一个简易的 ViT 模型，代码如下。

```python
from torch import nn
import torch
import math

class PositionalEncoding(nn.Module):
    def __init__(self, d_model, dropout, max_len=5000):
        super(PositionalEncoding, self).__init__()
        self.dropout = nn.Dropout(p=dropout)
        #位置编码矩阵,维度[max_len, embedding_dim]
        pe = torch.zeros(max_len, d_model)
        #单词位置
        position = torch.arange(0.0, max_len)
        position.unsqueeze_(1)
        #使用 exp 和 log 实现幂运算
        div_term = torch.exp(torch.arange(0.0, d_model, 2) * (- math.log(1e4) /
d_model))
        div_term.unsqueeze_(0)
        #计算单词位置沿词向量维度的纹理值
        pe[:, 0:: 2] = torch.sin(torch.mm(position, div_term))
        pe[:, 1:: 2] = torch.cos(torch.mm(position, div_term))
        #增加批次维度,[1, max_len, embedding_dim]
        pe.unsqueeze_(0)
        #将位置编码矩阵注册为 buffer(不参加训练)
        self.register_buffer('pe', pe)

    def forward(self, x):
        #将一个批次中语句的所有词向量与位置编码相加
        x += self.pe[:, : x.size(1), :]
        return self.dropout(x)

class ViT(nn.Module):
    def __init__(self, patch_size=16, num_classes=10, dim=512, depth=6, heads=
8, mlp_dim=1024, dropout=0.1):
        super(ViT, self).__init__()
        self.dim = dim
        #利用卷积对图像进行分块
        self.patch_embedding = nn.Conv2d(in_channels=3, out_channels=dim,
        kernel_size=patch_size, stride=patch_size)
        #位置编码
        self.pos_embedding = PositionalEncoding(dim, dropout)
        #分类标记
        self.cls_token = nn.Parameter(torch.randn(1, 1, dim))

        #Transformer Encoder
        self.transformer = nn.TransformerEncoder(
            nn.TransformerEncoderLayer(dim, heads, mlp_dim, dropout, batch_
            first=True), num_layers=depth
        )
        self.to_cls_token = nn.Identity()

        #分类头
        self.mlp_head = nn.Sequential(
            nn.LayerNorm(dim),
```

```
                nn.Linear(dim, num_classes)
            )

    def forward(self, x):
        #对图像进行分块
        x = self.patch_embedding(x)
        #将分块后的图像拉平
        x = torch.flatten(x.permute(0, 2, 3, 1), 1, 2)
        print(x.shape)

        #将分类标记添加到序列中
        cls_tokens = self.cls_token.expand(x.size(0), -1, -1)
        x = torch.cat((cls_tokens, x), dim=1)

        #位置编码
        x = self.pos_embedding(x)
        #编码器
        x = self.transformer(x)
        #获取分类标记的计算结果
        x = self.to_cls_token(x[:, 0])
        #返回分类结果
        return self.mlp_head(x)
```

1）ViT 模型的优势

ViT 模型具有几个显著的优点。首先，由于它摒弃了 CNN 中局部感受野的限制，能在处理过程中捕获更全局的特征，这使得 ViT 在大规模数据集上表现出色。其次，ViT 模型结构更简单，没有复杂的卷积和池化操作，易于实现并行计算，这对于完成大规模训练任务尤其有利。

ViT 还展示了良好的扩展性，当训练数据足够大时，模型可以显著提升精度。研究表明，ViT 在 ImageNet-21k 等大规模数据集上的表现优于基于 CNN 的模型，尤其是在数据丰富的情况下，其优势更加明显。

2）ViT 模型的不足

ViT 也存在一些缺点。首先，ViT 对大规模数据集的依赖性较强。在较小的数据集上，ViT 的性能可能不如传统的 CNN 模型，因为缺乏足够的数据，可能导致 Transformer 难以学习到有用的特征。此外，ViT 对计算资源的要求较高。尽管其结构较为简洁，但 Transformer 的自注意力机制需要大量的计算资源，尤其是在高分辨率图像或大模型规模的情况下。

3）ViT 模型的意义

ViT 模型的提出标志着计算机视觉领域的一次重要变革。它展示了 Transformer 架构的广泛适用性，不仅在自然语言处理（NLP）领域中表现出色，也能成功应用于视觉任务。这为研究者提供了一种新的思路，即不必拘泥于传统的卷积操作，完全可以探索其他架构来处理图像数据。

从更广的视角看，ViT 推动了跨领域架构设计的趋势，即借鉴不同领域的成功模型解决新的问题。ViT 的成功也激发了大量后续研究，包括混合模型（如使用 CNN 与

Transformer 结合)和其他完全基于 Transformer 的视觉模型。这些研究不断推进着计算机视觉领域的发展,为更强大的视觉理解模型奠定了基础。

5.2 分类任务

在计算机视觉中,分类任务是指通过算法将输入图像归类到预定义的类别中,这是人工智能和机器学习中的一项基本任务。图像分类任务的核心目标是使模型能自动识别并分类图像中的内容,从而实现对视觉数据的智能处理。

图像分类任务通常分为两类:单标签分类(Single-label Classification)和多标签分类(Multi-label Classification)。单标签分类是最常见的一种形式,即每幅输入图像被分配到一个唯一的类别中。而多标签分类则更加复杂,允许每幅输入图像被分配到多个类别中,这种分类方式更贴近一些复杂的现实场景。

5.2.1 单标签分类

单标签分类是图像分类中最基础的一种任务形式。在这种任务中,模型需要从多个预定义类别中选择一个最符合输入图像的类别。

单标签分类任务的特点是每幅图像只能属于一个类别,这在许多场景中是合理且高效的。训练这样的分类模型通常需要一个带有明确标签的图像数据集,标签通常是图像所属类别的标记。模型通过对数据集的学习,能掌握各个类别的特征,并在预测阶段根据这些特征对新的图像进行分类。例如,如图 5-3 所示,在动物分类任务中,预先定义了四个类别,分别为"猫""狗""牛""羊",每幅图像只有一个标签,只能是预定义的四个类别中的一个,即图5-3 中的图像标签只能有一个,并且为"猫"。图像分类任务无法识别预定义类别中不存在的类别。

图 5-3　单标签数据

在单标签分类任务中,损失函数是用来衡量模型预测结果与实际标签之间差距的一个函数。通过最小化损失函数的值,模型可以逐渐调整其参数,以提高分类精度。在单标签分类任务中,最常用的损失函数是交叉熵损失(Cross-Entropy Loss)。交叉熵损失函数用于比较模型预测的概率分布与实际类别的真实分布。当模型预测与真实标签完全一致时,交叉熵损失的值最小,表示模型的分类结果最准确。交叉熵损失函数的公式如下。

$$\text{CrossEntropy}(\hat{y}, y) = \sum_{i=1}^{N} y_i \log(\hat{y}_i) \tag{5-1}$$

其中，y 是真实标签，$\hat{y}$ 是模型预测的概率值，N 是类别的总数。式（5-1）表明，模型的预测概率 $\hat{y}_i$ 与真实类别 y_i 越接近，损失值越小。通过反向传播算法，模型会逐步调整其权重，使得损失函数值逐渐降低，进而提高分类的准确性。

5.2.2　多标签分类

多标签分类是一种更为复杂的分类任务。在这种任务中，一幅图像可以同时属于多个类别。这种分类方式更加贴近现实生活中的一些复杂场景。例如，在自动驾驶场景中，一幅道路图像可能同时包含车辆、行人、交通标志等多个物体，这些物体需要被同时识别和分类。再如，在医疗影像中，一幅图像可能同时显示多种病灶，这些病灶都需要被准确地标记出来。

假设有一幅小猫的图像，这幅图像可能需要被分类为多个类别，比如小猫的品种、毛色、瞳孔形状等，如图 5-4 所示。对于这幅图像，它可能被同时标记为"品种：橘猫"、"毛色：橘色"、"瞳孔形状：菱形"等类别。这意味着，模型需要同时预测多个属性，每个属性对应一个类别标签。常规的单标签分类方法无法处理这种情况，因为它们只能为每幅图像分配一个唯一的类别标签。因此，多标签分类模型必须能在多个类别之间进行独立的判断，并且对每个类别都给出一个相应的预测。

图 5-4　多标签数据

在多标签分类任务中，损失函数也要相应地进行修改。多标签分类任务中，模型具有多个预测输出，在图 5-4 展示的情形中，模型一共有三个输出，三个输出分别用于预测品种、毛色、瞳孔形状。记品种的预测为 $\hat{y}_1$，品种的标签为 y_1；毛色的预测为 $\hat{y}_2$，毛色的标签为 y_2；瞳孔形状的预测为 $\hat{y}_3$，瞳孔形状的标签为 y_3，则多标签分类任务的损失函数可记为

$$\text{Loss} = \text{CrossEntorpy}(\hat{y}_1, y_1) + \text{CrossEntorpy}(\hat{y}_2, y_2) + \\ \text{CrossEntorpy}(\hat{y}_3, y_3) \tag{5-2}$$

每种标签在计算交叉熵损失时相互独立，互不影响。每种标签的损失计算完成后，将三种损失相加到一起，形成总损失 Loss，再将总损失 Loss 进行方向传播，即可完成多标签任务的训练。

1. CNN 的多标签分类

使用 CNN 进行多标签分类，通常可以使用以下两种结构。

1）多流卷积神经网络

多流卷积神经网络由多个子卷积神经网络组成，每个子卷积神经网络负责一种标签的预测。每个子神经网络的输入都为待预测的图像，输出为各自负责预测的类别，如图 5-5 所示。

图 5-5　多流卷积神经网络

这种卷积神经网络通常可以获得较高的准确率，但神经网络的规模过于庞大，资源消耗过多，且多个标签之间不存在信息交互，忽略了标签之间的相关性。

2）多分类层

另一种思路是定义多个分类层进行分类。在单标签分类任务中，卷积层负责图像特征的提取，将图像转换为一个特征向量，分类层再依据这个特征向量进行分类。在多标签分类任务中，可以定义多个分类层用于输出不同标签，多个分类层使用相同的特征向量进行分类，如图 5-6 所示。

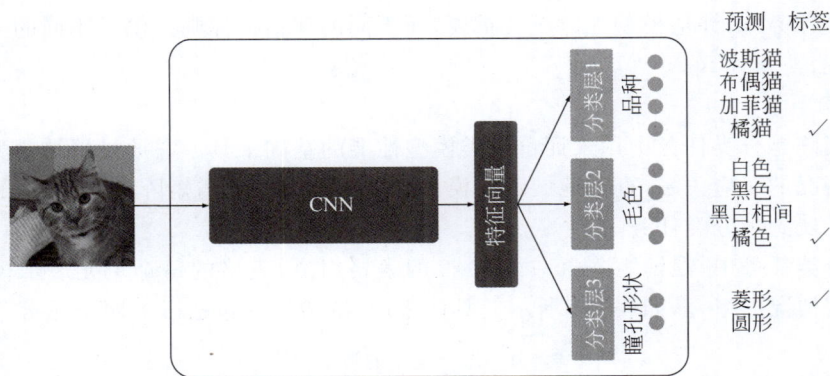

图 5-6　多分类层

这种方式可能在一定程度上降低准确率，但资源消耗少，计算量也相对较少。由于多个分类层共享一个特征向量，这种方式对特征向量的要求较高，因此需要设计功能强大的 CNN 模块来提取特征。

2. ViT 的多标签分类

ViT 的多标签分类也需要对模型进行修改，如图 5-7 所示。用 ViT 进行单标签分类时，定义了一个分类标记,用于提取特征;相应地,进行多标签分类时,可以定义多个分类标记,再使用多个分类层分别对每个分类标记进行分类,即可得到多标签分类结果。

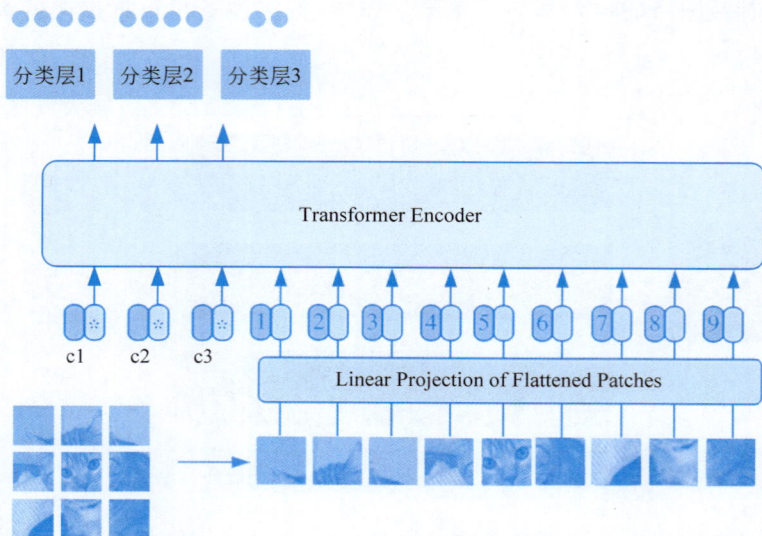

图 5-7　ViT 的多标签分类

ViT 的多标签分类优势在于,分类时不依靠共享的特征向量,而是在自注意力机制中,多个分类标记各自提取特征,同时,多个分类标记之间也可以通过自注意力机制提取特征,捕获分类标记之间的相关性。

5.2.3　分类任务的评估指标

在分类任务中,评估模型性能至关重要,而不同的评估指标则提供了不同的视角来衡量模型的表现。

1. 混淆矩阵

混淆矩阵是分类任务中用来评价分类模型性能的基础工具。它通过总结模型的预测结果与实际情况的对应关系,直观地展示了模型的分类能力。混淆矩阵通常用于二分类任务,但也可以扩展到多分类任务。

在二分类任务中,混淆矩阵由一个 2×2 的表格组成,表格的每个单元表示模型的预测结果与真实情况的组合,如表 5-1 所示。具体来说,混淆矩阵包括以下四个元素。

表 5-1　二分类中的混淆矩阵

真实样本	预测样本	
	Positive	Negative
Positive	True Positive	False Negative
Negative	False Positive	True Negative

- True Positive(TP):模型正确预测为正类的样本数量。
- True Negative(TN):模型正确预测为负类的样本数量。

- False Positive(FP)：模型错误地将负类样本预测为正类的数量，也称为"假阳性"。
- False Negative(FN)：模型错误地将正类样本预测为负类的数量，也称为"假阴性"。

混淆矩阵不仅可以帮助识别模型在哪些类别上表现较好或较差，还为计算其他评估指标提供了基础数据。

2. 准确率

准确率是分类任务中常用的评估指标之一，定义为模型正确分类的样本数量占总样本数量的比例。其计算公式为

$$Accuracy = \frac{TP + TN}{TP + TN + FP + FN} \tag{5-3}$$

准确率反映了模型在整体上的分类正确率，但它在类别不平衡的数据集中可能具有局限性。例如，如果某一类别的样本数量远远多于其他类别，那么模型可能只需正确分类多数类别即可获得较高的准确率，而少数类别的错误分类可能被掩盖。因此，在类别不平衡的情况下，单独依赖准确率并不能全面反映模型的性能。

3. 精确率

精确率(也称为查准率)衡量的是模型在预测为正类的样本中，有多少是真正的正类。精确率的计算公式为

$$Precision = \frac{TP}{TP + FP} \tag{5-4}$$

精确率主要用于评估模型对正类预测的准确性。在某些应用场景中，如垃圾邮件检测或疾病筛查中，精确率尤为重要。例如，在垃圾邮件检测中，如果模型预测一封邮件为垃圾邮件，那么高精确率意味着被标记为垃圾邮件的邮件很有可能确实是垃圾邮件，误标正常邮件的概率较低。

4. 召回率

召回率(也称为查全率或灵敏度)衡量的是在所有实际为正类的样本中，有多少被模型正确识别为正类。其计算公式为

$$Recall = \frac{TP}{TP + FN} \tag{5-5}$$

召回率主要用于评估模型识别正类样本的能力。在某些场景下，如医疗诊断中，召回率尤其关键。例如，在癌症筛查中，低召回率可能意味着许多患有癌症的患者没有被检测出来，这种情况显然是不可接受的。因此，在此类任务中，召回率往往被优先考虑。

5. F1-score

精确率和召回率往往无法同时达到最优，若想同时权衡精确率和召回率，可以采用 F1-Score 作为评估指标。F1-score 是精确率和召回率的调和平均，用于平衡模型在这两者之间的表现。其计算公式为

$$F1\text{-}score = 2 \times \frac{Precision \times Recall}{Precision + Recall} \tag{5-6}$$

F1-score 综合考虑了精确率和召回率，是一个权衡两者的指标。当精确率和召回率的差异较大时，F1-score 会比两者的简单平均值更小，因此更为保守。F1-score 尤其适用于类别不平衡的场景，因为它能在一定程度上平衡模型在预测正类时可能出现的偏差。例如，在一种极端情况下，模型可能具有极高的精确率与极低的召回率(即模型非常谨慎地预测正

类），这时 F1-score 将反映出模型的这种局限性。

5.2.4　类别不均衡问题

在图像分类任务中，类别不均衡问题是一个常见且具有挑战性的现象。类别不均衡指的是在一个分类任务的数据集中，不同类别的样本数量分布不均匀，通常某些类别的样本数量远远多于其他类别。这种不均衡现象在许多实际应用场景中广泛存在，例如在医学影像分析中，某些疾病可能比其他疾病更为罕见，因此相关图像数据在数据集中占比很小；在自然场景图像中，常见物体如"树木"或"汽车"的图像可能远多于稀有物体如"独角兽"或"宇航员"的图像。类别不均衡问题会显著影响模型的训练和预测性能，因此需要采取有效的方法进行处理。

1. 类别不均衡问题的影响

类别不均衡问题主要会影响图像分类模型的训练过程和最终性能。首先，模型在训练时通常通过最小化损失函数调整其参数。然而，当数据集中某些类别样本占据绝大多数时，损失函数可能倾向优先优化这些多数类别的预测性能，而忽视少数类别。结果，模型可能在多数类别上表现良好，但在少数类别上预测准确率低下，甚至完全无法识别少数类别。

这种倾向还会导致模型的决策边界偏向多数类别。例如，在一个有两个类别的任务中，如果多数类别的样本数量远多于少数类别，模型可能会将几乎所有的输入样本都归类为多数类别，即使这些样本实际上属于少数类别。这种情况在真实应用中是不可接受的，尤其是在要求高准确率的领域，例如医疗诊断或金融欺诈检测中。

此外，类别不均衡还可能导致模型评估的误导性。在不均衡的数据集中，常见的评估指标如准确率可能无法全面反映模型的性能。例如，如果某个类别占总样本数的 90%，模型仅通过始终预测该类别就可以获得 90% 的准确率，尽管它可能完全无法正确识别其他类别。因此，处理不均衡数据时，使用如精确率（Precision）、召回率（Recall）和 F1-score 等更加全面的评估指标显得尤为重要。

2. 类别不均衡问题的解决思路

面对类别不均衡问题，有多种方法可以尝试，通常分为数据层面的解决方案和算法层面的解决方案。

1）基于数据层面的解决方案

在数据层面，解决类别不均衡问题主要依靠过采样与欠采样。

过采样是指通过增加少数类别的样本数量来平衡类别分布的一种方法。最常见的过采样技术是简单复制少数类别的样本，使其在数量上与多数类别相当。另一种更合理的方式为，通过对少量的数据进行数据增强，从而增加少数类别的样本数量，例如旋转、裁切、缩放等。这种方法有助于防止模型过拟合到少数类别样本的重复数据上。

欠采样是通过减少多数类别的样本数量实现类别平衡的一种方法。这通常通过随机移除部分多数类别样本实现，从而使多数类别和少数类别的样本数量更为接近。尽管欠采样可以减少数据集的大小并加速模型训练，但它也可能导致丢失有价值的信息，尤其是在多数类别样本数量本来就不多的情况下。

过采样与欠采样的示意图如图 5-8 所示。

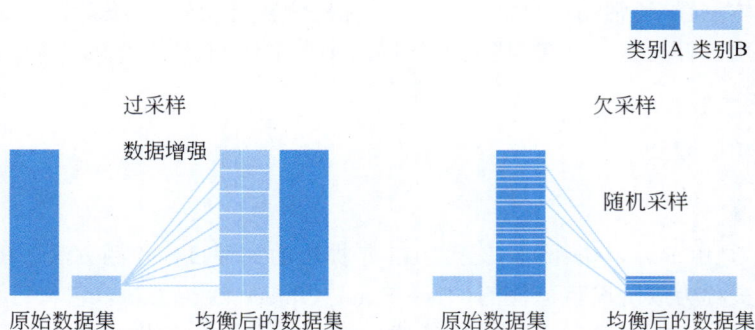

图 5-8　过采样与欠采样的示意图

2）基于算法层面的解决方案

算法层面主要通过调整类别权重与改进损失函数的方式改善类别不均衡问题。

调整类别权重：在训练过程中，可以为损失函数中不同类别的样本赋予不同的权重。具体而言，少数类别的样本可以被赋予更大的权重，使得模型在优化过程中更加关注这些少数类别的预测性能。PyTorch 允许用户在定义损失函数时自定义类别权重，从而实现这一目的。

改进损失函数：Focal Loss[14] 是一种专门设计的用来应对类别不均衡问题的损失函数，特别是在目标检测任务中效果显著。Focal Loss 通过对传统的交叉熵损失函数进行改进，旨在解决类别不均衡时模型训练过程中出现的"易分类样本主导问题"，即多数类别的样本往往比少数类别的样本更容易被正确分类，导致模型更关注这些多数类别，而忽略了少数类别的样本。Focal Loss 的核心思想是通过对损失函数进行重新加权，使得容易分类的样本对总损失的贡献降低，而难以分类的样本对总损失的贡献增加。具体来说，Focal Loss 在标准的二元交叉熵损失函数基础上引入了一个调节因子，这个调节因子随着样本被正确分类的难易程度而变化。

Focal Loss 主要聚焦于二元情况下的类别分布不均情况，其计算公式如下。

$$FL(y_i) = -\alpha_i(1-y_i)^\gamma \log(y_i) \tag{5-7}$$

其中，y_i 是模型对真实标签的预测概率，α_i 是平衡因子，用于调整类别权重（针对样本不均衡情况），γ 是聚焦因子（通常设置为 2），用于调节难易样本对损失的影响。

具体来说，当一个样本被正确分类（即 y_i 接近于 1）时，调节因子 $(1-y_i)^\gamma$ 会趋近于 0，从而显著减小该样本对总损失的贡献；相反，对于那些难以分类的样本（即 y_i 接近于 0），调节因子会接近于 1，使得这些样本的损失在总损失中占据更大比例。通过这种机制，Focal Loss 可以有效地引导模型关注难以分类的少数类别样本，从而缓解类别不均衡问题。

类别不均衡问题是图像分类任务中的一大挑战，尤其在处理现实世界的复杂数据时更为突出。该问题会影响模型的训练效果和预测性能，导致模型在少数类别上表现不佳。因此，收集数据集时，应当注意类别的均衡情况，以避免类别不均衡带来的影响。

5.3　目标检测任务

目标检测是计算机视觉中的一个关键任务，目的是在图像中定位并分类出各个目标对象。与图像分类任务不同，目标检测不仅要判断图像中是否存在某一类别的物体，还要给出每个物体的具体位置（通常用边界框表示）。目标检测在自动驾驶、安防监控、医学影像分析等领域广泛应用。针对这一任务，研究人员提出多种方法，其中基于 CNN 的方法表现尤为突出。

5.3.1　R-CNN 模型

1. R-CNN

R-CNN[15] 是由 Ross Girshick 等于 2014 年提出的一种目标检测方法。R-CNN 系列的目标检测方法被称为双阶段目标检测（Two-Stage Object Detection），它将目标检测过程主要分为两个阶段：候选区域生成和候选区域微调。这种方法的基本思路是先通过一个快速、粗略的过程生成一系列潜在的候选区域，然后对这些候选区域进行进一步的精细分类和边界框回归，以提高检测精度。

R-CNN 的核心思想是将目标检测任务分为两个步骤：首先生成候选区域（即可能包含目标的区域），然后将这些候选区域送入卷积神经网络进行分类和边界框回归，如图 5-9 所示。

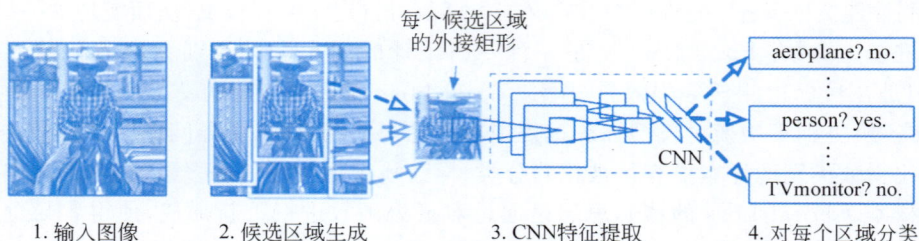

图 5-9　R-CNN 计算流程

具体来说，R-CNN 包含以下几个步骤。

1）候选区域生成

首先，R-CNN 使用一种称为 Selective Search 的方法生成约 2000 个候选区域。这些候选区域是基于图像的分割和合并方法生成的，涵盖可能存在目标的所有位置。Selective Search 方法不需要神经网络，是一种结合了图像分割和层次化聚类的方法。Selective Search 首先对图像进行初步分割，将图像划分为若干个初始的"超像素"区域。初步分割后，Selective Search 采用一种基于层次化聚类的策略，逐步合并这些初始超像素区域。每次合并的依据是两个相邻区域之间的相似度。相似度度量通常考虑颜色、纹理、尺寸、形状等特征。合并后的新区域又会与其邻域区域进行相似度比较，如此反复，直到整幅图像被合并为一个整体，从而得到可能存在目标的区域。

2）特征提取

将每个候选区域（通过剪裁和缩放调整为固定大小，如 224×224）输到一个预训练的卷积神经网络（如 AlexNet）中提取特征。此时，特征提取的过程是逐区域进行的，即每个候选区域都需要单独计算卷积特征。

3）分类与回归

将提取到的特征输到多个 SVM 分类器中，分别用于识别每个候选区域是否包含目标及其类别。同时，还通过线性回归器对每个候选区域的边界框进行调整，以获得更加精确的定位。

4）后处理

对分类器输出的候选框进行非极大值抑制（Non-Maximum Suppression，NMS）处理，去除重叠的框，保留最优的检测结果。非极大值抑制是目标检测任务中的一个关键步骤，用于在预测过程中去除冗余的边界框，确保每个目标只被检测一次。由于目标检测算法在一幅图像中可能会为同一个物体生成多个重叠的边界框，因此需要一种方法来筛选出最有代表性的框，NMS 正是在这种情况下应用的。

R-CNN 也存在一些显著的缺点。R-CNN 的计算效率低下，尤其在对每个候选区域单独提取特征的过程中。其次，候选区域生成和分类是分离的，导致整个过程无法端到端地训练，这使得优化较为复杂。

尽管 R-CNN 存在一些局限性，但 R-CNN 迈出了基于深度学习目标检测的第一步，被称为深度学习目标检测领域的开山之作，奠定了现代目标检测方法的基础，并引发了后续一系列创新。

2. Fast R-CNN

尽管 R-CNN 在目标检测任务中取得了显著进展，但其存在显著的计算效率问题。R-CNN 的主要瓶颈在于需要对每一个候选区域单独提取特征，导致计算成本极高。为了解决这一问题，Ross Girshick 在 2015 年提出了 Fast R-CNN[16]，其结构如图 5-10 所示。

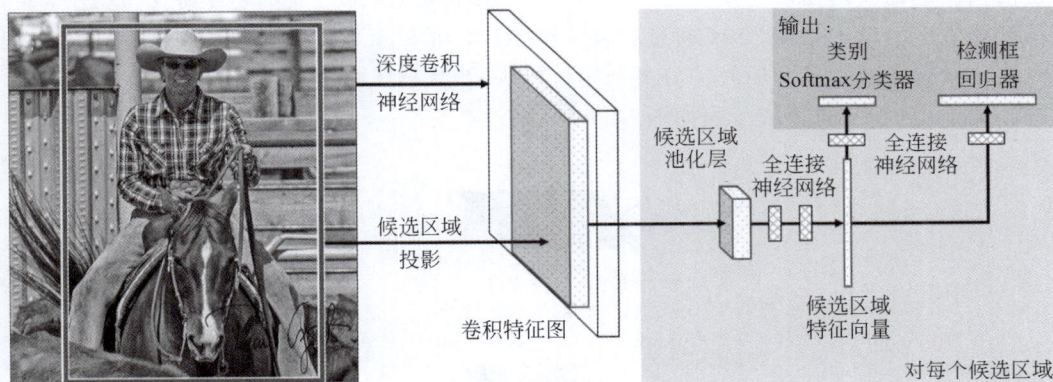

图 5-10　Fast R-CNN 结构

Fast R-CNN 的关键改进在于共享计算。与 R-CNN 不同，Fast R-CNN 首先对整幅图像进行卷积特征提取，然后在这些共享特征图上进行后续的候选区域处理。Fast R-CNN 对整幅图像通过卷积神经网络一次性提取特征图，然后在特征图上应用候选区域的投影（ROI Pooling）生成每个候选区域的特征。这避免了对每个候选区域单独计算卷积特征，大大提高了效率。

随后，Fast R-CNN 通过引入候选区域池化层，将不定长的候选区域特征映射到一个固定大小的输出，使得后续的全连接层可以处理不同大小的候选区域。这是 Fast R-CNN 的核心创新之一，解决了候选区域尺寸不一致的问题。

最后，Fast R-CNN 将分类和边界框回归任务合并到一个网络中，通过一个损失函数进行联合优化。这个损失函数包括分类损失和回归损失，并且使用 Softmax 分类器代替了

SVM，从而可以端到端地训练整个网络。

Fast R-CNN 与 R-CNN 相比，训练时间从 84 小时减少为 9.5 小时，测试时间从 47 秒减少为 0.32 秒。在 PASCAL VOC 2007 数据集上的准确率相差无几，约在 66%～67%。但 Fast R-CNN 在生成候选区域时，仍使用 Selective Search，这一过程严重延长了运算时间，同时也无法实现真正意义上的端到端的训练。

3. Faster R-CNN

虽然 Fast R-CNN 显著提高了效率，但候选区域生成过程仍然是一个瓶颈。Fast R-CNN 依赖于外部的 Selective Search 方法生成候选区域，这一过程相对缓慢。为了解决这一问题，Shaoqing Ren 等在 2016 年提出 Faster R-CNN[17]。Faster R-CNN 使用 VGG16 作为骨干网络，在 GPU 上实现 5f/s（每秒处理 5 幅图像）的推理速度，准确率也有了进一步的提升。

Faster R-CNN 通过引入区域提议网络（RPN）和锚框（Anchor Boxes）的概念，实现了端到端的目标检测系统。Faster R-CNN 使用一个小型的全卷积网络（如 RPN）直接在特征图上生成候选区域。RPN 会在特征图的每个位置上生成一系列锚框，并预测这些锚框是否包含目标及其位置调整。RPN 的输出作为候选区域，送入后续的 Fast R-CNN 结构中进行分类和回归。

由于 RPN 是嵌入在整个网络中的，这使得 Faster R-CNN 可以完全端到端地训练，而不再依赖外部的候选区域生成算法。RPN 与 Fast R-CNN 部分共享卷积特征，这进一步提高了计算效率。Faster R-CNN 通过联合训练 RPN 和 Fast R-CNN 的方式，使得网络可以同时优化候选区域生成和最终的分类与定位，进一步提升了检测精度。

Faster R-CNN 的算法流程如图 5-11 所示。

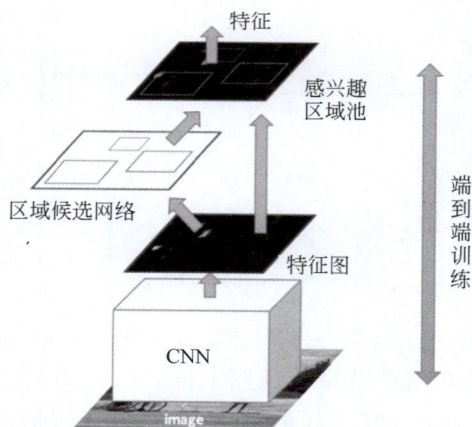

图 5-11　Faster R-CNN 的算法流程

Faster R-CNN 主要由以下结构组成。

1）骨干网络

Faster R-CNN 使用的骨干网络为 VGG16，实际上，只要具有特征提取能力并输出小尺寸特征图的卷积神经网络，都能够作为骨干网络，除 VGG16 外，还可以选用 ResNet、EfficientNet 等更为先进、强大的卷积神经网络。

2) 锚框

锚框是 Faster R-CNN 中的一个核心概念。它们是预定义的一组固定形状和大小的矩形框,用于覆盖图像中的可能目标。锚框的设计目的是在特征图的每个像素位置生成多个具有不同纵横比和尺度的矩形框,这些矩形框覆盖了可能存在目标的区域。通过这种方式,锚框能捕捉到不同尺度和形状的目标,从而提高目标检测的鲁棒性。

例如,在一个 $H \times W$ 大小的特征图上,如果为每个像素位置生成 9 个不同的锚框,那么总共会有 $H \times W \times 9$ 个锚框。这些锚框相对于输入图像具有不同的大小和形状,可用来检测不同尺寸和纵横比的目标物体,如图 5-12 所示。

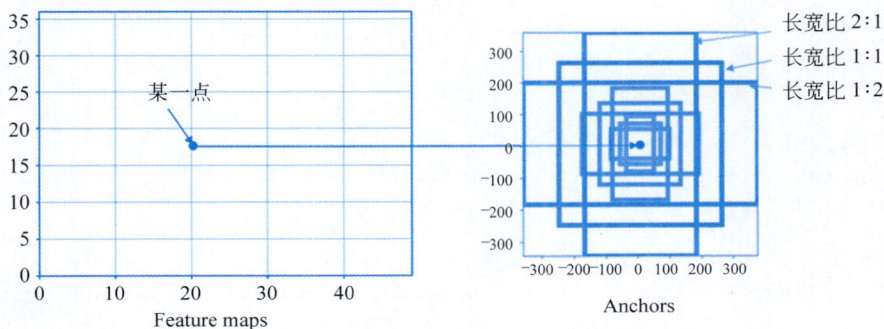

图 5-12　某一点锚框的示意图

锚框是一些固定的值,是通过预定义的规则生成的。在神经网络的学习中,锚框不会发生变化。因此,锚框并不是 Faster R-CNN 中的候选区域。

3) RPN

在 Faster R-CNN 中,RPN 通过锚框生成候选区域(Proposals)。RPN 是一个小型卷积神经网络,它接受主干网络(如 VGG 或 ResNet)提取的特征图作为输入,然后通过两个并行分支生成以下两个重要的输出。

分类分支:预测每个锚框是否包含目标物体(前景)或不包含目标物体(背景)。RPN 的分类分支为每个锚框输出一个前景概率。

回归分支:为每个锚框预测一个位置偏移量,描述锚框的中心位置、宽度和高度如何调整,才能更好地拟合目标物体。锚框与偏移量相加得到的结构,才是最终的候选区域。

通过回归分支输出的偏移量,RPN 对锚框进行调整,使其更好地匹配图像中的实际目标。调整后的锚框就成为候选区域,这些候选区域将被送入 Faster R-CNN 的后续阶段进行进一步处理。

4) NMS

生成的候选区域可能数量庞大,而且很多区域可能高度重叠或者并不包含实际目标。为了高效处理,RPN 采用 NMS 筛选这些候选区域。NMS 的作用是去除重叠度较高的候选区域,保留得分最高的一组区域,最终得到少量的、高质量的候选区域。

5) ROI Pooling

经过筛选的候选区域被送入后续的 ROI Pooling 层,从特征图中提取固定大小的特征,这些特征随后用于目标分类和边界框回归。ROI Pooling 的作用是将不同大小的候选区域归一化为相同的大小,以便通过全连接层进行进一步的处理。ROI Pooling 实质上是一个自适应的池化层。

6）分类与回归

最后，将统一大小后的候选区域输入至全连接层。Faster R-CNN 具有两个全连接层输出层，一个是 Softmax 分类器，负责预测候选区域的类别；另一个是回归器，负责预测候选区域的边界，以确定检测框的大小。

为了加强对 Faster R-CNN 结构的理解，可以通过 PyTorch 代码实现一个 Faster R-CNN 网络，代码如下。

```python
import torch
import torch.nn as nn
import torch.nn.functional as F
import torchvision.models as models
from torchvision.ops import nms, roi_align

#生成基础的锚点
def generate_anchors(base_size=16, ratios=[0.5, 1, 2], scales=[8, 16, 32]):
    anchors = []
    for ratio in ratios:
        for scale in scales:
            w = base_size * scale * torch.sqrt(torch.tensor(ratio))
            h = base_size * scale / torch.sqrt(torch.tensor(ratio))
            anchors.append([-w/2, -h/2, w/2, h/2])
    return torch.tensor(anchors, dtype=torch.float32)

#将锚点映射到整个特征图
def shift_anchors(anchors, feature_map_size, stride=16):
    shifts_x = torch.arange(0, feature_map_size[1], dtype=torch.float32) * stride
    shifts_y = torch.arange(0, feature_map_size[0], dtype=torch.float32) * stride
    shifts_x, shifts_y = torch.meshgrid(shifts_x, shifts_y, indexing='ij')
    shifts = torch.stack((shifts_x, shifts_y, shifts_x, shifts_y), dim=-1)

    A = anchors.size(0)
    K = shifts.size(0) * shifts.size(1)
    anchors = anchors.view(1, A, 4).expand(K, A, 4)
    shifts = shifts.view(K, 1, 4).expand(K, A, 4)
    anchors = anchors + shifts
    return anchors.view(-1, 4)

#定义 RPN
class RPN(nn.Module):
    def __init__(self, in_channels, anchor_count=9):
        super(RPN, self).__init__()
        self.conv = nn.Conv2d(in_channels, 512, kernel_size=3, stride=1,
        padding=1)
        self.cls_layer = nn.Conv2d(512, anchor_count * 2, kernel_size=1, stride=1)
        #分类前景/背景
        self.reg_layer = nn.Conv2d(512, anchor_count * 4, kernel_size=1, stride=1)
        #边界框回归
        self.anchor_count = anchor_count
```

```
        self.anchors = generate_anchors()

    def forward(self, x):
        x = F.relu(self.conv(x))
        cls_logits = self.cls_layer(x)
        reg_deltas = self.reg_layer(x)

        #将 anchors 映射到整个特征图
        anchors = shift_anchors(self.anchors, x.shape[2:])

        #根据回归预测调整锚点生成候选区域
        proposals = self.generate_proposals(anchors, reg_deltas)

        return cls_logits, reg_deltas, proposals

    def generate_proposals(self, anchors, reg_deltas):
        batch_size, _, H, W = reg_deltas.shape
        reg_deltas = reg_deltas.permute(0, 2, 3, 1).contiguous()
        reg_deltas = reg_deltas.view(batch_size, -1, 4)   #调整形状

        #确保 anchors 和 reg_deltas 的数量相同
        anchors = anchors.view(1, -1, 4).expand(batch_size, -1, 4)
        if reg_deltas.size(1) != anchors.size(1):
            raise ValueError(f"Anchors ({anchors.size(1)}) and deltas ({reg_
                deltas.size(1)}) count mismatch")

        proposals = anchors + reg_deltas              #简化处理,仅加上预测的偏移量
        proposals = torch.clamp(proposals, min=0)      #确保区域在图像内

        #过滤掉宽度或高度为 0 的区域
        widths = proposals[:, :, 2] - proposals[:, :, 0]
        heights = proposals[:, :, 3] - proposals[:, :, 1]
        valid_indices = (widths > 0) & (heights > 0)
        proposals = proposals[valid_indices]

        #将 Proposal 按图像分组
        proposals = proposals.view(batch_size, -1, 4)

        return proposals

#定义 Faster R-CNN
class FasterRCNN(nn.Module):
    def __init__(self, num_classes):
        super(FasterRCNN, self).__init__()
        self.backbone = models.vgg16(pretrained=False).features
        self.rpn = RPN(in_channels=512)   #VGG 输出特征图的通道数是 512
        self.classifier = nn.Linear(512 * 7 * 7, num_classes)
        self.bbox_regressor = nn.Linear(512 * 7 * 7, num_classes * 4)
        self.num_classes = num_classes

    def forward(self, x):
        batch_size = x.size(0)
        #1. Backbone 特征提取
```

```
feature_map = self.backbone(x)    #[batch_size, 512, H, W]

#2. RPN 生成候选区域
rpn_cls_logits, rpn_reg_deltas, proposals = self.rpn(feature_map)

#3. NMS 选择候选区域,并为每个 Proposal 添加图像索引
all_proposals = []
all_scores = []
for i in range(batch_size):
    cls_logits = rpn_cls_logits[i].permute(1, 2, 0).contiguous().view(-1, 2)
    scores = F.softmax(cls_logits, dim=1)[:, 1]    #前景得分
    proposals_i = proposals[i]

    #应用 NMS
    keep = nms(proposals_i, scores, iou_threshold=0.7)
    proposals_i = proposals_i[keep]
    scores_i = scores[keep]

    #为每个 Proposal 添加图像索引
    batch_indices = torch.full((proposals_i.size(0), 1), i, dtype=
    torch.float32, device=x.device)
    proposals_i = torch.cat([batch_indices, proposals_i], dim=1)   #[N, 5]

    all_proposals.append(proposals_i)
    all_scores.append(scores_i)

if len(all_proposals) == 0:
    #如果没有 Proposal,则返回空张量
    return torch.empty(0, self.classifier.out_features, device=x.
    device), torch.empty(0, self.bbox_regressor.out_features, device=x.
    device)

#合并所有 Proposal
all_proposals = torch.cat(all_proposals, dim=0)   #[Total_Proposals, 5]

#4. ROI Pooling 使用 torchvision 的 roi_align
#roi_align 需要的输入是 [batch_size, channels, H, W]
#boxes 需要的格式是 [N, 5],其中每行是 [batch_idx, x1, y1, x2, y2] N 为
#proposals 的个数
roi_pooled = roi_align(feature_map, all_proposals, output_size=(7, 7))
#输出[N, channels, 7, 7]

#5. 分类与边界框回归
roi_pooled = roi_pooled.view(roi_pooled.size(0), -1)   #[N, 512 * 7 * 7]
class_logits = self.classifier(roi_pooled).view(batch_size, -1, self.
num_classes)   #[N, num_classes]
bbox_deltas = self.bbox_regressor(roi_pooled).view(batch_size, -1,
self.num_classes * 4)   #[N, num_classes * 4]

return class_logits, bbox_deltas
```

  Faster R-CNN 的设计显著提高了目标检测的速度和精度。与早期的 R-CNN 和 Fast R-CNN 相比,Faster R-CNN 通过引入 RPN 将候选区域生成过程从外部模块移入网络内

部,实现了真正的端到端训练。这种设计消除了外部候选区域生成器带来的计算开销,并且通过共享主干网络的计算资源,进一步加快了模型的推理速度。

Faster R-CNN 在许多实际应用中表现出色,包括自动驾驶、安防监控和医疗图像分析等,它的设计理念和结构在后续的许多目标检测模型中得到了继承和发展。然而,尽管 Faster R-CNN 在检测精度和速度上都有显著提升,但它依然面临一些挑战,如高计算资源需求和对小目标的检测效果不佳等。这些问题为后续的目标检测模型提供了改进的方向。

5.3.2 YOLO 模型

YOLO(You Only Look Once)[18]是一种实时目标检测算法,由 Joseph Redmon 等于 2015 年提出。与传统的目标检测方法相比,YOLO 引入了一种全新的思路,将目标检测问题转换为一个单一的回归问题,使其能在极短的时间内对图像中的多个物体进行定位和分类,在 GPU 上实现了 45f/s(每秒处理 45 幅图像)的推理速度,远超同时期的 Faster R-CNN。YOLO 的出现标志着目标检测算法在速度和精度上的一次重大突破。

YOLO 的核心思想是将输入图像划分为 $S\times S$ 个网格(grid cell),每个网格单元负责预测一个或多个目标的边界框及其类别。具体来说,对于每个网格单元,每个边界框包含 4 个值(中心坐标、宽度、高度),一个置信度,以及该框中目标的类别概率分布。其中,置信度是一个用于表示网格内边界框中是否存在物体的概率,若边界框中存在物体,则置信度将趋近于 1;若边界框中不存在物体,则置信度趋近于 0。YOLO 完成预测后,仍有一些冗余的框需要处理,其中包括无目标网格中的边界框,以及重复预测的边界框。此时需要 NMS 作为后处理机制,将置信度较低与重预测的边界框过滤,至此 YOLO 才能完成完整的预测流程。YOLO 算法的预测流程如图 5-13 所示。

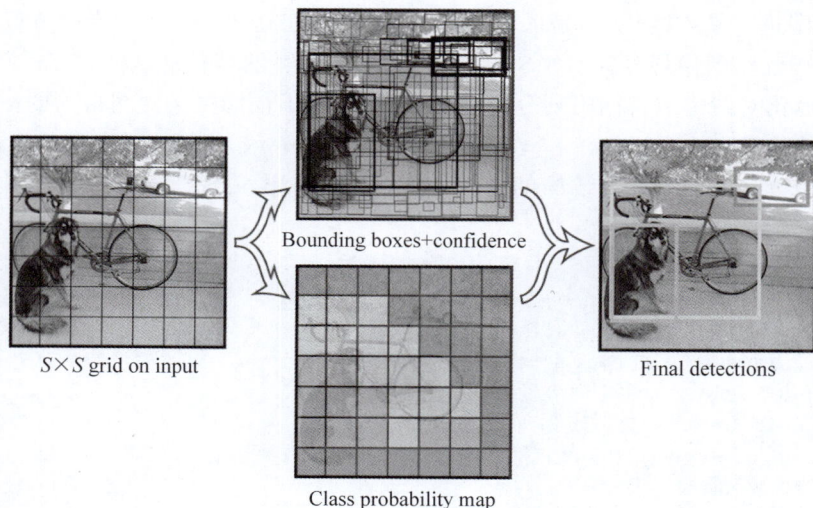

图 5-13 YOLO 算法的预测流程

YOLO 使用一个单一的神经网络完成整个检测过程,输入图像经过该网络后直接输出目标的边界框坐标和类别标签。这种设计简化了检测流程,避免了像 R-CNN 和 Faster R-CNN 这类算法中需要额外生成候选区域的步骤。由于不需要产生候选区域,YOLO 被称为单阶段目标检测（One-Stage Object Detection）算法。

1. 网格

YOLO 中划分网格的概念并不是真的将图像切分为 $S \times S$ 个网格，而是通过卷积进行映射。要想理解网格的概念，首先要了解 YOLO 的网络结构。

YOLO 算法的模型结构如图 5-14 所示。YOLO 的模型结构极其简单，仅由常规的卷积与池化组成。YOLO 的输入是大小为 $448 \times 448 \times 3$ 的图像，经过卷积、池化等操作后，特征图不断减小，得到 $7 \times 7 \times 1024$ 的特征图。

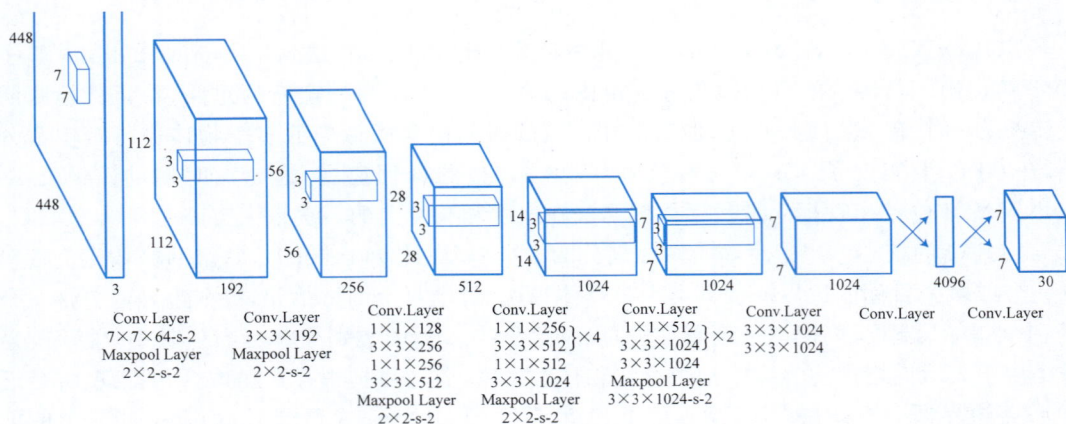

图 5-14　YOLO 算法的模型结构

在分类任务中，通常对 $7 \times 7 \times 1024$ 的特征图进行平均池化，得到长度为 1024 的向量，再将向量输入至全连接分类器中，得到最终的预测输出。而在 YOLO 中，并不是将 $7 \times 7 \times 1024$ 的特征图进行平均池化，而是保留 7×7 的尺度。在这里，7×7 相当于 YOLO 中的网格数量。YOLO 将图像划分为 $S \times S$，实际上指的是最终的特征图为 $S \times S$ 大小。YOLO 通过卷积与池化对图像进行网格划分，这使得每个网格不仅能关注到网格内的信息，还能关注到网格外的信息。

为了加深对 YOLO 网络结构的理解，使用 PyTorch 实现 YOLO 的网络结构，代码如下。

```python
class YOLO(nn.Module):
    def __init__(self, S=7, B=2, C=20):
        super(YOLO, self).__init__()
        self.S = S  #网格大小(S x S)
        self.B = B  #每个网格预测的边界框数量
        self.C = C  #类别数量

        #YOLO卷积结构
        self.conv_layers = nn.Sequential(
            nn.Conv2d(3, 64, kernel_size=7, padding=3, stride=2),
            nn.MaxPool2d(kernel_size=2, stride=2),
            nn.LeakyReLU(0.1, inplace=True),

            nn.Conv2d(64, 192, kernel_size=3, padding=1),
            nn.MaxPool2d(kernel_size=2, stride=2),
```

```
            nn.LeakyReLU(0.1, inplace=True),

            nn.Conv2d(192, 128, kernel_size=1),
            nn.Conv2d(128, 256, kernel_size=3, padding=1),
            nn.Conv2d(256, 256, kernel_size=1),
            nn.Conv2d(256, 512, kernel_size=3, padding=1),
            nn.MaxPool2d(kernel_size=2, stride=2),
            nn.LeakyReLU(0.1, inplace=True),

            nn.Conv2d(512, 256, kernel_size=1),
            nn.Conv2d(256, 512, kernel_size=3, padding=1),
            nn.Conv2d(512, 512, kernel_size=3, padding=1),
            nn.MaxPool2d(kernel_size=2, stride=2),
            nn.LeakyReLU(0.1, inplace=True),

            nn.Conv2d(512, 512, kernel_size=1),
            nn.Conv2d(512, 1024, kernel_size=3, padding=1),
            nn.Conv2d(1024, 1024, kernel_size=3, padding=1),
            nn.Conv2d(1024, 1024, kernel_size=3, padding=1, stride=2),
            nn.LeakyReLU(0.1, inplace=True),

            nn.Conv2d(1024, 1024, kernel_size=3, padding=1),
            nn.Conv2d(1024, 1024, kernel_size=3, padding=1),
            nn.LeakyReLU(0.1, inplace=True),

        )

        #全连接层
        self.fc_layers = nn.Linear(1024, self.C + self.B * 5)

    def forward(self, x):
        x = self.conv_layers(x)
        #将通道维度调整到最后
        x = x.permute(0, 2, 3, 1)
        x = self.fc_layers(x)
        #把所有值映射到 0~1
        x = torch.sigmoid(x)
        return x
```

经过 YOLO 模型运算后，$448 \times 448 \times 3$ 的输入图像将会被映射为 $7 \times 7 \times 30$ 的特征。7×7 表示划分网格的数量，而 30 表示每个网格中含有的信息量。

2. 边界框

在 YOLO 中，每个网格单元负责检测其范围内的物体，并预测相应的边界框表示物体的位置和大小。

每个网格单元预测两个边界框，这主要是为了提升模型的检测精度。具体来说，不同的物体可能具有不同的大小和纵横比，一个网格单元预测两个边界框增加了检测物体的灵活性。这样，模型可以通过选择其中一个最符合实际物体位置的边界框实现更精确的物体定位。此外，这也增强了 YOLO 对多种场景的适应性，尤其在复杂图像中，网格单元可以捕获不同尺度的物体。

在 YOLO 模型的训练中，YOLO 模型会不断修正输出的边界框，使得边界框的输出效

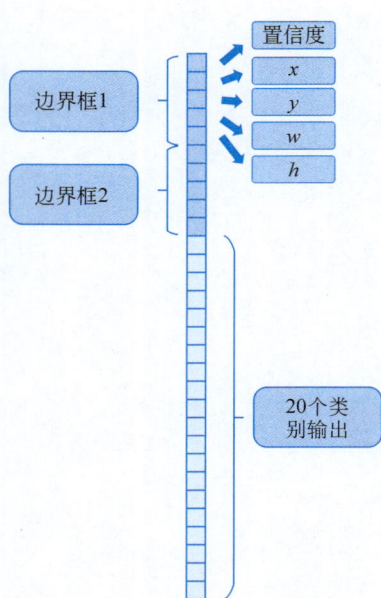

图 5-15 每个网格中的 30 个信息

果越来越好，进而与标签框进行更好的匹配，最终实现预测的输出。

当 YOLO 模型输入为 $448 \times 448 \times 3$ 时，其输出为 $7 \times 7 \times 30$，其中，30 表示每个网格中含有的信息量。30 个信息量由类别与边界框两部分组成。YOLO 使用 PASCAL VOC 2007 数据集进行训练，PASCAL VOC 2007 是目标检测领域中常见的数据集之一，包含 20 个类别。因此，每个网格中，有 20 个信息是用于输出分类编码的，另外 10 个信息用来保存边界框。每个网格中含有两个边界框，每个边界框中含有 5 个信息。5 个信息分别为置信度（conf）、中心点横坐标（x）、中心点纵坐标（y）、边界框的宽度（w）、边界框的高度（h），每个网格中的 30 个信息如图 5-15 所示。

3. 损失函数

YOLO 的损失函数分为坐标损失、置信度损失、分类损失三部分。

1）坐标损失

YOLO 中，坐标损失用于衡量边界框与标签框之间的差异。坐标损失计算如下。

$$L_{\text{coord}} = \lambda_{\text{coord}} \sum_{i=0}^{S^2} \sum_{j=0}^{B} \mathbb{1}_{ij}^{\text{obj}} \left[(x_i - \hat{x}_i)^2 + (y_i - \hat{y}_i)^2 \right] +$$

$$\lambda_{\text{coord}} \sum_{i=0}^{S^2} \sum_{j=0}^{B} \mathbb{1}_{ij}^{\text{obj}} \left[\left(\sqrt{w_i} - \sqrt{\hat{w}_i} \right)^2 + \left(\sqrt{h_i} - \sqrt{\hat{h}_i} \right)^2 \right] \tag{5-8}$$

其中，$\mathbb{1}_{ij}^{\text{obj}}$ 在第 i 个网格中的第 j 个边界框与标签匹配时为 1，没有标签与其匹配时为 0，也就是说，当没有标签框与边界框匹配时，边界框将不参与损失的计算。λ_{coord} 是超参数，用于平衡不同损失的比例。坐标损失分为两部分：第一部分是中心点坐标损失；第二部分是宽高损失。随着 YOLO 模型的训练，坐标损失会越来越小，预测与标签之间的差距也将越来越小。

2）置信度损失

置信度损失用于衡量边界框内有目标的概率，其损失函数计算如下。

$$L_{\text{obj}} = \sum_{i=0}^{S^2} \sum_{j=0}^{B} \mathbb{1}_{ij}^{\text{obj}} (c_i - \hat{c}_i)^2 + \lambda_{\text{noobj}} \sum_{i=0}^{S^2} \sum_{j=0}^{B} \mathbb{1}_{ij}^{\text{noobj}} (c_i - \hat{c}_i)^2 \tag{5-9}$$

在置信度损失中，与标签框匹配的边界框将趋近于 1，未与标签框匹配的边界框将趋近于 0。这有助于在后期过滤掉不存在物体的边界框。

3）分类损失

YOLO 中的分类损失用于衡量分类效果。其计算公式如下。

$$L_{\text{cls}} = \sum_{i=0}^{S^2} \mathbb{1}_{i}^{\text{obj}} \sum_{c \in \text{classes}} (p_i(c) - \hat{p}_i(c))^2 \tag{5-10}$$

分类损失只需要每个网格的类别概率输出参与计算，而不考虑边界框。因为每个网格中只有一组类别概率输出。分类损失类似于交叉熵损失函数，分类效果越好，损失值越低。

当三个损失计算完毕后,对三个损失进行求和,得到总损失。

$$L = L_{coord} + L_{obj} + L_{cls} \qquad (5\text{-}11)$$

YOLO 通过三个损失,实现了目标检测损失的计算,但实际上,损失计算过程中的细节,例如边界框的匹配等问题,并没有在损失函数中体现出来。因此,可以通过代码体现完整的 YOLO 损失的计算过程,具体代码如下。

```python
class YOLOLoss(nn.Module):
    def __init__(self, S=7, B=2, C=20, lambda_coord=5, lambda_noobj=0.5):
        """
        S: grid size (7x7 grid in YOLOv1)
        B: number of bounding boxes per grid cell (YOLOv1 uses 2)
        C: number of classes (e.g., 20 classes for Pascal VOC)
        lambda_coord: weight for the localization loss
        lambda_noobj: weight for the no-object confidence loss
        """
        super(YOLOLoss, self).__init__()
        self.S = S
        self.B = B
        self.C = C
        self.lambda_coord = lambda_coord
        self.lambda_noobj = lambda_noobj
        self.cross_entropy = nn.CrossEntropyLoss()

    def convert_bbox2labels(self, gt_bboxes):
        #batch_size: batch 数量;n_boxes: 标签框数量
        batch_size, n_boxes, _ = gt_bboxes.shape
        #每个网格的实际大小
        grid_size = 1.0 / self.S

        #生成标签网格
        labels = torch.zeros((batch_size, self.S, self.S, self.B * 5 + self.C),
        dtype=torch.float32)
        #遍历所有标签
        for batch_i in range(batch_size):
            for box_i in range(n_boxes):
                cls, x, y, w, h = gt_bboxes[batch_i, box_i, :]

                #判断中点落在哪个网格
                grid_x = (x / grid_size).to(torch.int32)
                grid_y = (y / grid_size).to(torch.int32)

                #置信度设为1
                labels[batch_i, grid_y, grid_x, 0] = 1
                labels[batch_i, grid_y, grid_x, 5] = 1

                #边界框设为标签
                labels[batch_i, grid_y, grid_x, 1: 5] = torch.Tensor([x, y, w, h])
                labels[batch_i, grid_y, grid_x, 6: 10] = torch.Tensor([x, y, w, h])

                #设置标签
                labels[batch_i, grid_y, grid_x, cls.to(torch.int32) + 10] = 1
```

```
        return labels

    def compute_iou(self, box1, box2):
        """
        计算 IoU。假设输入框的格式为 (x_center, y_center, width, height)。
        """
        box1_x1 = box1[..., 0] - (box1[..., 2] / 2)
        box1_y1 = box1[..., 1] - (box1[..., 3] / 2)
        box1_x2 = box1[..., 0] + (box1[..., 2] / 2)
        box1_y2 = box1[..., 1] + (box1[..., 3] / 2)

        box2_x1 = box2[..., 0] - (box2[..., 2] / 2)
        box2_y1 = box2[..., 1] - (box2[..., 3] / 2)
        box2_x2 = box2[..., 0] + (box2[..., 2] / 2)
        box2_y2 = box2[..., 1] + (box2[..., 3] / 2)

        #计算交集区域
        inter_x1 = torch.max(box1_x1, box2_x1)
        inter_y1 = torch.max(box1_y1, box2_y1)
        inter_x2 = torch.min(box1_x2, box2_x2)
        inter_y2 = torch.min(box1_y2, box2_y2)

        #交集区域的宽度和高度
        inter_w = torch.clamp(inter_x2 - inter_x1, min=0)
        inter_h = torch.clamp(inter_y2 - inter_y1, min=0)
        inter_area = inter_w * inter_h

        #各自边界框的面积
        box1_area = (box1_x2 - box1_x1) * (box1_y2 - box1_y1)
        box2_area = (box2_x2 - box2_x1) * (box2_y2 - box2_y1)

        #计算并集
        union_area = box1_area + box2_area - inter_area
        print(inter_area, union_area)

        #避免除零
        return inter_area / (union_area + 1e-8)

    def forward(self, predictions, target):
        """
        predictions: Tensor of shape (batch_size, S, S, B * 5 + C), contains the
        predicted bounding boxes, confidence scores, and class probabilities.
        target: Tensor of shape (batch_size, S, S, B * 5 + C), contains the ground
        truth bounding boxes, confidence scores, and class labels.
        """
        #获取 batch size
        batch_size = predictions.size(0)
        #获取每个网格的前 10 个信息(两个边界框)并将预测的形状修改为(batch,网格数,
        #网格数,边界框数,5),方便后续操作
        pred_boxes = predictions[..., :self.B * 5].view(batch_size, self.S,
        self.S, self.B, 5)
        #获取每个网格的后 20 个信息(类别的预测输出)
        pred_classes = predictions[..., self.B * 5:]
```

```python
#将标签框转换为表格形式(对标签框进行匹配,判断标签的重点落在哪个网格,并将网格
#内边界框的置信度设为 1)
target = self.convert_bbox2labels(target)

#定义损失
coord_loss = 0.    #坐标损失
obj_conf_loss = 0.    #含目标的置信度损失
noobj_conf_loss = 0.    #不含目标的置信度损失
class_loss = 0.    #分类损失

#为了方便理解,这里使用循环替代矩阵操作
for batch_i in range(batch_size):
    #遍历所有网格
    for i in range(self.S):
        for j in range(self.S):
            #网格内存在物体
            if target[batch_i, j, i, 0] == 1:
                #获取标签框
                gt_box = target[batch_i, j, i, 0: 5]
                gt_conf, gt_x, gt_y, gt_w, gt_h = gt_box

                #计算哪个边界框与标签框的匹配程度高
                iou_bbox1 = self.compute_iou(pred_boxes[batch_i, j, i, 0,
                1:], gt_box[1:])
                iou_bbox2 = self.compute_iou(pred_boxes[batch_i, j, i, 1,
                1:], gt_box[1:])
                #print(iou_bbox1, iou_bbox2)

                #计算匹配的索引与 iou
                if iou_bbox1 >= iou_bbox2:
                    #获取预测框
                    pred_box = pred_boxes[batch_i, j, i, 0]
                    #置信度,横坐标,纵坐标,宽度,高度
                    conf, x, y, w, h = pred_box

                    #计算坐标损失
                    coord_loss = coord_loss + ((x - gt_x) ** 2 + (y - gt_y)
                    ** 2 +(w.sqrt() - gt_w.sqrt()) ** 2 + (h.sqrt() - gt_h.
                    sqrt()) ** 2)

                    #计算有物体的置信度损失
                    obj_conf_loss = obj_conf_loss + (conf - iou_bbox1) ** 2

                    #计算未匹配的置信度损失
                    noobj_conf_loss = noobj_conf_loss + (pred_boxes
                    [batch_i, j, i, 1, 0] - iou_bbox2) ** 2

                else:
                    #获取预测框
                    pred_box = pred_boxes[batch_i, j, i, 1]
                    #置信度,横坐标,纵坐标,宽度,高度
                    conf, x, y, w, h = pred_box

                    #计算坐标损失
```

```
                                    coord_loss = coord_loss + ((x - gt_x) ** 2 + (y - gt_y)
                                    ** 2 + (w ** 0.5 - gt_w ** 0.5) ** 2 + (h ** 0.5 - gt_h ** 0.
                                    5) ** 2)

                                    #计算有物体的置信度损失
                                    obj_conf_loss = obj_conf_loss + (conf - iou_bbox2) ** 2

                                    #计算未匹配的置信度损失
                                    noobj_conf_loss = noobj_conf_loss + (pred_boxes
                                    [batch_i, j, i, 0, 0] - iou_bbox1) ** 2

                                #获取类别
                                pred_class = pred_classes[batch_i, j, i]
                                gt_class = target[batch_i, j, i, 10:]

                                #计算分类损失
                                class_loss = class_loss + torch.sum((pred_class - gt_
                                class) ** 2)
                            else:
                                #计算不含目标的网格损失
                                noobj_conf_loss += torch.sum(pred_boxes[batch_i, j, i, :,
                                0] ** 2)

            loss = (coord_loss * self.lambda_coord +
                    obj_conf_loss +
                    noobj_conf_loss * self.lambda_noobj +
                    class_loss)
            #print(obj_conf_loss)

            return loss
```

定义好损失后，再定义一些假图像与假标签，用于演示 YOLO 模型的训练，代码如下。

```
#模拟一些数据来测试损失计算
batch_size = 1
image_size = 448
S = 7
B = 2
C = 20


#随机生成预测值和目标值
images = torch.rand(batch_size, 3, image_size, image_size)
#定义两个标签
#两个标签框的类别分别为：3,12
#两个标签框的中心点坐标分别为：(120,300),(300,300)
#两个标签框的宽度和高度分别为：(80,90),(120,100)
targets = torch.Tensor([[3, 120, 200, 80, 90], [12, 300, 300, 120, 100]]).view(-1,
2, 5)

#归一化标签
targets[..., 1:] = targets[..., 1:] / image_size

#创建模型和损失函数
model = YOLO(S=S, B=B, C=C)
```

```
criterion = YOLOLoss(S=S, B=B, C=C)

optimizer = torch.optim.SGD(model.parameters(), lr=0.01)

for epoch in range(50):
    optimizer.zero_grad()
    #前向传播
    output = model(images)    #假设预测值作为输入以进行测试
    loss = criterion(output, targets)
    loss.backward()
    optimizer.step()
    if epoch %5 == 0:
        print('Epoch: {}, Loss: {:.4f}'.format(epoch, loss.item()))
```

控制台输出如下。

```
Epoch: 0, Loss: 19.4023
Epoch: 5, Loss: 16.6703
Epoch: 10, Loss: 14.3743
Epoch: 15, Loss: 10.5371
Epoch: 20, Loss: 3.0574
Epoch: 25, Loss: 2.5254
Epoch: 30, Loss: 2.3770
Epoch: 35, Loss: 2.2843
Epoch: 40, Loss: 2.2307
Epoch: 45, Loss: 2.2022
```

损失值逐渐减少,基本实现了模型的训练。

YOLO 的一个显著优势是速度极快,能在实时性要求较高的场景中使用。由于 YOLO 是一次性完成所有预测任务,而不是像传统方法那样分阶段进行,所以它能利用全局上下文信息进行目标检测,这使得它在处理复杂场景时表现得更加鲁棒。

尽管 YOLO 在速度上有显著优势,但其检测精度在某些情况下可能不如基于候选区域的检测方法(如 Faster R-CNN)。尤其在处理密集场景或检测非常小的物体时,YOLO 的性能可能会有所下降。这主要是因为 YOLO 对每个网格单元只能预测有限数量的边界框,而这些边界框的分布是预先固定的,可能无法精确捕捉到目标物体的形状和大小。此外,YOLO 的分辨率有限,当网格单元大小较大时,一个网格可能包含多个目标物体,从而导致检测混淆。

为了解决这些问题,YOLO 的后续版本对网络结构和预测方式进行了多次改进。

YOLOv2[19] 于 2016 年提出,引入了更高效的特征提取网络和锚框机制,使其在保证速度的同时提高了检测精度。

YOLOv3[20] 于 2018 年提出,进一步改进了网络的多尺度预测能力,通过在不同尺度的特征图上进行检测,以应对大小不一的目标物体。

YOLOv4[21] 于 2020 年提出,在网络结构、数据增强、损失函数等方面进行了优化,使得模型的精度和速度均有大幅提升。

YOLOv5[22] 同样于 2020 年提出,进一步优化了模型的速度和性能,引入了 C3 模块,增强了易用性和扩展性。

YOLOv6[23] 由美团公司设计,于 2020 年提出,引入了 RepVGG 结构和更高效的

CSPNet 变种，提升了模型在速度和精度上的平衡，同时优化了训练策略和推理性能。

YOLOv7[24]于 2022 年提出，通过引入扩展的 ELAN 结构和动态标签分配机制，进一步提升了精度，并优化了模型的推理速度和轻量化能力。

YOLOv8[25]于 2023 年提出，引入了梯度流丰富的 C2f 模块，采用无锚框的设计思想，并引入了多尺度训练和改进的损失函数。

YOLOv9[26]于 2024 年提出，提出了编程梯度信息和基于梯度路径规划的通用高效层聚合网络（GELAN），进一步提高了模型的性能。

YOLOv10[27]于 2024 年提出，由清华大学设计，提出了一种具有双标签分配和一致匹配度量的无 NMS 的 YOLO 训练策略，避免了 NMS 操作，进一步提升了检测速度与检测精度。

YOLO 的出现提供了目标检测领域的新思路，它展示了在速度和精度之间可以取得平衡的可能性。YOLO 的单阶段检测思想启发了大量后续研究，并且它所采用的简单、有效的设计理念使其在实际应用中具有广泛的适用性。从智能监控到无人驾驶，从移动端应用到实时视频分析，YOLO 在各个领域中都得到成功应用。

YOLO 作为一种高效的目标检测算法，通过创新性的设计和不断的优化，实现了在速度和精度上的双重突破。尽管它在某些极端情况下存在一定的局限性，但其整体表现依然令人瞩目，是目标检测算法发展史上的一座重要里程碑。

5.3.3　DETR 模型

DETR(Detection Transformer)[28]是 Facebook AI Research 团队于 2020 年提出的一种基于 Transformer 的目标检测算法，它打破了传统目标检测的范式，开创性地将目标检测任务转换为一种集合预测问题。传统的目标检测算法，如 Faster R-CNN 或 YOLO，通常依赖区域提议、锚框机制网格等进行候选区域的生成和分类。而 DETR 则完全抛弃了这些先验知识，直接采用 Transformer 架构实现端到端的目标检测。

DETR 的核心思想在于将目标检测问题视为一种集合匹配问题。在传统的检测方法中，如 Faster R-CNN，通常通过 RPN 生成一组候选区域，然后对这些区域进行分类和回归操作。然而，这种方法存在复杂的后处理步骤，如非极大值抑制（NMS）来消除冗余的检测框。DETR 通过引入 Transformer 直接预测图像中所有物体的边界框和类别，并通过引入一对一的二分图匹配机制避免了这些复杂的后处理步骤。

首先，DETR 使用传统的 CNN 提取图像的特征，生成特征图。接着，这些特征图被展平，并传递到 Transformer 编码器中。Transformer 编码器通过多头自注意力机制捕捉图像中不同部分之间的依赖关系，而解码器则将特征映射到一系列的检测 query，这些 query 最终用于预测边界框和类别标签。DETR 使用了固定数量的检测 query（通常是 100 个），因此 DETR 每次都将输出 100 个目标，无论实际图像中有多少目标，由于 DETR 中使用一对一的匹配机制，DETR 的输出无须使用 NMS 过滤冗余框，仅将低置信度的检测框剔除即可。DETR 的检测流程如图 5-16 所示。

为了解决在检测中引入无关目标的问题，DETR 引入了二分图匹配机制。通过这个机制，网络能在训练过程中找到一个最优的 query 与标签的匹配形式，从而将实际目标与网络预测的 query 结果进行匹配。

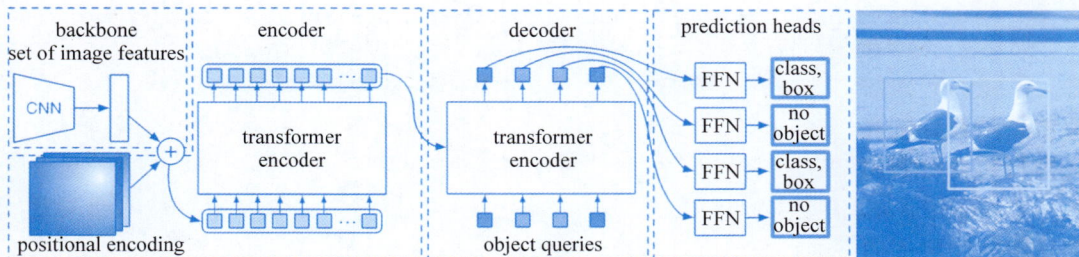

图 5-16　DETR 的检测流程

DETR 的工作流程大致分为三个部分：特征提取、Transformer 编码与解码过程和目标检测。

1）特征提取

DETR 使用 ResNet 等 CNN 作为特征提取器，将输入图像转换为特征图。CNN 在图像分类和目标检测中广泛应用，其强大的特征提取能力为 DETR 的后续处理提供了坚实的基础。

2）Transformer 编码与解码过程

在特征提取之后，DETR 将特征图展平并输入到 Transformer 中。Transformer 架构包含编码器和解码器两部分。编码器从特征图中提取全局上下文信息，而解码器则通过一组可学习的 query 预测目标的边界框和类别。每个查询对应一个潜在的物体，并通过注意力机制与编码器输出的全局特征进行交互。这种设计使得 DETR 能捕捉图像中物体的长程依赖关系，从而准确地定位和分类物体。

3）目标检测

在 Transformer 解码器的输出阶段，DETR 使用了一种名为匈牙利算法的二分图匹配机制，将解码器的输出与真实的物体标签进行一一对应。通过这种全局的匹配策略，DETR 能有效地避免冗余检测和边界框重叠的问题。每个查询的输出结果都与一个物体或背景类别对应，其中背景类别用于处理图像中不存在物体的查询。这种机制只存在于训练阶段，模型会在训练中逐步学习匹配的方式，在预测阶段直接输出预测框。

DETR 模型的 PyTorch 实现如下。

```python
class DETR(nn.Module):
    def __init__(self, num_classes, hidden_dim, nheads,
                num_encoder_layers, num_decoder_layers):
        super().__init__()
        #使用 ResNet50 作为 backbone
        self.backbone = nn.Sequential(*list(resnet50(pretrained=True).
        children())[:-2])
        #卷积用于调整维度
        self.conv = nn.Conv2d(2048, hidden_dim, 1)

        #使用 Transformer 编码器与解码器
        self.transformer = nn.Transformer(hidden_dim, nheads, num_encoder_
        layers, num_decoder_layers)

        #类别预测,输出为 num_classes + 1,多出的类别为背景类
```

```
        self.linear_class = nn.Linear(hidden_dim, num_classes + 1)
        #预测框,输出为 x y w h
        self.linear_bbox = nn.Linear(hidden_dim, 4)

        #初始的 query
        self.query_pos = nn.Parameter(torch.rand(100, hidden_dim))

        #初始的位置编码
        self.row_embed = nn.Parameter(torch.rand(50, hidden_dim // 2))
        self.col_embed = nn.Parameter(torch.rand(50, hidden_dim // 2))

    def forward(self, inputs):
        #卷积神经网络提取特征
        x = self.backbone(inputs)

        #整理维度
        h = self.conv(x)

        #生成位置编码
        H, W = h.shape[-2:]
        pos = torch.cat([
            self.col_embed[:W].unsqueeze(0).repeat(H, 1, 1),
            self.row_embed[:H].unsqueeze(1).repeat(1, W, 1),
        ], dim=-1).flatten(0, 1).unsqueeze(1)

        #Transformer 编码器输入:加入位置编码的图像特征
        #Transformer 解码器的输入:可学习的 query
        h = self.transformer(pos + h.flatten(2).permute(2, 0, 1),
                             self.query_pos.unsqueeze(1))

        #获取输出
        return self.linear_class(h), self.linear_bbox(h).sigmoid()
```

　　DETR 的损失函数由两部分组成：边界框回归损失和类别分类损失。边界框回归损失通常采用 L1 损失和广义 IoU（GIoU）损失的结合，用于衡量预测边界框与真实边界框之间的差异。类别分类损失则采用交叉熵损失，用于衡量预测类别与真实类别之间的差距。通过将这两种损失相加，DETR 实现了对边界框和类别的联合优化。

　　DETR 的最大优势在于其端到端的设计，简化了目标检测的流水线，消除了对区域提议、锚框、NMS 等复杂步骤的依赖。此外，Transformer 架构赋予了 DETR 更强的全局上下文建模能力，尤其在处理复杂背景和多个物体的场景时表现出色。

　　DETR 也面临一些挑战。首先，由于 DETR 在训练阶段使用二分图匹配算法，因此 DETR 的训练时间相对较长。同时，由于 Transformer 对全局信息的建模依赖大量数据，导致其在收敛速度上不如传统的检测算法。此外，DETR 在小物体检测上存在一定的局限性。由于 Transformer 对空间分辨率的要求较高，特征图的分辨率降低可能导致小物体信息丢失，从而影响检测性能。

　　为了解决这些问题，后续的改进版本如 Deformable DETR[29] 引入了多尺度特征和可变形注意力机制，进一步提升了 DETR 在小物体检测和训练速度方面的性能。这些改进使得 DETR 及其变种在目标检测任务中展现出强大的潜力，也推动 Transformer 架构在计算机视觉领域广泛应用。

DETR 的出现为目标检测任务提供了一种全新的思路。其端到端的设计和 Transformer 的引入,不仅提升了检测的准确性和鲁棒性,也为未来的目标检测算法研究开辟了新的方向。随着技术的不断演进,DETR 及其衍生方法有望在更多实际应用场景中得到广泛应用。

5.4 图像分割任务

图像分割是计算机视觉领域中的一个关键任务,旨在将图像划分为若干区域,以便对图像中的不同对象或感兴趣的部分进行精准定位和分类。图像分割不是简单的目标检测或识别,而是需要对每个像素进行分类,从而形成对图像内容的精确理解。与传统的图像分类和检测任务不同,图像分割的目的是生成细粒度的输出,使得每个像素点都能被赋予相应的类别标签。

图像分割的目的非常广泛,涵盖多个实际应用领域。首先,在自动驾驶中,图像分割技术广泛应用于对道路、行人、车辆等不同区域的实时识别,以确保车辆能正确识别周围环境并做出安全的决策。其次,在医学影像处理中,图像分割能帮助医生精确定位病灶区域,如肿瘤、血管等,有助于提高诊断的精度和治疗的效果。此外,在遥感领域,图像分割可用于对卫星图像中的土地利用、建筑物、植被等区域进行分类,支持地理信息系统的发展。

5.4.1 语义分割

语义分割是图像分割的一种,其目的是对图像中的每个像素进行分类,确保每个像素都被标注为图像中的某个特定类别,如图 5-17 所示。这项任务的重要性在于,它能以细粒度的方式对图像进行理解,从而区分出属于不同类别的对象或区域,适用于从自动驾驶到医学影像处理等多个领域。

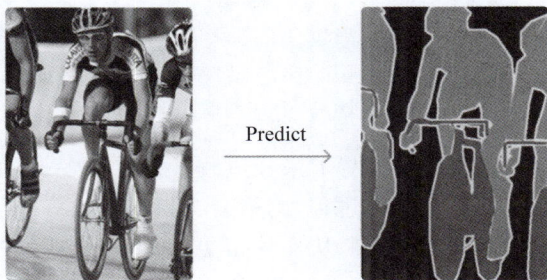

Predict

● Person ● Bicycle ● Background

图 5-17　图像的语义分割

语义分割的核心目标是将图像分解成多个语义上有意义的区域,对应不同的物体或背景。例如,在城市道路场景中,语义分割可能需要将像素归类为道路、建筑物、行人、汽车等类别。相比传统的图像分类或目标检测,语义分割更加注重细节,它要求对每一个像素进行准确分类。这意味着,语义分割的输出通常是一个与输入图像大小相同的掩码,其中每个像素对应一个类别标签。

语义分割的任务是对每个像素点进行分类，因此，语义分割要求模型的输入与输出大小相同。以便能输出每个像素的类别。Olaf Ronneberger 等于 2015 年提出了 U-Net[30]，主要用于生物医学图像分割。然而，由于其强大的表现力和灵活的结构，U-Net 在众多图像分割任务中得到广泛应用。该网络的独特设计使得它能在高效提取特征的同时保持分割精度，并对小样本数据具有较好的适应性。U-Net 在许多医学图像处理任务中表现优异，特别是在肿瘤分割、细胞分割等细粒度的生物医学应用中。

U-Net 的名称来源于其对称的"U"字形结构，这种结构由一个下采样过程和一个上采样过程组成，如图 5-18 所示。下采样过程用于提取图像的高层次语义特征，上采样过程用于逐步恢复图像的空间分辨率。U-Net 的这一架构设计与传统的卷积神经网络不同，它采用了跳跃连接（skip connections）来融合不同尺度的特征，从而在保持局部精度的同时，确保对全局上下文的理解。

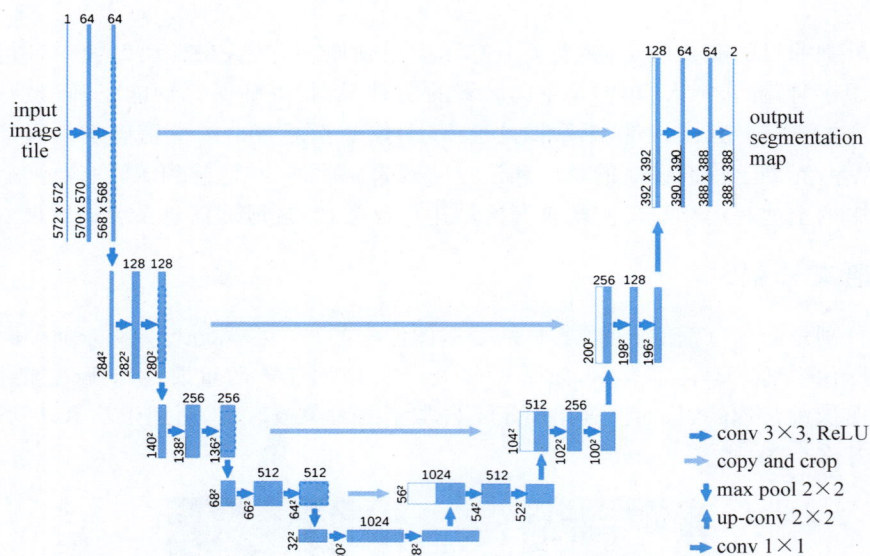

图 5-18   U-Net 网络结构

U-Net 引入了跳跃连接，这是一种将下采样过程相应层的特征直接传递到上采样过程中的机制。具体来说，在每一个上采样过程，网络会将当前层的特征与来自下采样过程相同分辨率的特征图进行拼接（concatenate），从而保留更多的高分辨率细节。这种跳跃连接能有效解决由于多次下采样导致的细节丢失问题，从而提高分割精度，尤其在处理图像中的小型对象或边界时更有效。

为了能更好地理解 U-Net 的网络结构设计与跳跃连接，通常使用 PyTorch 定义一个 U-Net 模型，代码实现如下。

```python
class conv_block(nn.Module):
    def __init__(self, in_ch, out_ch):
        super(conv_block, self).__init__()
        self.conv = nn.Sequential(
```

```
            nn.Conv2d(in_ch, out_ch, kernel_size=3, stride=1, padding=1, bias=
            True),
            nn.BatchNorm2d(out_ch),
            nn.ReLU(inplace=True),
            nn.Conv2d(out_ch, out_ch, kernel_size=3, stride=1, padding=1, bias=
            True),
            nn.BatchNorm2d(out_ch),
            nn.ReLU(inplace=True))

    def forward(self, x):
        return self.conv(x)

class up_conv(nn.Module):
    def __init__(self, in_ch, out_ch):
        super(up_conv, self).__init__()
        self.up = nn.Sequential(
            nn.Upsample(scale_factor=2),
            nn.Conv2d(in_ch, out_ch, kernel_size=3, stride=1, padding=1, bias=True),
            nn.BatchNorm2d(out_ch),
            nn.ReLU(inplace=True)
        )

    def forward(self, x):
        return self.up(x)

class U_Net(nn.Module):
    def __init__(self, in_ch=3, out_ch=1):
        super(U_Net, self).__init__()
        n1 = 64
        channels = [n1, n1 * 2, n1 * 4, n1 * 8, n1 * 16]

        self.maxpool1 = nn.MaxPool2d(kernel_size=2, stride=2)
        self.maxpool2 = nn.MaxPool2d(kernel_size=2, stride=2)
        self.maxpool3 = nn.MaxPool2d(kernel_size=2, stride=2)
        self.maxpool4 = nn.MaxPool2d(kernel_size=2, stride=2)

        self.conv1 = conv_block(in_ch, channels[0])
        self.conv2 = conv_block(channels[0], channels[1])
        self.conv3 = conv_block(channels[1], channels[2])
        self.conv4 = conv_block(channels[2], channels[3])
        self.conv5 = conv_block(channels[3], channels[4])

        self.up5 = up_conv(channels[4], channels[3])
        self.up_conv5 = conv_block(channels[4], channels[3])
        self.up4 = up_conv(channels[3], channels[2])
        self.up_conv4 = conv_block(channels[3], channels[2])
        self.up3 = up_conv(channels[2], channels[1])
        self.up_conv3 = conv_block(channels[2], channels[1])
        self.up2 = up_conv(channels[1], channels[0])
        self.up_conv2 = conv_block(channels[1], channels[0])

        self.conv = nn.Conv2d(channels[0], out_ch, kernel_size=1, stride=1,
        padding=0)
```

```
def forward(self, x):
    e1 = self.conv1(x)
    e2 = self.maxpool1(e1)
    e2 = self.conv2(e2)
    e3 = self.maxpool2(e2)
    e3 = self.conv3(e3)
    e4 = self.maxpool3(e3)
    e4 = self.conv4(e4)
    e5 = self.maxpool4(e4)
    e5 = self.conv5(e5)

    d5 = self.up5(e5)
    d5 = torch.cat((e4, d5), dim=1)
    d5 = self.up_conv5(d5)
    d4 = self.up4(d5)
    d4 = torch.cat((e3, d4), dim=1)
    d4 = self.up_conv4(d4)
    d3 = self.up3(d4)
    d3 = torch.cat((e2, d3), dim=1)
    d3 = self.up_conv3(d3)
    d2 = self.up2(d3)
    d2 = torch.cat((e1, d2), dim=1)
    d2 = self.up_conv2(d2)
    out = self.conv(d2)
    return out
```

语义分割的损失函数较为简单，其计算公式如下。

$$L_{CE} = -\frac{1}{N}\sum_{i=1}^{N}\sum_{c=1}^{C} y_{i,c}\log(p_i,c) \tag{5-12}$$

其中，N 表示图像像素的总数，C 表示类别数。语义分割的损失函数实际上是对每个像素进行单独的交叉熵损失函数计算，最后对所有像素的损失取平均值。

类别不均衡问题是语义分割任务中的一大挑战。在语义分割任务中，不同类别的像素分布往往极不均衡。常见的类别（如背景）占据大量的像素，而目标对象（如行人、车辆等）可能只占很小的比例。这种类间不均衡会导致模型更偏向于预测占多数的类别，从而忽视那些少数类别。为了应对这一问题，研究者通常会采用加权损失函数、重采样策略或者基于区域的平衡方法增强模型对少量目标类别的敏感性。

随着语义分割技术的不断成熟，其应用场景不仅局限于自动驾驶、医学影像处理等领域，还逐步扩展到遥感影像分析、虚拟现实、智能制造、农业监测等领域。在这些领域中，语义分割技术有望提供更智能化和自动化的图像处理方案。例如，在遥感影像中，语义分割能帮助分析土地覆盖、检测建筑物等；在农业中，它可用于农作物的病虫害检测、分类和估产等。

5.4.2　实例分割

实例分割是计算机视觉中的一个核心任务，目的是在图像中检测并区分出每个对象的具体实例。不同于语义分割任务，实例分割不仅需要对每个像素进行分类，还要求对每个独立的物体实例进行区分，即使它们属于同一类。实例分割融合了目标检测和语义分割的功能,因而被认为是计算机视觉任务中较复杂的挑战之一。

语义分割的核心目标是将图像分解成多个语义上有意义的区域,对应不同的物体或背景。例如,在城市道路场景中,语义分割可能需要将像素归类为道路、建筑物、行人、汽车等类别。相比传统的图像分类或目标检测,语义分割更加注重细节,它要求对每一个像素进行准确分类,而不仅是识别出物体的边界或框出感兴趣的区域。这意味着,语义分割的输出通常是一个与输入图像大小相同的掩码,其中每个像素对应一个类别标签。

实例分割与语义分割的不同在于,语义分割关注每个像素的类别标签,但它并不区分同一类别中的不同实例。例如,如果有两辆汽车出现在图像中,语义分割会将这两辆车的像素都标记为"汽车"类别,而不会区分它们。而实例分割不仅要进行类别标注,还要区分同类物体中的不同个体。这使得实例分割比语义分割更为复杂,通常语义分割在许多应用场景中已经足够满足需求。

为了能更加直观地展示计算机视觉中的不同任务,用同一幅图像对不同任务进行展示,如图 5-19 所示。

图像分类   目标检测

语义分割   实例分割

图 5-19 计算机视觉不同任务的区别

1)图像分类任务

图像分类的目的是判断图像的类别。对于单标签分类任务,一幅图像只能输出一个类别;对于多标签分类任务,一幅图像能输出多个类别。如图 5-19 所示,图像分类任务输入图像,输出"人""树木""草地""天空"等类别。

2)目标检测任务

目标检测任务的目的是将图像中存在的目标通过检测框标注出来,并给出每个检测框内的类别。如图 5-19 所示,目标检测任务能将图像中的每个人检测出来,给出每个人的检测框目标(x,y,w,h),并给出类别"人"。

3）语义分割任务

语义分割任务是对图像中的每个像素进行分类，能将图像按类别分割出多个区域。如图 5-19 所示，语义分割任务对"天空""树木""草地""人"等区域都进行了划分，划分出几个不同的区域，但不区分图像中实例的个体，所有"人"的区域都混合在一起，不区分每个人之间的边界。

4）实例分割任务

实例分割任务是在语义分割任务的基础上，分割出每一个个体。实例分割可以看作语义分割与目标检测任务的结合。如图 5-19 所示，实例分割任务不仅对像素进行了分类，还对每一个实例做了区别，能区别不同实例之间的边界。

实例分割领域最常用的算法为 Mask R-CNN[31] 模型。Mask R-CNN 是 ResNet 作者何恺明于 2017 年提出的一种用于实例分割的深度学习模型，作为目标检测领域的重要突破之一，它不仅能进行目标检测，还能同时生成目标物体的精确像素级掩码（mask）。Mask R-CNN 的出现显著提高了实例分割任务的准确性和效率，是目标检测与分割任务融合的典型代表。它基于 Faster R-CNN 架构并做了改进，扩展了其功能，从而实现了高效的目标检测与像素级分割。

Mask R-CNN 的关键创新在于其并行输出的三分支结构：分类分支、边界框回归分支和掩码分支。

1）分类分支

与目标检测任务相似，Mask R-CNN 会对每个候选区域进行分类，判断该区域属于哪个类别。

2）边界框回归分支

边界框回归分支用于对候选区域的边界框进行进一步的精细调整，使其更精确地包围目标。

3）掩码分支

这是 Mask R-CNN 与 Faster R-CNN 的主要区别。掩码分支通过卷积网络生成每个候选区域内的二值掩码，掩码中的每个像素表示该位置是否属于该对象的实例。这一分支与分类和回归分支是并行工作的，并不会互相影响，且通过多任务学习的方式联合训练。

Mask R-CNN 的最大创新在于为每个目标生成了像素级的二值掩码。通过在 Faster R-CNN 的基础上增加这一分支，模型可以在检测目标的同时，对目标区域内的每个像素进行精确分类，如图 5-20 所示。

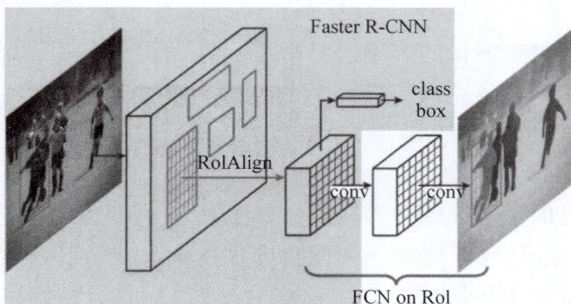

图 5-20　Mask R-CNN 在 Faster R-CNN 基础上的改进

Mask R-CNN 作为一种强大的实例分割模型,成功地将目标检测与分割任务结合,推动了计算机视觉任务的发展。其创新的掩码分支设计,解决了分割任务中的许多难题,特别是在精确处理边界和小物体方面。随着算法的不断进步,Mask R-CNN 及其改进版本将在更多领域中展现出强大的潜力,并推动实例分割技术的发展。

5.4.3　视觉分割大模型 SAM

SAM(Segment Anything Model)是一种由 Meta AI 团队于 2023 年开发的大型视觉分割模型,旨在提供一种通用的、适用于任何分割任务的模型。该模型能结合用户的提示,对不同类型的图像进行自动、精准的分割,是一个通用化的分割工具,如图 5-21 所示。SAM 可以在不需要重训练或大量标注数据的情况下,处理多种分割任务。SAM 的设计目标是使分割任务的复杂性显著降低,推动计算机视觉技术在更多的应用场景中普及与使用。

图 5-21　根据点提示分割物体

在传统的计算机视觉任务中,图像分割是一项复杂且耗时的任务。语义分割需要为图像中的每一个像素分配标签,而实例分割则要求对图像中的每个独立对象进行单独的像素级标注。虽然已有许多分割方法取得了不错的成果,但它们通常需要大量的标注数据来训练模型,或针对特定任务进行微调。这使得分割任务在实际应用中变得困难且昂贵,尤其在需要大规模部署的场景中。

SAM 的出现正是为了解决这一问题。Meta AI 通过结合大规模预训练和先进的分割技术,开发了这一通用的分割模型,使其能在零样本学习环境中工作,即无须对具体任务的数据进行重训练或微调,就可以在不同场景中完成图像分割。SAM 通过用户给出的分割提示(Segmentation Prompt),对图像进行分割,提示可以是一个点、一个框、一个区域,甚至是一段文字。SAM 的输入与输出如图 5-22 所示。

SAM 基于大规模数据集进行预训练。Meta AI 为了训练 SAM,构建了一个包含超过 11 亿幅图像的多样化数据集 SA-1B。这种大规模数据驱动的方法使得 SAM 具有高度的泛化能力,能在各种图像和任务中表现出色,而无须为每个新任务进行微调。由于 SA-1B 数据集中包含超过 11 亿幅图像,因此对 SA-1B 进行人工标注较为困难,无法在有限时间内对数据集进行完整的标注。因此,SAM 设计了一种新的训练流程。首先,数据集将被标注一小部分,利用这一小部分数据训练 SAM,SAM 将通过学习产生分割能力,此时 SAM 将会利用其分割能力标注一部分新数据,再将 SAM 标注的数据用于训练 SAM,形成一个循环的过程。在这个过程中,SAM 的分割能力会逐步提升,标签的标注效果也会越来越好。

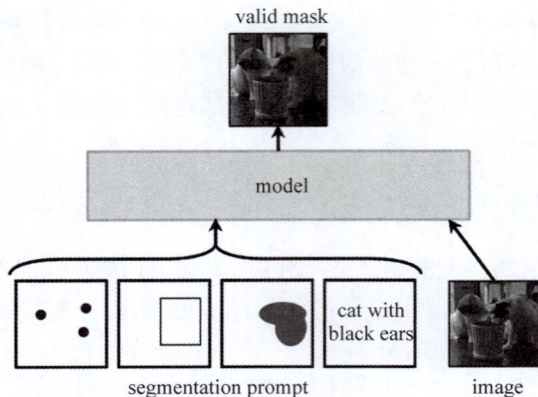

图 5-22　SAM 的输入与输出

SAM 的训练模式如图 5-23 所示。

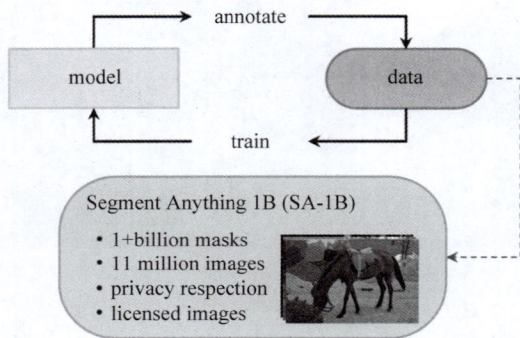

图 5-23　SAM 的训练模式

　　SAM 的架构主要由三部分组成：图像编码器（Image Encoder）、提示编码器（Prompt Encoder）和轻量化的掩码解码器（Lightweight Mask Decoder）。这三部分相互配合，能根据不同的提示信息，自动生成对应的分割掩码，如图 5-24 所示。

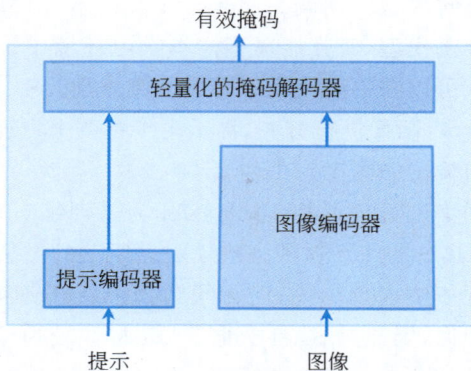

图 5-24　SAM 架构

1）图像编码器

SAM 使用一个强大的 ViT 作为其基础模型，编码器的任务是从输入图像中提取丰富的特征表示,并将这些特征传递给后续的模块。SAM 的图像编码器能捕捉到图像中的全局信息和局部细节,从而为分割任务提供足够的信息支撑。

2) 提示编码器

提示编码器的作用是接受用户输入的提示,然后通过 Transformer 模型根据提示信息生成提示编码。提示可以是多种形式的,包括点、边界框、区域掩码或文本描述。SAM 的灵活性体现在它可以接受不同类型的提示,而不是依赖于单一的输入方式,这使得它能适应不同的应用场景。不同类型的提示解释如下。

点提示:用户可以在图像中单击某个点,表示需要分割的对象。SAM 会根据该点提示生成目标区域的掩码。

边界框提示:用户可以用一个矩形框标出需要分割的区域,SAM 会根据框内的信息生成精准的分割结果。

区域掩码提示:用户可以在图像中涂抹出一个粗的区域,之后 SAM 根据粗略区域生成精细的分割结果。

文本描述:用户可以用一句话描述想分割的物体,SAM 会根据文字描述生成分割结果。

3) 轻量化的掩码解码器

掩码生成器负责根据提示与图像特征生成最终的分割结果。SAM 的掩码生成器利用轻量化 Transformer,从图像编码器提取的特征和提示生成器提供的提示信息中,生成物体的边界及其相应的像素级掩码。由于 SAM 已经在大量图像数据上进行了预训练,因此它能在不同的场景中快速适应,生成高质量的分割结果。

SAM 作为视觉分割任务中的重要突破,具有广泛的应用前景。未来,随着模型性能的进一步提升,以及与其他视觉任务的融合,SAM 可能会在更多领域得到应用,例如自动化标注工具的开发、视频分割任务,以及与语言模型的结合,从而实现更自然的人机交互。

5.5　视觉自监督预训练

自监督预训练(Self-Supervised Pretraining)是近年来计算机视觉领域的重要研究方向,它的核心思想是通过设计预训练任务,使得模型能从无标签的海量数据中自动学习有用的特征。这种方法有效解决了传统监督学习中对大量标注数据的依赖问题,特别是在数据标注成本高昂的视觉任务中,如医学图像处理、自动驾驶等场景。

在计算机视觉中,深度学习模型通常依赖大规模的带标签数据进行训练。例如,在图像分类任务中,模型需要成千上万幅经过人工标注的图像学习不同类别的特征。然而,获取大量标注数据通常非常耗时且昂贵,尤其在需要专家知识的领域(如医学影像)中标注成本更高。

为了降低对标注数据的依赖,自监督学习(Self-Supervised Learning,SSL)提出从无标签数据中自动学习表示的想法。与无监督学习不同,自监督学习通过设计特定的预训练任务,使得模型能在没有显式标签的情况下学习有用的特征表示。模型首先通过自监督任务进行预训练,然后在下游任务(如分类、分割、目标检测等)中微调,从而获得与全监督方法相媲美甚至更好的表现。

5.5.1　迁移学习与有监督预训练

在介绍自监督预训练之前，首先介绍迁移学习与传统的有监督预训练，以更好地理解自监督预训练。

1. 迁移学习

迁移学习是深度学习中一种常见的技术，它通过在某一任务上预训练的模型，将其学习到的知识迁移到另一个相关或不同的任务上。迁移学习的核心思想是，某些任务的知识可以被其他任务利用，特别是当这些任务在某些方面具有相似性时。

在计算机视觉中，迁移学习通常在预训练模型的基础上进行，即模型首先在大规模带标签数据集上进行预训练，如 ImageNet 等数据集，然后将预训练的模型迁移到目标任务上进行微调。例如，如果目标任务是检测车辆，虽然 ImageNet 数据集本身并不是专门为了检测车辆而设计的，但通过在 ImageNet 上的预训练，模型已经掌握了视觉特征的基本表示（如边缘、纹理和形状等），这使得它能更快、更有效地学习目标任务的特定特征。

迁移学习的流程通常分为以下两个阶段。

1）预训练阶段

预训练阶段通过大规模数据集（通常是不同于目标任务的数据集）训练模型，这个过程一般采用有监督学习的方式，模型在这一阶段学习的是普遍适用的特征表示。这一阶段不需要目标任务的具体数据，通常使用公开的大型数据集。

2）微调阶段（Fine-tuning）

微调阶段是在目标任务上调整预训练模型，使其更适合当前任务。在这个阶段，模型的参数会根据目标任务的数据进行进一步训练。微调的方式有多种，可以只调整模型的某些特定层的参数，也可以对整个模型进行重新训练。微调的目的在于通过目标任务数据对模型进行小幅度的优化，使其满足当前的任务需求。

2. 有监督预训练

有监督预训练是指模型在大规模带标签的数据集上进行的预训练过程，通常指的是迁移学习的第一阶段。一般来说，预训练的目的是让模型在初步训练阶段学到丰富的特征表示。这些特征表示通常可以在与预训练数据集相关的任务中取得良好的效果。

在计算机视觉中，经典的预训练数据集包括 ImageNet，它是一个包含了数百万幅标注图像的分类数据集。通过在 ImageNet 上进行有监督预训练，模型能学习到普遍的视觉特征，如边缘、颜色、形状、纹理等。这些低层次的特征对于理解图像内容具有广泛的应用价值。

预训练的过程是通过标准的有监督学习完成的。模型输入图像，并通过多层神经网络进行特征提取，最终输出分类结果。通过将模型预测的分类与真实标签进行比较，计算损失函数（如交叉熵损失），并通过反向传播调整模型的权重，从而逐步提升模型的性能。训练结束时，模型已经具备对大规模数据集的分类能力，但更重要的是，模型也学习到了适用于多种视觉任务的特征表示。

有监督预训练的主要优势在于，通过利用公开的大规模数据集，能有效减少对目标任务数据的依赖，同时也加快了模型的收敛速度。对于数据量较少的目标任务，直接从零开始训练模型通常难以获得良好的效果，而有监督预训练能为这些小数据集提供良好的初始参数设置。

5.5.2　SimCLR 算法

SimCLR[32]是谷歌公司研究团队于 2020 年提出的一种基于对比学习的自监督预训练方法,旨在通过自监督学习获取图像的有效特征表示。对比学习是一种自监督学习范式,它利用对比任务学习数据的表征,SimCLR 在该领域取得了显著进展,通过巧妙的设计和大规模训练,实现了不依赖标签的数据表示学习。

1. 对比学习

对比学习(Contrastive Learning)是一种基于相似性比较的自监督学习方法,旨在通过对比正样本和负样本对学习数据的有用特征表示。在对比学习中,正样本是相似的数据对,负样本是来自不同类别或背景的样本。通过最大化正样本对的相似性、最小化负样本对的相似性,模型能在没有显式标签的情况下学习出具有区分性的特征表示。

对比学习的核心思想可以简单描述为:让相似的样本在特征空间中靠近,让不相似的样本远离。在实际应用中,这一思想通过构建特征空间中的距离测量实现,即模型被要求对输入数据进行映射,使得相似的数据对(正样本对)在特征空间中的距离较小,不相似的数据对(负样本对)在特征空间中的距离较大。

2. 自监督预训练

SimCLR 的核心思想是利用对比学习,通过构造正样本和负样本对,训练模型使其能更好地区分不同的图像样本。具体来说,SimCLR 将同一幅图像的不同增强版本(如随机裁剪、颜色抖动等)视为正样本对,而将其他图像视为负样本。模型通过学习,使得正样本对的特征表示在高维空间中尽可能接近,而负样本之间的距离尽可能远。SimCLR 算法流程如图 5-25 所示。

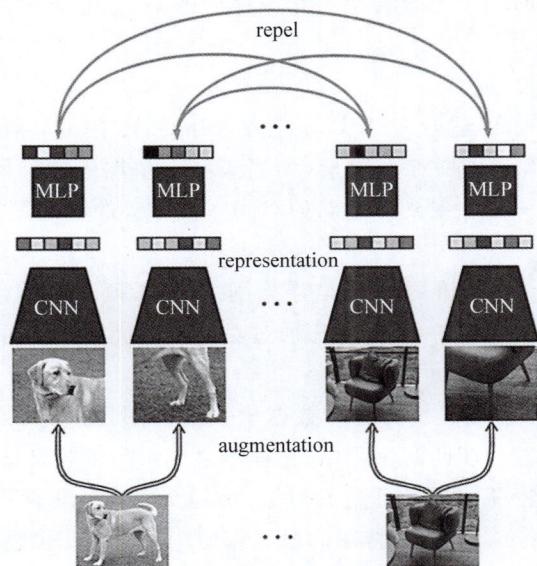

图 5-25　SimCLR 算法流程

SimCLR 主要由四个模块组成:数据增强、编码器、投影头以及对比损失函数。每个模块在 SimCLR 中都扮演着至关重要的角色。

1) 数据增强

SimCLR 的第一个关键步骤是对原始图像进行数据增强，生成不同的图像视图，如图 5-26 所示。这些增强操作可以是随机的裁剪、翻转、颜色变化、模糊等。数据增强的核心思想是：通过对同一幅图像施加不同的增强方法，使模型学会识别出这些增强后的图像仍然是同一对象的不同表现。

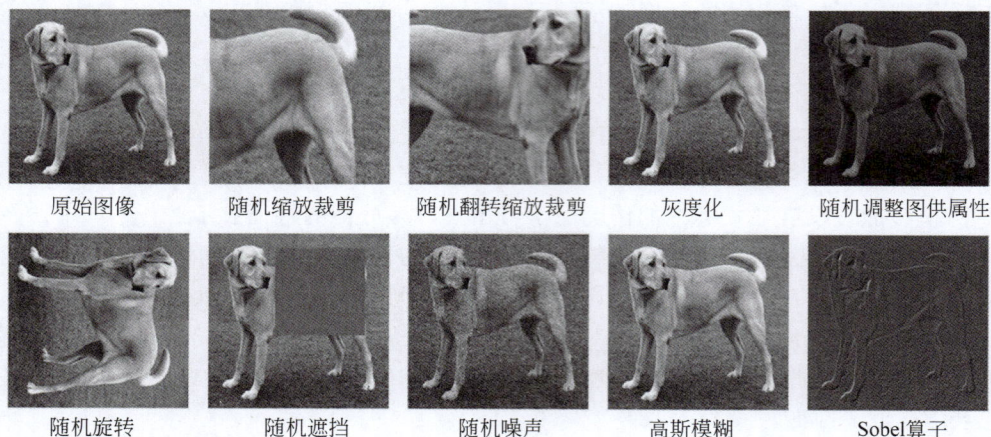

| 原始图像 | 随机缩放裁剪 | 随机翻转缩放裁剪 | 灰度化 | 随机调整图供属性 |
| 随机旋转 | 随机遮挡 | 随机噪声 | 高斯模糊 | Sobel算子 |

图 5-26　随机数据增强

2) 编码器

SimCLR 使用卷积神经网络作为特征提取的编码器。常见的编码器包括 ResNet 系列网络。图像经过编码器后转换为一个维特征向量，这个特征表示捕捉了图像的关键信息。SimCLR 的最终目的是训练作为编码器的卷积神经网络，让卷积神经网络在对比学习的过程中训练特征提取的能力。

3) 投影头

为了使学习到的特征更适合对比学习任务，SimCLR 在编码器后引入了一个投影头 (Projection Head)。投影头是一个线性层(相当于一个单层的神经网络结构)，它将编码器生成的高维特征向量进一步映射到一个新的空间。投影头的作用是让特征在这个新的空间中更适合计算对比损失。

SimCLR 中的投影头一般是两层的全连接网络，将编码器的输出进一步映射到一个低维的特征空间中。在这个空间中，SimCLR 通过对比损失优化样本对的距离。

4) 对比损失函数

在 SimCLR 中，对比学习的目的是对数据增强后的图像进行匹配，判断哪些增强后的图像来自同一幅原始图像。在匹配过程中，正样本之间产生的特征向量尽可能相似，而正样本与负样本之间产生的特征向量尽可能不相似。因此，通过计算两个特征向量之间的余弦相似度(Cosine Similarity)衡量两个特征向量的相似度，其计算公式如下。

$$similarity(x_1, x_2) = \frac{x_1 \cdot x_2}{\|x_1\| \times \|x_2\|} \tag{5-13}$$

两个向量在高维空间中的方向越接近，它们之间的夹角就越小，其余弦值也就越接近于 1。如果两个向量在高维空间中的方向越远，则余弦相似度越接近于 0。

SimCLR 对比学习的任务中提出一种名为 Info-NCE Loss 的损失函数。Info-NCE Loss 是交叉熵损失函数的一种变体,其计算公式如下。

$$L_i = E_x \left[-\log \left(\frac{\exp(\text{similarity}(x_i, x_i^+))}{\sum_{j=0}^{K} \exp(\text{similarity}(x_i, x_j))} \right) \right] \tag{5-14}$$

Info-NCE Loss 实际上是将两个向量的余弦相似度代入 Softmax 函数,再代入 -log 函数,最后取期望的损失函数,其目的是让 x_i 与 x_i^+(某一样本与其匹配的正样本)之间的余弦相似度尽可能大,而与 x_j(其他所有样本)之间的余弦相似度尽可能小。

尽管 SimCLR 在对比学习领域取得了显著进展,但它对大规模数据和计算资源的需求较高,且在批次较小的情况下性能会下降。为此,后续研究(如 SimSiam、BYOL)尝试改进对比学习框架,减少对大批量训练样本和强大硬件的依赖。未来,自监督学习方法(如 SimCLR)在提高无标签学习能力的同时,将继续与其他技术(如多模态学习、强化学习)相结合,进一步提升模型在实际任务中的表现。

5.5.3 MAE 算法

MAE(Masked Autoencoders)[33] 是一种基于图像重建的自监督学习方法,由 Facebook AI Research 于 2021 年提出。MAE 的作者是何恺明,同时,何恺明也是 ResNet 与 Mask R-CNN 的作者。MAE 在自监督学习领域具有创新性,尤其是它通过"掩码-重建"策略,结合自编码器框架,在无监督环境下学习高效的图像特征表示。MAE 的主要贡献在于,它通过遮掩部分输入图像并让模型恢复这些被遮掩的信息,促使模型从局部信息中推理全局特征。MAE 的图像重建效果如图 5-27 所示。需要注意的是,SimCLR 算法通常用作 CNN 的自监督预训练,而 MAE 通常用作 ViT 的自监督预训练。

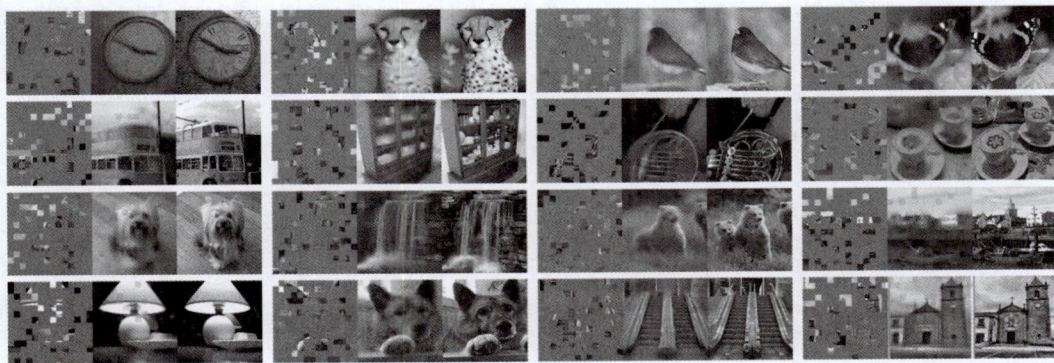

图 5-27　MAE 的图像重建效果

在图 5-27 中,对于每组图像,左侧为 MAE 模型的输入,其中 80% 的小块(patches)被随机遮挡。中间是 MAE 重建的图像,右侧为原始未遮挡的图像。大多数图像都能根据少量的未遮挡部分,预测出遮挡部分,说明图像能通过少量的局部特征,推理出图像的全局特征。

MAE 借鉴了自然语言处理领域的 BERT 模型中掩码语言建模(Masked Language Modeling,MLM)的思想,BERT 的 MLM 任务是掩盖输入文本的部分单词,让模型预测这些被掩码的单词。类似地,MAE 将这个思想引入视觉领域,通过遮掩图像的部分区域学习视觉特征。

　　MAE 的基本思想是使用大比例的随机掩码遮蔽输入图像，然后让模型在重建任务中预测这些被遮蔽的图像区域。MAE 模型结构如图 5-28 所示。

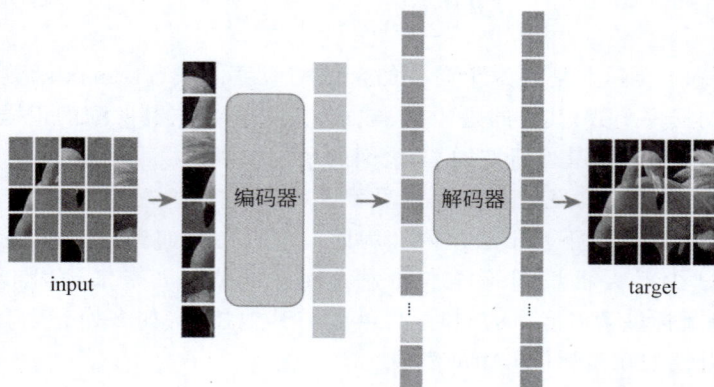

图 5-28　MAE 模型结构

　　MAE 模型结构主要包括两部分：编码器和解码器。

　　1）编码器

　　在图像进入模型之前，MAE 会随机地遮蔽掉图像的很大一部分。具体做法是：将输入图像划分成不重叠的小块，通常每个小块的大小为 16×16 像素。然后，随机选择一部分小块进行遮掩（通常遮掩掉 80% 左右的小块），只将剩下的小块作为输入数据传给编码器。这种大规模的遮掩操作使得模型必须学会如何从局部信息推理全局结构。

　　MAE 使用视觉 ViT 作为编码器的主体。与全图像输入的 ViT 不同，MAE 的编码器只对保留下来的图像块进行编码。通过对这些图像块的编码，模型提取出它们的特征表示，捕捉局部信息之间的关系。

　　值得注意的是，编码器只处理未被掩盖的部分，这显著减少了计算量。由于输入数据减少了 75%，因此编码器的计算效率比直接处理整幅图像更高。

　　2）解码器

　　为了重建完整的图像，MAE 引入了一个轻量级的解码器。解码器的任务是从编码器输出的未掩盖图像块特征中恢复被掩盖的小块信息。为了实现这一目标，解码器将编码器的输出与掩盖标记（mask tokens）结合起来，并利用它们预测被遮掩的部分。解码器通常是一个较浅的 Transformer 网络，设计上比编码器简单。

　　解码器的输出是完整的图像重建，这意味着模型试图从局部图像信息中恢复出全局图像的语义结构。这种掩码重建任务促使模型学习有意义的全局表示，而不仅是局部特征。

　　MAE 的训练目标是最小化重建图像和原始图像之间的误差。通常，MAE 使用均方误差（Mean Squared Error，MSE）作为损失函数。具体来说，模型会计算重建图像的小块和对应原始图像的小块的像素值差异，并通过最小化这些误差优化模型参数。MAE 算法的损失函数计算如下。

$$L = \frac{1}{N} \sum_{i=1}^{N} (I_i - \hat{I}_i)^2 \qquad (5-15)$$

其中，I_i 是原始图像中的第 i 个小块，$\hat{I}_i$ 是模型重建的对应的小块，N 是被掩盖的小块数量。通过最小化这种损失，模型将会生成与原始图像尽可能接近的重建结果。

MAE 通过引入掩码图像块和重建任务，极大地提升了自监督学习的效率和效果。它为大规模无标签数据的预训练提供了一种新颖而高效的途径，尤其在计算资源有限的情况下表现出色。随着自监督学习技术的不断发展，MAE 的成功将为更多视觉任务的研究提供重要借鉴。

5.6　视觉实战探索：基于辅助训练的车牌识别研究

5.6.1　引言

车牌识别（License Plate Recognition，LPR）是自动化交通管理和监控系统中重要的技术之一，广泛应用于城市交通管理、停车场管理、公共安全监控等领域。随着智能交通系统的发展，对车牌识别的需求日益增加。传统的车牌识别方法通常依赖于一系列图像处理和模式识别技术，涉及图像预处理、字符分割、特征提取和分类等多个步骤。然而，这些方法存在一定的局限性，例如对复杂背景和光照条件的敏感性，以及在字符分割阶段容易出现误差。

传统的车牌识别流程通常包括多个步骤，其中字符分割是关键环节。首先，车牌图像经过预处理，如去噪、二值化和边缘检测，提取出车牌区域。随后，利用字符分割算法将车牌中的字符单独分离。这一过程可能使用到多种技术，如基于投影分析、连通域分析等，然后对单个字符的分割结果利用 CNN 等分类算法进行分类，如图 5-29 所示。

然而，字符分割方法往往受到车牌字体、字符间距和背景复杂度的影响，导致识别率下降。此外，分割过程中如果出现错误，将对后续的特征提取和分类造成连锁反应，影响最终的识别结果。

近年来，端到端的深度学习方法逐渐成为车牌识别的研究热点。这种方法省去了传统的字符分割步骤，通过直接输入整个车牌图像，利用深度神经网络自动学习车牌特征并进行字符识别，如图 5-30 所示。例如，结合 CNN 和 RNN 的模型可以同时处理车牌的空间和时间特征，将车牌识别任务视为序列生成问题。该方法不仅提高了系统的整体性能，还增强了

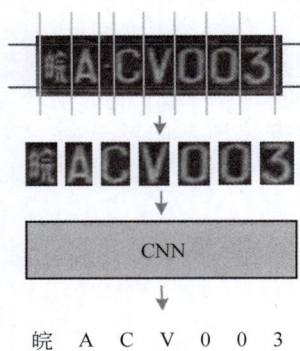

图 5-29　传统车牌识别方法

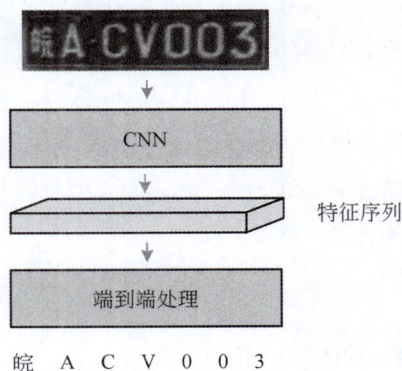

图 5-30　端到端的车牌识别

对复杂环境（如模糊、倾斜、遮挡等）的适应能力。LPRNet 模型摒弃了无法并行计算的 RNN 结构，使用纯卷积模型解决车牌识别问题。LPRNet 参数量更小、准确率更高，成为车牌识别领域中常用的模型之一。

目前，许多研究工作正致力于通过增强模块、扩展数据集，以及优化图像预处理技术提升模型在复杂环境中的性能。然而，这些提升效果的方法往往伴随着模型计算需求的增加和数据集规模的扩大。由于车牌识别模型多部署于计算能力有限的边缘设备，因此，寻求一种能在不增加计算负担的情况下提高模型性能的方法，成为一个值得深入研究的问题。研究旨在重新挖掘车牌数据集中的监督信息，作为辅助的监督信号，在不增加计算量的前提下，提高模型性能。

5.6.2　相关工作

研究在 CTC Loss 与 LPRNet 的基础上进行。

1. CTC Loss

CTC(Connectionist Temporal Classification)Loss 是一种用于序列预测任务的损失函数，特别适合处理输入和输出序列长度不一致的情况。CTC Loss 在语音识别、手写识别和车牌识别等领域广泛应用，因其能有效解决标记和输入时间序列对齐的问题。CTC Loss 在车牌识别中的应用，主要是为了处理输入图像与输出字符序列之间的对齐问题。传统的车牌识别方法通常要求明确的字符分割，而 CTC Loss 则能简化这一过程，使得整个识别系统更加高效和灵活。

在车牌识别中，输入图像字符数量各不相同，这使得传统的序列学习方法面临挑战。例如，普通的蓝色车牌一共有七位字符，而白绿色的新能源车牌一共有八位字符。CTC 通过引入"空白"标签，使得模型能生成灵活长度的输出序列，解决了输入图像与目标字符序列之间的长度不匹配问题。

CTC Loss 是一种端到端的训练损失函数，不需要显式对齐，而是通过建模标签序列与输入序列之间的对应关系进行训练。CTC Loss 的基本思想是定义一个特殊的标记（通常用空白标记表示），表示输出序列中的空白。模型在输出时会输出这个空白标记，从而使得模型在生成输出时不需要考虑输出序列与输入序列之间的对齐关系。

对于给定的输入序列 $X = (x_1, x_2, x_3, \cdots, x_T)$，模型输出的概率分布序列为 $Y = (y_1, y_2, y_3, \cdots, y_T)$，标签集合为 L。对齐过程中，可以使用动态规划算法（如束搜索）找到最佳的对齐路径。CTC Loss 的计算公式如下所示。

$$\mathrm{CTCLoss}(X, L) = -\log \sum_{\pi} P(\pi \mid X, L) \tag{5-16}$$

其中，$P(\pi \mid X, L)$ 是给定输入序列 X 和标签序列 L 时，对齐路径 π 的概率，定义 $\alpha(t, u)$ 为时间步 t 输入 u 的前向变量，$\beta(t, u)$ 为时间步 t 输入 u 的后向变量。其计算方式如下。

$$\alpha(t, u) = \sum_{v \in \mathrm{neighbors}(u)} \alpha(t-1, v) \cdot y_u(t) \tag{5-17}$$

$$\beta(t, u) = \sum_{v \in \mathrm{neighbors}(u)} \beta(t+1, v) \cdot y_u(t+1) \tag{5-18}$$

可得路径的概率计算公式为

$$P(\pi \mid X, L) = \prod_{t=1}^{T} y_{\pi(t)}(t) \prod_{t=1}^{T} \delta(\pi(t), \pi(t-1)) \tag{5-19}$$

CTC Loss 的主要优势在于,它能处理输入和输出长度不一致的情况,简化了标注过程。通过引入 CTC Loss,车牌识别模型可以学习字符的位置和字符之间的对齐关系,从而提升识别准确率。

2. LPRNet

LPRNet 是一种专为车牌识别设计的深度学习模型,具备极高的运行效率,前向传播仅需 0.34 GFLOPs。常规端到端车牌识别模型通常依赖于递归神经网络(Recursive Neural Network,RNN),但由于 RNN 的结构特点,其在车牌识别中的运行效率较低。LPRNet 利用卷积替代 RNN 结构,较好地解决了这个问题。

LPRNet 的骨干网络直接以原始 RGB 图像作为输入,利用 CNN 提取图像特征,其结构如图 5-31 所示。与传统的 RNN 结构不同,该网络使用结合上下文的 1×13 卷积核,显著提高了特征提取的效率。同时,在分类器的中间特征映射中加入了全局上下文嵌入,进一步增强了模型的表达能力。由于网络输出编码与车牌字符长度不一致,LPRNet 采用 CTC Loss 进行端到端训练,解决了字符对齐的问题。

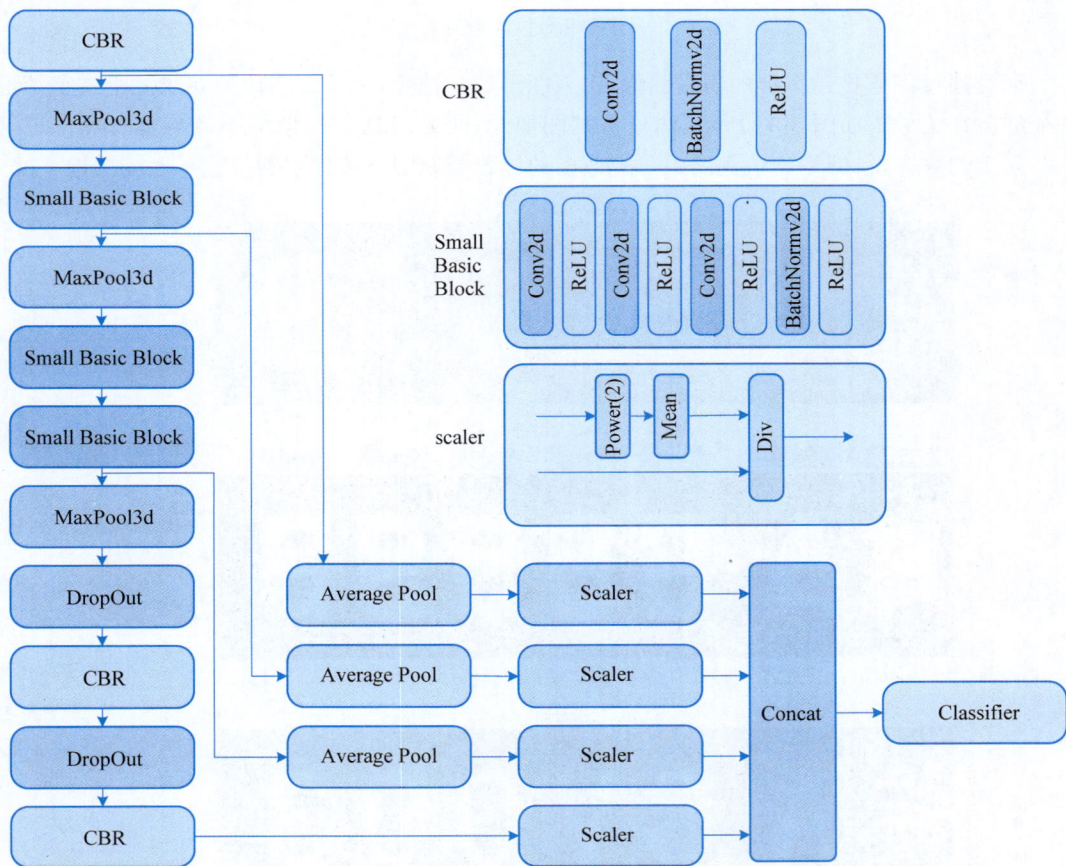

图 5-31　LPRNet 网络结构

5.6.3　研究方法

1. 监督信号

对于车牌识别或类似的文本识别问题，文本信息是包含图形特征的。具体来说，文本信息中的图形特征来源于"字体"。字体可以将文本信号转换为具体的图形特征，因此，通过字体可以将文本信息构建为一幅图像，并通过构建的图像，辅助神经网络达到更好的学习效果。

在常规的车牌识别问题中，字符串标签往往通过词表映射为索引，以 One Hot 编码的形式参与神经网络的训练，此时的监督信号是来自语义层级的监督信号。而通过字体，可以将字符串构建为一幅图像，字符的图形特征被完全反映在图像中，因此可以将此时的监督信号视作图形层级的监督信号，如图 5-32 所示。

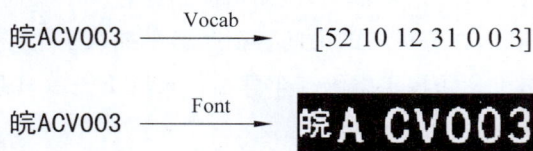

图 5-32　字符串标签的两种表示形式

研究通过字体构建车牌的仿真图像，引入图形监督信号，试图在字体中获取关于文字图形特征的监督信号。如图 5-33 所示，构建仿真图像时，研究对真实的训练图像与仿真图像进行了空间上的对齐，目的是让仿真图中车牌像素的位置与原图车牌像素的位置尽可能接近。

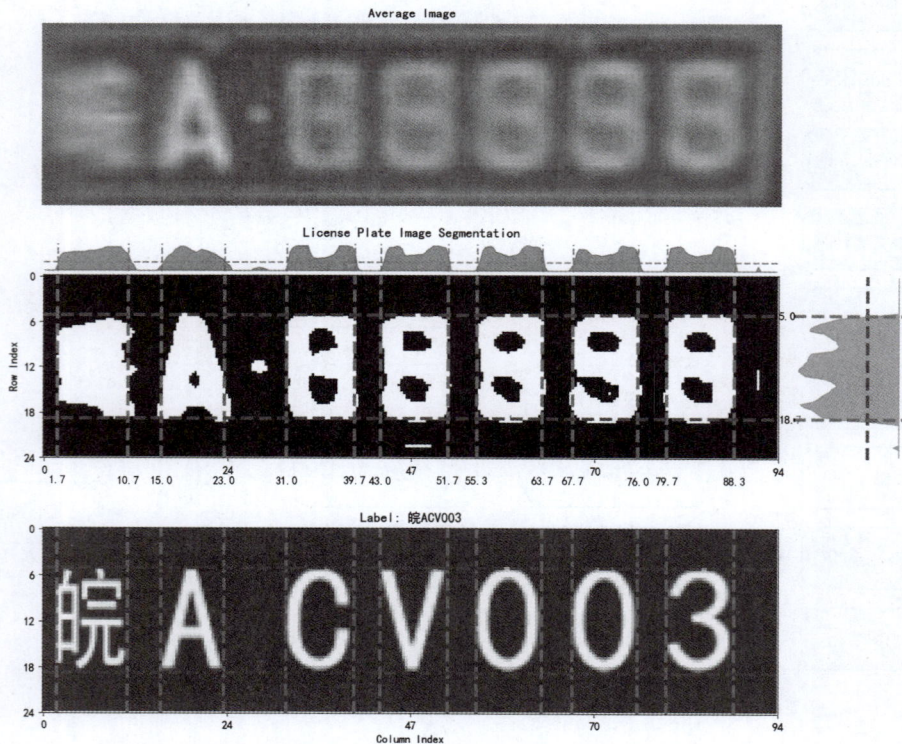

图 5-33　训练集平均图与仿真图形的对齐

2. 辅助训练

如何有效地利用图形监督信号,是任务流程中的核心问题。

常规的车牌识别流程为:输入车牌的 RGB 图像,通过深度学习模型,得到类别序列输出,随后将类别序列与标签序列通过 CTC Loss 进行匹配,并计算损失。

该研究提出的算法框架引入了一项创新,即增设了一个"辅助训练分支",该模块专门用于接收图形指导信号。整个模型训练过程涵盖辅助训练分支和标准训练分支,具体流程详见图 5-34。在这两个训练分支中,模型的骨干网络实现了权重的共享,意味着两个分支在训练过程中均针对同一骨干网络进行优化。

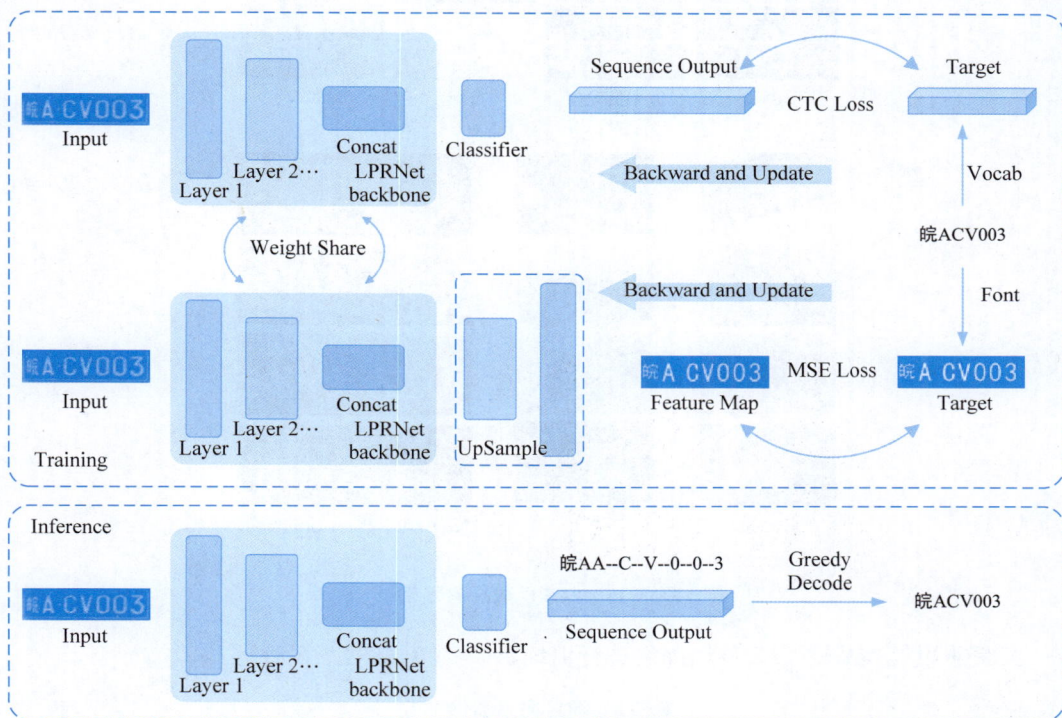

图 5-34 图形监督信号辅助训练算法流程

5.6.4 实验与讨论

研究使用 CCPD 数据集进行训练。CCPD 是一个经过精心标注的大型城市车牌开源数据集,具有多样性。为了满足车牌识别的需求,对数据集进行了相应处理。通过 CCPD 数据集提供的车牌角点标注,裁剪出目标区域并进行仿射变换以进行校正。

部分车牌数据如图 5-35 所示。该数据集在常规场景下提供了 100 000 幅训练图像和 99 996 幅验证图像,且两者均为干扰较少、文字清晰的高质量图像,见图 5-35(a)。此外,实验使用了 CCPD 中 4 个重要的极端情况下的测试集,分别为 Challenge、Blur、DB、FN,见图 5-35(b)。为了评估模型的空间适应能力,实验还使用了 CCPD 中的 Rotate、Tilt 测试集与未进行仿射变换的 test 集进行评估。

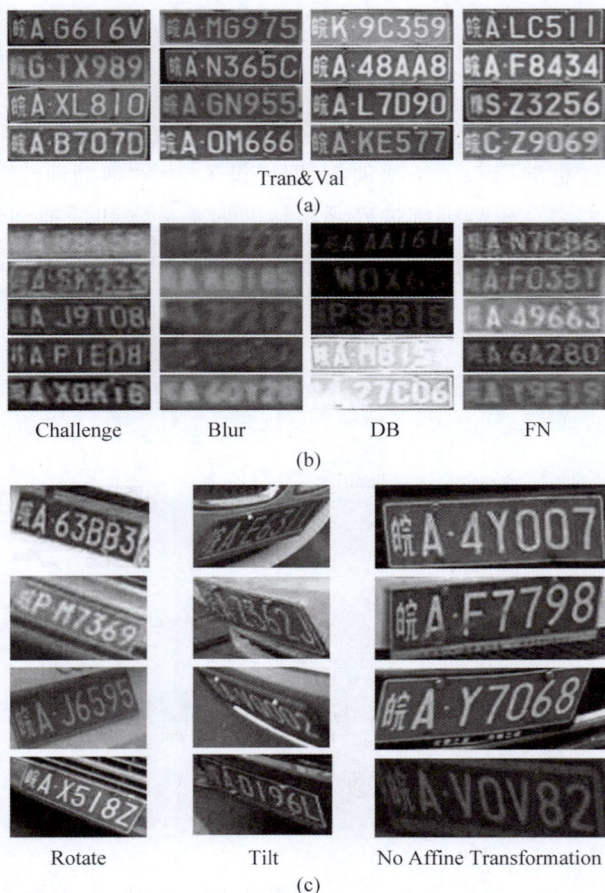

图 5-35　CCPD 数据集示例

实验使用处理后的 CCPD 训练集进行训练，训练参数如表 5-2 所示。

表 5-2　神经网络训练参数

Parameter	Value	Parameter	Value
Epoch	5	Optimizer	Adam
Image size	(94,24)	Weight decay	2.00E-05
Batch size	256	Dropout rate	0.5
Learning rate	1.00E-03		

　　评估车牌识别任务时，不仅需要考虑模型对字符识别的正确性，还要关注其对字符数量的识别准确性。定义 TN1 为字符数量识别错误的样本数，TN2 为字符存在识别错误的样本数，TP 为字符数量识别正确且所有字符均识别正确的样本数。同时，引入了评估指标：长度一致性（Length Consistency Rate，LCR）和准确率（Accuracy），其计算公式如下。

$$LCR = \frac{TN2 + TP}{TN1 + TN2 + TP} \tag{5-20}$$

$$\text{Accuracy} = \frac{\text{TP}}{\overline{\text{TN1} + \text{TN2} + \text{TP}}} \qquad (5\text{-}21)$$

指标 LCR 能反映出字符个数识别的准确程度,LCR 越接近于 1,表示字符个数识别准确的数量越多;指标 Accuracy 能同时反映出字符个数与字符识别的准确程度。

将该研究提出的基于图形监督信号辅助训练的 LPRNet 方法,与 AlexNet、ResNet、LPRNet、CRNN 等模型做横向对比实验。评估各个模型在验证集与不同测试集上的准确率,结果如表 5-3 所示。

表 5-3　场景车牌识别模型在 CCPD 各测试集上的准确率对比

数据集	指　标	LPRNet	CRNN	AlexNet	ResNet-18	该研究
Val	LCR	0.9992	0.9981	0.9954	0.9959	0.9996(+0.0004)
	Accuracy	0.9964	0.9903	0.9861	0.9845	0.9972(+0.0008)
Test	LCR	0.7278	0.7212	0.6503	0.8629	0.8538(+0.1259)
	Accuracy	0.5739	0.4715	0.4508	0.5523	0.6370(+0.0631)
Blur	LCR	0.5219	0.6446	0.4365	0.8473	0.7954(+0.2735)
	Accuracy	0.3468	0.3386	0.2626	0.4580	0.4558(+0.1090)
Challenge	LCR	0.7089	0.7640	0.6697	0.8880	0.8461(+0.1371)
	Accuracy	0.5386	0.4921	0.4602	0.5865	0.6022(+0.0637)
DB	LCR	0.5473	0.5764	0.4252	0.7700	0.7769(+0.2296)
	Accuracy	0.4053	0.3291	0.2782	0.3861	0.5144(+0.1091)
FN	LCR	0.7755	0.7548	0.7199	0.8609	0.8681(+0.0927)
	Accuracy	0.6461	0.5320	0.5166	0.5904	0.6963(+0.0501)
Rotate	LCR	0.8861	0.7835	0.8242	0.9121	0.9190(+0.0329)
	Accuracy	0.8236	0.6419	0.6792	0.7142	0.8413(+0.0177)
Tilt	LCR	0.8081	0.7067	0.7329	0.8482	0.8939(+0.0857)
	Accuracy	0.6916	0.4768	0.4995	0.5351	0.7470(+0.0554)
Avg	LCR	0.7468	0.7437	0.6818	0.8732	0.8691(+0.1222)
	Accuracy	0.6278	0.5340	0.5166	0.6009	0.6864(+0.0586)

为了对比不同模型的性能,统计不同模型的计算量、参数量与平均准确率,如表 5-4 所示。

表 5-4　各模型计算量、参数量、平均准确率对比

Models	FLOPs	Params	Avg Accuracy
LPRNet	0.29G	0.4M	0.6278
CRNN	0.95G	7.3M	0.5340
Alex	0.63G	3.8M	0.4399
ResNet-18	1.09G	11.2M	0.6009
Ours	0.29G	0.4M	0.6864

从表 5-3 可以看出，本研究算法以最低的参数量与计算量实现了最高的准确率。为了能更直观地反映出算法的改进效果，实验将不同车牌的实验结果进行了直观的展示，结果如图 5-36 所示。

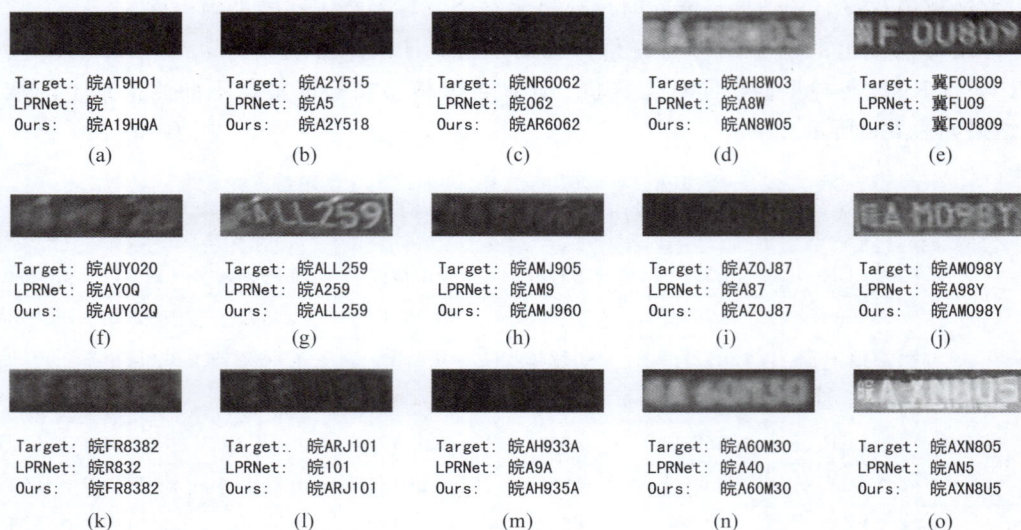

Target: 皖AT9H01	Target: 皖A2Y515	Target: 皖NR6062	Target: 皖AH8W03	Target: 冀FOU809
LPRNet: 皖	LPRNet: 皖A5	LPRNet: 皖062	LPRNet: 皖A8W	LPRNet: 冀FU09
Ours: 皖A19HQA	Ours: 皖A2Y518	Ours: 皖AR6062	Ours: 皖A8W0S	Ours: 冀FOU809
(a)	(b)	(c)	(d)	(e)
Target: 皖AUY020	Target: 皖ALL259	Target: 皖AMJ905	Target: 皖AZ0J87	Target: 皖AM098Y
LPRNet: 皖AY0Q	LPRNet: 皖A259	LPRNet: 皖AM9	LPRNet: 皖A87	LPRNet: 皖A98Y
Ours: 皖AUY02Q	Ours: 皖ALL259	Ours: 皖AMJ960	Ours: 皖AZ0J87	Ours: 皖AM098Y
(f)	(g)	(h)	(i)	(j)
Target: 皖FR8382	Target: 皖ARJ101	Target: 皖AH933A	Target: 皖A60M30	Target: 皖AXN805
LPRNet: 皖R832	LPRNet: 皖101	LPRNet: 皖A9A	LPRNet: 皖A40	LPRNet: 皖AN5
Ours: 皖FR8382	Ours: 皖ARJ101	Ours: 皖AH935A	Ours: 皖A60M30	Ours: 皖AXN8U5
(k)	(l)	(m)	(n)	(o)

图 5-36　车牌识别测试结果

对于 LPRNet 与基于图形监督信号辅助的 LPRNet，实验对两模型进行了 Grad-CAM 可视化，如图 5-37 所示，以观察每个类别在图片上关注的区域。

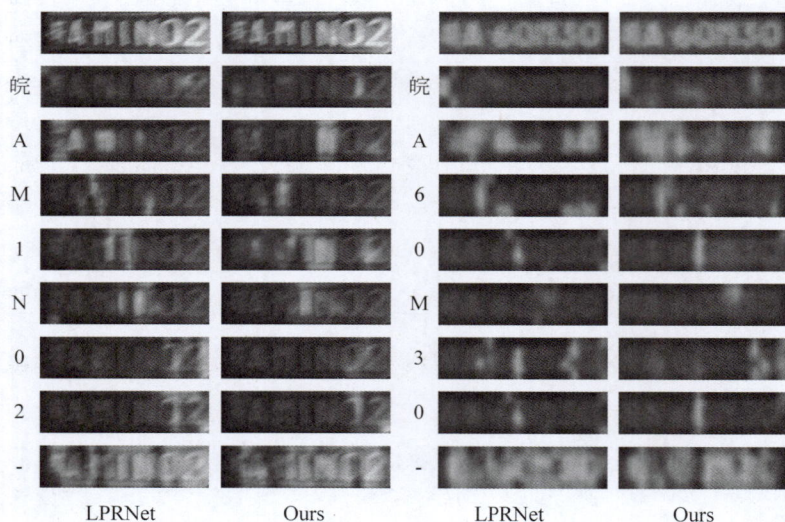

图 5-37　不同模型的 Grad-CAM 可视化对比

通过观察可视化结果图，可以发现基于图形监督信号辅助的 LPRNet 能更好地关注每个字符正确的位置，而不去过多专注其他的区域，在模型对"-"字符的理解上尤为明显，基于图形监督信号辅助的 LPRNet 能更好地捕获字符之间的分割定位关系。

第 6 章

时间序列预测技术

　　时间序列预测技术，依托历史数据随时间演变的规律，精准预见未来数据点。该技术深度挖掘趋势、季节性、周期性及随机波动等特征，构建精准数学模型以捕捉动态规律。经典模型如 ARIMA、指数平滑及季节性分解法历久弥新，而 LSTM 等机器学习新贵更添智能风采。在大数据与 AI 浪潮下，时间序列预测技术日臻完善，预测精度与效率显著提升，为经济、金融、工业等多领域带来革命性变革。本章将全面介绍时间序列特性，深入时序预测核心要素，解析评估指标，探讨模型性能优化与实战应用。

6.1　时间序列

　　时间序列（Time Series）是一种按照时间顺序记录的数据序列，它通常用于描述和分析一个变量随时间变化的趋势和规律。在许多现实世界的应用中，数据会随着时间的推移而逐步收集，如股票价格、天气数据、经济指标、传感器数据等，这些数据有明确的时间属性，且相邻数据之间存在内在的依赖关系。时间序列的独特之处在于，它不仅关注数据的值，还强调数据的时间顺序，从而能捕捉到随时间变化的动态模式。

　　时间序列分析的核心任务是通过对这些时间序列数据的观察、建模和预测，揭示出潜在的规律和趋势。时间序列模型的主要目标包括：预测未来的值、识别周期性规律、检测异常事件、去噪和平滑等。

6.1.1　时间序列的特性

　　时间序列通常表示为一个有序的数据序列，记作 $\{x_t\}$，其中 t 表示时间，x_t 表示时间 t 上的观测值。时间 t 可以是离散的，例如以日、月、年为单位，也可以是连续的，如以秒、毫秒为单位。与一般的静态数据集不同，时间序列中的数据点是依时间顺序排列的，并且具有显著的时间依赖性，即序列中后续数据点往往依赖之前的数据点。

　　本章将利用一份新疆某风电场的真实风力发电数据，对时间序列进行讲解。数据共有13 个列，分别为：时间、测风塔 10 米风速、测风塔 30 米风速、测风塔 50 米风速、测风塔 70米风速、测风塔 10 米风向、测风塔 30 米风向、测风塔 50 米风向、测风塔 70 米风向、温度、气压、湿度、实际发电功率。数据的采集时间为 2019 年 1 月 1 日至 2019 年 2 月 7 日，采样间隔为 15 分钟。数据的前 30 行如图 6-1 所示。其中，每一行可以视作一个 x_t，即每一行为一个时间点。

　　接下来对数据进行可视化展示，为了方便处理，仅对数据的前 300 行进行展示。数据的可视化展示如图 6-2 所示。

时间	测风塔10米风速	测风塔30米风速	测风塔50米风速	测风塔70米风速	测风塔10米风向	测风塔30米风向	测风塔50米风向	测风塔70米风向	温度	气压	湿度	实际发电功率
2019-01-01 00:00:00	2.803	3.355	3.704	4.454	214.542	226.497	230.991	248.016	13.155	874.684	56.987	3.493
2019-01-01 00:15:00	3.031	2.949	3.498	3.56	216.25	232.957	235.204	256.954	13.139	874.64	57.458	4.330333
2019-01-01 00:30:00	2.068	2.519	3.142	3.662	250.506	258.277	256.066	267.296	13.129	874.626	57.288	3.617333
2019-01-01 00:45:00	2.676	2.468	3.525	3.944	236.935	255.176	253.468	266.783	13.125	874.484	57.516	2.656667
2019-01-01 01:00:00	3.132	2.899	3.422	3.612	209.531	229.481	230.442	248.507	13.117	874.356	58.049	3.807
2019-01-01 01:15:00	3.796	3.893	4.343	4.809	196.664	213.243	215.63	233.203	13.105	874.188	58.114	6.974333
2019-01-01 01:30:00	3.335	3.816	4.215	4.251	193.705	216.05	219.093	238.082	13.105	874.132	58.957	7.747667
2019-01-01 01:45:00	3.132	3.816	4.011	4.175	204.667	226.337	227.563	239.392	13.091	874.005	59.02	7.985667
2019-01-01 02:00:00	1.359	2.468	3.524	3.637	219.76	243.275	241.312	251.138	13.085	874.005	58.594	5.047333
2019-01-01 02:15:00	1.435	1.885	3.193	3.406	206.705	242.937	240.174	252.378	13.083	873.805	60.83	4.505666
2019-01-01 02:30:00	2.119	2.012	2.914	3.203	217.491	247.593	244.984	251.993	13.071	873.819	59.593	4.58
2019-01-01 02:45:00	1.764	1.683	2.405	2.746	221.363	253.302	251.24	257.141	13.069	873.862	58.793	3.021333
2019-01-01 03:00:00	1.865	2.164	3.168	3.663	215.16	245.395	243.71	250.811	13.063	873.834	58.783	1.824667
2019-01-01 03:15:00	2.245	1.708	2.609	3.254	193.395	225.667	231.494	240.174	13.051	873.733	58.87	2.106
2019-01-01 03:30:00	2.119	2.392	3.015	3.509	194.147	227.845	235.087	241.557	13.046	873.762	59.029	1.898667
2019-01-01 03:45:00	1.739	1.987	3.015	3.127	223.618	252.426	249.302	256.053	13.042	873.92	59.428	1.969333
2019-01-01 04:00:00	0.827	2.037	2.711	2.796	267.926	267.087	260.067	276.015	13.028	873.962	60.843	0.570667
2019-01-01 04:15:00	1.84	2.215	2.558	2.899	209.508	237.017	238.058	251.794	13.029	873.876	61.184	0.755
2019-01-01 04:30:00	1.865	2.037	2.761	2.796	208.164	245.687	251.688	259.527	13.017	873.791	61.21	0.194333
2019-01-01 04:45:00	1.105	0.999	2.507	3.025	214.18	252.991	255.283	265.802	13.011	873.762	61.583	0.432333
2019-01-01 05:00:00	1.612	0.821	1.79	2.363	190.126	231.743	246.563	255.772	13.004	873.492	61.842	0.923
2019-01-01 05:15:00	1.916	0.948	1.688	2.721	172.069	217.338	235.576	255.653	12.995	873.484	62.108	0.444333
2019-01-01 05:30:00	2.651	1.429	2.276	3.101	168.912	200.563	213.41	226.484	12.989	873.155	62.108	0.444333
2019-01-01 05:45:00	1.967	0.441	1.131	2.031	193.762	206.518	213.41	236.733	12.979	873.126	63.056	0.774333
2019-01-01 06:00:00	0.776	0.34	0.396	1.089	222.051	239.38	250.96	276.975	12.969	872.898	62.475	0.459
2019-01-01 06:15:00	0.7	0.34	0.725	1.445	237.33	239.38	250.96	276.94	12.962	872.898	62.417	0.167333
2019-01-01 06:30:00	0.877	0.34	0.801	1.013	237.318	239.38	250.96	276.94	12.949	872.741	62.417	0.776667
2019-01-01 06:45:00	0.32	0.34	0.32	1.409	237.33	239.357	250.96	271.266	12.94	872.642	63.135	1.038
2019-01-01 07:00:00	0.32	0.34	1.409	2.286	237.294	239.357	250.96	272.755	12.92	872.755	63.854	0.907

图 6-1　部分风电数据

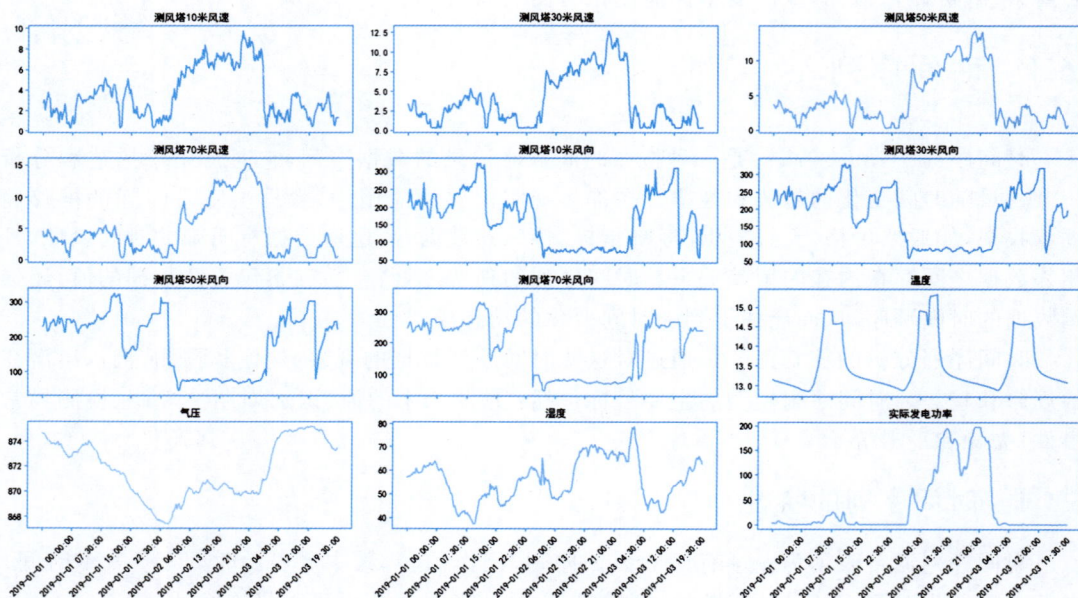

图 6-2　数据的可视化展示

通过时间序列的可视化展示，可以从中观察到一些时间序列的特征。时间序列数据具有一些独特的特性，这些特性使得它不同于传统的静态数据。主要包括以下几方面。

1）时间依赖性（Temporal Dependency）

时间序列的关键特性之一是数据点之间的相互依赖关系。每个观测值与前后的数据点密切相关，时间序列模型进行预测时通常会利用这种依赖性。通常情况下，时间序列的早期值（历史数据）会影响后续值。例如，今天的股票价格通常会受到昨天、前天的价格影响。这种特性使得时间序列模型不同于其他机器学习模型，需要在建模时考虑这种时间依赖关系。

2）趋势性（Trend）

趋势是指时间序列数据随时间的长期变化方向。如果时间序列中的数据随着时间的推移而表现出持续的上升或下降趋势,则该序列存在趋势性。例如,经济增长或气温的长期升高就体现了趋势。趋势可以是线性的,也可以是非线性的。为了更好地建模,有时需要在预处理阶段将趋势性去除,这一过程称为去趋势(Detrending)。

3）周期性(Seasonality)

周期性是指时间序列中的数据在固定的时间周期内呈现出重复的模式。例如,气温通常会在一年中的相同月份有相似的变化规律,零售销售量在节假日期间也常常会表现出周期性的波动。周期性因素是时间序列模型中非常重要的部分,特别是在涉及季节性数据时,捕捉这种周期规律对于准确预测非常关键。

4）随机性(Randomness)

除趋势和周期性外,时间序列还可能包含一些随机波动。这些波动无法通过模型中的已知变量或历史数据解释,通常被视为噪声(Noise)。在时间序列分析中,理解并处理随机性有助于提高模型的预测准确性。对时间序列进行平滑处理、去除噪声是常见的预处理步骤。

5）平稳性(Stationarity)

平稳性是时间序列分析中的一个核心概念。一个平稳的时间序列具有恒定的均值、方差和自相关结构,换句话说,随着时间的推移,序列的统计特性不发生显著变化。平稳性有助于简化时间序列模型的构建和分析,因为平稳序列的未来行为可以通过过去的数据较为容易地推测出来。如果时间序列不平稳,可以通过差分(Differencing)或变换(如对数变换)等方法将其转换为平稳序列。

6.1.2 时间序列特征分解

时间序列特征分解是处理时间序列数据的一种重要方法,旨在将复杂的时间序列信号分解为若干具有不同特征的子分量,以便更好地理解数据的内在结构、特征及其变化趋势。这种技术在多个领域广泛应用,包括经济学、气象学、信号处理、金融市场分析和能源预测等。通过分解时间序列,可以提取出一些核心的趋势信息、周期性模式,以及高频噪声或短期波动。

1. 傅里叶变换(Fourier Transform)

在时间序列的特征分解与特征提取过程中,傅里叶变换是一个重要的概念。傅里叶变换是数学和信号处理中的一种重要工具,广泛用于将信号从时间域或空间域转换到频率域。其核心思想是:任何复杂的信号或函数,都可以通过一系列不同频率的正弦波和余弦波叠加表示。通过傅里叶变换,可以将时间或空间上的变化转换为频率上的信息,从而更方便地分析信号中的周期性成分、频率分布以及其他特征。在时间序列的分解和特征提取中,傅里叶变换是一个重要的知识。

傅里叶变换的基本形式是一个积分公式,其定义如下。

$$F(f) = \int_{-\infty}^{+\infty} f(t)e^{-i2\pi ft} dt \tag{6-1}$$

其中,$f(t)$是时间域中的信号,也就是原始的时间序列,$F(f)$是对应的频率域表示,i是虚数单位,$e^{-i2\pi ft}$表示正弦波和余弦波的复指数形式。通过这个积分,傅里叶变换将时间上的函数$f(t)$分解为不同频率f的分量。

　　傅里叶变换的最大特点在于，它能捕捉信号的频率成分。例如，一个声音信号在时间上表现为波动，通过傅里叶变换，可以将该信号分解为多个频率的正弦波，这些频率对应声音的音高或谐波成分。同理，在图像处理中，傅里叶变换可用于分析图像中的空间频率，帮助理解图像中的边缘和纹理特征。

　　为了演示傅里叶变换的具体效果，截取一段测风塔 10 米风速的时间序列作为测试信号，对其进行傅里叶变换，如图 6-3 所示。图 6-3 左侧为原始的时间序列信号，右侧为傅里叶变换结果。傅里叶变换将时间序列从时域转换为频域，转换后的横坐标为频率，即信号变换的速度，纵坐标为步幅，即信号变换的强度。

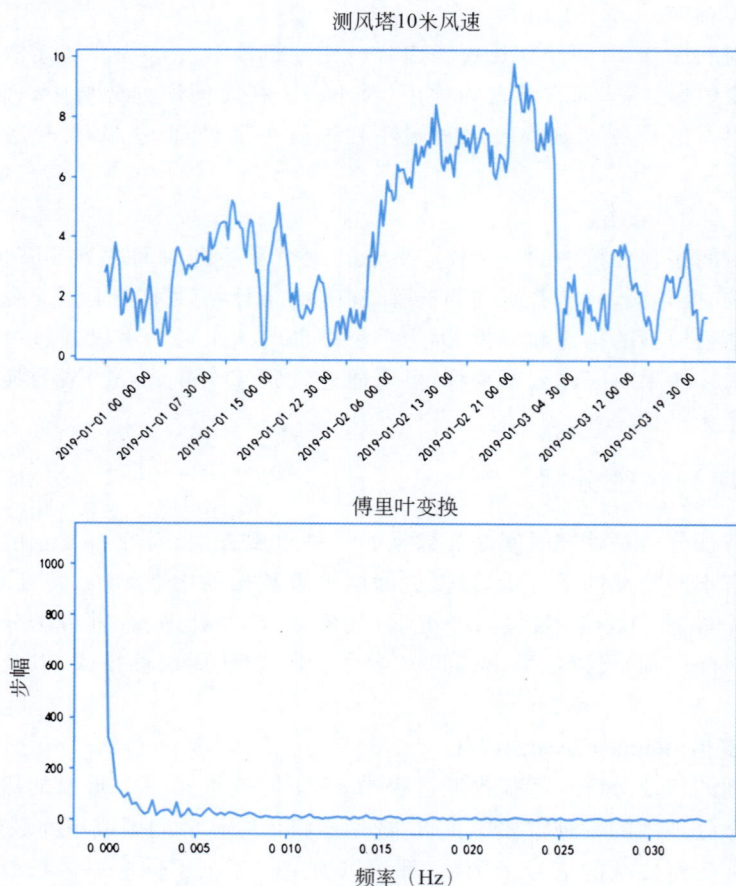

图 6-3　对时间序列进行傅里叶变换

　　傅里叶变换后，横坐标中靠左的为低频，低频部分代表信号中较慢的变化，如信号的主要趋势或长期变化；右侧为高频，高频部分代表信号中快速变化的部分，如细节、尖峰或噪声。傅里叶变换将信号由时域转为频域，提供了从频域角度分析或处理时间序列的方法，完成频域的信号处理后，可以利用傅里叶逆变换从频域转回时域。

　　傅里叶变换在信号处理、图像处理、通信、音频分析等领域应用广泛。例如，在通信系统中，信号的频率特性往往决定了其传输特性；在医学影像中，傅里叶变换用于磁共振成像（MRI）等技术，通过将空间图像转换到频率域进行处理。此外，傅里叶变换还用于谱分析，通过频谱识别信号中的频率成分和能量分布。

2. 小波分解（Wavelet Decomposition）

小波分解是一种时频分析工具，它能同时分析信号的时域和频域特性，与傅里叶变换（只提供频域信息）不同，小波分解可以揭示信号的局部时频信息。这使得小波分解特别适合分析非平稳信号（即频率成分随时间变化的信号），如瞬时变化的信号、突变信号等。它通过将时间序列在不同尺度上进行分解，从而同时捕捉到信号的时间域和频率域特征。

小波分解的基本思想是将信号分解为一系列的小波函数的线性组合。与傅里叶变换中的正弦和余弦基函数不同，小波分解使用的是一种局部化的振荡函数，即小波基。通过对小波基函数进行缩放和平移，可以实现对不同频率和时刻的信号进行分析。

小波分解的结果主要包括逼近系数（Approximation Coefficients）和细节系数（Detail Coefficients），它们代表信号在不同频率尺度下的分量。理解这些分解结果的意义有助于对信号进行多尺度分析，揭示信号的不同频率成分，以及在各个频率尺度下的特征。

对测风塔 10 米风速的时间序列进行小波分解，如图 6-4 所示。小波分解将原始的时间序列分解为不同频率尺度的分量后，可以根据需求对不同频率的尺度分量进行处理或特征提取，然后可以将处理后的分量进行重建，得到重建的时间序列。

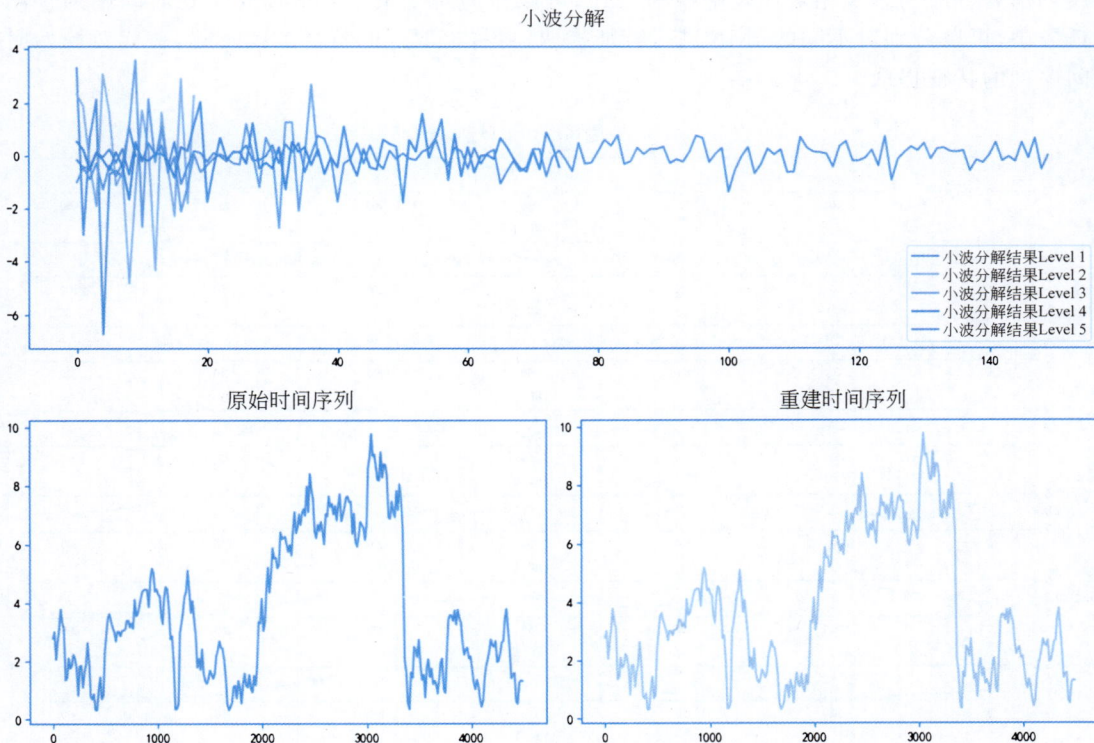

图 6-4　小波分解与重建

小波分解在去噪和特征提取方面表现出色。例如，在金融市场分析中，股价数据通常具有短期波动和长期趋势。通过小波分解，能将这些不同时间尺度的成分分离开，帮助分析人员更好地理解市场的波动规律。在气象预测中，小波分解可用来分析风速、温度等气象数据中的周期性模式。

小波分解的优势在于其强大的数学理论支撑，使得它能对信号进行精确的时间-频率分析。然而，小波分解的不足在于它对基函数的依赖性，信号分解的结果一定程度上受所选用的小波基函数的影响。因此，选择合适的小波基函数对分解效果至关重要。

3. 经验模态分解（Empirical Mode Decomposition，EMD）

EMD 是一种非线性、非平稳信号分析方法，由 Huang 等于 1998 年提出。与传统的傅里叶变换和小波变换不同，EMD 并不依赖预定义的基函数，而是通过自适应地将信号分解为若干本征模态函数（Intrinsic Mode Functions，IMFs），这些 IMF 代表了时间序列中的不同特征尺度。

EMD 的核心思想是：将复杂的时间序列逐步剥离出不同时间尺度上的波动成分，通常包括低频的趋势成分和高频的细节成分。每个 IMF 都满足两个条件：一是 IMF 中的极值点和零交点数目相同或最多相差一个；二是信号的局部平均值任意时刻都为零。通过迭代算法，EMD 可以将时间序列分解为多个 IMF，以及一个残余量来代表总体趋势。所有 IMF 相加后与原始信号相等。

对测风塔 10 米风速的时间序列进行 EMD 处理，如图 6-5 所示。EMD 将不平稳的时间序列信号分解为多个相对比较平稳的 IMF，可以作为对复杂任务的简化。在时间序列预测任务中，可以分别对不同的 IMF 进行特征提取，再将提取到的特征加到一起，替代对原始时间序列的特征提取。

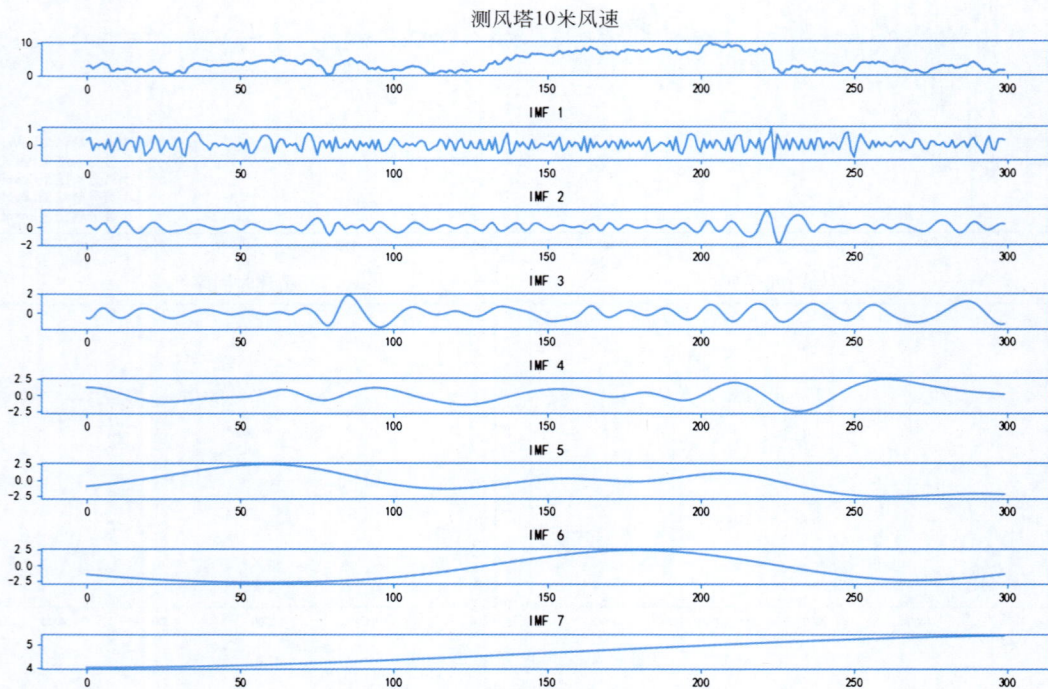

图 6-5　对时间序列进行 EMD 处理

EMD 的优点在于其自适应性，特别适合处理非线性和非平稳时间序列。它广泛应用于医学信号分析、气象数据处理、机械故障诊断等领域。例如，在心率变异性分析中，EMD

可用来分离心率信号中的不同频率成分,从而帮助识别潜在的呼吸异常或心脏病症状。

然而,EMD 也存在一些局限性。首先,EMD 的计算过程需要不断迭代,运行效率低、内存占用率高;此外,在分解结果中也容易出现模态混叠问题,尤其在复杂信号中,某些频率成分可能被分配到错误的 IMF 中。为了解决这一问题,目前有许多改进的 EMD 方法被提出,例如集合经验模态分解(EEMD)和互补集合经验模态分解(CEEMD)等。EEMD 引入了随机的高斯噪声,对原始信号进行一定程度的扰乱,以避免模态混叠。CEEMD 在 EEMD 的基础上,对加入的噪声进行了进一步的优化,实现了更好的效果。

4. 趋势-季节分解(Trend-Seasonal Decomposition,TSD)

趋势-季节分解是一种经典的时间序列分解方法,通常用于分析具有趋势和周期性成分的时间序列。该方法将时间序列分解为两部分:趋势成分和季节性成分。趋势成分代表时间序列中长期的变化趋势;季节性成分反映周期性波动。

趋势-季节分解通常通过加性模型进行分解。在加性模型中,时间序列被认为是趋势项与季节项的线性叠加。例如,能源消耗数据通常具有明显的趋势和季节性特征,趋势-季节分解可以分离出长期的能耗增长趋势和季节性的波动模式,从而更准确地进行未来预测。

对测风塔 10 米风速的时间序列进行趋势-季节分解,结果如图 6-6 所示。趋势-季节分解的实现方式是基于移动平均的方法,即通过平滑时间序列数据提取出趋势项,再从原始信号中减去趋势项,得到季节项。在时间序列预测任务中,趋势-季节分解能将时间序列分解为趋势项与季节项,简化了任务,可以分别对趋势与季节提取特征,最后相加得到预测结果。

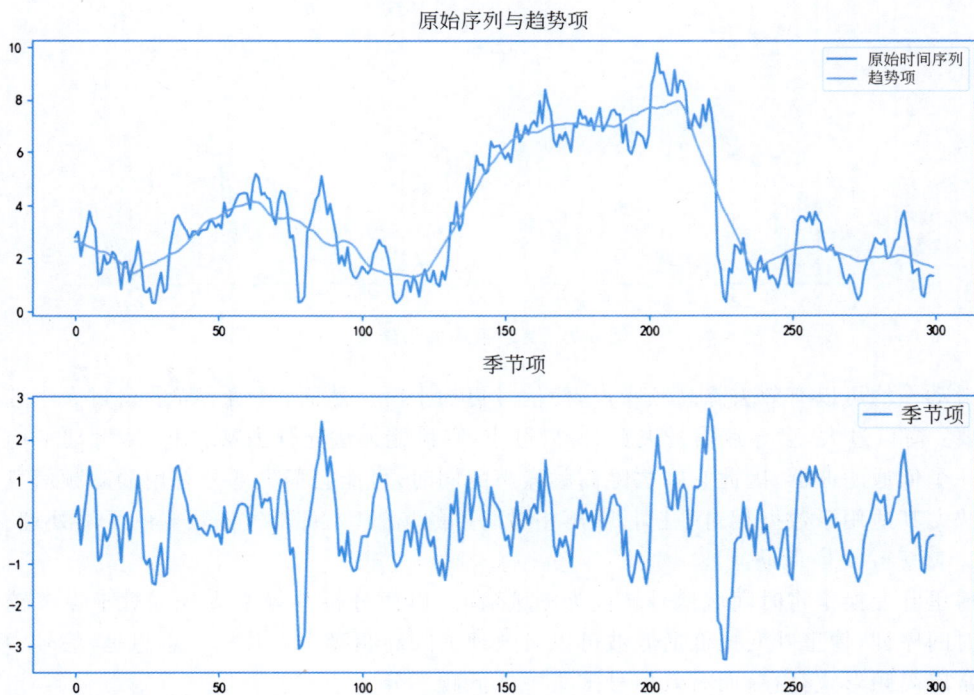

图 6-6　趋势-季节分解

近年来,趋势-季节分解广泛用于各种实际问题,如经济数据分析、市场需求预测等。趋势-季节分解的概念在深度学习时间序列预测模型中广泛应用。

6.1.3 时间序列的降噪

时间序列数据通常包含一定的噪声，噪声一般源于数据采集设备的误差或干扰，因此需要对时间序列进行去噪。

时间序列去噪是信号处理中的关键步骤，旨在去除数据中的随机噪声或短时异常，从而保留信号的主要特征和趋势。常见的时间序列去噪方法包括滑动平均去噪法、傅里叶变换低通滤波、小波去噪、EMD去噪和主成分分析（PCA）去噪。每种方法都有其适用的场景和特点，下面将逐一详细介绍这些方法及其原理。

1. 滑动平均去噪

滑动平均去噪法是一种最简单的去噪方法，通过计算时间序列中相邻数据点的均值平滑信号，减小短期波动对信号的影响。具体来说，滑动平均通过给定窗口的宽度，将窗口内的数据进行平均，从而生成新的数据点。

对测风塔10米风速进行滑动平均去噪，窗口宽度设为5，得到的去噪结果如图6-7所示。

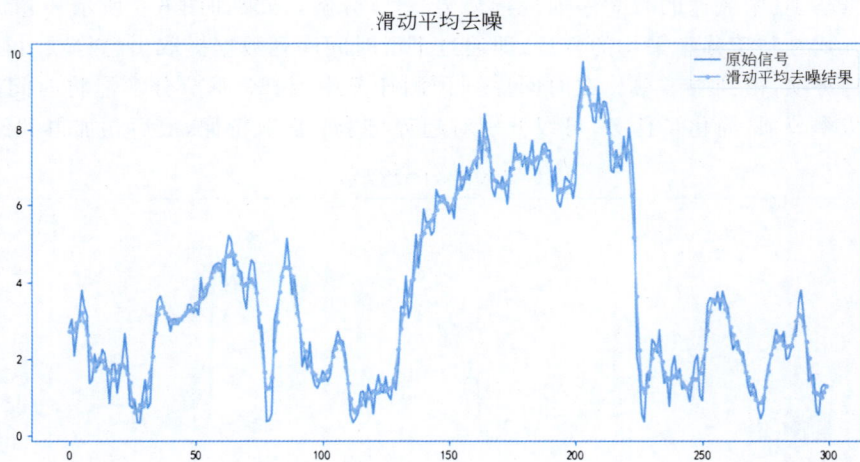

图 6-7　滑动平均去噪结果

滑动平均可以有效去除高频噪声，使信号更加平滑。然而，滑动平均的窗口大小选择至关重要：窗口过大，会导致信号失真；窗口过小，则可能无法充分去噪。此外，滑动平均本质上是一个低通滤波器，因此它在去除高频噪声的同时，可能会损失部分有用的高频信息。这种方法尤其适用于数据相对平稳且噪声相对简单的场景，如日常气温数据的平滑处理。

2. 傅里叶变换低通滤波

傅里叶变换是将时间域信号转换为频域信号，以便分析其频率成分。对于噪声较为复杂的时间序列，傅里叶变换低通滤波可以有效地去除高频噪声。其核心思想是，信号中的噪声通常以高频形式存在，而有效信号多集中在低频部分。

在频域中，信号的不同频率成分被分离，可以通过设定一个截止频率，将高于此频率的分量设置为零，这就是低通滤波器的原理。具体地，低通滤波器通过抑制高频噪声分量，保留低频的有用信号。

对测风塔 10 米风速进行傅里叶低通滤波,并将图 6-3 中高于 0.005 Hz 频率的波幅设为 0,即过滤掉高频信号,仅保留低频信号,滤波结果如图 6-8 所示。

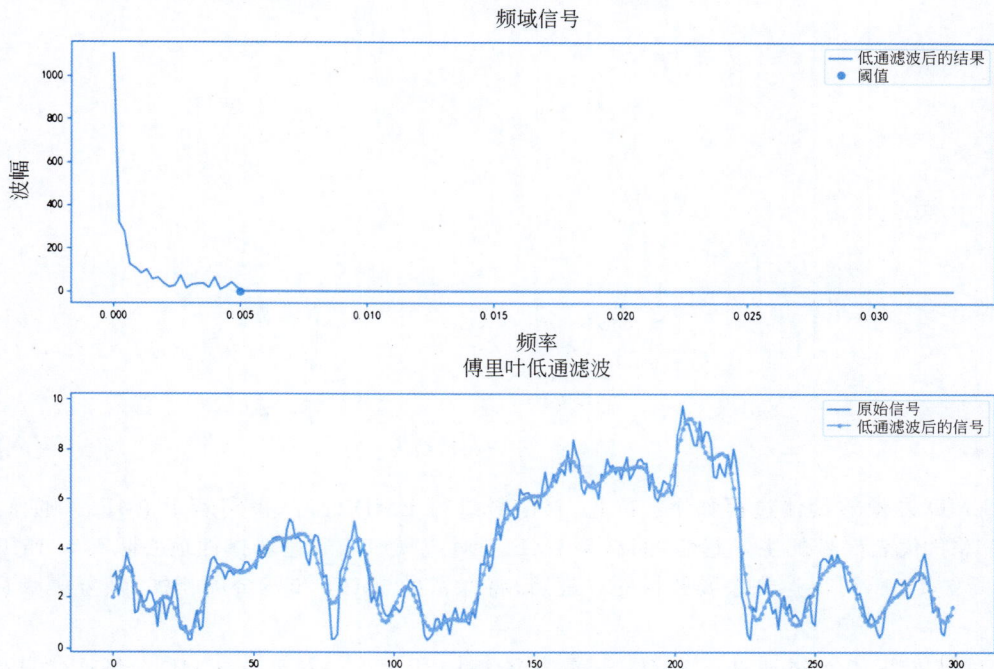

图 6-8　傅里叶低通滤波去噪结果

傅里叶变换的优点在于处理速度快且可以准确分离不同频率的信号成分,但它有一个明显的缺点,即假设信号是线性且平稳的。因此,对于非线性或非平稳信号,傅里叶变换可能导致频率混叠或忽略信号中某些重要的非线性成分。

3. 小波去噪

小波变换通过将信号分解为不同尺度下的逼近系数和细节系数,从而对信号进行多尺度分析。去噪的核心思想是利用小波分解区分信号中的实际成分和噪声成分。

在小波去噪中,信号首先被分解为多个尺度的逼近系数和细节系数。高频的细节系数往往对应噪声,而低频的逼近系数代表了信号的主要趋势。通过阈值法可以选择性地去除细节系数中的高频噪声,从而达到去噪的目的。去噪完成后,通过小波逆变换(Inverse Wavelet Transform),可以将逼近系数和处理后的细节系数组合,恢复平滑后的信号。

对测风塔 10 米风速进行小波去噪,如图 6-9 所示。

小波变换去噪的优势在于它能同时保留信号的时间和频率信息,适用于非平稳信号的处理。此外,由于其多尺度分析能力,小波变换能有效捕捉信号的局部细节。然而,小波去噪的效果高度依赖阈值的选择和小波基的选取,不同的小波基和阈值策略可能对结果产生较大影响。

4. EMD 去噪

EMD 将信号分解为若干个本征模态函数(IMFs)和一个残余项,每个 IMF 代表信号中不同频率尺度下的振荡成分。EMD 的去噪思路是利用 IMFs 区分信号的有用成分和噪声。

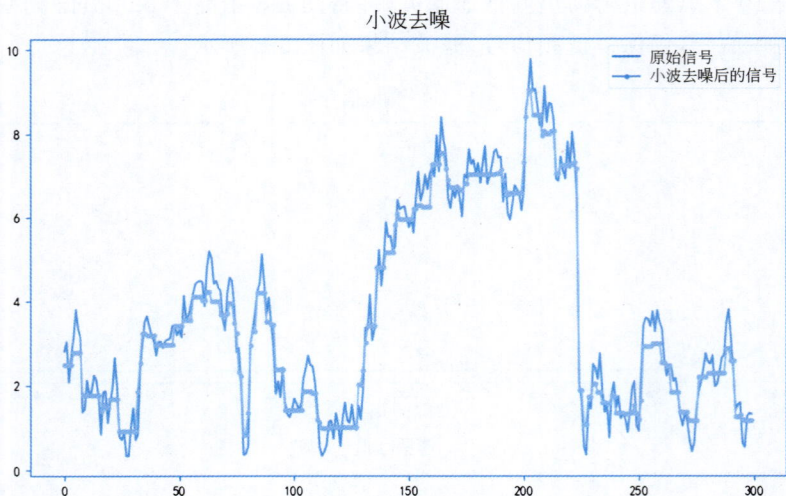

图 6-9　小波去噪结果

EMD 去噪的具体过程如下：首先，对信号进行 EMD 处理，得到若干 IMFs。通常，低频的 IMF 代表信号的主要趋势，而高频 IMF 则对应噪声。通过选择性地去除高频 IMF 并保留低频 IMF，可以达到去噪的目的。最后，将保留的 IMFs 和残余项相加，恢复去噪后的信号。

对测风塔 10 米风速进行 EMD 去噪，如图 6-10 所示。一般来说，EMD 分解迭代过程中的前几个 IMF 的频率较高，后几个 IMF 的频率较低。在 EMD 的分解过程中，IMF 的频率取决于分解前的极值点个数，在迭代分解前期，极值点较多，产生的 IMF 频率也较高。随着高频信号不断从原始信号中分解出去，极值点不断减少，信号越来越平滑，分解出的信号频率也就越来越低。

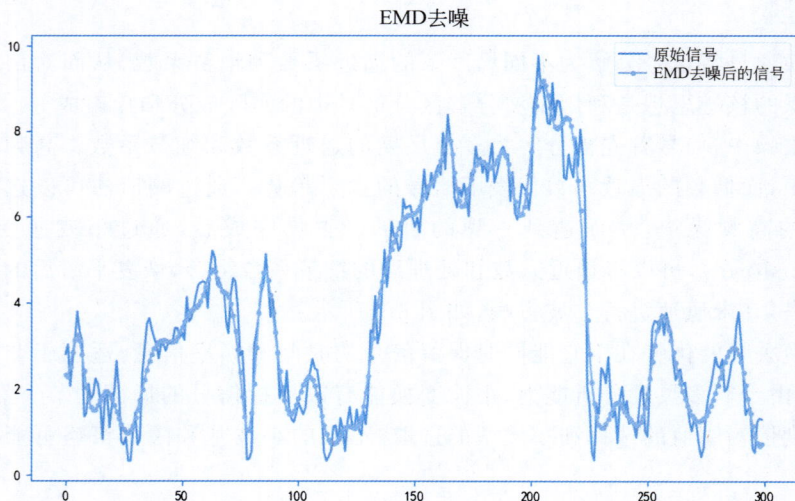

图 6-10　EMD 去噪结果

EMD 的优点在于不需要预设任何基函数，完全依据信号本身的特征进行分解，适应性强,尤其适合处理复杂的非线性信号。然而,EMD 也存在一些问题,例如模态混叠(Mode Mixing)现象,即不同频率的成分可能被混合到同一个 IMF 中,这会影响分解结果的准确度。

5. PCA 去噪

主成分分析(Principal Component Analysis,PCA)是一种常用的降维和去噪技术,广泛应用于数据预处理和信号处理领域。PCA 去噪的基本思想是:利用数据的低维结构去除噪声,保留有用的信号信息。

PCA 的过程包括几个关键步骤:首先,对数据进行中心化,通过减去均值使数据的均值为零;接着计算数据的协方差矩阵,以捕捉数据的方差和相关性;然后进行特征值分解,得到特征值和特征向量,其中特征值反映了数据在各个主成分方向上的方差;之后选择前 k 个最大特征值及其对应的特征向量,这些主成分能捕捉数据中的大部分变异性;最后,利用选定的主成分重构数据,从而去除噪声。PCA 去噪的优势在于其有效性和无监督特性,能在无标签数据的情况下实现去噪,并且计算效率较高,适合处理大规模数据集。该技术在图像处理、生物信号处理以及数据预处理等领域广泛应用。PCA 去噪结果如图 6-11 所示。

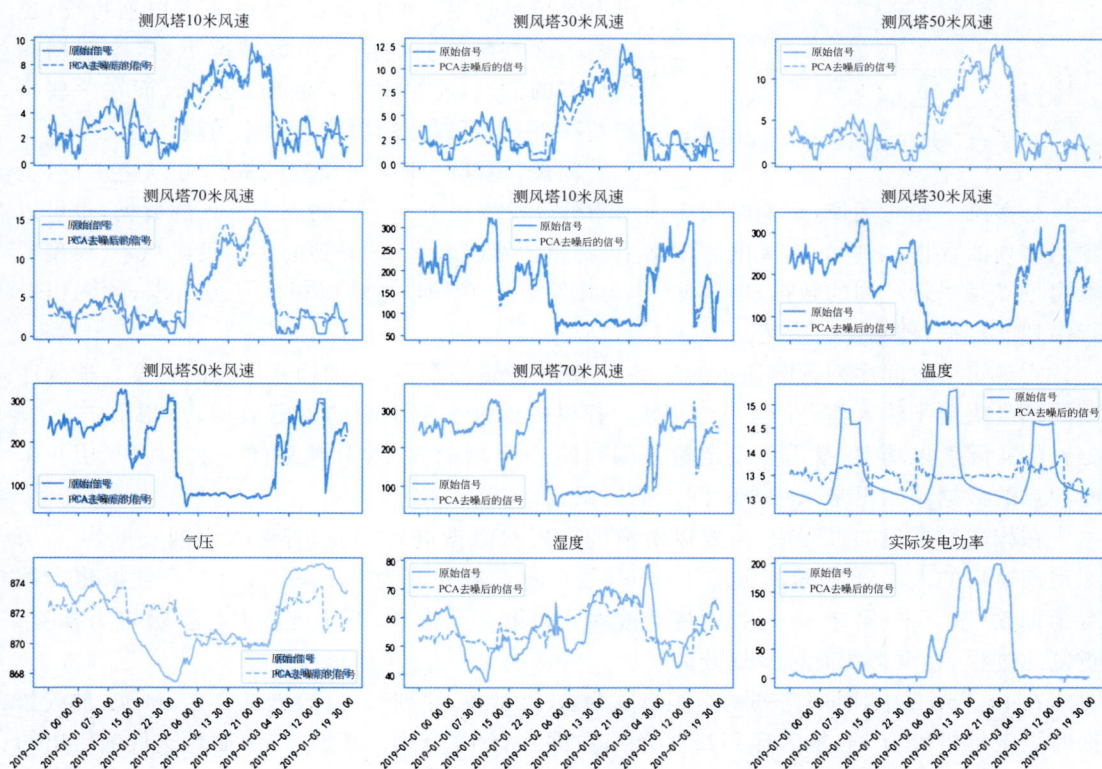

图 6-11 PCA 去噪结果

尽管 PCA 在去噪方面具备显著的优势,但其应用也存在一些缺陷和局限性。首先,PCA 基于线性假设,适用于线性关系的数据集,对于具有复杂非线性结构的数据,PCA 的效果可能较为有限。此外,在降维过程中,PCA 可能导致信息丢失,特别是当选择的主成分数量较少时,重要特征可能被忽略。PCA 还对异常值较为敏感,异常值的存在可能影响协方差矩阵的计算，从而干扰主成分的选择及去噪效果。

6.2　时间序列预测任务

时间序列预测任务主要分为五大方向：短期时间序列预测、长期时间序列预测、异常检测、时间序列分类和缺失值填补。这些任务各有特点，适合不同的应用场景。

6.2.1　短期时间序列预测

短期时间序列预测（Short-term Time Series Forecasting）是指通过历史数据预测未来一段时间内（通常为几小时到几天或几周）单个时间点或多个时间点的数据。典型的应用场景包括电力负荷预测、股票短期价格波动、交通流量预测等。比如，预测未来一个时间点的短期时间序列预测模式，如图 6-12 所示。

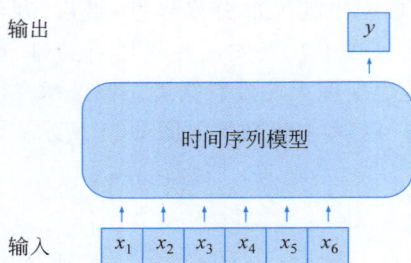

图 6-12　短期时间序列预测模式

短期时间序列预测的输入可以是多维数据，也可以是单维数据。换句话说，可以输入单列特征，也可输入多列特征。在绝大多数情况下，多维数据蕴含更多的信息，能实现更好的预测效果，而在一些特殊情况下，也可以使用单维数据作为输入。

同理，短期时间序列预测的输出可以是单维，也可以是多维。换句话说，短期时间序列预测可以预测出下一个时间点中一列的数据，也可以预测多列的数据。例如，在风电数据集中，若想预测出未来 15 分钟的实际发电功率，模型的输出可以是一行一列的数据，即只输出"实际发电功率"列；也可以根据任务需求，预测出一行多列的数据，即输出所有列。

实现短期时间序列预测任务的训练，首先要设定一个参数，即输入序列的长度。输入序列的长度决定了输入信息的多少。例如，若想根据过去 1 小时的风电数据，预测出未来 15 分钟的实际发电功率，就需要设定输入序列的长度为 4（每 15 分钟采样一次），即利用 4 个时间点的数据预测出未来一个时间点的数据。

在构建数据集的过程中，需要以滑窗的形式对数据进行划分，若输入序列长度为 4，那么滑动窗口的大小就是 4，那么前 1～4 行数据将会划分为 1 个输入，第 5 行数据将会被置为标签；接下来，第 2～5 行数据将会划分为第 2 个输入，第 6 行数据将会被置为标签；重复此过程，直至将所有标签划分完毕。

在 PyTorch 中，时间序列的组织形式为：（批量数，序列长度，数据维度）。例如，加载数据时设定批量数为 64，输入序列长度为 4，数据共有 12 个列。那么，每次循环迭代遍历出的数据形状为（64,4,12）。

6.2.2　长期时间序列预测

长期时间序列预测（Long-term Time Series Forecasting）是一类针对较长时间跨度的预测任务，旨在根据历史数据预测未来较长时间范围内的变化趋势。与短期预测不同，长期时间序列预测不仅需要捕捉时间序列中的局部波动，还要关注数据的全局趋势、周期性和长期依赖性。它通常应用于金融市场趋势分析、气候变化预测、经济发展预测、能源需求预测等领域。在长期时间序列预测中,模型需要处理更为复杂的数据关系,因此对建模、数据处理和评估提出了更高的要求。长期时间序列预测模式如图 6-13 所示。

图 6-13　长期时间序列预测模式

长期时间序列预测的实现方式主要分为自回归(Autoregressive,AR)模型与直接预测模型(Direct Prediction Models)两种。两种思路代表了不同的建模方式和预测范式。自回归模型依赖时间序列自身的过去观测值与模型输出的预测值,而直接预测模型则是通过深度学习方法直接从输入数据中学到复杂的关系,无须手工设计特征。两者各有优势和局限,应用于不同的任务场景。

1)自回归模型

自回归模型的思路实际上是把长期时间序列预测任务分解为多个短期时间预测任务。在长期时间序列预测中,自回归模型的核心思想是利用过去的值预测未来多个时间步。通常采用滚动预测(Rolling Forecasting)的方式,即通过一次预测未来一个时间步,然后将预测结果作为未来时刻的输入,继续预测下一个时间步。自回归模型预测如图 6-14 所示。

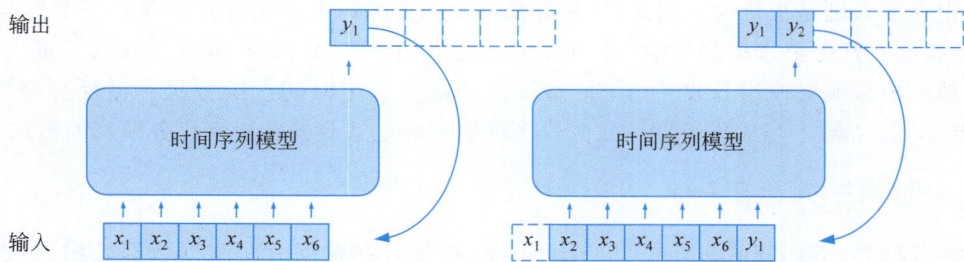

图 6-14　自回归模型预测

自回归实际上是一个迭代的过程,模型将上一时刻的预测结果作为输入,得到下一时刻的结果,持续这个过程,直到序列生成完毕。自回归模型在预测过程中,每次预测都会产生一定的误差,这个误差将会不断叠加,导致最终的预测结果较差。

2)直接预测模型

直接预测模型通过复杂的神经网络架构直接从输入数据中学习到时间序列的规律,而不依赖手工设计特征。直接预测模型的目标是从输入历史序列直接输出预测的未来序列,而不是逐步预测未来的单一时间点。直接预测模型主要依赖 Linear 层、Transformer 结果等多输入多输出的网络结构,实现长期序列的预测。

直接预测模型的核心思想是,通过一次性输入历史数据并输出整个预测窗口内的未来值,这样可以避免自回归模型中滚动预测带来的误差累积问题。模型通过对大量的历史数据进行训练,自动学习时间序列中的特征和规律。通过深层网络,模型能捕捉复杂的非线性关系以及长时依赖性。与自回归不同,直接预测模型可以一次性输出未来多个时间步的预测值。例如,对于一个未来 100 步的预测任务,模型可以直接生成这 100 个时间步的预测值，而不需要逐步预测。

6.2.3　异常检测

异常检测（Anomaly Detection）是时间序列预测中的另一个重要任务。这类异常通常表现为在特定时间点或时间段内的数据偏离正常模式，可能由于系统故障、外部干扰或极端

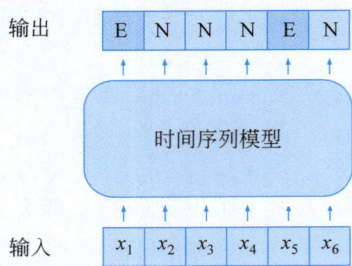

图 6-15　异常检测任务模式

事件所引起。异常检测在工业监控、金融、医疗和环境科学等多个领域都有重要应用，比如检测机器设备的故障、识别股票市场中的异常波动、发现生理数据中的异常信号等。异常检测任务模式如图 6-15 所示。

异常检测任务实际上是对每个时间点进行分类。在时间序列中，异常一般分为以下两种类型。

1）点异常（Point Anomalies）

这是最常见的一类异常，表示在某一个时间点上，观测值与正常模式相比有明显偏离。例如，温度传感器在某个时刻突然记录了一个极高的温度读数。

2）区间异常（Contextual Anomalies）

区间异常是指在特定的上下文中数据出现异常。例如，某个温度读数在冬天可能是异常的，但在夏天则是正常的。因此，这种异常检测需要考虑上下文的时序特征。

异常检测任务要求模型的输入序列长度与输出序列长度相同，若模型输入长度为 4 的序列，那么模型就要输出长度为 4 的序列，并且输出每个时间点的分类。循环神经网络、Transformer 等输入与输出长度一致的模型就能很好地适应异常检测任务模式的需求。

6.2.4　时间序列分类

时间序列分类（Time Series Classification）任务旨在根据时间序列数据的模式或特征将其划分为不同的类别。这种任务广泛应用于多个领域，包括金融市场中的股票走势分类、医疗领域中的心电图（ECG）信号分类、工业中的设备故障检测等。在时间序列分类任务中，输入是一个或多个时间序列，输出是相应的类别标签。与传统的静态分类任务相比，时间序列分类的复杂性在于数据的时间依赖性和动态变化，因此要求分类模型不仅要捕捉时序数据的局部特征，还要考虑到全局的时序依赖性。时间序列分类任务模式如图 6-16 所示。

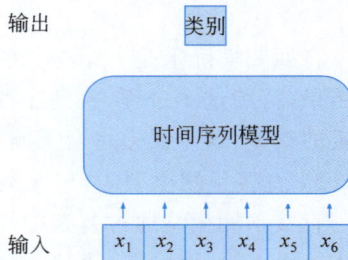

图 6-16　时间序列分类任务模式

时间序列分类的常用的模型为 RNN 模型与 Transformer 模型。RNN 及其变种 LSTM 和 GRU 在处理时间序列中的长时依赖性方面表现尤为出色。它们通过引入记忆单元，能捕捉序列中较长时间跨度的依赖关系。因此，在复杂的序列分类任务中，LSTM 和 GRU 经常用来建模时间序列的全局特征。近年来，Transformer 模型逐渐引入时间序列任务，得益于其强大的并行计算能力和自注意力机制，Transformer 能同时捕捉全局和局部的时间依赖性，较传统的 RNN 模型，它在长序列的分类任务中表现更好。

6.2.5　缺失值填补

时间序列数据往往会出现缺失值。缺失值填补(Missing Value Imputation)任务的目标是在时间序列中对缺失的数据点进行合理的估计,以保持数据的完整性。由于时间序列具有时间依赖性和顺序性,缺失值的存在可能严重影响数据的完整性和后续的建模与分析工作。在实际应用中,时间序列数据的缺失较为常见,可能是传感器故障、设备维护、数据传输问题或人为录入错误等原因引起的。因此,如何合理、有效地填补这些缺失值,确保数据的连续性和准确性,是时间序列分析中的一个重要任务。

常见的缺失值填补方式是利用传统方法进行缺失值填补,常见方式如下。

1) 前向填补(Forward Fill)

这种方法使用缺失值之前的最后一个已知值填补缺失值。它的优点是简单易行,能保持数据的连贯性,尤其适合短时间内数据变化不大的情况。但是,如果时间序列变化剧烈,前向填补可能不准确。

2) 后向填补(Backward Fill)

与前向填补相反,后向填补使用缺失值之后的第一个已知值填补。该方法同样简单,但可能忽略时间序列的顺序性,尤其在长时间缺失的情况下。

3) 插值法(Interpolation)

插值法通过已知点的值对缺失值进行估算。常见的插值方法有线性插值和多项式插值。线性插值假设两个已知值之间的变化是线性的,而多项式插值则考虑更复杂的变化模式。这种方法适合填补短时间间隔内的缺失值,但在长时间段内不推荐使用,因为可能误导趋势和周期。

4) 移动平均填补(Moving Average Imputation)

该方法使用窗口内的均值填补缺失值,通过计算某个窗口内的前后值的均值,平滑数据波动。这种方法比简单均值填补更能反映数据的局部特征,尤其适用于平稳时间序列。

5) 卡尔曼滤波(Kalman Filter)

卡尔曼滤波是一种递归算法,它在基于时间序列模型的基础上,使用观测值更新状态预测。因此,它既可以预测时间序列的未来值,也可以反向推断过去的缺失值。卡尔曼滤波在具有高噪声的数据中非常有效,常用于金融和传感器数据的填补。

传统填补方法如插值、均值填补等,往往假设时间序列具有简单的线性趋势或是数据间具有独立同分布的特性,但在现实场景中,时间序列数据常常包含复杂的非线性关系、周期性趋势或长期依赖性。此时就可以通过深度学习复杂的网络结构和学习能力,自动发现数据中的潜在模式并进行填补。深度学习缺失值填补模式如图 6-17 所示。

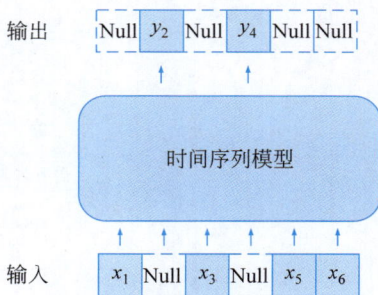

图 6-17　深度学习缺失值填补模式

基于深度学习的缺失值填补任务可以视为一种无监督预测任务。可以通过程序随机抹去输入数据中的某些位置,并将这些被抹去的值作为标签,目的是让模型通过其他位置的值预测出被抹去位置的值。

深度学习方法在多个领域的时间序列缺失值填补中广泛应用。例如，在医疗数据中，心率、血压等监测数据常常缺失，通过深度学习方法可以准确填补缺失部分，从而为医生的决策提供更全面的数据支持；在工业领域，传感器数据的缺失填补有助于设备健康管理和预测性维护。

6.3 时序模型

时序模型指的是能处理时间序列数据，并完成时间序列预测任务的模型，主要分为循环神经网络模型、时域卷积神经网络模型、Transformer 模型。本节的模型设计方法并不是唯一的设计模式，读者可以将本节的模型设计方法作为参考，设计不同类型的模型。

6.3.1 循环神经网络模型

循环神经网络（Recurrent Neural Network，RNN）是一类专为处理序列数据而设计的神经网络，在时间序列预测任务中表现出色。时间序列数据通常具有时序相关性，即数据点之间的顺序至关重要，而 RNN 通过其递归结构能捕捉序列中的时间依赖性，特别是在存在长短期依赖关系的情况下。接下来将详细介绍循环神经网络如何用于时间序列预测任务，并分析其相对于其他方法的优势。RNN 的相关原理知识已在第 3 章介绍，这里不再重复。

RNN 模型应用于不同类型的时间序列预测任务，需要对网络结构进行一定的调整。以 LSTM 模型为例，对不同任务模式的调整如下。

1. 短期时间序列预测

LSTM 是一种典型的循环神经网络，其输入与输出的序列长度相同，并且具有递归特性，LSTM 应用于短期时间序列预测任务结构，如图 6-18 所示。受益于 LSTM 的递归特性，其输出的最后一个时间点（y_6）往往包含整个序列的所有信息，因此可以利用最后一个时间点的输出作为整个序列的整体表示，并用一个回归器输出下一个时间点（y_7）的取值。回归器往往是一个全连接神经网络，其主要作用为整合维度并输出目标维度。

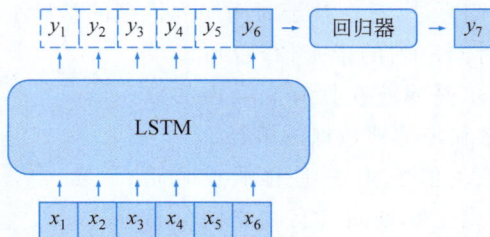

图 6-18　LSTM 的短期时间序列预测应用

2. 长期时间序列预测

利用 LSTM 等循环神经网络进行长期时间序列预测，通常以自回归的形式实现，即产生输出序列的过程是一个动态的循环过程。其过程如下。

（1）LSTM 需要先通过输入序列（$x_1 \sim x_6$）得到下一时刻的输出（y_7）。

（2）再将预测结果（y_7）加入输入（$x_1 \sim x_6$）中，形成新的输入，即 $x_2 \sim y_7$。当然，RNN 由于具有处理变长数据的能力，因此也可以选择 $x_1 \sim y_7$ 作为新的输入。

（3）LSTM 根据新的输入得到新的输出（y_8）。

（4）重复此过程，直至生成的序列长度达到目标长度。

LSTM 的长期时间序列预测应用如图 6-19 所示。

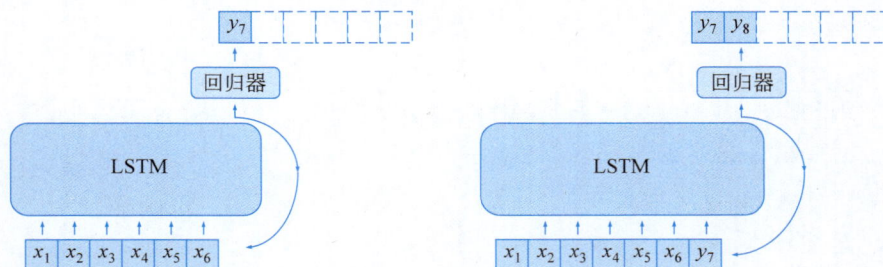

图 6-19　LSTM 的长期时间序列预测应用

另外，为了能使输出与输入拼接到一起，还需要一个全连接层，用于整合维度，将输出的维度转换为与输入维度一样的大小。

LSTM 是一个递归模型，因此比较适用于自回归的形式，但自回归形式会导致每次预测时不断叠加误差，致使模型在序列较长的情况下，预测情况不佳。

3. 异常检测

异常检测的目的是检测每一个时间点的数据是否为异常数据，这要求输入序列的长度与输出序列的长度相同，LSTM 等循环神经网络恰好具有这个特性，因此可直接利用分类器对每一个时间点的输出进行分类，如图 6-20 所示。

在 LSTM 应用于异常检测任务时，为了适应 LSTM 可以处理变长序列的特性，对 LSTM 每一个时间点的输出使用相同的分类器进行分类，即所有时间点共享同一个分类器。

同时，考虑到 LSTM 的递归特性，需要使用双向 LSTM 对序列进行处理。在 LSTM 等循环神经网络中，靠前的序列无法获取到整条序列的特征，如输出 y_1 时只能参照输入 x_1，无法参考其他时间点的信息，可能造成分类结果不准确，因此需要加入一个反向的 LSTM 用于逆向递归，使得输出 y_1 时能参照未来时间点的特征。

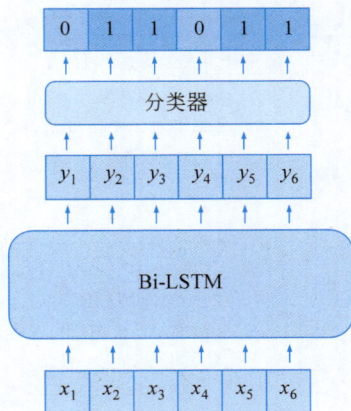

图 6-20　LSTM 的异常检测应用

4. 时间序列分类

时间序列分类是对整条序列的总体表示进行分类，分类过程中需要参照序列中所有时间点的特征。由于 LSTM 等循环神经网络具有递归特性，最后一个时间点的输出已经包含前面序列的特征，因此可直接对最后一个序列进行分类。LSTM 的时间序列分类应用如图 6-21 所示。

5. 缺失值填补

LSTM 模型应用于缺失值填补任务，如图 6-22 所示。首先需要处理缺失值，如 x_2、x_4 并将其填补为 0，避免其因取值异常而导致的计算异常。填补完成后，需要保留缺失值的索引。随后使用 LSTM 等循环神经网络进行特征提取，再根据保存的缺失值索引，取出缺失值的输出，最后使用分类器对缺失值进行预测。

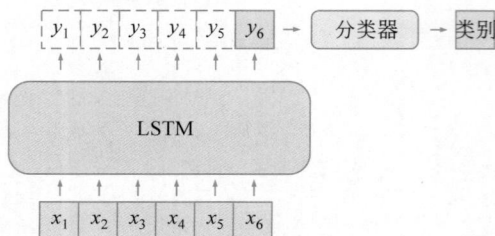

图 6-21　LSTM 的时间序列分类应用　　　　图 6-22　LSTM 的缺失值填补应用

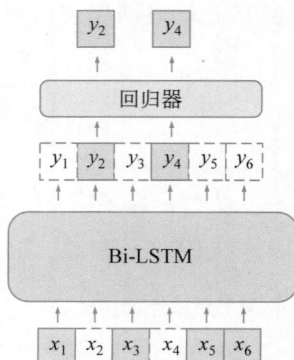

在预测过程中，每个序列中的缺失值数量可能不同，因此需要所有缺失值输出共享同一个回归器。

完成 LSTM 五个任务的设计之后，通过 PyTorch 代码对每个任务进行实现，以加深理解。模型代码实现如下。

```python
class LSTM(nn.Module):
    def __init__(self, input_dim, hidden_dim, out_dim, task='短期时间序列预测'):
        super(LSTM, self).__init__()
        #保存参数
        self.hidden_dim = hidden_dim
        self.input_dim = input_dim
        self.task = task

        #LSTM模型
        self.lstm = nn.LSTM(input_dim, hidden_dim, batch_first=True,
        bidirectional=task in ['异常检测', '缺失值填补'])
        #分类/回归器
        self.fc = nn.Linear(
            (hidden_dim * 2) if task in ['异常检测', '缺失值填补'] else hidden_dim,
            input_dim if task == '长期时间序列预测' else out_dim
        )

        #只在长期时间序列预测时使用
        self.fc2 = nn.Linear(hidden_dim, out_dim)

    def forward(self, x, **kwargs):
        if self.task == '短期时间序列预测':
            return self.forward_STSF(x, **kwargs)
        elif self.task == '长期时间序列预测':
            return self.forward_LTSF(x, **kwargs)
        elif self.task == '异常检测':
            return self.forward_AD(x, **kwargs)
        elif self.task == '时间序列分类':
            return self.forward_TSC(x, **kwargs)
```

```python
        elif self.task == '缺失值填补':
            return self.forward_MVI(x, **kwargs)

    def forward_STSF(self, x, **kwargs):
        """短期时间序列预测(Short-term Time Series Forecasting)"""
        output, hidden = self.lstm(x)
        output = output[:, -1, :]           #取最后一个输出
        output = self.fc(output)            #回归预测
        return output

    def forward_LTSF(self, x, **kwargs):
        """长期时间序列预测(Long-term Time Series Forecasting)"""
        pred_len = kwargs['pred_len']

        outputs = []
        for i in range(pred_len):
            output, hidden = self.lstm(x)
            #将最后一个输出加到输入中
            x = torch.cat([x, self.fc(output[:, -1:, :])], dim=1)

            #保存最后一个输出
            outputs.append(self.fc2(output[:, -1:, :]))

        #将结果拼接为 Tensor
        outputs = torch.cat(outputs, dim=1)
        return outputs

    def forward_AD(self, x, **kwargs):
        """异常检测(Anomaly Detection)"""
        output, hidden = self.lstm(x)
        output = self.fc(output)
        return output

    def forward_TSC(self, x, **kwargs):
        """时间序列分类(Time Series Classification)"""
        output, hidden = self.lstm(x)
        output = output[:, -1, :]           #取最后一个输出
        output = self.fc(output)            #分类预测
        return output

    def forward_MVI(self, x, **kwargs):
        """缺失值填补(Missing Value Imputation)"""
        miss = kwargs['miss']
        miss = torch.Tensor(miss).to(torch.int32)

        x[:, miss, :] = 0                   #将缺失值填补为 0
        output, hidden = self.lstm(x)
        #取缺失值
        output = output[:, miss, :]
        #回归预测
        output = self.fc(output)
        return output
```

实现了不同任务的代码后,可以定义一些测试案例,对每个任务进行测试,并观察输出结果。测试代码如下。

```
if __name__ == '__main__':
    x = torch.randn(1, 6, 12)

    task = '短期时间序列预测'
    output_dim = 1                              #输出维度(列数)
    lstm = LSTM(12, 256, output_dim, task)
    out = lstm(x)
    print(task, out.shape)

    task = '长期时间序列预测'
    pred_len = 6                                #预测长度(行数)
    output_dim = 1                              #输出维度(列数)
    lstm = LSTM(12, 256, output_dim, task)
    out = lstm(x, pred_len=pred_len)
    print(task, out.shape)

    task = '异常检测'
    num_classes = 2                             #类别数(正常,异常)
    lstm = LSTM(12, 256, num_classes, task)
    out = lstm(x)
    print(task, out.shape)

    task = '时间序列分类'
    num_classes = 2                             #类别数
    lstm = LSTM(12, 256, num_classes, task)
    out = lstm(x)
    print(task, out.shape)

    task = '缺失值填补'
    miss = [0, 3]
    x[:, miss, :] = torch.nan
    print("输入: ", x)

    lstm = LSTM(12, 256, 12, task)
    out = lstm(x, miss=miss)
    print(task, out.shape)
```

控制台输出如下。

```
短期时间序列预测 torch.Size([1, 1])
长期时间序列预测 torch.Size([1, 6, 1])
异常检测 torch.Size([1, 6, 2])
时间序列分类 torch.Size([1, 2])
输入: tensor([[[nan,      nan,      nan,      nan,      nan,      nan,      nan,
              nan,      nan,      nan,      nan,      nan],
            [1.4077, -0.7591, 0.8083, -0.2112, 1.6576, 1.0370, 0.3880,
             -0.0045, 1.0994, -0.7551, 0.7813, 0.4153],
            [0.8335, -0.3978, -0.9932, -0.1104, 0.3961, 0.8226, -1.1117,
              1.1107, -0.0301, 0.5263, -0.0207, 0.0154],
            [nan,      nan,      nan,      nan,      nan,      nan,      nan,
              nan,      nan,      nan,      nan,      nan],
            [1.0995, 0.0135, -0.0465, -0.3495, -0.9466, -0.2700, 0.4240,
              0.9791, -0.6180, 0.1372, -0.7180, -0.4301],
            [1.5568, 0.9217, 0.0564, -2.0535, 0.8372, 0.5820, -0.4544,
             -0.9121, -0.9460, 1.2320, 0.4321, 0.1121]]])
缺失值填补 torch.Size([1, 2, 12])
```

每个任务都能输出正确的预测形状,若想实现任务效果,还需将模型代入数据集中,对模型进行迭代训练,从而实现任务效果。

6.3.2 时域卷积神经网络模型

时域卷积神经网络(Temporal Convolutional Networks,TCN)[34] 是一种将卷积神经网络应用于时间序列数据处理的结构。随着人工智能技术在多个领域的广泛应用,特别是在时序数据预测、自然语言处理、语音识别等任务中的应用,传统的 CNN 和 RNN 暴露出一些缺陷。CNN 擅长捕捉图像中的空间特征,但由于其卷积操作通常依赖于局部感受野,在处理长时间序列时无法有效捕捉全局时间信息。而 RNN 尽管在时间序列任务中表现良好,但由于其依赖于递归的计算方式,容易出现梯度消失或爆炸的问题,且计算效率较低。因此,TCN 作为一种创新的时域网络架构应运而生,旨在克服 RNN 和传统 CNN 在处理时间序列数据时的局限性。TCN 结构示意图如图 6-23 所示。

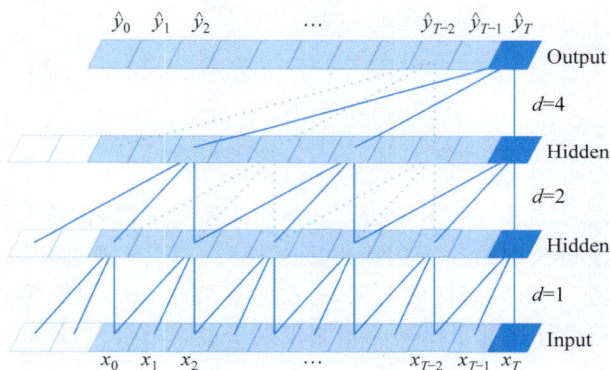

图 6-23　TCN 结构示意图

TCN 的一个关键特点是其基于卷积操作的因果性设计。与传统卷积神经网络不同,TCN 使用因果卷积保证当前时刻的输出只依赖过去的时间步,而不会"泄露"未来的信息。这种设计使得 TCN 在处理时间序列预测任务时更加符合逻辑和现实应用中的需求。同时,为了进一步增强模型在长时间序列上的表现,TCN 引入了膨胀卷积(Dilated Convolution)。膨胀卷积通过在卷积核之间插入空洞扩大感受野,从而能捕捉到长时间跨度的信息,而不需要增加额外的计算复杂度。这种方法不仅能减少模型参数的数量,还可以加快训练速度。

与 RNN 相同,TCN 同样是一个输入与输出长度相同的模型。TCN 利用因果卷积和膨胀卷积,使得模型在捕捉长时间依赖性时不依赖递归结构,从而克服了 RNN 中存在的梯度消失、梯度爆炸等问题。

TCN 在结构上与传统的卷积网络有一些相似之处,例如层次化的卷积操作和非线性激活函数的应用。然而,TCN 通过引入残差连接(Residual Connections)和跳跃连接(Skip Connections)进一步增强了模型的深层表示能力。TCN 特征提取模块如图 6-24 所示。残差连接的引入解决了深层神经网络中的梯度消失问题,使得信息能在多层卷积中进行有效传播,而不会随着层数的增加而逐渐丢失。此外,跳跃连接通过在不同层之间建立直接的连接，允许模型捕捉到不同时间尺度的信息，从而提升了对时间序列数据中多层次模式的识别能力。

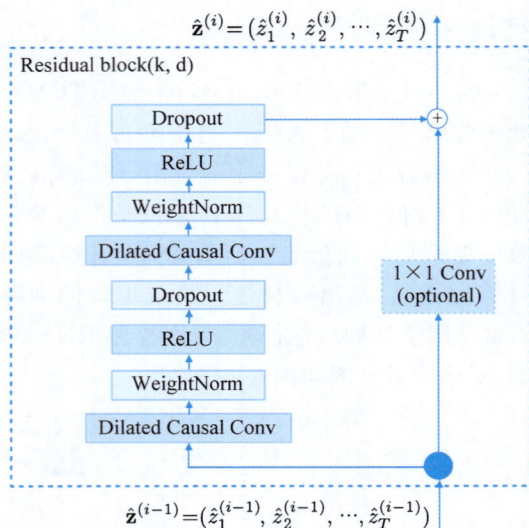

图 6-24　TCN 特征提取模块

TCN 的特点可以总结为：TCN 摒弃了 RNN 的递归结构，转而采用完全卷积的方式处理时间序列数据，这使得模型的并行化能力显著提升。TCN 通过膨胀卷积的使用，能在保持计算效率的同时处理长时间跨度的数据，这在一些要求长时间依赖的应用场景中非常重要。TCN 的因果卷积设计保证了模型的预测仅基于过去的信息，从而适应了实际应用中的需求。

由于 TCN 是一个输入序列与输出序列长度相同的模型，其对于不同任务的应用模式与循环神经网络基本一致，TCN 在不同任务上的应用可以直接参考循环神经网络。

为了加深对 TCN 的理解，通过 PyTorch 代码实现 TCN，代码如下。

```python
class Chomp1d(nn.Module):
    def __init__(self, chomp_size):
        super(Chomp1d, self).__init__()
        self.chomp_size = chomp_size

    def forward(self, x):
        #对多余的填充进行裁剪
        return x[:, :, :-self.chomp_size].contiguous()

class TemporalBlock(nn.Module):
    def __init__(self, n_inputs, n_outputs, kernel_size, stride, dilation,
    padding, dropout=0.2):
        """
        Residual block
        :param n_inputs: int, 输入通道数
        :param n_outputs: int, 输出通道数
        :param kernel_size: int, 卷积核尺寸
        :param stride: int, 步长，一般为 1
```

```
        :param dilation: int, 膨胀系数
        :param padding: int, 填充系数
        :param dropout: float, dropout 比率
        """
        super(TemporalBlock, self).__init__()
        self.conv1 = nn.Conv1d(n_inputs, n_outputs, kernel_size, stride=stride,
        padding=padding, dilation=dilation)
        #经过 conv1,输出的 size 其实是(Batch, input_channel, seq_len + padding)
        self.chomp1 = Chomp1d(padding)
                                #裁剪掉多出来的 padding 部分,维持输出时间步为 seq_len
        self.relu1 = nn.ReLU()
        self.dropout1 = nn.Dropout(dropout)

        self.conv2 = nn.Conv1d(n_outputs, n_outputs, kernel_size, stride=
        stride, padding=padding, dilation=dilation)
        self.chomp2 = Chomp1d(padding)
                                #裁剪掉多出来的 padding 部分,维持输出时间步为 seq_len
        self.relu2 = nn.ReLU()
        self.dropout2 = nn.Dropout(dropout)

        self.net = nn.Sequential(self.conv1, self.chomp1, self.relu1, self.
        dropout1, self.conv2, self.chomp2, self.relu2, self.dropout2)
        self.downsample = nn.Conv1d(n_inputs, n_outputs, 1) if n_inputs != n_
        outputs else None
        self.relu = nn.ReLU()

    def forward(self, x):
        """
        :param x: size of (Batch, input_channel, seq_len)
        :return:
        """
        out = self.net(x)
        res = x if self.downsample is None else self.downsample(x)
        return self.relu(out + res)


class TCN(nn.Module):
    def __init__(self, num_inputs, num_channels, kernel_size=2, dropout=0.2):
        """
        :param num_inputs: int,输入通道数
        :param num_channels: list,每层的 hidden_channel 数,例如[25,25,25,25]表示
        有 4 个隐藏层,每层 hidden_channel 数为 25
        :param kernel_size: int, 卷积核尺寸
        :param dropout: float, drop_out 比率
        """
        super(TCN, self).__init__()
        layers = []
        num_levels = len(num_channels)
        for i in range(num_levels):
            dilation_size = 2 ** i   #膨胀系数:1,2,4,8……
            in_channels = num_inputs if i == 0 else num_channels[i - 1]
            #确定每一层的输入通道数
            out_channels = num_channels[i]   #确定每一层的输出通道数
```

```
                    layers += [TemporalBlock(in_channels, out_channels, kernel_size,
                    stride=1, dilation=dilation_size, padding=(kernel_size - 1) *
                    dilation_size, dropout=dropout)]

            self.network = nn.Sequential(*layers)

    def forward(self, x):
        """
        :param x: size of (Batch, input_channel, seq_len)
        :return: size of (Batch, output_channel, seq_len)
        """
        return self.network(x)

if __name__ == '__main__':
    x = torch.randn((1, 6, 12))

    #将维度调整为适合 TCN 的格式
    x = x.permute(0, 2, 1)
    model = TCN(num_inputs=12, num_channels=[128, 128, 128, 1])
    y = model(x)
    #TCN 格式的输出转换为普通形式
    y = y.permute(0, 2, 1)
    #输出 torch.Size([1, 6, 1])
    print(y.shape)
```

尽管 TCN 在很多任务中表现优异，但其也有一些局限性。首先，TCN 在处理具有非常复杂模式的时间序列时，可能需要堆叠大量的卷积层，以捕捉多尺度的时间依赖性，这可能导致模型变得过于复杂，训练时间也会显著增加。其次，虽然膨胀卷积有效地扩大了感受野，但当膨胀率较大时，卷积核之间的间隔也会随之增大，这可能导致部分细粒度的时间信息无法被捕捉。因此，在实际应用中，选择合适的膨胀率和模型深度是一个需要仔细权衡的问题。

6.3.3　Transformer 模型

Transformer 模型最初是在自然语言处理领域引入的，并迅速成为机器翻译、文本生成、文本分类等任务的核心工具。然而，随着研究的深入，Transformer 也逐渐被引入其他领域，包括时间序列预测。时间序列预测是众多领域中的关键任务，例如金融市场的价格预测、天气预报、能源消耗预测等。Transformer 模型凭借其自注意力机制和完全并行化的结构，显示出极大的潜力，在时间序列预测领域取得了令人瞩目的成果。

传统的 RNN 不同，Transformer 完全摒弃了递归结构，转而依赖自注意力机制（Self-Attention），从而实现了全局信息的高效捕捉。在自然语言处理领域，Transformer 的优势在于能同时处理序列中所有位置的元素，避免了 RNN 中序列数据的时序依赖性，极大地提升了并行化的效率。此外，Transformer 通过堆叠多个注意力层，能捕捉输入序列中不同位置之间的依赖关系。

Transformer 是一个编码器-解码器结构，其应用于时间序列任务中，针对不同的任务有不同的设计模式。

1. 短期时间序列预测

Transformer 应用于短期时间序列预测任务时,设计如图 6-25 所示。

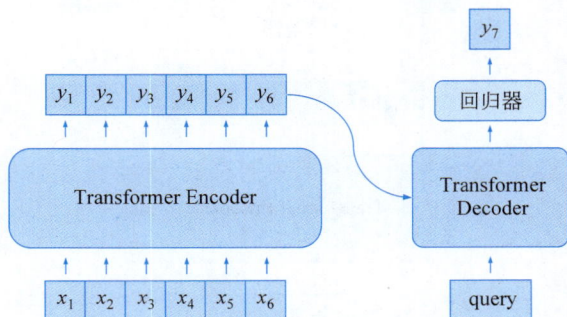

图 6-25　Transformer 的短期时间序列预测应用

Transformer 的编码器与解码器分别具有不同的功能。编码器通常用于特征提取,寻找输入序列中的相关性,输出特征序列。而解码器通常是根据 query 在特征序列中筛选对输出有价值的特征,并给出输出。其中 query 可以是一个自定义的 0 序列,也可以是一个可学习的序列。query 的设计应当具有提示意义,即与输出序列具有一定的关系。

2. 长期时间序列预测

Transformer 在长期时间序列任务预测中,可以通过自回归的方式产生预测。但 Transformer 具有并行地特点,因此可以直接并行地产生所有预测,如图 6-26 所示。

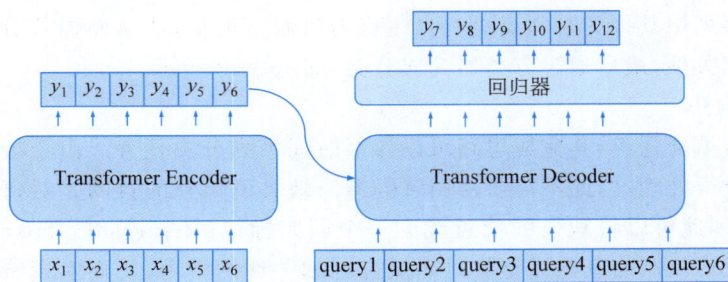

图 6-26　Transformer 的长期时间序列预测应用

与短期时间序列预测任务相同,在长期时间序列预测中,同样是一个编码器与解码器结构。解码器输入时间序列,输出特征序列。解码器有 query 序列与特征序列两个输入。query 序列同样应当具有提示意义,使得解码器能根据 query 筛选特征序列中的特征,从而给出输出。

Transformer 的编码器是一个并行的过程,使得 Transformer 能一次性直接输出所有预测结果,从而避免了自回归过程中不断叠加误差的问题,能进一步提升预测的准确性。

3. 异常检测

异常检测是对原始序列中的时间点进行预测,不需要预测新的序列,因此在异常检测任务中,可以仅使用 Transformer 的编码器。Transformer 的编码器同样是一个输入长度与输出长度相同的模型结构,因此异常检测任务的设计可以直接参照循环神经网络的预测模式,如图 6-27 所示。

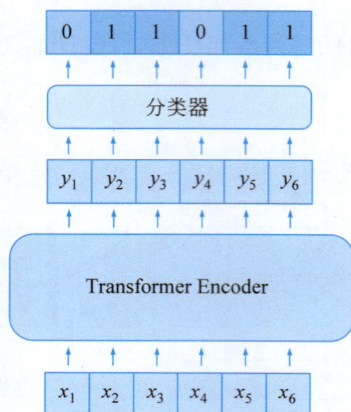

图 6-27　Transformer 的异常检测应用

4. 时间序列分类

对于基于 Transformer 的时间序列分类任务，仍然不需要产生新的序列，因此只需使用 Transformer 中的编码器。对于序列的分类，可以参照 ViT 的设计模式。ViT 的设计思路是将图像按块进行划分，并将每一个图像块排列成一条序列，实现分类的关键是在输入序列中加入一个分类标记（Class Token）。分类标记将会与序列中的图像块进行自注意力机制特征提取，从而完成分类。

实现时间序列分类也可以按照 ViT 的模式，可以在输入序列中添加一个分类标记，分类标记将会与序列中其他的时间点进行自注意力机制特征提取，从而捕获分类标记与不同时间点之间的相关性，最后通过分类器完成分类，如图 6-28 所示。

5. 缺失值填补

对于缺失值填补任务，其完成思路可以参照时间序列分类任务。由于缺失值填补同样是对原始序列进行处理，因此不需要使用解码器。缺失值填补的目的是对每一个缺失位置的值进行预测，因此可以将缺失的位置改为一个回归标记（Regression Token）。回归标记将会通过自注意力机制与其他完整的时间点进行相关性的学习，从而实现特征提取。特征提取完成后，可以通过回归器对缺失值进行预测，从而实现缺失值填补，如图 6-29 所示。

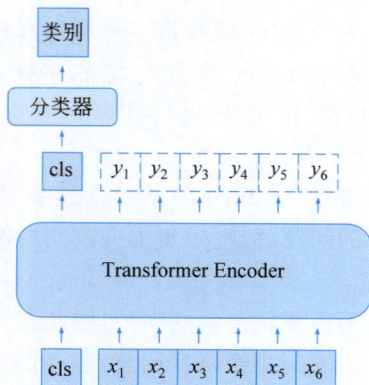

图 6-28　Transformer 的时间序列分类应用　　图 6-29　Transformer 的缺失值填补应用

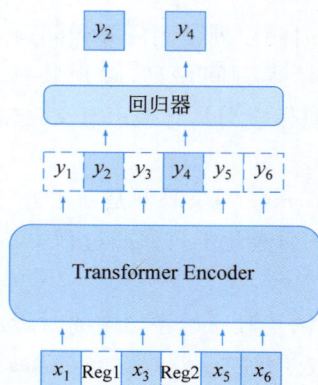

6. Transformer 模型的相关改进

Transformer 自 2020 年以来,在时间序列预测领域得到了极大的发展,尤其在长期时间序列预测领域。2020 年,Haoyi Zhou 等提出的 Informer 模型[35]获得了 2021 人工智能促进会(Association for the Advancement of Artificial Intelligence,AAAI)最佳论文;随后,2021 年提出的 Autoformer 模型进一步提升了 Transformer 模型在长期时间序列预测任务中的性能。

1)Informer 模型

在 Informer 模型提出以前,长期时间序列预测任务中,由于自注意力机制的时间与空间复杂度较高,在处理长期时间序列时会出现内存溢出的问题,同时,捕捉长期依赖关系的效率和生成长期时间序列输出的速度也是一个极大的挑战。Informer 提出一种新的注意力机制,能有效地降低自注意力机制的复杂度。更重要的是,Informer 提供了一种新颖的 Transformer 长期时间序列预测模式,能一次性输出所有序列。Informer 的结构如图 6-30 所示。

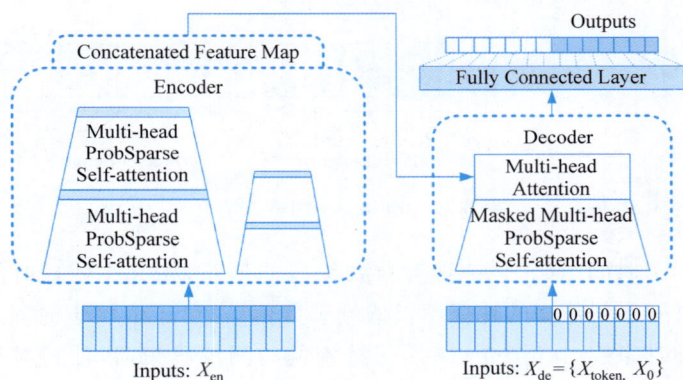

图 6-30 Informer 的结构

Informer 在实验过程中,通过对注意力机制的可视化,发现大多数注意力分数都趋近于 0,如图 6-31 所示,说明大部分的注意力都是无效的。Informer 对自注意力机制进行了改进,利用时间序列的稀疏性假设,只针对这些关键时间步计算注意力分数,而忽略掉那些不太相关的时间步。通过这种方式,Informer 将注意力机制的计算复杂度从 $O(L^2)$ 降低到 $O(L\log L)$,显著提升了效率。

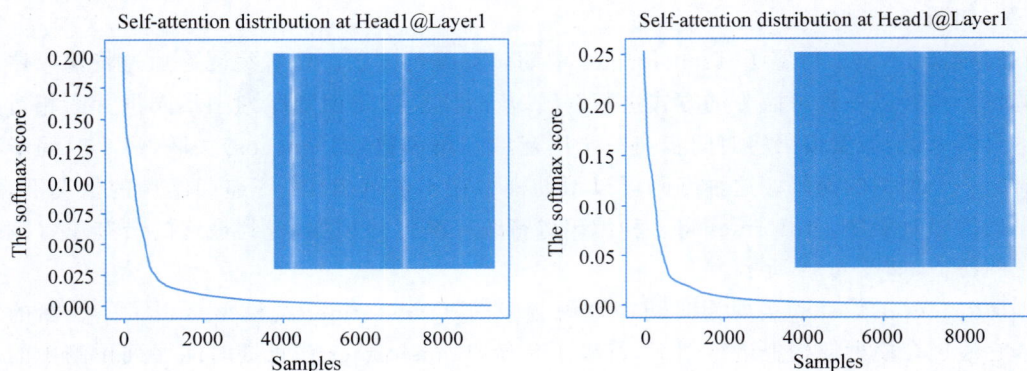

图 6-31 注意力的可视化

Informer 的核心创新在于，如何一次性地产生长期时间序列的预测值。Informer 在长期序列预测过程中需要设定 sequence length、label length 和 predict length 三个重要参数，分别表示输入序列长度、提示标签长度和预测长度。在风电数据集中，假设需要根据过去 1.5 小时的数据，预测未来 1.5 小时的数据，那么输入长度为 $1.5 \times 4 = 6$，预测长度为 $1.5 \times 4 = 6$，其中 4 表示每小时有 4 条数据（每 15 分钟采样一次），提示标签长度一般为预测长度的一半，这里设为 3。Informer 的输入情况如图 6-32 所示。Informer 中设计了一个"提示标签"的概念。Informer 的编码器输入被分为两部分：一部分为提示标签；另一部分为 query(q)。提示标签实际上就是在输入序列的后面截取一部分序列，起到提示作用。query 部分将会被初始化为 0，即 $q_1 \sim q_6$ 是一个全 0 的序列。

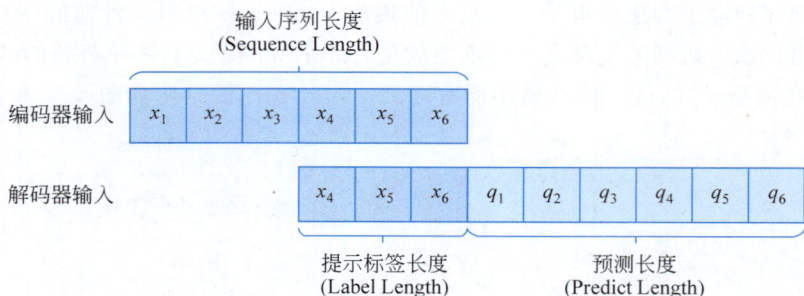

图 6-32　Informer 的输入情况

Informer 提出了时间编码，是一种对位置编码的创新，尤其在处理时间序列数据时起到了重要作用。时间序列数据的特征不仅依赖于数值信息，还依赖于时间维度上的顺序关系。为了捕捉这种时序性，Informer 采用了特别的时间编码策略，使得模型能更好地理解数据中的时间依赖关系。传统的时间序列模型（如 ARIMA、LSTM 等）通常通过隐式的时间步长反映时序结构。然而，在深度学习模型中，尤其是基于 Transformer 的结构中，由于其自注意力机制并不内置时间顺序，因此需要显式地引入时间信息帮助模型理解时间依赖性。Informer 模型中的时间特征编码不仅依赖于位置编码，还将时间序列中的具体时间戳信息进行显式编码。这一部分编码专门用于捕捉时间序列中的周期性和趋势特征。例如，时间序列数据可能包含每天、每周、每月甚至每年的周期性变化。为了更好地捕捉这些特征，Informer 引入了时间特征编码，将时间戳的各类信息进行分解，如"小时""星期几""月份"等，如图 6-33 所示。

同时，Informer 借鉴了 Transformer 中的位置编码方法。位置编码是通过将输入序列中的每个位置以一种可区分的方式进行编码，从而使模型能识别序列中不同位置的相对关系。具体来说，位置编码将时间步与一个固定的三角函数（如 sin、cos）关联，每个时间步都会对应一个独特的编码。这种编码可以帮助模型在不依赖 RNN 等递归结构的情况下，捕捉序列的相对顺序。Informer 将多种编码进行统一映射并相加，得到最终的带有位置编码信息的特征，如图 6-34 所示。

Informer 的设计和实现为时间序列预测中的 Transformer 类模型指引了一个新的方向。它通过在模型架构上进行创新，打破了传统 Transformer 在长期时间序列预测中的瓶颈。这些创新不仅提升了时间序列预测的效果，还为后续模型的发展提供了借鉴。随着时

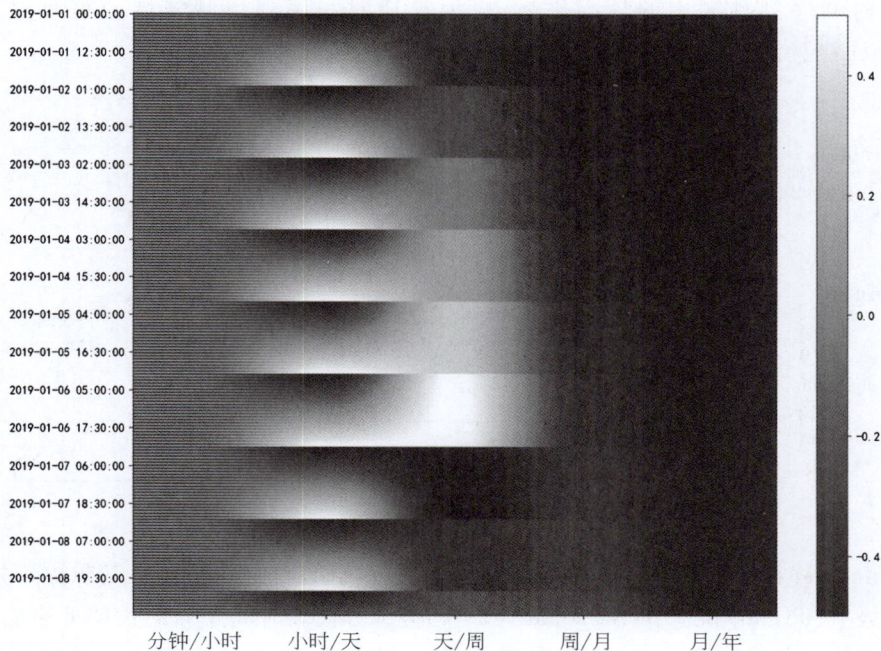

图 6-33 Informer 中的时间编码

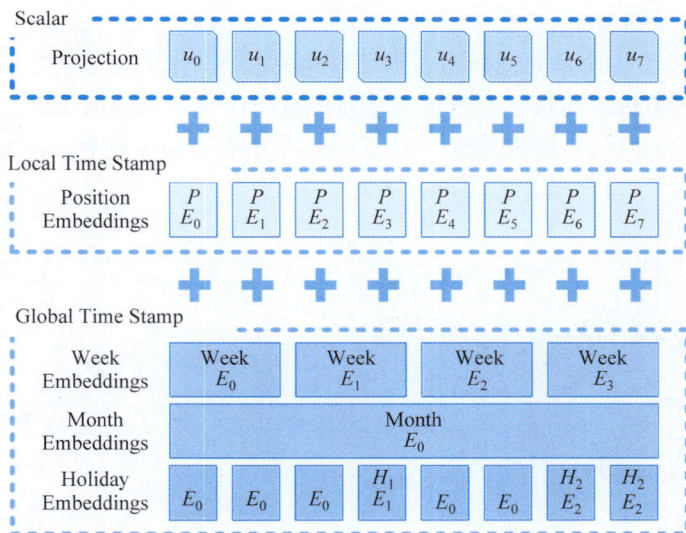

图 6-34 Informer 中的时间编码

间序列预测应用的日益广泛,Informer 的设计理念可能会在未来的模型中被进一步扩展和改进。

2）Autoformer 模型

Autoformer 模型[36]是另一种专为长期时间序列预测任务设计的 Transformer 模型。Autoformer 提出的动机源于现有 Transformer 模型在处理长期时间序列预测任务时存在的局限性,尤其是在计算效率、全局信息捕捉和复杂序列建模方面的不足。Autoformer 解决了长期时间序列预测中的核心挑战，成为长期时间序列预测领域的重要模型之一。Autoformer 结构图如图 6-35 所示。

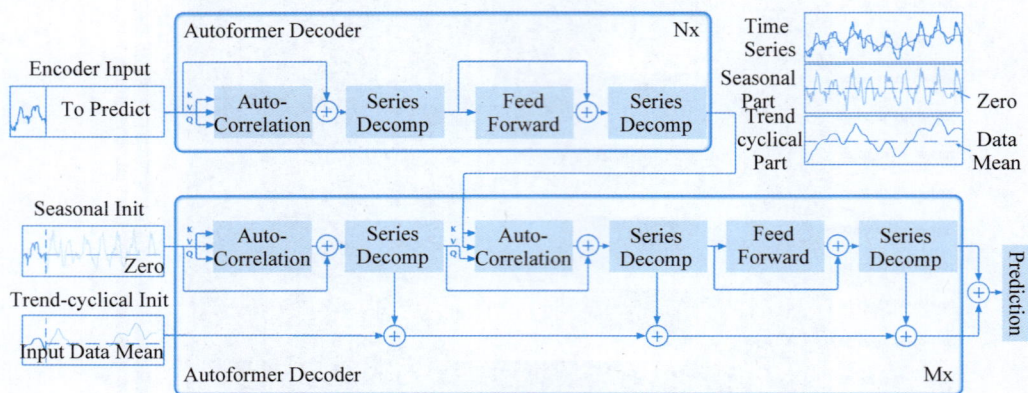

图 6-35　Autoformer 结构图

Autoformer 的首要创新是引入了时间序列分解机制，将时间序列的复杂特征分解为两部分：趋势项（Trend）和季节（Seasonality）。趋势部分代表时间序列的长期平稳变化，通常是缓慢变化的，而残差部分则捕捉周期性波动以及快速变化的信息。通过这种分解，Autoformer 能分别对趋势和残差进行独立建模，进而减少模型对复杂模式的依赖。趋势-季节分解已在前文中介绍。

Autoformer 的另一个重要创新是引入了自相关机制，用以替代传统 Transformer 的自注意力机制。自相关机制的核心思想是通过分析时间序列中不同时间步之间的自相关性，从而自动选择关键的时间步进行建模。Autoformer 中的自相关机制如图 6-36 所示。

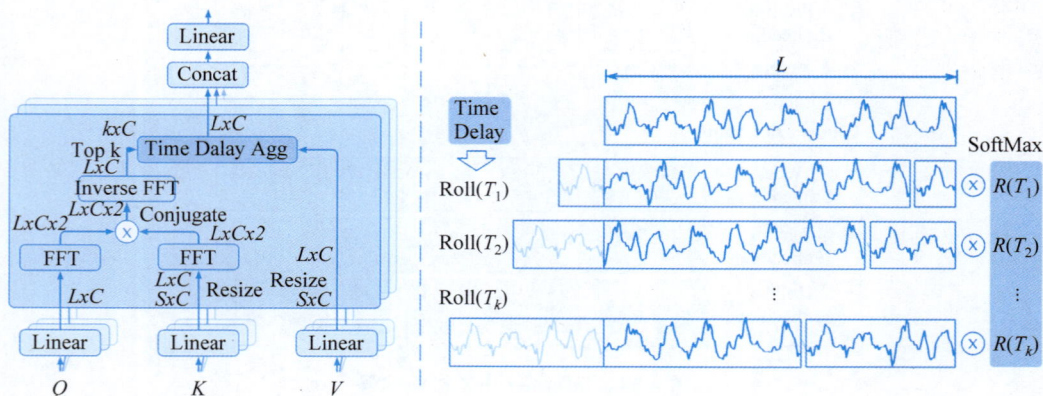

图 6-36　Autoformer 中的自相关机制

传统的自注意力机制在长期时间序列中难以准确捕捉到全局模式，尤其是对复杂的周期性变化建模效果不佳。Autoformer 通过自相关机制能识别时间序列中的显著周期性和长期依赖关系，从而避免了对无关时间步的注意力分配，大幅降低了计算复杂度。自相关机制能自动提取时间序列中高自相关性的关键时间步，并以此为基础进行预测。通过这种方式,Autoformer 能更有效地捕捉长时间序列中的全局模式,提高预测的准确性,同时减少计算资源的消耗。

Autoformer 模型在时间序列预测领域做出了显著贡献,特别是在长序列预测任务中通过自相关机制、自回归框架和趋势残差分解,显著提高了模型的计算效率和预测准确性。与传统的 Transformer 模型相比,Autoformer 能更好地适应长时间序列的复杂变化,并有效捕捉全局信息,成为时间序列预测中一种强有力的工具。

6.4　时间序列预测任务的评估指标

为了衡量模型在时间序列预测任务中的表现,通常需要使用特定的评估指标定量评估预测的准确性、偏差和模型的稳健性。与其他机器学习任务相比,时间序列预测的评估方式需要充分考虑时间序列的特点,如时间依赖性、趋势性和周期性。

1. 均方误差(Mean Squared Error,MSE)

均方误差是预测值和实际值之间误差的平方的平均值,其计算公式如下。

$$\text{MSE} = \frac{1}{n}\sum_{i=1}^{n}(y_i - \hat{y}_i)^2 \tag{6-2}$$

其中,y_i 表示实际值,$\hat{y}_i$ 表示预测值,n 是样本的数量。当对大误差非常敏感,且希望模型在预测时避免较大的错误时,MSE 是一个合适的指标。由于误差平方的放大效应,MSE 可能会对含有噪声或异常值的数据过于敏感,从而影响模型评估的公平性。

2. 均绝对误差(Mean Absolute Error,MAE)

均绝对误差是预测值和实际值之间误差绝对值的平均值,其计算公式如下。

$$\text{MAE} = \frac{1}{n}\sum_{i=1}^{n}|y_i - \hat{y}_i| \tag{6-3}$$

其中,y_i 表示实际值,$\hat{y}_i$ 表示预测值,n 是样本的数量。MAE 对每个误差给予了相同的权重,误差是线性的,不会像 MSE 那样夸大的误差。当希望对每个误差都给予相同的权重,而不特别惩罚大的误差时,MAE 是一个较好的选择。

3. 均绝对百分比误差(Mean Absolute Percentage Error,MAPE)

均绝对百分比误差衡量的是预测误差相对于实际值的百分比,其计算公式如下。

$$\text{MAPE} = \frac{100\%}{n}\sum_{i=1}^{n}\left|\frac{y_i - \hat{y}_i}{y_i}\right| \tag{6-4}$$

其中,y_i 表示实际值,$\hat{y}_i$ 表示预测值,n 是样本的数量。MAPE 提供了误差的相对度量,结果是一个百分比,容易直观理解。该指标特别适用于那些实际值跨度较大的数据集,因为它可以衡量误差相对于实际值的比例。当需要评估模型预测值与实际值之间的相对误差时,尤其是在实际值波动较大或具有不同量级的场景下,MAPE 非常有效。当实际值 y_i 接近零时,MAPE 会变得不稳定,可能导致极端的大误差百分比,因此不适用于实际值为零或接近零的数据。

4. R^2 指数(R-squared,R^2)

R^2 又称决定系数,它表示预测模型对实际数据变化的解释程度,其计算公式如下。

$$R^2 = 1 - \frac{\sum_{i=1}^{n}(y_i - \hat{y}_i)^2}{\sum_{i=1}^{n}(y_i - \bar{y})^2} \qquad (6\text{-}5)$$

其中，$\bar{y}$ 是实际值的均值。R^2 的取值范围为 0 到 1，R^2 越接近 1，表示模型的预测效果越好。它能直观地表示模型解释了目标变量方差的百分比，通常用作评估回归模型整体性能的指标，适用于需要衡量模型预测值和实际值相关性，以及预测准确性整体表现的场景。R^2 对极端值或异常值较为敏感，可能导致评估结果受到不平衡数据的影响。

6.5 时间序列预测实战探索：基于 PCA 降噪特征选择与 LSTM 的湖泊溶解氧含量预测模型研究

6.5.1 引言

湖泊生态系统的健康直接影响到水体的生物多样性和水质安全。其中，溶解氧（DO）含量是评估湖泊水质的重要指标之一。溶解氧的变化不仅受到自然环境因素的影响，还与人类活动密切相关。传统的溶解氧监测方法多依赖于人工采样和实验室分析，往往效率低下且成本高昂。近年来，随着传感器技术和数据采集技术的快速发展，实时监测湖泊溶解氧的需求日益增长。为提高溶解氧含量预测的准确性，本节提出一种基于 PCA 降噪特征选择方法和长短期记忆网络（LSTM）的预测模型。

PCA 是一种有效的降维技术，能通过线性变换提取数据中的主要特征，并去除噪声影响。结合最大信息系数（MIC）方法进一步选择与溶解氧含量高度相关的特征，从而提高模型的预测性能。LSTM 是一种特殊的递归神经网络，适合处理时间序列数据，能捕捉长期依赖关系，特别适合用于完成动态环境下的水质预测任务。下面将三种算法进行结合，提出 PCA-MIC-LSTM 模型[37]。

6.5.2 基于 MIC 特征选取方法

MIC 是一种用于特征选择的方法，旨在评估变量之间的非线性相关性，适用于复杂数据集。特征选择在湖泊溶解氧含量预测模型中至关重要，因为溶解氧的变化受多种环境因素的影响。这些特征中可能存在冗余或无关的信息，过多的特征不仅会增加模型的复杂性，还可能导致过拟合，降低模型的预测性能。因此，采用有效的特征选择方法能显著提高模型的效率和准确性。

MIC 于 2011 年提出，它是用于检测变量之间非线性相关程度的最新方法。MIC 的基本原理在于量化两个变量之间的依赖关系，尤其是能捕捉非线性关系。它通过评估样本数据的分布，计算最大化信息量的离散化和分类方式，以此得出一个介于 0 和 1 的系数。MIC 的值越接近 1，表示两个变量之间的关系越强，反之则表示关系较弱。这种特性使得 MIC 在特征选择中尤为适合，因为它不仅考虑线性关系，还能有效识别复杂的非线性关系。在湖泊溶解氧含量预测中，利用 MIC 可以从众多环境特征中选出与溶解氧含量高度相关的特征,从而提高模型的预测能力和解释性。通过有效的特征选择,模型能专注于关键变量,减少计算负担,提高泛化能力,从而更准确地反映水体的生态状态。

如果两个变量之间存在关联,它们对应的数据点的集合分布在二维空间中;如果使用 m 乘以 n 的网格划分数据空间,总能找到一种能将两个变量的散点图进行网格划分的办法,变量 x 与 y 的 MIC 定义如下。

$$\mathrm{MIC}(X;Y) = \max\left\{\frac{I(X;Y)}{\log\min\{n_x, n_y\}}\right\} \tag{6-6}$$

其中,$I(X;Y)$ 为 X 与 Y 的互信息,n_x 与 n_y 分别为在网格划分过程中变量 X 与变量 Y 被划分的段数。

6.5.3 湖泊水质溶解氧预测模型构建

1. 数据样本的确定

这里以江西省战备湖实时监测数据为研究对象,包含 8 个月的数据,每隔 2 分钟采集一次数据,共 7803 条数据。同一时刻水质中多种监测指标数据相互影响,溶解氧也受到其他指标因素的影响。根据湖泊水环境质量标准及影响因素,最终选取大气温度、风向、风速、大气压强、相对湿度、水温、PH 值、电导率、测定水深、氧化还原电位共 10 个指标作为输入参数,将溶解氧作为标记特征。选择的湖泊水质部分样本数据如表 6-1 所示。

表 6-1 选择的湖泊水质部分样本数据

大气温度/℃	风向/°	风速/m·s⁻¹	大气压强/hPa	相对湿度/%	水温/℃	PH 值	电导率/μs·cm⁻¹	测定水深/m	氧化还原电位/mV	溶解氧/mg·L⁻¹
25.94501	217	2.83	1008.2	79	25.77	7.12	95.5	0.33	−0.3	8.32
25.91564	217	3.18	1008.2	80	25.78	7.1	95.3	0.33	−0.3	8.25
25.91564	211	2.73	1008.2	79	25.78	7.1	95.6	0.34	−0.3	8.3
25.88627	231	3.21	1008.2	77	25.78	7.09	95.5	0.34	−0.3	8.26
25.85464	219	2.99	1008.3	79	25.75	7.09	95.5	0.34	−0.3	8.25
25.85464	215	2.64	1008.3	78	25.75	7.08	95.4	0.34	−0.3	8.19

2. 数据预处理

数据预处理包括两部分工作:样本特征数据归一化、数据降噪处理。

数据样本由 10 个不同的指标特征组成,这些特征的量纲和差异性较大。为消除水质各特征单位和尺度差异的影响,需要对特征进行归一化处理。归一化的目标是将每个特征调整到一个特定的范围。这里采用最大值最小值归一化方法,将所有特征值转换到区间 [0,1],以减少数据的波动性和复杂性。最大值最小值归一化的公式如下。

$$x'_t = (x_t - x_{\min})/(x_{\max} - x_{\min}) \tag{6-7}$$

其中,$x_{\max}$ 与 $x_{\min}$ 分别表示同一监测特征的样本数据的最大值和最小值,x_t 表示原始样本数据,x'_t 表示归一化之后的数值。

完成归一化工作后,利用 PCA 算法对数据进行降噪处理。

3. 特征参数的选取

湖泊水质数据样本的特征与溶解氧之间可能不呈现线性关系，且所有水质指标均为定量连续值。因此，采用 MIC 方法评估溶解氧与各特征的相关性，并选择关联程度高的特征作为 LSTM 预测模型的输入。设溶解氧为变量 Y，其余特征为 X。MIC 计算的主要步骤如下。

（1）给定 i、j，对 X、Y 构成的散点图进行 i 列 j 行网格化，并求出最大的互信息值。

（2）对最大的互信息值进行归一化。

（3）选择不同尺度下互信息的最大值作为 MIC 值。

特征间的 MIC 结果热力图如图 6-37 所示。

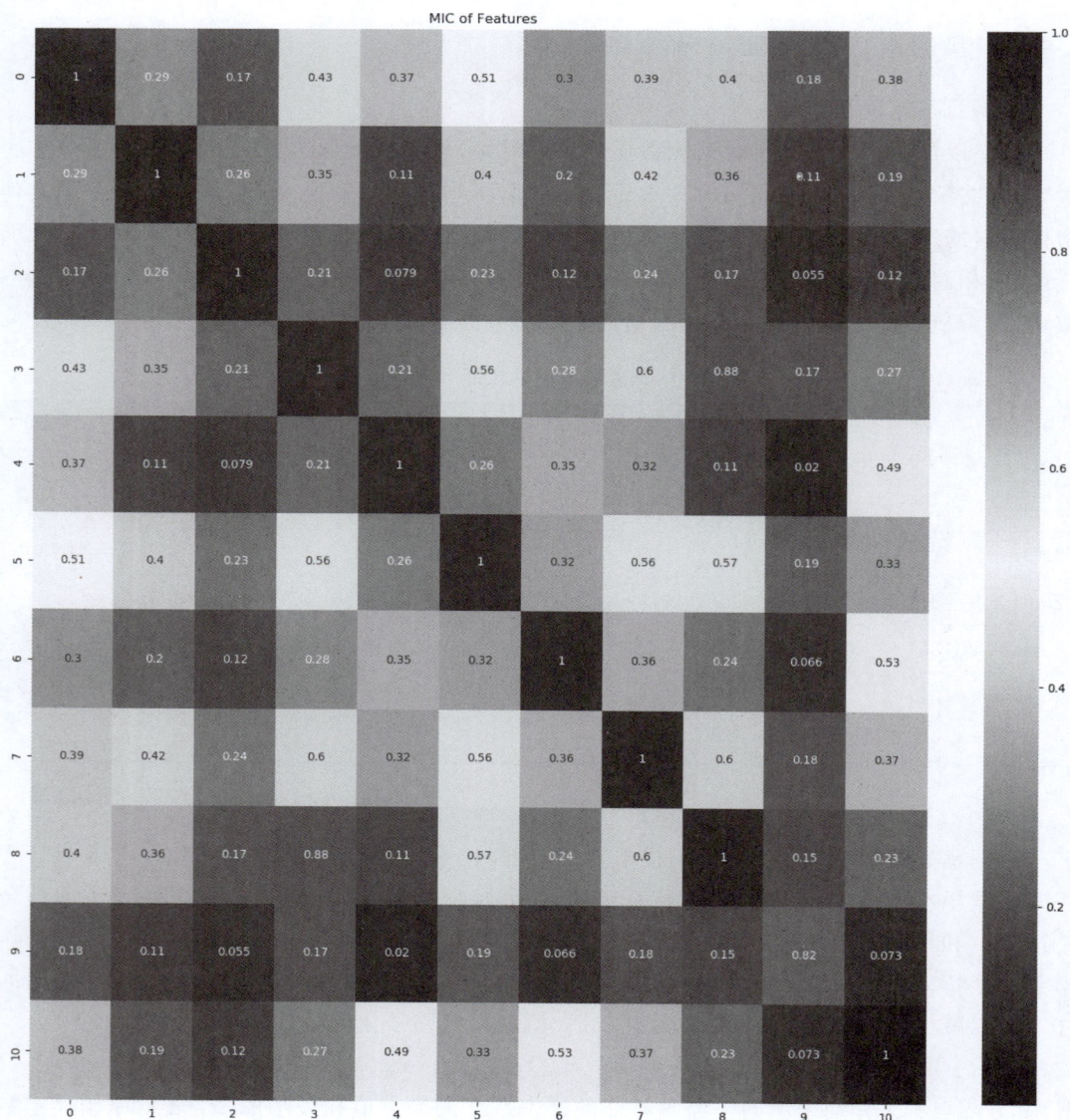

图 6-37　特征间的 MIC 结果热力图

设置相关系数阈值为 $0.3^{[38]}$，最终选择的用于模型训练的特征为：大气温度、相对湿度、PH值、电导率。其中PH值和相对湿度对溶解氧的影响最大，将其他对溶解氧取值影响较小的特征去掉，从而简化了LSTM模型的运算量，提高了其泛化能力。

6.5.4 实验

为了验证本节提出模型的有效性，提出PCA-MIC-LSTM方法，与SVR、传统LSTM等预测模型做对比实验。其中，传统LSTM模型参数设置与本节提出的方法一致，但会采用全部特征指标作为训练指标。SVR算法选择RBF函数作为核函数，惩罚系数 C 是通过设定一个数值范围寻优得到的，采用 $C=7000$。与其他代表方法的对比实验结果如表6-2所示。

表6-2　与其他代表方法的对比实验结果

方　　法	RMSE
SVR	1.163
传统 LSTM	0.47
PCA-MIC-LSTM	0.04

从数据可以看出，传统的LSTM算法对比SVR算法具有更好的预测精度，均方根误差减少了0.693，即溶解氧的预测精度平均提高了59.6%。本节基于PCA＋MIC＋LSTM组合的方法对比传统的LSTM算法，均方根误差减少了0.43，即溶解氧的预测精度比传统LSTM平均提高了91.5%，可以看出本节提出的方法在湖泊溶解氧预测精度方面有非常明显的提高。

从总体样本中选取33%的数据作为测试样本，然后根据测试样本数据的预测值与真实值进行曲线绘图，其中横坐标表示测试样本点的序号，纵坐标表示溶解氧的取值。传统的LSTM模型预测值与真实值的比较曲线如图6-38所示。

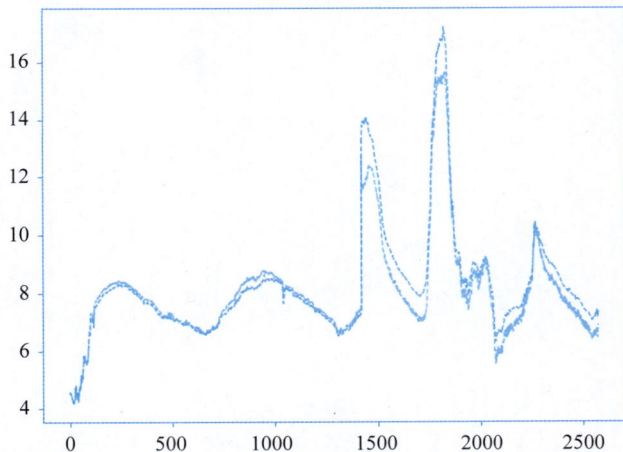

图6-38　传统的LSTM模型预测值与真实值的比较曲线

采用 PCA 降噪、MIC 进行特征选取处理后的 LSTM 模型预测值与真实值比较曲线如图 6-39 所示。

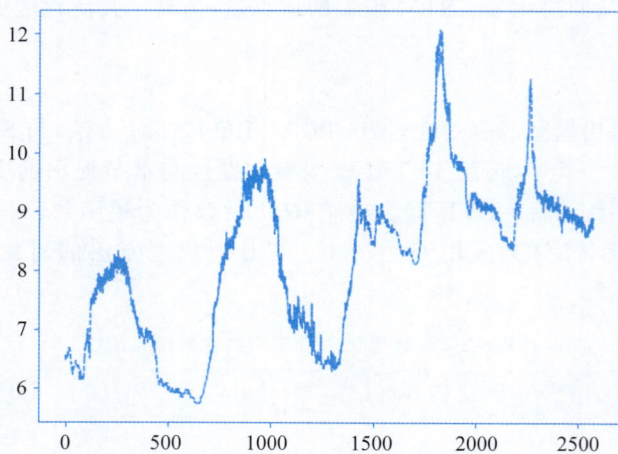

图 6-39　PCA＋MIC＋LSTM 溶解氧预测结果图

对比图 6-38 和图 6-39 可以看出，PCA＋MIC＋LSTM 预测结果的拟合精度相对于没有进行降噪处理及特征选取的传统 LSTM 模型来说，有了很大的提高，拟合效果更佳。

第 7 章

自然语言处理技术

深度学习在自然语言处理（NLP）领域取得了革命性进展，它利用神经网络模型自动从海量文本数据中学习语言特征，无须烦琐的手工规则定义。通过词嵌入技术，如Word2Vec、BERT等，单词被转换为高维向量，有效捕捉语义信息。这些技术使得机器能理解复杂语言现象，如上下文含义、情感倾向及语义关系。在 NLP 任务中，如文本分类、情感分析、机器翻译、问答系统、摘要生成等，深度学习模型展现出卓越性能，极大提升了自然语言处理任务的准确性和效率，推动智能客服、智能写作、智能翻译等应用快速发展。本章将深入剖析自注意力机制的精妙之处，详述编码器与解码器的协同工作机制，并全面揭示 Transformer 模型这一里程碑式架构的工作原理。随后，将通过丰富的应用实例，展示Transformer 模型在机器翻译、文本生成、语音识别、信息检索以及自然语言理解等多个领域的卓越表现与广泛应用，进一步凸显其在推动自然语言处理技术边界拓展中的核心作用。

7.1 自然语言处理任务

自然语言处理是对文本的处理，其中衍生出几类重要的任务，如文本分类、命名实体识别、机器翻译、自然语言生成等。

7.1.1 文本分类

文本分类（Text Classification）是 NLP 中的基础任务之一，旨在将一段文本按照预定义的类别进行分类。典型的应用场景包括垃圾邮件检测、新闻分类、情感分析等。例如，在情感分析任务中，系统需要根据用户的评论或社交媒体帖子判断情感是积极、消极还是中立。情感分析任务的输入/输出模式如图 7-1 所示。

文本分类的主要挑战在于类别不平衡问题。当某些类别的样本数量远超其他类别时，模型容易偏向高频类别。此外，文本中的语义信息复杂，单纯依靠词汇的表面特征无法准确分类。深度学习模型的引入一定程度上解决了这些问题，但对模型的泛化能力和理解长文本的能力提出更高的要求。

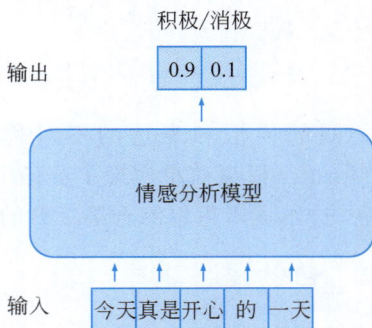

图 7-1　情感分析任务的输入/输出模式

7.1.2　命名实体识别

命名实体识别（Named Entity Recognition，NER）是信息抽取的一个重要任务，旨在识别文本中具有特定意义的实体（如人名、地名、机构名等）。NER 广泛应用于信息检索、对话系统、智能客服等领域。例如，在一篇新闻报道中，NER 模型可以识别出文中的人名、地名和机构名，以方便后续的语义分析或信息抽取。命名实体识别任务的输入/输出模式如图 7-2 所示。

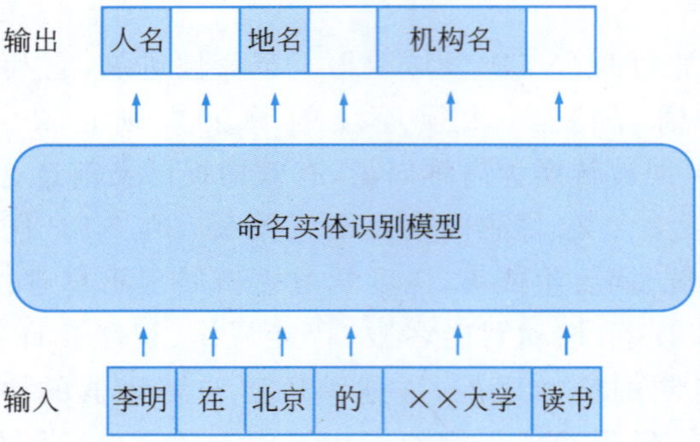

图 7-2　命名实体识别任务的输入/输出模式

7.1.3　机器翻译

机器翻译（Machine Translation，MT）是指将一种语言的文本自动翻译为另一种语言。近年来，基于神经网络的翻译模型取得了显著进展，尤其是基于 Transformer 架构的模型。机器翻译在跨语言交流、国际商务、全球化内容传播等方面广泛应用。机器翻译任务的输入/输出模式如图 7-3 所示。

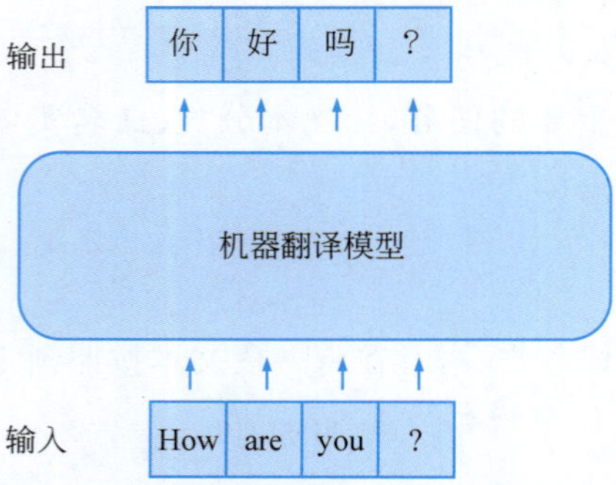

图 7-3　机器翻译任务的输入/输出模式

机器翻译的核心挑战是语言的多样性和复杂的语法结构。由于不同语言之间的句法规则和表达方式可能差异巨大，简单的字面翻译往往不能传达准确的语义。为了提升翻译质量，模型需要具备良好的上下文理解和句法结构分析能力。此外，多语言之间的词汇和表达的不对称性也为模型提出进一步的挑战。第 3 章已经使用 Transformer 模型简单实现了英译中的机器翻译任务，实际上，机器翻译的实现方式不仅只有一种方式，读者可以结合第 3 章的知识，自行设计机器翻译的实现细节。

7.1.4　自然语言生成

自然语言生成（Natural Language Generation，NLG）旨在根据输入自动生成自然语言文本。典型应用包括对话系统、自动写作、新闻生成等。近年来，基于深度学习的文本生成模型展示了卓越的文本生成能力，能生成内容连贯、逻辑合理的长篇文章。自然语言生成任务的输入/输出模式如图 7-4 所示，其中，输入也可以称为"提示"，模型将会通过"提示"给出输出。自然语言生成任务的"提示"可以是一个问题,也可以是一段文本的开头,模型将尝试回答问题,生成流程的回复,或根据提示补全后续的文本。

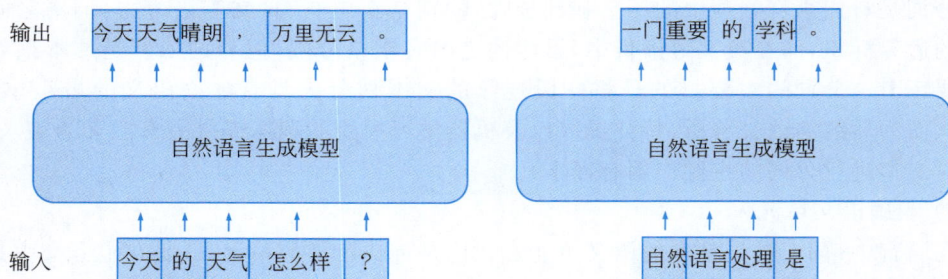

输出   今天 天气 晴朗 , 万里无云 。   一门 重要 的 学科 。

自然语言生成模型   自然语言生成模型

输入   今天 的 天气 怎么样 ?   自然语言 处理 是

图 7-4   自然语言生成任务的输入/输出模式

自然语言生成的主要挑战在于生成的文本是否连贯且符合上下文逻辑。此外,文本生成任务需要避免重复、无意义或逻辑错误的内容,这对模型的控制能力提出很高的要求。此外,文本生成任务中可能涉及敏感信息或伦理问题,如何确保生成的文本不过度偏见或引发争议,也是当前研究的一个热点问题。

7.2   文本数据预处理

深度学习模型在自然语言处理任务中展示了强大的学习能力,但它们对输入数据的质量极其敏感。因此,在深度学习的自然语言处理任务中,数据预处理成为一项至关重要的前置任务。数据预处理是指对原始数据进行一定程度的处理,以确保其质量、完整性和一致性,从而提升模型的训练效果和预测性能。

本章将通过一个文本分类数据集,详细介绍自然预测处理技术中的各个环节。此文本分类数据集,主要用于情感分析任务,源自某外卖平台收集的用户评价,其中正面评论(标签为 1)约 4000 条,负面评论(标签为 0)约 8000 条。数据集示例如图 7-5 所示。

	A	B	C	D	E	F	G	H	I
1	label	review							
2	1	很快,好吃,味道足,量大							
3	1	没有送水没有送水没有送水							
4	1	非常快,态度好。							
5	1	方便,快捷,味道可口,快递给力							
6	1	菜味道很棒!送餐很及时!							
7	1	今天师傅是不是手抖了,微辣格外辣!							
8	1	送餐快,态度也特别好,辛苦啦谢谢							
9	1	超级快就送到了,这么冷的天气骑士们辛苦了。谢谢你们。麻辣香锅依然很好吃。							
10	1	经过上次晚了2小时,这次超级快,20分钟就送到了……							
11	1	最后五分钟订的,卖家特别好接单了,谢谢。							
12	1	量大,好吃,每次点的都够吃两次							
13	1	挺辣的,吃着还可以吧							
14	1	味道好,送餐快,分量足							
15	1	量足,好吃,送餐也快							
16	1	特别好吃,量特大,而且送餐特别快,特别特别棒							
17	1	口感好的很,速度快!							
18	1	相当好吃的香锅,分量够足,味道也没的说。							
19	1	好吃!速度!包装也有品质,不出家门就能吃到餐厅的味道!							
20	1	味道好极啦,送餐很快师傅辛苦啦							

图 7-5   数据集示例

7.2.1 分词

分词是自然语言处理中的一个基础步骤，特别是在中文、日文等语言中，词语之间没有明显的边界标识，而在英文等语言中，虽然词之间有空格分隔，但分词依然是文本预处理中的必要环节。分词的主要目的是将一段连续的文本划分为具有独立语义的最小单元（词汇），从而为后续的语义分析、特征提取以及机器学习模型的训练提供更有意义的输入。

对文本进行分词的主要作用有以下几个。

1）明确语义单元

在语言中，词汇是最基本的语义单元。无论是词典定义的单词，还是在上下文中具有特殊意义的短语，分词的首要任务就是将这些语义单元识别出来。如果没有经过分词，整个文本将被看作一个未分隔的字符流，模型很难正确理解和处理。尤其在中文中，字符和词之间的界限不明显，例如"苹果公司"和"苹果"可能具有完全不同的语义，必须通过分词明确划分出来。

2）特征提取

分词可以视作一种特征提取方式。深度学习和传统机器学习模型都需要将文本数据转换为特征向量进行处理。常见的文本特征提取方法都是基于单词或词组的，因此在构建这些特征之前，必须先进行分词。如果没有正确分词，特征提取的效果会大打折扣，甚至无法生成有效的特征。例如，直接将未分词的文本输入模型，可能导致模型生成冗长的字符级别的特征，这些特征在大多数情况下缺乏实际语义，无法有效地表示文本信息。

3）提高模型的计算效率

未分词的文本可能包含大量冗余信息或重复字符，导致模型的输入空间过大，增加了计算复杂度。通过分词，可以将一段文本划分为一系列有意义的词汇单元，减少了特征空间的维度。相比于逐个字符处理，分词后的文本能大幅提高训练和推理过程的效率，尤其在处理大规模文本数据时，分词能帮助优化计算资源的利用，提升模型的运行速度。

在自然语言处理中，分词的方式取决于语言的特性。对于以空格分隔词汇的语言，如英文，分词相对简单；而对于没有空格分隔的语言，如中文，分词则要复杂得多。

由于中文没有明显的单词分界，分词成为 NLP 中的一个关键步骤。中文分词主要有三种方式：基于规则的分词、基于统计的分词和基于深度学习的分词。基于规则的分词通过预定义词典和人工规则进行切分，这种方式简单、高效，但在处理新词或歧义词时表现较差。基于统计的分词则通过统计语言模型学习词汇的分布和出现频率，常见的工具如结巴（jieba）分词便是这种方法的代表。

结巴分词中提供了 3 种不同的分词模式。

1）精确模式

精确模式的目的是尽可能准确地将句子划分为最合适的词语。jieba 底层实现的是基于词典的最大概率匹配算法。它通过构建一棵词典树，从左到右扫描句子，并利用动态规划找到切分路径上总概率最大的词组合。

当遇到一个词汇时，它会尽可能地尝试从词典中找出这个词的最长匹配。它通过构建分词图，将句子中的每个词作为节点，计算节点之间的连接概率，然后利用动态规划算法选择概率最高的路径进行分词，这样可以避免将长词误拆为短词，从而达到最精确的分词效果。

精确模式适合用于文本分析、统计任务等场景，因为它的分词结果往往更加精准，能保留重要的词语信息而不会丢失。

2）全模式

全模式是 jieba 提供的一种"暴力"分词模式。它会尝试从句子中找出所有可能的词汇。这意味着，它会在词典中尽可能多地匹配不同长度的词语，导致同一段文本可能会有多个重叠的词语出现。这种方式的底层机制依旧依赖词典匹配，但它不局限于单一的最大概率匹配，而是尝试找出所有潜在的词语。

全模式不使用动态规划，而是采用一种启发式的匹配方式，将句子中的每个可能匹配的词都找出来。它不考虑句子中词语组合的合理性和语法关系，只要词典中有对应的词，就会被提取出来。

全模式通常用于搜索引擎的索引构建，因为在搜索引擎场景下，检索系统往往希望覆盖尽可能多的关键词，以确保能捕获到更多的相关内容。尽管这种模式能生成丰富的词语列表，但并不适合完成文本分析等任务，因为冗余信息较多。

3）搜索引擎模式

搜索引擎模式的设计主要是为了解决搜索引擎中检索的精准性和覆盖面的问题。该模式在精确模式的基础上增加了对长词的进一步切分。它不仅将句子按照精确模式划分，还会对较长的词语进行二次切分，以提高搜索的召回率。

底层原理与精确模式相似，依然依赖词典和动态规划进行分词。但是，对于长词，如专有名词、短语等，它还会继续从这些词中提取子词（子词通常是常见的短词）。这种方式兼顾了长词的准确性，同时增加了细粒度的短词，确保搜索引擎在对文本进行索引时能抓取到更多的潜在关键词。

该模式主要应用于搜索引擎中，以确保在用户检索时能捕获到关键词的更多组合，提高搜索的精准性和覆盖率。

三种模式的代码实现如下。

```python
import jieba

#示例文本
text = "超级快就送到了,这么冷的天气骑士们辛苦了。谢谢你们。麻辣香锅依然很好吃。"

#1.精确模式(默认模式),将文本准确地切分成最精确的词,适合文本分析
words_exact = jieba.cut(text, cut_all=False)
print("精确模式:", "/ ".join(words_exact))

#2.全模式,将所有可能的词语都切出来,适合快速全文搜索,不适合用于分析
words_full = jieba.cut(text, cut_all=True)
print("全模式:", "/ ".join(words_full))

#3.搜索引擎模式,在精确模式的基础上,对长词再进行细粒度切分,适合搜索引擎
words_search = jieba.cut_for_search(text)
print("搜索引擎模式:", "/ ".join(words_search))

#4.添加自定义词典
```

```
jieba.add_word("麻辣香锅")  #手动添加自定义词汇
words_custom = jieba.cut(text, cut_all=False)
print("自定义词典:", "/ ".join(words_custom))
```

分词结果如下。

精确模式：超级 / 快 / 就 / 送到 / 了 / , / 这么 / 冷 / 的 / 天气 / 骑士 / 们 / 辛苦 / 了 / 。 / 谢谢你们 / 。 / 麻辣 / 香锅 / 依然 / 很 / 好吃 / 。
全模式：超级 / 快 / 就 / 送到 / 了 / , / 这么 / 冷 / 的 / 天气 / 骑士 / 们 / 辛苦 / 了 / 。 / 谢谢 / 谢谢你们 / 你们 / 。 / 麻辣 / 香 / 锅 / 依然 / 很 / 好吃 / 。
搜索引擎模式：超级 / 快 / 就 / 送到 / 了 / , / 这么 / 冷 / 的 / 天气 / 骑士 / 们 / 辛苦 / 了 / 。 / 谢谢 / 你们 / 谢谢你们 / 。 / 麻辣 / 香锅 / 依然 / 很 / 好吃 / 。
自定义词典：超级 / 快 / 就 / 送到 / 了 / , / 这么 / 冷 / 的 / 天气 / 骑士 / 们 / 辛苦 / 了 / 。 / 谢谢你们 / 。 / 麻辣香锅 / 依然 / 很 / 好吃 / 。

分词是自然语言处理中不可或缺的一步，它为后续的文本处理和模型训练奠定了基础。通过分词，文本可以被有效地分解为具有独立语义的单元，从而帮助模型更好地理解语言的结构和含义。无论是在中文这样没有空格分词的语言中，还是在英文这种有明确单词边界的语言中，分词都有助于提升自然语言处理任务的效果，减少噪声干扰，并提高计算效率。

7.2.2 去停用词

在文本数据中，停用词（Stop Words）指的是那些在语义上贡献较少、频繁出现的词汇，如"的""是""and""the"等。尽管这些词在构造语句时必不可少，但它们通常对文本的核心意义贡献有限。因此，在许多 NLP 任务中，通过去除停用词可以提升效率和精度。

去停用词的优势通常体现在以下几方面。

1）减少数据噪声

停用词通常是无实际意义的高频词语，它们更多起到语法连接和语句结构的作用。在文本中，这类词汇出现频率极高，但并不会直接影响文本的主要意思。如果不去掉这些词，模型在学习时可能会把注意力分散到这些词上，导致噪声干扰模型的训练。因此，通过去停用词可以有效减少文本中的噪声，使模型能聚焦于更加重要的词语，提升模型对语义的理解能力。

2）提高处理效率

文本数据通常体量较大，而停用词在大多数文本中所占的比例相对较高。如果将所有词都纳入模型进行处理，会导致数据规模增大，增加计算负担。通过去停用词可以减少需要处理的词汇量，从而降低模型的输入维度和计算复杂度。这对于计算资源有限或需要快速处理大规模数据的情况尤为重要。在很多情况下，去停用词后的数据集可以显著减少处理时间，并且不会对模型的表现产生负面影响。

3）增强模型的泛化能力

在实际任务中，模型的泛化能力尤为关键，即如何让模型在未见过的数据上也能表现出色。停用词的频繁出现可能导致模型过拟合于特定数据集，而无法泛化到其他数据。因此，去掉这些高频无意义的词汇，可以帮助模型更好地从数据中抽象出通用的特征，避免模型只记住了特定的噪声信息。

接下来对数据集中所有文本进行去停用词的操作。首先需要准备一份中文停用词词典，中文停用词包括一些特殊字符与"了""呢"等无实义的词语。去停用词代码实现如下。

```python
import pandas as pd

#停用词集合
stopwords = set()
#读取停用词
with open('cn_stopwords.txt', 'r', encoding='utf-8') as f:
    #遍历每一个停用词
    for line in f.readlines():
        #去掉回车并加入集合
stopwords.add(line.replace('\n', ''))

#读取所有数据
df = pd.read_csv('waimai_10k.csv')
#用一个新的列保存去停用词后的结果
df['去停用词'] = ['' for i in range(len(df))]

#遍历所有评论
for i in range(len(df)):
    #获取评价
    review = df.iloc[i, 1]
    #分词
    cut_words = jieba.lcut(review, cut_all=False)
    #保存分词后的结果
    words = []
    #遍历所有词语
    for word in cut_words:
        #如果不是停用词
        if word not in stopwords:
            #保存词语
            words.append(word)

    df.iloc[i, 2] = ' '.join(words)
```

为了方便对比去停用词后的效果,将去停用词后的结果与原始文本保存在同一个 csv 文件中,如图 7-6 所示。由于去停用词中已经进行了分词操作,因此为了避免重复分词,利用空格将去停用词后的词语进行分割。

	label	review		去停用词
1	label	review		去停用词
2	1	很快,好吃,味道足,量大		很快 好吃 味道 足 量
3	1	没有送水没有送水没有送水		没有 送水 没有 送水 没有 送水
4	1	非常快,态度好。		非常 快 态度
5	1	方便,快捷,味道可口,快递给力		方便 快捷 味道 可口 快 递给力
6	1	菜味道很棒! 送餐很及时!		菜 味道 很棒 送餐 及时
7	1	今天师傅是不是手抖了,微辣格外辣!		今天 师傅 是不是 手抖 微辣 格外 辣
8	1	送餐快态度也特别好,辛苦啦谢谢!		送餐 快 态度 特别 辛苦 谢谢
9	1	超级快就送到了,这么冷的天气骑士们辛苦了。谢谢你们。麻辣香锅依然很好吃。		超级 快 送到 冷 天气 骑士 辛苦 谢谢 你们 麻辣香锅 依然 好吃
10	1	经过上次晚了2小时,这次超级快,20分钟就送到了……		上次 晚 小时 超级 快 20 分钟 送到
11	1	最后五分钟订的,卖家特别好接单了,谢谢。		最后 五分钟 订 卖家 特别 接单 谢谢
12	1	量大,好吃,每次点的都够吃两次		量 好吃 每次 点 够吃 两次
13	1	挺辣的,吃着还可以吧		挺辣 吃
14	1	味道好,送餐快,分量足		味道 送餐 快 分量 足
15	1	量足,好吃,送餐也快		量足 好吃 送餐 快
16	1	特别好吃,量特大,而且送餐特别快,特别特别棒		特别 好吃 量 特大 送餐 特别 快 特别 特别 棒
17	1	口感好的很,速度快!		口感 速度 快
18	1	相当好吃的香锅,分量够足,味道也没的说。		相当 好吃 香锅 分量 够 足 味道 没 说
19	1	好吃! 速度! 包装也有品质,不出家门就能吃到餐厅的味道!		好吃 速度 包装 品质 出 家门 吃 餐厅 味道
20	1	味道好极啦,送餐很快师傅辛苦啦		味道 好极 送餐 很快 师傅 辛苦

图 7-6 去停用词结果

可以发现，原始评价中的一些词语，如"了""就""这么""很""经过"等词语被去除。

尽管去停用词在很多 NLP 任务中都有显著的优势，但它并不是在所有场景下都适用。在一些任务中，停用词可能承载着语法或上下文信息的提示。例如，在机器翻译任务中，停用词在构建句法结构时仍然具有重要作用，直接去除可能影响译文的准确性。在这种情况下，是否去停用词需要根据任务的需求进行权衡。

7.2.3　文本可视化展示

文本可视化是自然语言处理中重要的预处理方式，能将文本数据的复杂信息以图形化方式进行展示。通过可视化，研究者和工程师能更直观地理解文本的分布、模式、特征和模型的表现。这种转换能帮助人们洞察原始文本中隐藏的规律，并为文本分析和模型优化提供依据。

1. 词云（Word Cloud）

词云是文本可视化中非常直观和常用的一种方法，它通过对文本中出现的单词进行频次统计，并根据词频的大小决定单词在图中的显示大小。词云的主要目的是快速展示文本中的高频词汇，让用户能直观地看到哪些词在文本中出现频率最高。这种可视化方式特别适用于探索性数据分析阶段，帮助快速了解文本的主题和主要内容。

对去停用词后的数据集文本进行词云展示，代码如下。

```python
from wordcloud import WordCloud
import matplotlib.pyplot as plt

#对所有正向评论进行可视化
label = 1
#总文本
text = ''
#拼接总文本
for i in range(len(df)):
    if df.iloc[i, 0] == label:
        text += df.iloc[i, 2]

#字体路径
font = r'C:\Windows\Fonts\simfang.ttf'
#设置词云参数
wordcloud = WordCloud(width=1600, height=800, background_color='white', font_path=font)
#生成词云
wc = wordcloud.generate(text)
#将词云导出到图片
wordcloud.to_file(f'wordcloud{label}.jpg')

#展示图片
plt.imshow(wc, interpolation='bilinear')
plt.axis("off")
plt.show()
```

运行代码,得到正面评论的词云统计图,如图 7-7 所示。

图 7-7　正面评论的词云统计图

以同样的方式,对负面评论进行词云可视化展示,结果如图 7-8 所示。

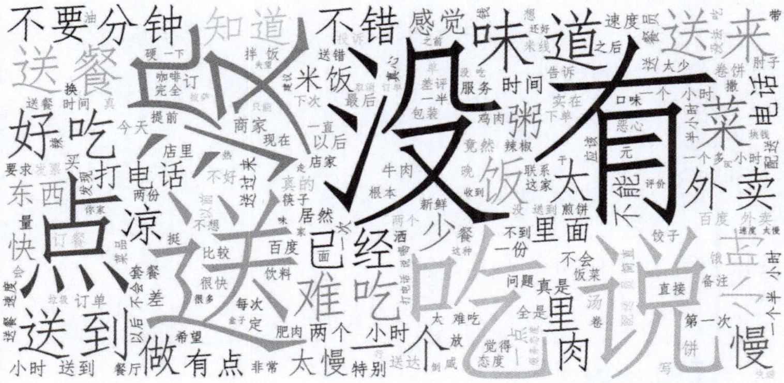

图 7-8　负面评论的词云统计图

2. 频率直方图(Frequency Histogram)

频率直方图通过展示单词或字母在文本中出现的次数,直观地展现词频的分布情况。通过统计每个词的出现次数,并用条形图表示出来,可以更详细地观察高频词和低频词的差异。相较于词云,频率直方图能更加精确地展现词频,尤其适合分析少量高频词汇对文本整体意义的贡献。

对数据集进行频率直方图统计,代码如下。

```python
import matplotlib.pyplot as plt
from collections import Counter

plt.rcParams['font.sans-serif'] = ['SimHei']          #显示中文
plt.rcParams['axes.unicode_minus'] = False            #显示负号

#所有词语
words = []
#对所有正面评论进行可视化
label = 1
```

```
#遍历所有评论
for i in range(len(df)):
    if df.iloc[i, 0] == label:
        words.extend(df.iloc[i, 2].split())

#统计词频
word_freq = Counter(words)
word_freq.pop(',')

#选择前 10 个最常见的词
common_words = word_freq.most_common(10)
words, counts = zip( * common_words)

#画词频直方图
plt.figure(figsize=(10, 5))
cmap = plt.get_cmap('plasma', 10)
for i in range(10):
plt.bar(words[i], counts[i], color=cmap(i))
plt.xlabel("词语")
plt.ylabel("出现次数")
plt.title("词频直方图")
plt.show()
```

正面评论的词频直方图如图 7-9 所示。

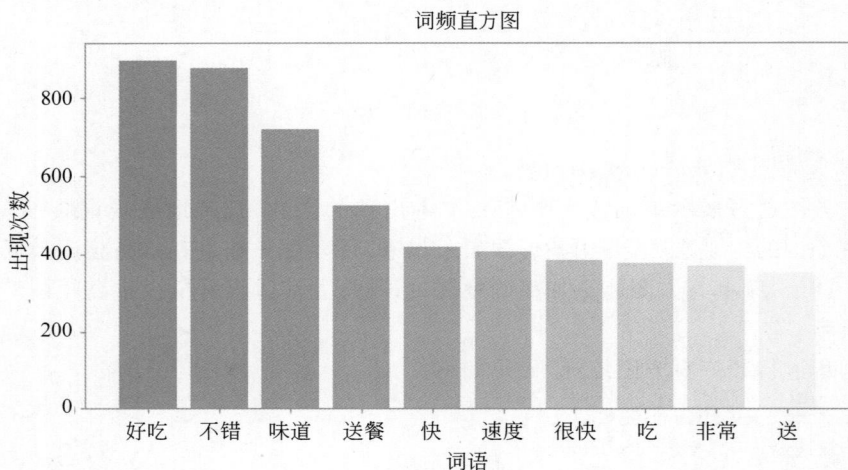

图 7-9　正面评论的词频直方图

同理，可以得到负面评论的词频直方图，如图 7-10 所示。

从负面评论的词频直方图中可以发现，"小时"的词频最高，说明负面评论很大程度上取决于"时间"。词频直方图统计，有助于分析哪些词汇对文本的核心信息具有重要贡献，适用于完成文本分类和情感分析任务。

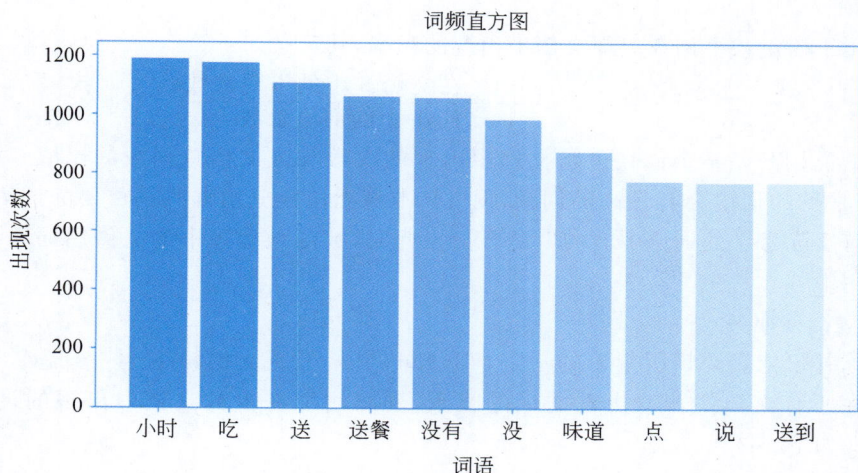

图 7-10　负面评论的词频直方图

7.3　文本向量化

　　自然语言处理中的文本向量化是指将语言文本转换为数值表示的过程，以便机器能理解和处理。语言本身是符号系统，计算机无法直接处理，因此需要一种将语言映射为数值的方式，这个过程被称为文本向量化。由于深度学习模型无法直接处理文本输入，因此文本向量化步骤显得至关重要，它将语言符号映射到数值空间，使模型能对这些表示进行数学操作。

　　文本向量化的核心在于将离散的语言符号（如单词或短语）转换为连续的数值向量。自然语言本质上是符号系统，计算机并不能直接理解或操作这些符号，必须将它们转换为数值形式才能进行处理。文本向量化解决了这一问题，将文本输入映射为高维数值向量，便于深度学习模型处理。向量化后，文本中的语义信息被嵌入向量的各个维度中，模型可以通过操作这些向量学习文本中的模式和关系。

　　文本向量化的主要方法包括传统的 TF-IDF、独热编码（One-Hot Encoding）和现代的词嵌入（Word Embedding）。这几种方法在自然语言处理的不同任务中有各自的应用场景和优势。

7.3.1　TF-IDF

　　TF-IDF（Term Frequency-Inverse Document Frequency）是一种用于文本挖掘和信息检索的统计方法，常用于衡量一个词在文档集或语料库中的重要性。其主要思想是：如果一个词在一篇文档中频繁出现，但在其他文档中很少出现，那么这个词能很好地代表该文档的内容，因此应给予较高的权重。TF-IDF 的全称是"词频-逆文档频率"，反映了它的两个主要组成部分：词频（Term Frequency，TF）和逆文档频率（Inverse Document Frequency，IDF）。

1. 词频

词频用于衡量某个词在单篇文档中出现的频率，其定义如下。

$$\text{TF}(t, d) = \frac{\text{词语 } t \text{ 在文档 } d \text{ 中的出现次数}}{\text{文档 } d \text{ 中的词语总数}} \tag{7-1}$$

简单来说，TF 是某个词在一篇文档中出现的次数与该文档总词数的比值。通过这种计算方式，常见的词语会有较高的词频，但 TF 本身无法区分出哪些是重要的词语，哪些是常见但没有实际意义的词语（如"的""是"等）。此时，数据预处理中的去停用词环节就起到了重要作用。

2. 逆文档频率

为了弥补仅依靠词频所带来的缺陷，TF-IDF 引入了逆文档频率这一概念。IDF 的目的是减少在所有文档中普遍出现的词的权重，同时增加在少数文档中出现的词的权重。IDF 的定义如下。

$$\text{IDF}(t, d) = \log \frac{N}{n_t + 1} \tag{7-2}$$

其中，N 是语料库中文档的总数，n_t 是包含词语 t 的文档数，分母中的 +1 能避免分母为零的情况，主要用于防止文档中没有出现某词语的情况。IDF 通过计算某个词出现在多少文档中进行逆向加权。假设某个词在所有文档中都出现过，则其 IDF 值会很低，因为该词缺乏区分能力；反之，若某个词只出现在少数几篇文档中，则它的 IDF 值会较高，表明该词对少数文档具有较强的代表性。

3. TF-IDF 的计算公式

TF-IDF 通过将词频和逆文档频率结合，形成一个整体的衡量指标，用来评估词语在文档中的重要性。它的计算公式如下。

$$\text{TF-IDF}(t, d, D) = \text{TF}(t, d) \times \text{IDF}(t, D) \tag{7-3}$$

公式的含义是：某个词在一篇文档中的 TF 值乘以该词的 IDF 值。TF 反映了词语在该文档中的出现频率，IDF 则反映了该词在整个语料库中的稀有度。这样，频繁出现在文档中的重要词语会得到较高的 TF-IDF 值，而在所有文档中出现的高频词语则会因 IDF 的抑制作用而获得较低的 TF-IDF 值。

在外卖评价数据集中，一条评论实际上就是一篇文档，数据集中共有 11987 条评论，就代表数据集中的文档总数为 11987。为了更好地理解 TF-IDF 的处理结果，通过代码实现 TF-IDF 向量化。TF-IDF 向量化的代码实现方式如下。

```python
import pandas as pd
from sklearn.feature_extraction.text import TfidfVectorizer

#读取数据
df = pd.read_csv('waimai_10k_停用词.csv')
#处理缺失值
df.fillna('', inplace=True)

#获取去停用词后的结果
texts = []
for i in range(len(df)):
```

```
        texts.append(df.iloc[i, 2])

#使用 TfidfVectorizer 进行向量化
vectorizer = TfidfVectorizer()
tfidf_matrix = vectorizer.fit_transform(texts)

#转换为数组格式
tfidf_matrix = tfidf_matrix.toarray()
print(tfidf_matrix.shape)
```

代码输出如下。

```
(11987, 9518)
```

通过 TF-IDF 向量化,数据集中的所有文本被转换为一个形状为 $11\,987 \times 9518$ 的矩阵。其中,11 987 表示一共有 11 987 条文本,9518 表示整个数据集中一共出现 9518 个不重复的词语。矩阵中的每一个元素(i,j)代表词典中第 j 个词项在第 i 个文本中的 TF-IDF 值(或称为权重)。TF-IDF 产生的矩阵是一个稀疏矩阵,即矩阵中大多数为 0,这是因为每一条评论中出现的词语只是词典中的一小部分,因此大多数词语的词频均为 0。

TF-IDF 是一种经典的文本向量化方法,通过统计学的知识综合考虑词频和逆文档频率,它能有效地评估词语在文档中的重要性,并应用于信息检索、文本分类等多种自然语言处理任务。尽管它存在无法捕捉词序和上下文语义等局限性,但它的简单性和有效性使其在许多应用中依然广泛使用。随着深度学习技术的普及,TF-IDF 也逐渐被更复杂的词嵌入技术所取代,但在轻量级任务中,TF-IDF 依然是一个可靠且高效的选择。

7.3.2 独热编码

独热编码是最早使用的一种文本向量化方法。它的核心思想是为每一个词汇创建一个独特的二进制向量,其中只有一个位置为 1,其余位置为 0。例如,如果词汇表包含了 10000 个不同的单词,独热编码将为每个单词分配一个 10000 维的向量。在这个向量中,只有对应该单词的一个位置是 1,其他位置都是 0。这种方法简单、直观,但也存在明显的局限性。

独热编码的实现过程非常直接。通过给每个词汇分配唯一的整数索引,构造二进制向量,不需要复杂的算法或预训练步骤。因此,独热编码在一些小型数据集和简单任务上依然具有一定的实用性。由于每个词都被编码为唯一的向量,因此独热编码不会引入语义上的歧义。每个单词与其他单词之间完全独立,没有任何隐含的关系或重叠。

假设有一个简单的词汇表。

["我","爱","自然","语言","处理"]

一共有 5 个词。每个词的独热编码将如下表示。

"我":$\begin{bmatrix} 1 & 0 & 0 & 0 & 0 \end{bmatrix}$

"爱":$\begin{bmatrix} 0 & 1 & 0 & 0 & 0 \end{bmatrix}$

"自然":$\begin{bmatrix} 0 & 0 & 1 & 0 & 0 \end{bmatrix}$

"语言":$\begin{bmatrix} 0 & 0 & 0 & 1 & 0 \end{bmatrix}$

"处理":$\begin{bmatrix} 0 & 0 & 0 & 0 & 1 \end{bmatrix}$

原始的句子将被表示为:

$$\begin{bmatrix} 1 & 0 & 0 & 0 & 0 \\ 0 & 1 & 0 & 0 & 0 \\ 0 & 0 & 1 & 0 & 0 \\ 0 & 0 & 0 & 1 & 0 \\ 0 & 0 & 0 & 0 & 1 \end{bmatrix}$$

每个词语都被映射成一个二进制向量，且只有一个位置的值为 1，这便是"独热"编码的由来。通过这种方式，独热编码为每一个词分配了一个唯一的数值表示，从而使计算机能处理这些词语。

尽管独热编码简单、有效，但它也存在不少局限性，这些限制在处理大规模的自然语言处理任务时尤为明显。

1）维度灾难

词汇表的大小决定了独热编码向量的长度。当处理大规模文本数据时，词汇表的词数可能非常大，数以万计甚至百万级别。例如，中文文本中的词汇量可能达到十几万或更多。对于每个词，都要构建一个长度为词汇表大小的稀疏向量，这会导致大量计算资源浪费，进而导致存储和计算成本急剧上升。

2）无法表示词语的语义关系

独热编码的另一个重大局限性是它无法捕捉词语之间的语义关系。在独热编码中，每个词语被视为完全独立的个体，彼此之间没有任何联系。例如，"苹果"和"水果"之间有明显的语义联系，但在独热编码中，它们的表示是两个互相完全独立的向量，缺乏语义信息。因此，独热编码无法很好地完成需要词语语义相关性的任务，如文本生成、翻译或情感分析。

3）稀疏性

独热编码产生的向量是高度稀疏的，因为大多数位置的值都是 0。对于一个大词汇表，只有一个位置的值为 1，而其他所有位置都是 0。这种稀疏表示会导致模型计算时的低效率，并且很难利用这些稀疏信息学习词语的内部结构或模式。

独热编码的代码实现如下。

```python
import torch
import torch.nn.functional as F

#读取数据
df = pd.read_csv('waimai_10k_停用词.csv')
#处理缺失值
df.fillna('', inplace=True)

#获取去停用词后的结果
texts = []
for i in range(len(df)):
    texts.append(df.iloc[i, 2].split())

#构建词汇表
vocab = set([word for text in texts for word in text])      #提取所有文本中的词语
vocab = sorted(vocab)                                        #排序词汇表
word2idx = {word: idx for idx, word in enumerate(vocab)}    #给每个词分配唯一的索引

#将文本数据转换为索引
```

```
indexed_texts = [[word2idx[word] for word in text] for text in texts]

#获取词汇表的大小
vocab_size = len(vocab)

#对每个文本中的词语索引进行独热编码
one_hot_texts = [F.one_hot(torch.tensor(text).to(torch.int64), num_classes=
vocab_size) for text in indexed_texts]

print(len(one_hot_texts))
print(texts[0], one_hot_texts[0].shape)
print(texts[1], one_hot_texts[1].shape)
print(texts[2], one_hot_texts[2].shape)
```

控制台输出如下。

```
11987
['很快', '好吃', '味道', '足', '量'] torch.Size([5, 10609])
['没有', '送水', '没有', '送水', '没有', '送水'] torch.Size([6, 10609])
['非常', '快', '态度'] torch.Size([3, 10609])
```

经过独热编码后,每条文本都变成一个矩阵,如第一条文本:['很快','好吃','味道','足','量']变成一个形状为 5×10609 的矩阵表示。其中,5 表示此文本中有五个词语,10609表示词汇表中一共有 106609 个词语。需要注意的是,由于每条文本的长度不同,因此每条文本的独热编码表示无法拼接为一个大的张量,需要对所有的文本进行填充,将所有文本填补至统一长度后,即可将所有的文本拼接为张量。

7.3.3　词嵌入

为了克服独热编码的局限性,词嵌入方法应运而生。词嵌入是文本向量化的一种重要方法,相较于传统的独热编码或 TF-IDF,它能更好地捕捉词语之间的语义关系,因此在现代 NLP 任务中广泛应用。词嵌入通过将词语映射到一个连续的向量空间,使得语义相似的词在向量空间中彼此靠近,从而为下游任务提供更加丰富的语义信息。

词嵌入的核心思想是将每个词语表示为一个低维稠密向量,这个向量通常是一个实数序列,而不是像独热编码那样的高维稀疏向量。词嵌入的关键是通过学习,使得在语义上相似的词对应的向量在向量空间中距离较近,反之则较远。

例如,"苹果"和"水果"是相关联的词语,它们的词向量在空间中会靠得更近;而"苹果"与"汽车"这类无关的词语之间则相距较远。这种表示不仅大大降低了向量的维度,还使得模型能学习到词汇之间的相似性和关联性。为了简单演示词嵌入的效果,可以在简化的三维空间中对词嵌入效果进行可视化,如图 7-11 所示。

词嵌入模型通常可以在一个大型数据集上进行预训练,并将预训练的词向量应用到不同的 NLP 任务中。这种迁移学习的能力使得词嵌入方法在实际应用中表现出色。Word2Vec[39]是应用最为广泛的词嵌入模型。

Word2Vec 的核心目标是通过上下文预测生成词语的语义表示。它主要有两种模型:CBOW(Continuous Bag of Words)和 Skip-gram。

1）CBOW 模型

CBOW 是通过已知的上下文词语预测中心词（目标词）。换句话说，CBOW 利用一个窗口内的上下文推测当前词。假设句子是"我爱自然语言处理"，对于中心词"爱"，其上下文为"我"和"自然"。CBOW 模型通过这些上下文预测"爱"这个词。CBOW 模型的预测模式如图 7-12 所示。

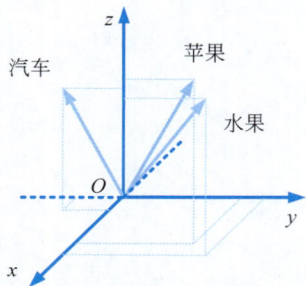

图 7-11　三维空间中的词嵌入效果

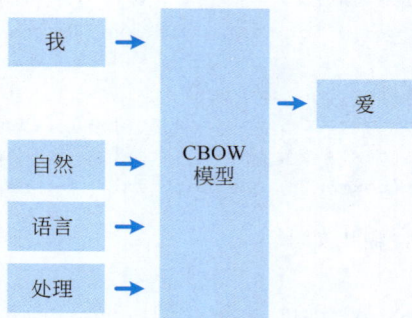

图 7-12　CBOW 模型的预测模式

2）Skip-gram 模型

与 CBOW 相反，Skip-gram 则是通过已知的中心词预测上下文。也就是说，它通过目标词预测其左右两侧的词汇。在前述句子中，"爱"是中心词，模型将尝试预测它附近的词"我"和"自然"等。Skip-gram 模型的预测模式如图 7-13 所示。

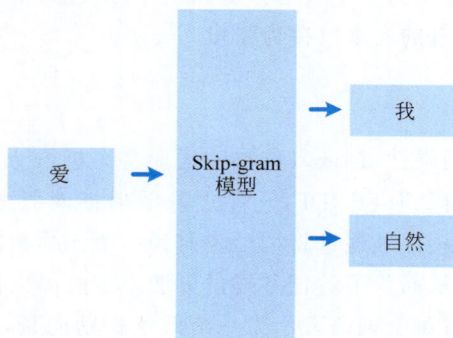

图 7-13　Skip-gram 模型的预测模式

这两种模型都通过优化神经网络学习词汇的稠密向量表示，最终形成的词向量能反映词语之间的语义关系。

Word2Vec 生成的词向量是静态的，即每个词语的词向量在训练完成后都是固定不变的。然而，在自然语言中，很多词的含义会随着上下文的不同而发生变化。例如，"苹果"既可以指水果，也可以指公司（Apple）。Word2Vec 无法区分这些上下文中的差异。因此，针对这种情况，后续的研究提出了动态词向量模型（如 BERT），能根据上下文动态生成词向量。此外，Word2Vec 需要对每个词语进行预处理并建立词汇表，对于词汇表中没有出现的词（未登录词），模型无法生成相应的词向量。虽然后续的 FastText 模型提供了一种处理未登录词的解决方案，但 Word2Vec 本身在应对此类情况时表现较弱。

使用 Word2Vec 对文本实现向量化，Python 代码实现如下。

```python
from gensim.models import Word2Vec

#读取数据
df = pd.read_csv('waimai_10k_停用词.csv')
#处理缺失值
df.fillna('', inplace=True)

#获取去停用词后的结果
texts = []
for i in range(len(df)):
    texts.append(df.iloc[i, 2].split())

#定义和训练模型
model = Word2Vec(sentences=texts, vector_size=64, window=8, min_count=1, sg=0,
workers=4, epochs=10)

#查看'好吃'的向量表示
print('好吃', model.wv['好吃'])

#查找与某个词最相似的词
print("\n 与'好吃'最相似的词: ")
print(model.wv.most_similar('好吃'))

#对词语进行对比
print('\n 对比不同词语的相似度')
print('好吃', '味道', model.wv.similarity('好吃', '味道'))
print('好吃', '小哥', model.wv.similarity('好吃', '小哥'))
print('小哥', '骑士', model.wv.similarity('小哥', '骑士'))
```

控制台输出如下。

```
好吃 [1.11845529e+00     3.98837030e-01     8.34246337e-01     2.78896093e-01
    -9.54150617e-01    -1.72864592e+00    4.18649703e-01     1.10190237e+00
    -3.74596268e-01     1.78202420e-01     9.67120767e-01    -7.94675350e-01
     5.78193605e-01    -5.51905274e-01    1.14774799e+00     3.02336216e-02
     4.57354754e-01    -7.74732649e-01   -4.88167554e-01     1.31022990e+00
     9.44305182e-01    -3.88134681e-02    2.10430384e+00    -4.88180846e-01
    -1.00395179e+00     1.24175036e+00   -1.30996779e-01    -1.38031617e-01
     3.66862506e-01    -2.79962540e-01   -6.76291764e-01     8.78978968e-01
    -7.06955492e-01    -1.03495634e+00   -9.70192909e-01    -9.98314768e-02
    -9.73276973e-01    -6.79584563e-01    8.60529006e-01     1.55482441e-01
     5.46890020e-01     4.16237801e-01   -2.18036205e-01     1.35330871e-01
    -5.43541074e-01     1.29316556e+00    1.18870936e-01    -1.34696085e-02
    -1.10404301e+00     1.28437090e+00    2.55214006e-01     1.62862428e-02
     1.86010793e-01     1.01225364e+00    5.10908186e-01     2.57552165e-04
    -1.64800018e-01    -1.14280000e-01   -1.07017875e-01    -5.37944809e-02
    -3.37328017e-01    -4.54413801e-01    9.18964222e-02    -1.11556435e+00]
```

与'好吃'最相似的词：

```
[('肝尖', 0.9642545580863953), ('喜欢', 0.9635043144226074), ('挺',
0.9589545726776123), ('推荐', 0.9575378894805908), ('足', 0.9572522044181824), ('
实惠', 0.9568089246749878), ('一般般', 0.9537547826766968), ('不太',
0.9522207975387573), ('新鲜', 0.9512366056442261), ('真心', 0.9510855078697205)]

对比不同词语的相似度
好吃味道 0.937706
好吃小哥 0.57093114
小哥骑士 0.9252162
```

结果显示,在与词语"好吃"最相似的词中,均为一些与味道或情绪相关的词语;而在不同词语相似度对比中,"好吃"与"味道"的相似度高达 0.937706,而"好吃"与"小哥"的相似度却只有 0.57093114,这是因为在语义上它们并没有直接的关联,因此相似度较低。"小哥"与"骑士"的相似度高达 0.9252162,外卖或送货等行业,"小哥"可以被理解为"骑士"。因此,模型识别到它们在现代语言中扮演的角色类似,导致了较高的相似度。

与独热编码相同,对于第一条文本:["很快","好吃","味道","足","量"]变成了一个形状为 5×64 的矩阵表示。64 为 Word2Vec 中设定的词向量的大小。相对于独热编码,词嵌入能极大程度地缩短每个词的维度,并且能在词中引入上下文的语义信息。

为了进一步展示 Word2Vec 词嵌入的效果,可以通过降维与聚类分析的方式,对词嵌入结果进行可视化,代码实现如下。

```python
from sklearn.manifold import TSNE
import matplotlib.pyplot as plt
from sklearn.cluster import KMeans

plt.rcParams['font.sans-serif'] = ['SimHei']          #显示中文
plt.rcParams['axes.unicode_minus'] = False            #显示负号

words = []
for sentence in texts[:100]:
    words.extend(sentence)
#对词语去重
words = list(set(words))

x = model.wv[words]
#使用 TSNE 降维
tsne = TSNE(n_components=2, random_state=1)
x_dec = tsne.fit_transform(x)

#对降维结果进行 KMeans 聚类
n_clusters = 10   #可以根据词汇数量调整聚类数
kmeans = KMeans(n_clusters=n_clusters, random_state=1)
labels = kmeans.fit_predict(x_dec)

#绘制聚类结果
fig, ax = plt.subplots(figsize=(10, 6))
#创建散点图,使用聚类标签作为颜色
```

```
scatter = ax.scatter(x_dec[:, 0], x_dec[:, 1], c=labels, cmap='tab10', s=100,
alpha=0.7, )

#添加聚类图例
legend1 = ax.legend(*scatter.legend_elements(), title="聚类")
#添加文字
for i, word in enumerate(words):
    ax.text(x_dec[i, 0] + 0.1, x_dec[i, 1] + 0.1, word, color='#404040')

plt.tight_layout()
plt.title('词嵌入的降维与聚类')
plt.grid(True)
plt.show()
```

词嵌入的可视化如图 7-14 所示。从可视化结果中可以看出,语义相似的词语大多都被分配到同一个簇中,说明词嵌入能有效地获取词语中的语义信息。

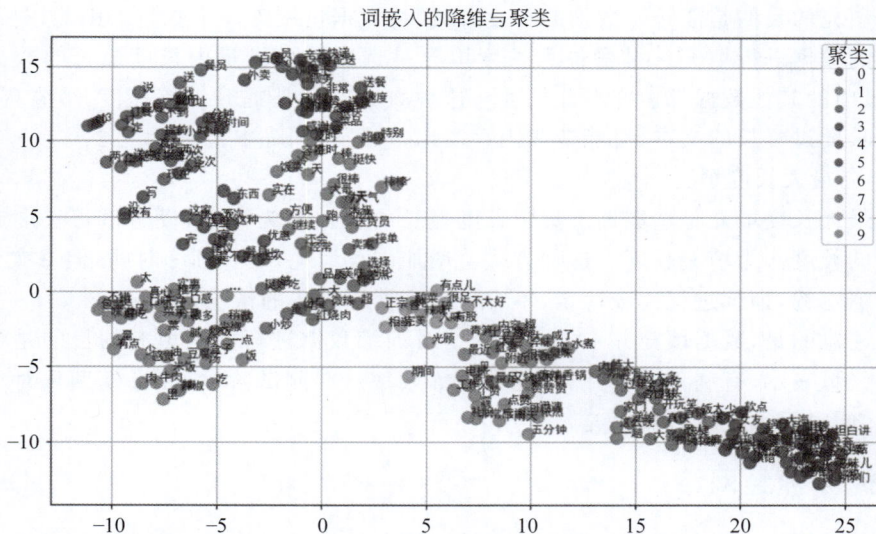

图 7-14　词嵌入的可视化

7.4　自然语言处理模型

在自然语言处理领域,循环神经网络与 Transformer 模型占据了重要地位,推动了诸多语言处理任务的进展。尽管这两种模型本身的原理存在显著差异,但其在自然语言处理中的应用都依赖于独特的机制设计来应对文本数据的时序性、上下文依赖性与多样性。接下来将重点探讨循环神经网络与 Transformer 模型在自然语言处理中的应用场景,以及它们各自的内部机制如何为自然语言处理任务提供有效支持。

7.4.1　数据填充

在词嵌入的过程中,一条分词后的文本被表示为一个矩阵。例如,文本['很快', '好吃',

'味道', '足', '量']被转化为一个形状为 5×64 的矩阵表示，其中，5 表示此文本中共有五个词语，64 是词语的词嵌入表示。但深度学习模型的训练需要按批量处理数据，这就需要每批数据组成一个张量，用于深度学习模型的训练。但由于每个文本的长度不同，大小不同的数据无法拼接为一个统一的张量，因此就需要对所有样本进行填充或裁剪，将所有样本处理至同一长度，以拼接为一个张量。但是，裁剪的方式会造成数据丢失，因此在训练过程中大多数使用填充的方式处理数据。若批量大小为 32，填充长度为 100，那么一个批量的形状为 $32\times100\times64$。

数据填充通常是在词表中添加一个填充词，可记为"＜PAD＞"，此标记专门用于文本的填充。例如，数据["很快"，"好吃"，"味道"，"足"，"量"]当前的长度为 5，需要将其长度填补至 8，那么填补后的数据为：["很快"，"好吃"，"味道"，"足"，"量"，"＜PAD＞"，"＜PAD＞"，"＜PAD＞"]。

数据的填充主要有以下两种方式。

1）批量最大长度填充

数据填充的目的是能统一数据的长度，以便将数据拼接为一个张量。因此，只需要对一个批量内的数据进行填充。批量最大长度填充是选取一个批量内长度最长的数据作为标准，将批量内的其他数据都填充至此长度。这种方式有利于提升训练速度，节省内存消耗。但若出现长度过于长的文本，可能造成内存溢出，从而使训练中止。

2）全局最大长度填充

全局最大长度填充是选取训练集中长度最长的数据作为标准，设定最长长度或略小于最长长度的长度作为填充长度。这种方式会增加内存消耗，延长训练时间，但每次循环的内存占用是恒定的，训练过程比较稳定，不容易出现训练中止的情况。

需要注意的是，数据填充并不是必需的。对训练数据进行数据填充的目的是将一个批次用一个张量表示，有利于并行计算，提升训练效率。在测试阶段，如果模型只对一条数据进行推理，此时无须进行数据填充。

7.4.2　循环神经网络

循环神经网络在自然语言处理领域广泛应用主要得益于其处理序列数据的能力。自然语言文本与时间序列类似，本质上是一种序列数据，每个单词或字符的意义通常依赖于其上下文。传统的全连接神经网络或卷积神经网络难以捕捉这种时序依赖关系，而循环神经网络通过内部的循环结构能逐步处理输入序列中的每个时间步长，并根据前一时间步的信息更新自身状态。这样的设计使得循环神经网络非常适合用于需要依赖上下文的任务，例如机器翻译、语言建模、文本生成以及语音识别。在机器翻译中，循环神经网络能将源语言序列依次输入模型中，并根据隐藏状态逐步生成目标语言的翻译结果。这种基于时序信息的处理方式，也使得循环神经网络在文本分类、情感分析等任务中表现出色，因为这些任务往往需要在理解完整语义的基础上进行决策。循环神经网络在情感分析任务中的应用如图 7-15 所示。

然而，循环神经网络的设计存在一些局限性，特别是在处理长文本或复杂依赖关系时容易出现梯度消失或梯度爆炸的问题。这导致循环神经网络在捕捉长距离依赖信息时表现不佳。为了克服这些问题，长短期记忆（Long Short-Term Memory，LSTM）网络和门控循环

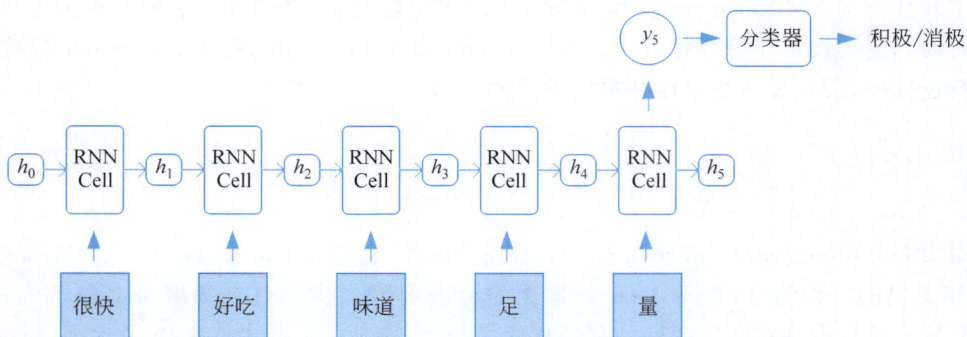

图 7-15　循环神经网络在情感分析任务中的应用

单元(Gated Recurrent Unit,GRU)作为循环神经网络的变体被广泛应用。这些变体通过引入门机制控制信息的流动,能有效地保留或忘记某些信息,从而提高模型在处理长序列时的能力。在语言生成任务中,这种改进尤为重要,因为生成的每个单词都需要基于上下文,而上下文可能非常复杂。通过门控机制,LSTM 和 GRU 能更灵活地处理这些长距离依赖,提升翻译、对话生成等任务的性能。

7.4.3　Transformer

与循环神经网络不同,Transformer 模型的出现标志着自然语言处理领域进入一个新的时代。与循环神经网络需要逐步处理序列数据不同,Transformer 采用完全并行化的方式,通过自注意力机制(Self-Attention Mechanism)捕捉序列中任意两个位置之间的依赖关系。这种设计不仅提高了计算效率,还增强了模型捕捉长距离依赖的能力。Transformer 的核心是通过注意力权重动态地调整每个位置对其他位置的依赖程度。在自然语言处理任务中,这意味着 Transformer 能同时考虑整个句子甚至整个段落中的所有单词,进而更好地理解复杂的语义结构。例如,在文本摘要生成任务中,Transformer 能高效地分析长文档,抓取其中的关键信息,并生成简洁的摘要。Transformer 在情感分析任务中的应用如图 7-16 所示。

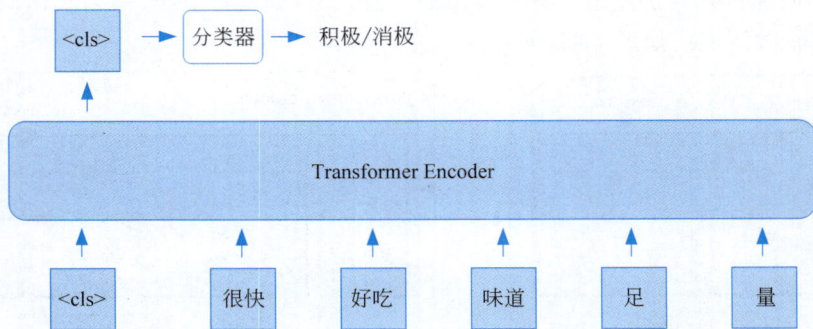

图 7-16　Transformer 在情感分析任务中的应用

Transformer 的设计还解决了传统循环神经网络面临的一些关键问题。由于循环神经网络依赖于序列顺序,处理长序列时计算效率较低,而 Transformer 利用并行计算和自注意力机制可以大幅加快训练速度。此外,Transformer 在生成任务中的表现也优于 RNN。以文本生成任务为例，Transformer 可以同时处理多个时间步长的数据，避免了逐步生成时信息丢失的问题。在机器翻译任务中，Transformer 模型如 Google 的 Transformer 架构已经成为行业标准，表现远超基于循环神经网络的模型。

7.5　BERT

BERT（Bidirectional Encoder Representations from Transformers）[40] 是由 Google 于 2018 年提出的一种基于 Transformer 架构的语言模型，它在 NLP 领域带来显著的进展。BERT 最大的特点是双向性预训练和迁移学习能力，通过这种模式，BERT 在各种下游任务中展现出卓越的性能。

7.5.1　模型结构

BERT 的模型结构基于 Transformer 的编码器（Encoder）部分。Transformer 通过自注意力机制捕捉序列中任意两个位置之间的依赖关系。与传统的循环神经网络不同，Transformer 能并行处理序列中的所有单词，同时关注序列中每个单词与其他所有单词之间的关系。

BERT 的架构由多层 Transformer 编码器组成。具体来说，BERT 分为两个版本：BERT-Base 和 BERT-Large。BERT-Base 包含 12 层 Transformer 编码器，每层有 12 个自注意力头，共 110M 参数；而 BERT-Large 则有 24 层 Transformer 编码器，每层有 16 个自注意力头，总参数为 340M。通过多层编码器，BERT 能逐层学习更高层次的语言特征，使得模型对复杂语言现象的理解更加深刻。

7.5.2　预训练-微调模式

BERT 的成功主要归功于其预训练-微调（Pre-training and Fine-tuning）模式。在预训练阶段，BERT 在大规模的无标注文本上进行训练，学习到丰富的语言表示。预训练完成后，BERT 可以通过微调快速适应各种具体的下游任务，如文本分类、命名实体识别、问答系统等。预训练-微调模式如图 7-17 所示。

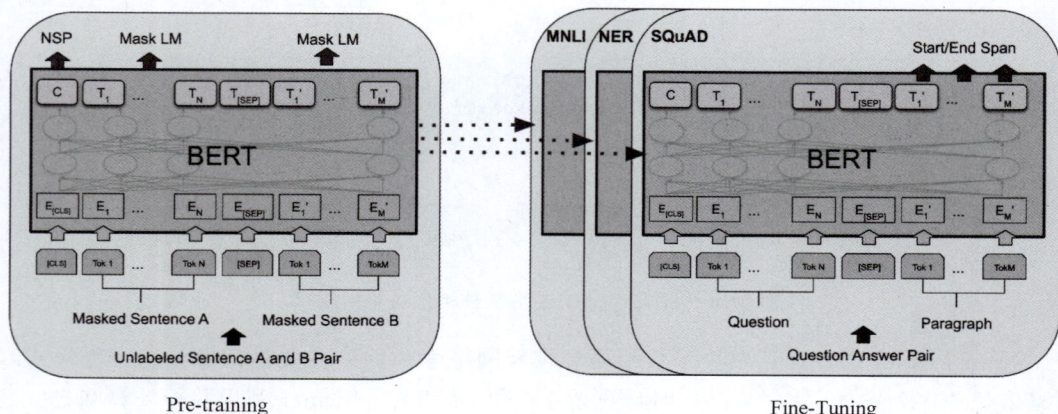

图 7-17　预训练-微调模式

1）预训练阶段

BERT 首先在大规模语料库（如 BookCorpus 和 English Wikipedia）上进行预训练，目标是学习通用的语言特征表示。这一过程不需要任务相关的标注数据，依赖自监督学习机制进行模型训练。

2）微调阶段

预训练好的 BERT 模型在面对具体的下游任务时，会进行微调。在此阶段，任务相关的标注数据被输入模型中，模型通过在任务数据上的进一步训练，学习到特定任务的知识。值得注意的是，微调阶段的训练量相比预训练要少得多，通常只对模型进行较少的梯度更新即可。BERT 论文中实现的下游任务共有四种，如图 7-18 所示。

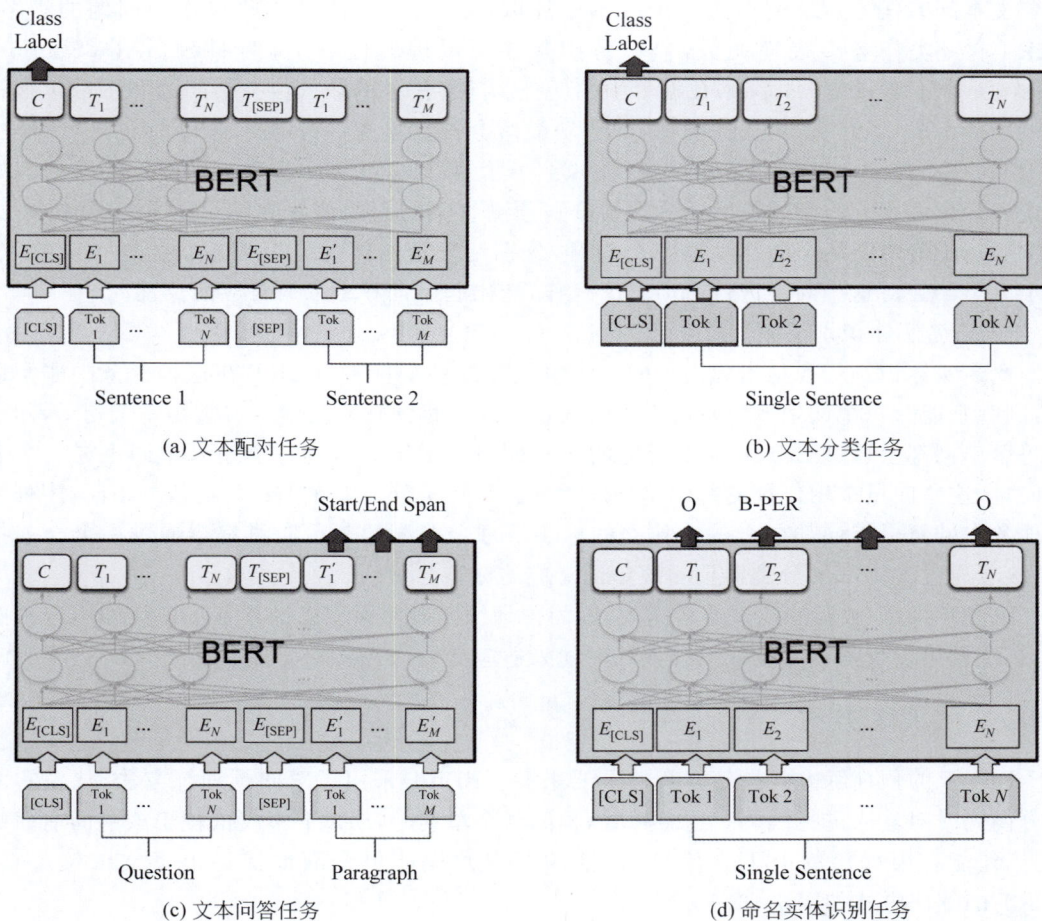

(a) 文本配对任务
(b) 文本分类任务
(c) 文本问答任务
(d) 命名实体识别任务

图 7-18   BERT 下游任务

1）文本配对任务

BERT 处理句子对时，会将两个句子拼接在一起，形成一个序列输入。两个句子之间由特殊的[SEP]标记分隔，句子 A 在前，句子 B 在后。同时，句子 A 和句子 B 分别会有一个表示其对应句子的片段标记（Segment Embedding）。[CLS]标记对应的输出向量被用作整个句子对的聚合表示。这个向量包含了句子 A 和句子 B 的整体关系信息。[CLS]标记对应的输出向量会被送入一个全连接层,然后通过 Softmax 进行分类,预测两个句子之间的关系。

2) 文本分类任务

输入到 BERT 的句子会在前后加上特殊的[CLS]标记,经过 BERT 模型的多层 Transformer 处理后,[CLS]标记对应的输出向量被认为是整个句子的语义表示。因为[CLS]是整个序列的聚合表示,所以它通常用于后续的分类任务。[CLS]标记对应的输出向量会被送入一个全连接层,随后经过 Softmax 得到最终的分类结果。此时 BERT 的任务是基于该表示进行单句的分类。

3) 文本问答任务

文本问答任务要求模型从一个段落中提取出一个连续的文本片段作为问题的答案。BERT 在此类任务中表现尤为出色,特别是在阅读理解任务上,例如 SQuAD(Stanford Question Answering Dataset)数据集中的任务。问答任务的输入由一个问题和一个包含答案的段落组成。和句子对任务类似,问题和段落会被拼接在一起,用[SEP]标记进行分隔。BERT 的输出会生成对每个单词的表示向量,模型需要学习从这些表示中确定答案的起始位置和结束位置。模型通过两个分类器分别预测答案的起始位置和结束位置。具体来说,BERT 对段落中的每个词都输出一个向量,分别用于预测该词是否为答案的起点和终点。两个分类器会对这些向量进行 Softmax 操作,选出起始词和结束词对应的位置。

4) 命名实体识别任务

命名实体识别任务是指为输入的每个单词分配一个标签,BERT 在这种任务中非常适合,因为它能为每个词生成丰富的上下文表示。序列标注任务的输入通常是一个句子,句子的每个单词都会通过 BERT 生成对应的表示向量。BERT 会为每个输入单词生成一个表示向量,这些向量被用作预测每个单词的标签。与句子分类和句子对分类任务不同,序列标注任务中的每个单词都会有一个独立的标签。每个单词的表示向量都会通过一个全连接层,接着通过 Softmax 分类器预测该单词对应的标签。

这种预训练-微调的范式非常高效,因为预训练阶段使模型已经具备了广泛的语言理解能力,微调阶段仅需要少量数据和训练时间来适应具体任务。

7.5.3　预训练方式

BERT 的预训练方式是其创新的重要来源。BERT 采用了双向预训练方法,从左右两个方向同时对输入进行编码。这意味着,预测某个单词时,BERT 不仅依赖于该单词前面的信息,还能利用后面的上下文信息,这样的双向建模能更全面地捕捉上下文依赖关系。BERT 的编码方式如图 7-19 所示。

BERT 的预训练方式包括以下两种主要任务。

1) 掩码语言模型(Masked Language Model,MLM)

BERT 通过"掩码语言模型"进行预训练。在 MLM 任务中,BERT 会随机掩盖输入句子中的部分单词(通常是 15%),并要求模型根据上下文预测这些被掩盖的单词。由于掩盖单词时,模型既要依赖前文,也要利用后文信息,这使得 BERT 能学习到双向的上下文表示。MLM 任务的设计不同于传统的单向语言模型,如 GPT 只关注从左到右的序列预测,因而 BERT 更适合完成需要深度语义理解的任务。

Input	[CLS]	my	dog	is	cute	[SEP]	he	likes	play	##ing	[SEP]
Token Embeddings	$E_{[CLS]}$	E_{my}	E_{dog}	E_{is}	E_{cute}	$E_{[SEP]}$	E_{he}	E_{likes}	E_{play}	$E_{##ing}$	$E_{[SEP]}$
Segment Embeddings	E_A	E_A	E_A	E_A	E_A	E_A	E_B	E_B	E_B	E_B	E_B
Position Embeddings	E_0	E_1	E_2	E_3	E_4	E_5	E_6	E_7	E_8	E_9	E_{10}

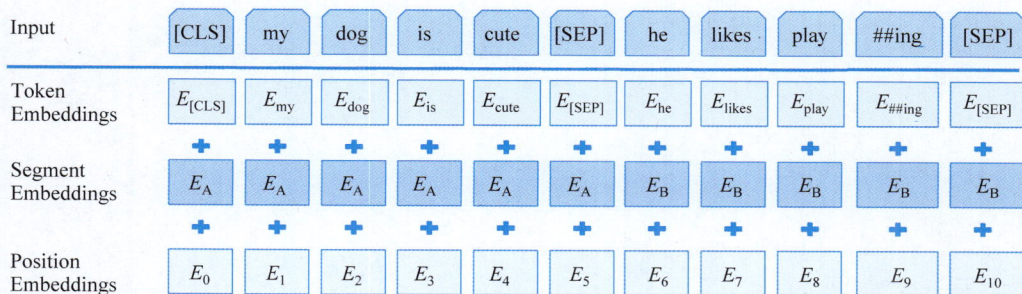

图 7-19　BERT 的编码方式

2）下一句预测（Next Sentence Prediction，NSP）

为了让模型更好地处理涉及句子间关系的任务（如问答系统、文本推理等），BERT 引入了“下一句预测”任务。在 NSP 任务中，BERT 会给定一对句子，并要求模型判断第二句是否为第一句的下文。通过这种方式，BERT 能学习到句子之间的关联性，从而在需要跨句子上下文理解的任务中表现出色。

7.5.4　模型调用

BERT 模型中最重要的是预训练权重，若想调用 BERT，首先要在 Hugging Face 官网找到 BERT 的模型库，如图 7-20 所示，并下载所有预训练权重与文件至 bert-base-uncased 目录中。

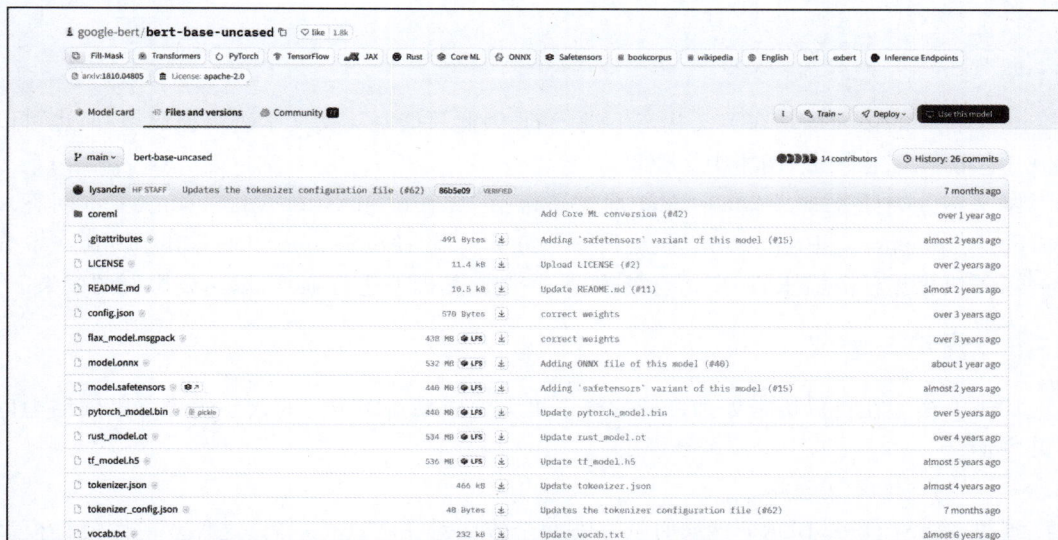

图 7-20　BERT 官方模型库

完成预训练权重的下载后，即可通过代码调用模型。以掩码语言模型为例，模型调用代码如下所示。

```
from transformers import pipeline
from transformers import BertForMaskedLM, BertTokenizer
```

```
#加载预训练的 BERT 模型和分词器
tokenizer = BertTokenizer.from_pretrained('bert-base-uncased')
model = BertForMaskedLM.from_pretrained('bert-base-uncased')

#使用 pipeline 进行掩码填补
nlp = pipeline("fill-mask", model=model, tokenizer=tokenizer)

#示例输入
sentences = ["Hello I'm a [MASK] model."]
#构建 pipeline
unmasker = pipeline('fill-mask', model='bert-base-uncased')

print(unmasker("Hello I'm a [MASK] model."))
```

输出如下。

```
[{'score': 0.10731084644794464, 'token': 4827, 'token_str': 'fashion', 'sequence':
"hello i'm a fashion model."}, {'score': 0.08774508535861969, 'token': 2535,
'token_str': ' role ', ' sequence ': " hello i ' m a role model."}, {' score ':
0.05338381230831146, 'token': 2047, 'token_str': 'new', 'sequence': "hello i'm a
new model."}, {'score': 0.046672154217795845, 'token': 3565, 'token_str': 'super',
'sequence': "hello i'm a super model."}, {'score': 0.027095841243863106, 'token':
2986, 'token_str': 'fine', 'sequence': "hello i'm a fine model."}]
```

模型给出了几种可能的掩码填补方式，即

```
hello i'm a fashion model.
hello i'm a role model.
hello i'm a new model.
hello i'm a super model.
hello i'm a fine model.
```

由于官方的预训练是在英文状态下进行的，因此只能对英文文本进行掩码填补，也可以寻找中文的预训练权重，调用中文模型。

除文本分类任务外，Transformer 库中还包括 BertForQuestionAnswering（文本问答）、BertForNextSentencePrediction（预测下一个句子）、BertForSequenceClassification（文本分类）等，可以根据任务需求，调用适合的模型，并在此基础上进行训练，以达到微调的效果。

7.5.5 优势与意义

BERT 模型在自然语言处理领域取得了极大的成果。BERT 的核心优势可以归结为以下几方面。

1）双向性上下文理解

通过 MLM 任务，BERT 能同时从左右两个方向对文本进行编码，这种双向性使得模型可以更全面地理解上下文信息，尤其在句子成分复杂或存在长距离依赖的场景中，BERT 的表现尤为突出。

2）预训练-微调范式

BERT 的预训练为模型提供了广泛的语言知识，这使得模型在微调时只需要少量标注数据和训练时间就能取得优异效果。相比传统方法，需要为每个任务单独设计并从头训练模型，BERT 的这种迁移学习能力极大降低了开发成本。

3）强大的多任务能力

BERT 通过其通用的语言表示能力，可以支持多种 NLP 任务。无论是文本分类、序列标注还是文本生成，BERT 都表现出高度的适应性，且其预训练的表示可以有效地应用于这些不同的任务。

自 BERT 问世以来，衍生出诸如 RoBERTa、ALBERT、DistilBERT 等多个变种模型，进一步优化了 BERT 的效率、速度和性能。这些改进不仅延续了 BERT 的思想，也推动了自然语言处理模型的进一步发展。BERT 突破了早期语言模型在上下文理解上的局限性，成功将双向上下文表示引入自然语言处理模型中，为更复杂的语言理解任务奠定了基础。其次，BERT 引入的预训练-微调范式，推动自然语言处理领域从特定任务的模型设计转向通用模型的研发。通过在海量无标注数据上进行预训练，BERT 能获得强大的语言表示能力，随后通过少量标注数据进行微调，大大降低了实际应用中的数据和计算成本。

7.6 GPT

GPT(Generative Pre-trained Transformer)模型[41]由 OpenAI 提出，首次引入于 2018 年，是一种基于 Transformer 架构的生成式语言模型。GPT 通过大规模的预训练以及针对具体任务的微调，展现出强大的自然语言生成能力和广泛的应用潜力。与 BERT 等双向语言模型不同，GPT 采用的是单向的自回归模型，这一设计使得 GPT 在自然语言理解与生成任务中表现得非常出色。接下来将详细介绍 GPT 模型的结构、预训练方式、优势及其在 NLP 领域的意义。

7.6.1 模型结构

GPT 的模型架构基于 Transformer 中的解码器(Decoder)部分。Transformer 模型由编码器(Encoder)和解码器组成，BERT 使用的是编码器部分，而 GPT 只使用了解码器部分，并进行自回归建模。GPT 模型的核心结构依赖于多层的自注意力机制，通过这种机制，GPT 能处理输入序列中的每一个单词，并关注序列中前面所有的单词。GPT 的设计在生成任务中尤为有效，因为它的单向自回归方式使得模型在每次生成下一个单词时，能参考前面生成的所有单词。

GPT 的模型通常包括多层 Transformer 解码器。以 GPT-3 为例，它包含 1750 亿个参数，是目前规模最大的语言模型之一。每一层解码器包含多头自注意力机制和前馈神经网络，模型会将每个输入单词转换为词嵌入向量，并通过自注意力机制处理这些向量，以捕捉单词之间的上下文依赖。GPT 的模型结构与微调模式如图 7-21 所示。

与 Transformer 的编码器相比，GPT 的解码器通过掩盖未来的词进行训练，即在每一步生成过程中，只能利用当前步及之前的上下文信息，而不能看到后续词。这样的自回归机制使得 GPT 在生成文本时保持了连贯性和一致性。

7.6.2 预训练方式

GPT 的预训练阶段采用自监督学习，通过大量的无标注文本数据进行训练。其主要任务是自回归语言建模，即给定一个序列中的前 n 个单词，模型需要预测序列中的第 $n+1$ 个

深度学习全景：技术与应用解析（微视频版）

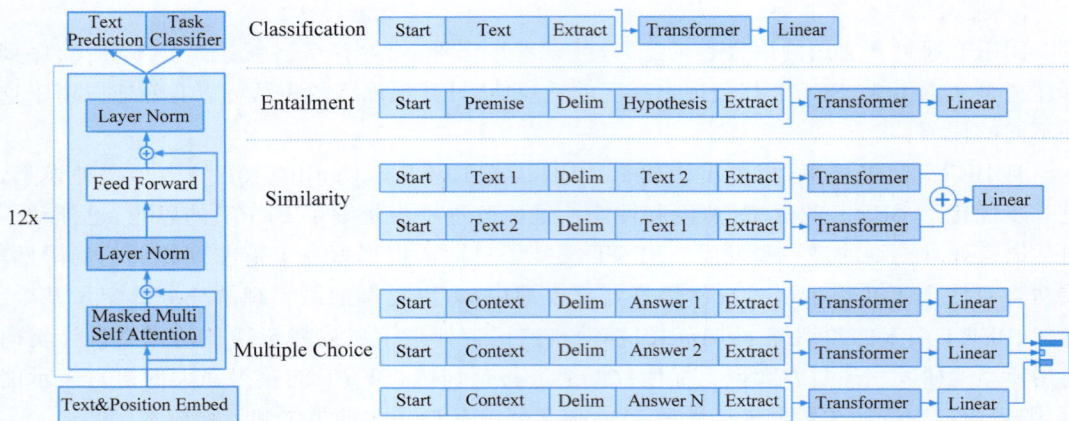

图 7-21　GPT 的模型结构（左）与微调模式（右）

单词。

　　GPT 通过自回归语言模型进行训练，模型每次生成一个单词时，依赖前面所有已经生成的单词。由于它是单向的，所以在预测某个词时，模型只能利用该词之前的上下文信息，而不能参考该词之后的上下文。这种训练方式非常适合用于文本生成任务，例如对话生成、文章续写等，因为它允许模型根据已有的部分内容逐步生成新的内容。对于文本"今天天气不错"，能产生五对输入与标签，如图 7-22 所示。

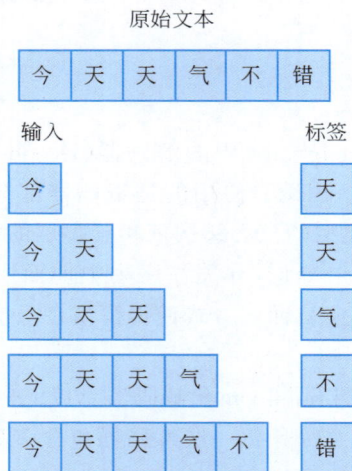

图 7-22　GPT 预训练中的输入与标签

　　预训练过程中，GPT 会使用海量的文本数据进行大规模训练，以学习丰富的语言模式和语义表示。通过这种方式，GPT 能生成高度流畅、语义连贯的自然语言文本，并在下游任务中展现出强大的迁移学习能力。

7.6.3　模型调用

　　与 BERT 模型相同，调用 GPT 首先要下载 GPT 的预训练权重。GPT 的常用版本为 GPT2，因此需要找到 GPT2 的模型库，如图 7-23 所示，并下载权重文件。

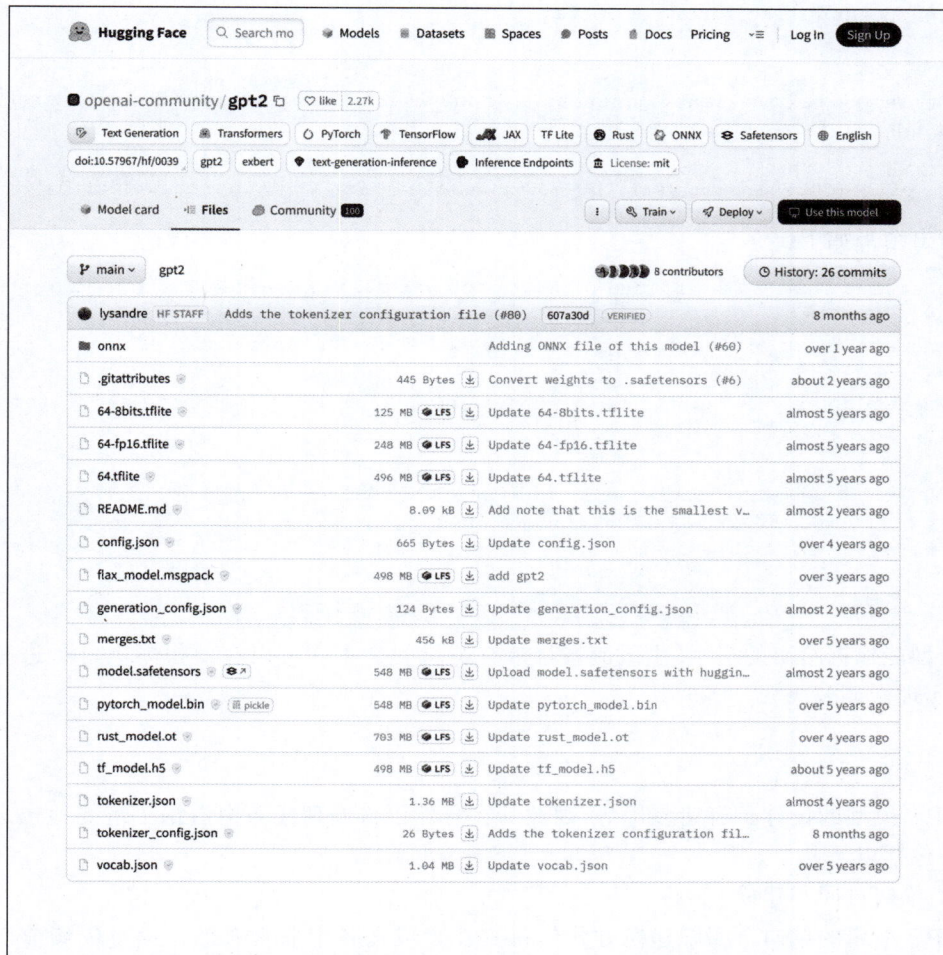

图 7-23　GPT2 的官方代码库

下面以文本生成任务为例,演示 GPT2 模型的调用。由于 GPT2 为英文预训练模型,因此 GPT2 的输入与输出都是英文表示。程序将为 GPT2 模型提供一段提示"The future of AI is",GPT2 模型将会根据提示生成后续的文本。GPT2 代码调用如下。

```
from transformers import pipeline
from transformers import GPT2LMHeadModel, GPT2Tokenizer

#加载预训练的 GPT2 模型和分词器
tokenizer = GPT2Tokenizer.from_pretrained('gpt2')
model = GPT2LMHeadModel.from_pretrained('gpt2')

#使用 pipeline 进行文本生成
text_generator = pipeline("text-generation", model=model, tokenizer=tokenizer)

#输入文本
```

```
input_text = "The future of AI is"

#生成文本
generated_text = text_generator(input_text, max_length=20, num_return_
sequences=5)
for i in range(5):
    print(f"Generated text {i+1}: {generated_text[i]['generated_text']}")
```

输出结果如下。

```
Generated text 1: The future of AI is not yet clear. In the last few or so years,
IBM and other
Generated text 2: The future of AI is not a dystopian future; it is a life for
everyone. And that's
Generated text 3: The future of AI is one I would be passionate about for very
long," he said.

Generated text 4: The future of AI is all-consuming. As Watson's Watson system
grew exponentially, its capabilities became
Generated text 5: The future of AI is very bright."

But despite what the researchers have been able to do
```

模型能根据给出的提示，生成流畅且带有逻辑的文本。可以在此模型上进行进一步的训练，实现微调效果。

7.6.4　优势与意义

GPT 模型的设计具有诸多优势，因此其在自然语言处理任务中占据了重要地位。其主要优势包括以下几个。

1）单向自回归建模

GPT 采用的单向自回归建模方式使得其在生成任务中非常有效。通过依赖前面的上下文信息，模型能逐步生成自然语言文本，这使得 GPT 在需要连续生成文本的任务中表现得尤为出色，如对话系统、文本续写、故事生成等。

2）多任务处理能力

GPT 模型可以在不进行大量微调的情况下，处理多种 NLP 任务，尤其是 GPT-3 展示了通过"少样本学习"或"零样本学习"完成多种任务的能力。在输入足够丰富的提示（Prompt）时，GPT 能直接执行特定任务，如翻译、摘要生成、文本分类等。这种灵活性使得 GPT 成为一种通用的 NLP 工具，无须为每个任务设计专门的模型架构。

GPT 在 NLP 领域的意义重大。它成功展示了大规模预训练语言模型的潜力，并表明通过大规模的自回归语言建模，可以在生成式任务中取得卓越表现。GPT 的生成能力不仅适用于文本生成，还可以在对话系统、自动写作、文本续写等应用场景中展现出极强的可用性。

GPT 提出的"少样本学习"和"零样本学习"能力是其突破性的贡献之一。GPT-3 展示了模型在不需要专门微调的情况下，仅通过输入任务描述和少量示例就可高效完成任务。这种能力大大拓展了预训练模型的应用场景，特别是在标注数据稀缺或任务多变的情况下，GPT 为 NLP 应用提供了更为灵活的解决方案。

GPT 为大规模模型的发展开辟了新方向。GPT-3 通过 1750 亿个参数模型展示了超大规模预训练模型的强大潜力。随着计算能力的增强,越来越多的研究者开始探索如何进一步扩展模型规模,以提升语言模型的性能。GPT 的成功带动了"大模型"时代的到来,推动了计算资源与大规模数据在 NLP 领域的深度应用。

7.7 NLP 实战探索:基于 BERT 的模型的酒店评论文本情感分析研究

7.7.1 引言

随着在线旅游行业的迅速发展,酒店评论成为消费者选择酒店的重要依据。客户在预订酒店前,往往会参考其他游客的反馈,以评估酒店的服务质量、环境和性价比等。酒店评论中蕴含着丰富的情感信息,准确分析这些情感可以为酒店管理者提供重要的参考,帮助其改善服务质量,增强客户满意度。因此,开发高效的文本情感分析模型,能自动识别并分类酒店评论中的情感倾向,对于提升用户体验和市场竞争力具有重要意义。

近年来,深度学习技术迅速发展,特别是基于 Transformer 架构的 BERT(Bidirectional Encoder Representations from Transformers)模型的出现,为自然语言处理任务带来革命性的进步。BERT 通过双向编码和预训练策略,能更好地捕捉上下文信息,提高文本理解的准确性。本研究旨在构建一个基于 BERT 的情感分析模型,对酒店评论进行情感分类,探讨其在实际应用中的效果与优势。

7.7.2 数据集

数据集来自酒店评论数据集 ChnSentiCorp-Htl-ba-6000,里面包含 3000 条情感分类为积极的记录,3000 条情感分类为消极的记录。经过数据清洗后,去除无效数据,得到数据 5871 条。利用 5000 条评论进行训练,剩余 871 条数据进行测试。部分正面评论和负面评论的文本数据集如表 7-1 所示。

表 7-1 部分正面评论和负面评论的文本数据集

正面评论	负面评论
服务员态度友善,又够专业,客房舒适	交通不太方便,建议不要选
酒店位置在市中心的地方,房间也不错	环境一般,住了之后让人感觉价格和服务不成比例
房间很干净舒服,前台服务员态度很好	酒店设施老化严重
位置、设施都不错,价格也还可以	差到一定程度了,不如一个没星的宾馆呢

另外,将文本文件中的一些无关字符去除,包括文本中的英文、数字和标点符号,这些不会对情感分类结果产生影响,预处理环节将其删除。

7.7.3 BERT 模型的构建

使用 BERT 模型进行预训练,首先要下载 BERT 的预训练权重,由于酒店评论数据集

深度学习全栈：技术与应用解析（微视频版）

为中文数据集，因此 BERT 也要使用在中文数据集上预训练的 BERT 模型。可以通过 Hugging Face 下载 BERT 预训练权重，搜索"bert-chinese"，即可对权重进行下载。

1. 文本向量化

BERT 模型是一种基于预训练-微调模式设计的模型，若想让预训练权重发挥出更好的效果，需要使用与预训练阶段一致的文本向量化策略。

BERT 为了保证输入的数据完整，在中文情况下不对文本进行分词，即每个字符作为一个 token 被输进模型中。BERT 的 token 如下。

$$[CLS]＋文本＋[SEP]＋[padding] * n$$

文本的开头将加入[CLS]，[CLS]标记将用作对整个文本的分类，同时，利用[CLS]标记文本开始的位置。在文本结束的位置，将会使用[SEP]进行标记。向量化时，需要设置一共最大的长度，不足最大长度的部分将利用[padding]进行填充。若文本大于最大长度，将会对文本进行截断，并在截断的部分利用[truncation]进行标记，表示文本是不完整的，在此处截断。

Hugging Face 中同时也提供了 BERT 的文本向量化方法。BERT 文本向量化实现如下。

```
from transformers import BertTokenizer

#加载 BERT 文本向量化策略
tokenizer = BertTokenizer.from_pretrained('bert-base-chinese')
#需要向量化的文本
text = ['服务员态度友善，又够专业，客房舒适', '交通不太方便,建议不要选']
#对文本进行向量化,返回字典形式
text_tokenize = tokenizer(text,
padding='max_length',
max_length=32,
truncation=True,
return_tensors="pt")
#索引 [CLS] + 文本 + [SEP] + [padding] * n
print(text_tokenize['input_ids'])
#对哪些值进行注意力计算 (填充值不做注意力计算)
print(text_tokenize['attention_mask'])
```

输出如下。

```
tensor([[101, 3302, 1218, 1447, 2578, 2428, 1351, 1587, 8024, 1348, 1916,  683,
          689, 8024, 2145, 2791, 5653, 6844,  102,    0,    0,    0,    0,    0,
            0,    0,    0,    0,    0,    0,    0,    0],
        [101,  769, 6858,  679, 1922, 3175,  912, 8024, 2456, 6379,  679, 6206,
         6848,  102,    0,    0,    0,    0,    0,    0,    0,    0,    0,    0,
            0,    0,    0,    0,    0,    0,    0,    0]])
tensor([[1, 1, 1, 1, 1, 1, 1, 1, 1, 1, 1, 1, 1, 1, 1, 1, 1, 1, 1, 0, 0, 0, 0, 0,
         0, 0, 0, 0, 0, 0, 0, 0],
        [1, 1, 1, 1, 1, 1, 1, 1, 1, 1, 1, 1, 1, 1, 0, 0, 0, 0, 0, 0, 0, 0, 0, 0,
         0, 0, 0, 0, 0, 0, 0, 0]])
```

BERT 的文本向量化中还提供了一个 attention_mask，attention_mask 记录了哪些位置是有价值的数据,哪些位置是对文本的填充。BERT 的自注意力机制将只在有价值的数据中进行,避免消耗多余的计算资源。

2. 模型

Transformer 库中提供了 BERT 的基础实现,但是仍需要根据任务需求定义一个分类层,对特征进行分类。BERT 模型用于情感分析任务,代码实现如下。

```python
class Bert(nn.Module):
    def __init__(self, num_class=2):
        super(Bert, self).__init__()
        #加载预训练的 Bert 模型
        self.bert = BertModel.from_pretrained('bert-base-chinese')
        #定义分类层
        self.classifier = nn.Linear(self.bert.config.hidden_size, num_class)

    def forward(self, input_id, attention_mask):
        bert_output = self.bert(input_ids=input_id, attention_mask=attention_mask,)
        #pooler_output 相当于取出 cls_token 的输出
        cls_token = bert_output['pooler_output']
        #对 cls_token 进行分类
        output = self.classifier(cls_token)
        return output
```

7.7.4 实验

加载 BERT 预训练权重后,在酒店评论数据集上进行微调。为了对比 BERT 的效果,同时使用双向的 LSTM 模型在酒店评论数据集上进行训练。由于 BERT 中的参数量较大,因此只对模型进行 5 次迭代训练。BERT 模型的训练过程如图 7-24 所示。

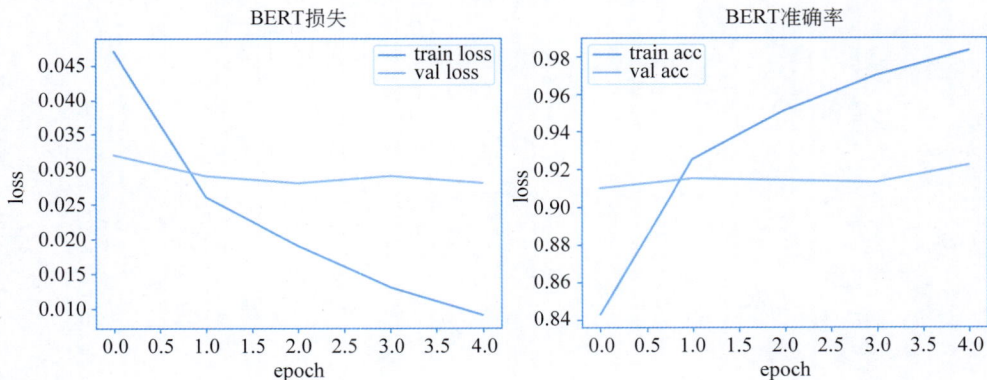

图 7-24 BERT 模型的训练过程

从训练过程可以看出,BERT 模型在第一次迭代训练中就实现了 90% 以上的准确率,在完成五次迭代训练后,准确率达到 92% 以上。传统的 LSTM 模型在第一次迭代后,准确率仅能达到 70% 左右,完成五次迭代训练后,准确率也只能达到 80% 以上,如图 7-25 所示。

为了更加直观地展示两个模型之间的差异,可以将两模型的验证集损失与准确率绘制

深度学习全景：技术与应用解析（微视频版）

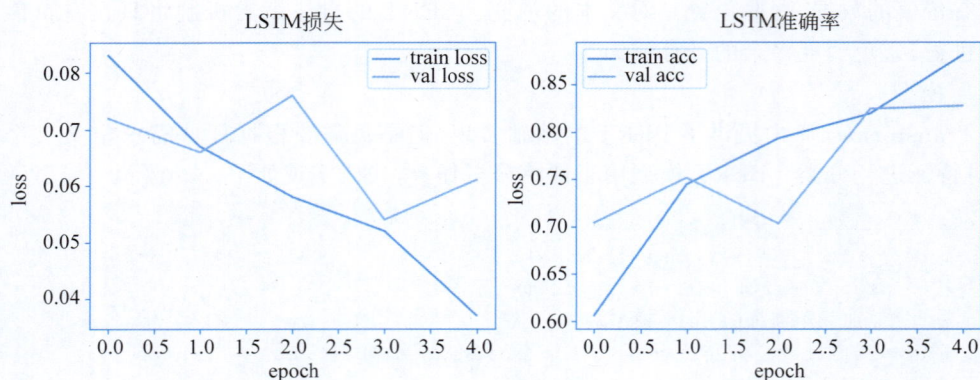

图 7-25　LSTM 模型的训练过程

在同一幅图像中，如图 7-26 所示。可以看出，BERT 模型的损失远低于 LSTM 模型，并且达到了更高的准确率。

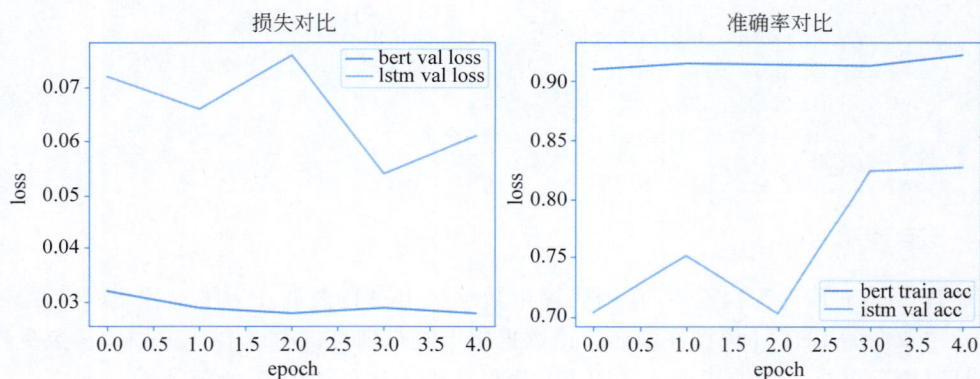

图 7-26　两个模型的训练对比

第 **8** 章

多模态技术

在当今的人工智能领域，多模态技术已成为研究的关键方向之一。这种技术通过结合来自不同模态（如文本、图像、音频等）的信息，能更全面地理解和处理复杂数据。多模态技术的必要性在于，现实世界中的信息往往是多样化和互补的，仅靠单一模态难以全面捕捉信息的丰富性。通过融合多种模态，系统不仅可以提高任务的准确性和鲁棒性，还能推动跨领域的创新和应用，如智能助手、内容生成和增强现实等。因此，多模态技术不仅为深度学习提供了更广泛的应用场景，也为人机交互和智能决策的未来发展奠定了基础。

8.1 多模态概述

多模态技术是近年来深度学习领域的一个重要研究方向，旨在整合和处理来自不同模态（如文本、图像、音频和视频）的数据，以提高模型的理解能力和决策能力。在现实世界中，信息通常是多样化的，不同模态之间存在丰富的交互和关联，利用这些多模态数据可以显著提升任务性能，例如，在图像描述生成、情感分析、语音识别以及人机交互等应用中。在自动驾驶中，图像、激光雷达和地图数据的结合使得感知系统能更准确地理解环境，如图 8-1 所示。

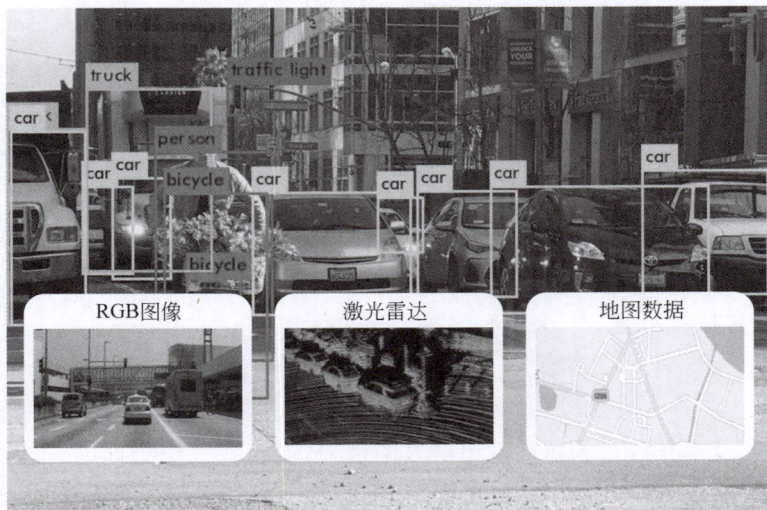

图 8-1　自动驾驶中的多模态

多模态技术的核心思想是通过联合建模多个模态的信息，挖掘它们之间的潜在关系。传统的单模态学习方法往往局限于一种类型的数据，难以充分利用其他模态提供的信息。这种局限性在某些复杂任务中尤为明显，例如，当我们试图理解一段视频时，仅依靠视觉信息可能不足以全面把握其内容，结合音频和文本信息将大大增强理解能力。因此，多模态学习的目标是设计能有效整合不同模态特征的模型，促进不同信息来源之间的协同工作。

实现多模态学习时，通常涉及几个关键步骤，包括数据预处理、特征提取和特征融合方法。数据预处理是确保不同模态数据可互操作的基础，可能涉及归一化、对齐和编码等技术。特征提取则是从各个模态中提取有用的信息，常用的技术包括卷积神经网络、循环神经网络和 Transformer，其中卷积神经网络用于图像，循环神经网络和 Transformer 用于文本和音频。特征融合是多模态学习中的核心环节，旨在将不同模态的特征有效地结合起来，以形成一个统一的表示。

多模态模型主要分为多模态输入与跨模态输出两类。

1）多模态输入

多模态输入指的是多个模态的数据表示共同组成一个样本，如图 8-2 所示。例如，在情感分析任务中，输入不仅可以是文本，也可以是一段语音，或是一张说话时的表情照片，三个模态共同组成一个样本，并对这个样本进行情感分析，通过文本、语音、图像三个模态综合决策情感状态，能显著提升模型的理解和预测能力。这种方式需要模型对不同模态中的数据进行交互，对不同模态的数据进行特征融合。

2）跨模态输出

跨模态输出指输入数据与输出数据不属于同一个模态，如图 8-3 所示。例如，输入一幅图像，输出一个文本用于对图像中的内容进行描述。这种方式需要模型学习不同模态之间的映射关系，从而通过输出的模态得到合理的输出模态。

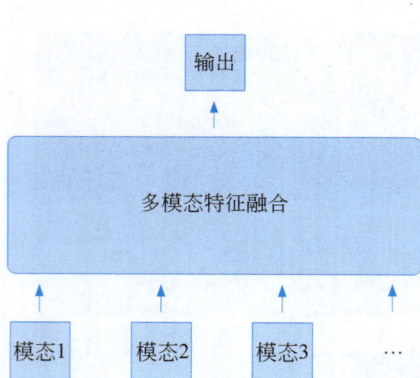

图 8-2　多模态输入　　　　　图 8-3　跨模态输出

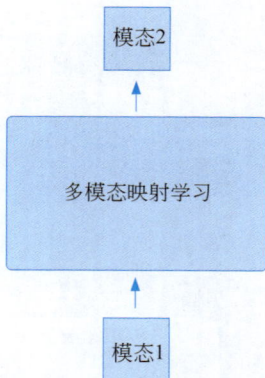

尽管多模态技术在各个领域展现出巨大的潜力，但在实践中仍面临一些挑战。其中之一是模态间的异构性，如何有效处理不同模态的特征差异是一个亟待解决的问题。此外，数据的不平衡性和噪声也可能影响多模态学习的效果，导致模型对某一模态过度依赖。为此，研究者探索了诸如注意力机制、自适应权重分配和对抗训练等方法，以提高模型的鲁棒性和泛化能力。

在实际应用中,多模态技术正在推动许多领域的进步。在医疗领域,通过融合医学影像和临床文本数据,医生可以获得更全面的病患信息,从而提高诊断的准确性。在社交媒体分析中,多模态情感分析可以通过整合文本、图像和音频信息,深入理解用户情感状态。

8.2　多模态特征对齐

多模态特征对齐是多模态学习中的关键问题,旨在将来自不同模态的数据映射到一个共享空间,以便这些模态能互相协同,提升模型的表现。由于图像、语音、文本等模态在数据结构、时间序列特性以及维度上存在显著差异,直接融合它们的特征可能导致信息丢失或无法有效表达其互补性。为了解决这一问题,多模态特征对齐需要处理跨模态的语义差距,并确保在融合时,各模态特征能在同一尺度上进行比较和结合。

具体来说,不同模态的数据往往以不同比例和形式存在。例如,图像数据通常是二维或三维的像素矩阵,而文本和语音则是时间序列数据。因此,对齐这些模态的第一步是对每种模态进行特征提取,将原始数据转换为高维特征向量。这个过程利用卷积神经网络、递归神经网络或 Transformer 等专门针对各自模态优化的模型捕捉其关键特征。特征对齐主要通过以下几种方式实现。

1）特征映射

提取到的特征往往有不同的维度和特征空间。为实现对齐,常见的做法是通过特征映射将这些不同模态的特征映射到同一特征空间中。这可以通过共享神经网络权重或采用联合训练策略实现,即同时训练图像、语音、文本等模态的特征提取网络,使得它们输出的特征可以在语义层面进行对齐。这种方法依赖于监督信号,例如通过将多模态数据对(如图像与其描述文本)输入网络,保证不同模态的特征具有相似的语义表示。

2）对比学习

另一种对齐方法是基于对比学习或对齐损失函数。该方法通过设计损失函数最小化相似模态特征之间的距离,最大化不同模态特征之间的差异。一个典型的应用是基于多模态对比学习的"配对样本"策略,即通过使得与同一实例相关的不同模态(如一幅图像和它的文本描述)的特征表示靠近,实现对齐。这种方法通过对比损失(Contrastive Loss)等手段,有效地缩小了模态之间的差异。

3）注意力机制

注意力机制在多模态特征对齐中也发挥了重要作用。通过自注意力或交叉注意力,模型可以在不同模态之间建立复杂的依赖关系,使得不同模态的特征在进行融合之前已经充分对齐。例如,Transformer 中的多头自注意力机制允许模型学习每个模态的关键部分,并与其他模态的相关部分对齐。这种机制使得模型能自动选择不同模态中最具信息量的特征进行交互,从而增强了对齐的效果。

8.3　多模态输入融合

多模态输入融合是多模态学习中的关键步骤,旨在将来自不同模态的数据有效整合,以提高模型对复杂信息的理解和处理能力。在实际应用中,融合方法的选择将直接影响模型的性能和效果。常见的融合策略包括简单的特征拼接或相加，以及更复杂的交叉注意力机制。这些方法各有优缺点，适用于不同的任务和场景。

8.3.1 拼接或相加

以多模态文本分析任务为例，样本具有三个模态：图像模态用于表示说话时的表情、语音模态为说话时的语音信息、文本模态为文本内容。参照每个模态的信息，对样本进行情感分析，如图 8-4 所示。

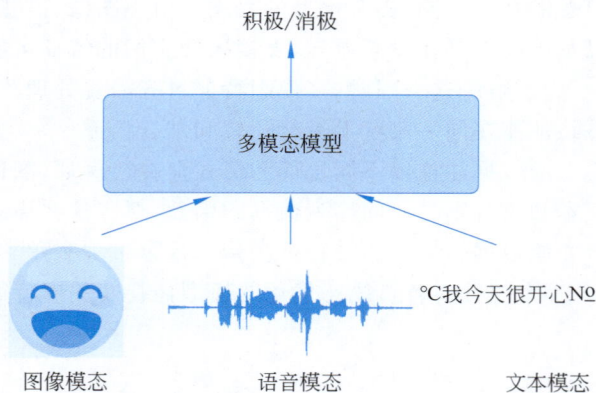

图 8-4　多模态情感分析

在多模态输入融合中，首先按照不同模态的特性，选择合适的模型对其进行特征提取，例如，对于图像数据，选择卷积神经网络进行特征提取；对于时间序列数据，使用循环神经网络进行特征提取；对于文本数据，使用 Transformer 进行特征提取。利用不同模型得到不同模态的特征后，需要对不同的特征进行融合，最简单的融合策略为拼接（Concatenation）或相加（Addition）。

1）拼接

特征拼接是最直观和常见的特征融合方法，如图 8-5 所示。拼接操作将来自不同模态的特征向量在特征维度上直接连接，形成一个更高维度的联合特征向量。拼接后的特征向量保留了每个模态的完整信息，且不做任何压缩或丢失。由于不同模态的特征在拼接时并未混合或相互干扰，因此它可以让分类层学习到不同模态之间的关系和交互，从而实现特征的融合。

需要注意的是，拼接的方式不需要对来自不同模态的数据进行特征对齐。在拼接过程中，不同的向量被横向拼接在一起，分类器将通过全连接层对不同特征进行线性组合。

2）相加

特征相加是一种更加紧凑的融合方法，如图 8-6 所示。它通过将来自不同模态的特征向量按元素进行相加，得到一个与原来相同大小的融合特征向量。通过相加，可以对不同模态的特征进行一定程度的压缩，使得模型可以更高效地学习到多模态的协同信息。另外，融合后的特征维度与原始特征维度相同，因此不会带来额外的计算负担。

需要注意的是，在相加操作前，需要通过一个特征映射层，将不同模态的特征映射至同一特征空间中。相加操作是将向量的每一位一一对照并进行相加，这就要求向量中每一位

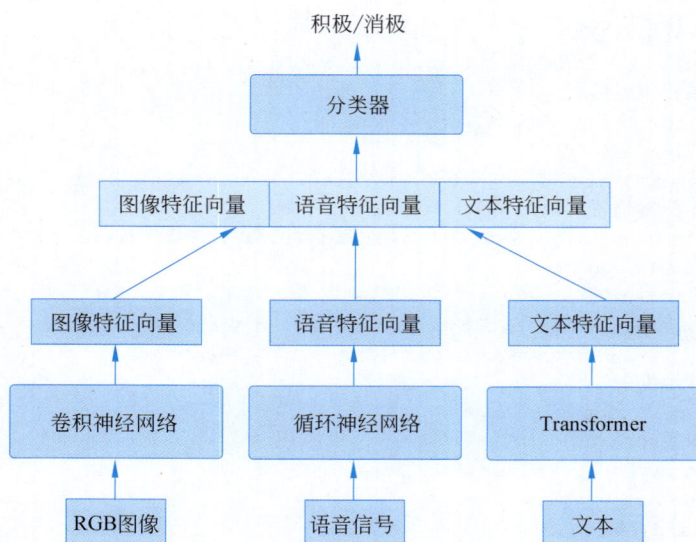

图 8-5　多模态特征拼接融合

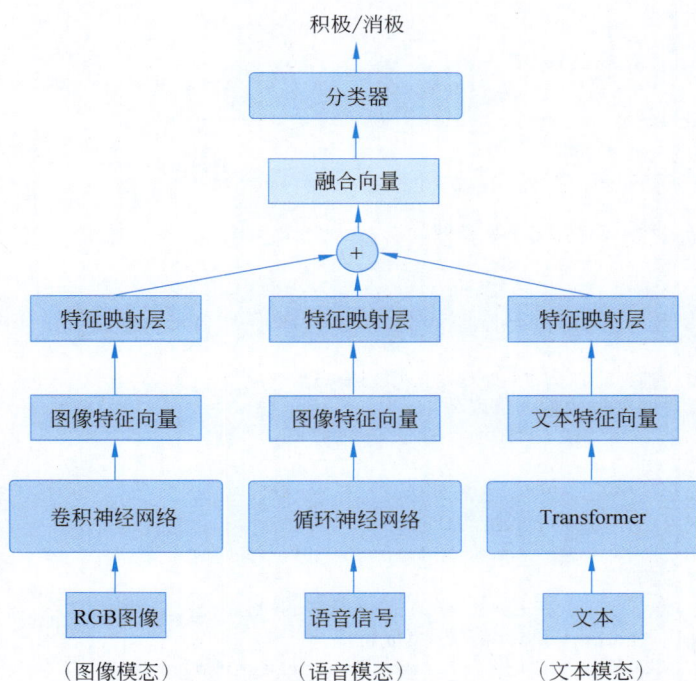

图 8-6　多模态特征拼接融合

代表的信息是一致的,而不同模型得到的特征含义并不相同,因此需要将特征映射到同一特征空间中。特征映射层是一个可学习的线性层,用来学习不同模态到特征空间的映射关系。

拼接与相加两种融合方式的 PyTorch 代码实现如下。

```python
class PositionalEncoding(nn.Module):
    def __init__(self, d_model, max_len=5000):
```

```
        """位置编码"""
        super(PositionalEncoding, self).__init__()
        #初始化位置编码
        pe = torch.zeros(max_len, d_model)
        #生成位置索引
        position = torch.arange(0, max_len, dtype=torch.float).unsqueeze(1)
        #用于控制位置编码的频率
        div_term = torch.exp(torch.arange(0, d_model, 2).float() * (-math.log
        (10000.0) / d_model))
        #计算位置编码
        pe[:, 0::2] = torch.sin(position * div_term)
        pe[:, 1::2] = torch.cos(position * div_term)
        #扩展维度
        pe = pe.unsqueeze(0)
        #注册缓冲区
        self.register_buffer('pe', pe)

    def forward(self, x):
        #加入位置编码
        x = x + self.pe[:, :x.size(1), :]
        return x

class Model(nn.Module):
    def __init__(self, mode='拼接'):
        super(Model, self).__init__()
        self.mode = mode
        feature_dim = 512

        """卷积神经网络,用于处理图像模态"""
        resnet18 = list(models.resnet18().children())
        #去除分类层
        self.conv = nn.Sequential(*resnet18[:-1])

        """循环神经网络,用于处理时间序列模态"""
        #假设时间序列的输入维度为 10
        self.lstm = nn.LSTM(10, feature_dim)

        """Transformer,用于处理自然语言模态"""
        #词嵌入层,假设词表长度为 10000
        self.embedding = nn.Embedding(10000, feature_dim)
        #位置编码
        self.pe = PositionalEncoding(feature_dim)
        #仅使用 Transformer 编码器提取特征
        trans_layer = nn.TransformerEncoderLayer(d_model=feature_dim, nhead=8)
        #构建 Transformer 模型
        self.transformer = nn.TransformerEncoder(trans_layer, num_layers=1)
        #构建一个 token,用于获取 Transformer 特征
        self.feature_token = nn.Parameter(torch.randn(1, 1, feature_dim))

        #若融合方式为相加,则添加映射层
        if self.mode == '相加':
            self.projection1 = nn.Linear(feature_dim, feature_dim)
            self.projection2 = nn.Linear(feature_dim, feature_dim)
```

```
            self.projection3 = nn.Linear(feature_dim, feature_dim)
        else:
            #若为拼接,则特征维度扩大三倍
            feature_dim = feature_dim * 3

        #二分类
        self.classifier = nn.Linear(feature_dim, 2)

    def forward(self, image, sequence, text):
        #提取图像特征
        image_feature = self.conv(image).squeeze([-1, -2])

        #提取时间序列特征
        sequence_feature, _ = self.lstm(sequence)
        sequence_feature = sequence_feature[:, -1, :]

        #提取文本特征
        #词嵌入
        text_embedding = self.embedding(text)
        #加入特征 token
        feature_token = self.feature_token.expand(text_embedding.size(0), -1, -1)
        text_embedding = torch.cat((feature_token, text_embedding), dim=1)
        #加入位置编码
        text_feature = self.pe(text_embedding)
        text_feature = self.transformer(text_feature)
        #取出特征
        text_feature = text_feature[:, 0, :]

        #对拼接与相加进行相应的操作
        if self.mode == '拼接':
            fuse_feature = torch.cat((image_feature, sequence_feature, text_
            feature), dim=1)
            elif self.mode == '相加':
            fuse_feature = image_feature + sequence_feature + text_feature

        output = self.classifier(fuse_feature)
        return output


if __name__ == '__main__':
    model = Model(mode='拼接')
    #生成数据
    #图像大小为 224×224 三通道
    image = torch.randn(1, 3, 224, 224)
    #语音长度为 128,维度为 10
    audio = torch.randn(1, 128, 10)
    #词典长度为 10000,生成 64 个词语
    text = torch.randint(0, 10000, size=(1, 64))

    #将三个模态的数据输入至模型
    output = model(image, audio, text)
    print('拼接融合输出形状: ', output.shape)

    #测试相加融合
```

```
model = Model(mode='相加')
output = model(image, audio, text)
print('相加融合输出形状: ', output.shape)
```

控制台输出如下，两种融合方式都得到了正确的输出。

```
拼接融合输出形状: torch.Size([1, 2])
相加融合输出形状: torch.Size([1, 2])
```

选择特征拼接还是特征相加，任务的具体需求和数据特征是重要的考虑因素。拼接保留了所有模态的完整信息，适合需要保留每个模态特征独立性的任务。相加则适合在不同模态之间已经有较强的相关性或需要降低模型复杂度的任务，通过相加可以在保持紧凑表示的同时实现融合。特征拼接往往适用于需要多层网络进一步处理和学习模态间复杂关系的任务，而特征相加则适合在信息相对平衡且希望直接融合不同模态特征的场景。此外，特征拼接更适合在数据量大、模型参数充足的情况下使用，而特征相加更适合希望减少模型参数量、提高计算效率的应用。

8.3.2 自注意力机制

除了拼接或相加的融合，还可以通过自注意力机制对来自不同模态的模型进行融合，如图 8-7 所示。这种方式需要每一种模态的数据输出一个序列特征。例如，卷积神经网络完成特征提取后，可能会通过全局平均池化对图像求平均，将一幅图像转换为一个向量。而在自注意力机制的特征融合中，因为自注意力机制的输入的特征要求是一个序列，因此不能通过全局平均池化将图像处理为向量，这种方式会造成特征的损失，而是要在图像的宽度、高度方向上进行拉直。简单来说，如果卷积神经网络最后一层的特征图大小为 $7 \times 7 \times 512$，就要将其拉直为 49×512 的序列。

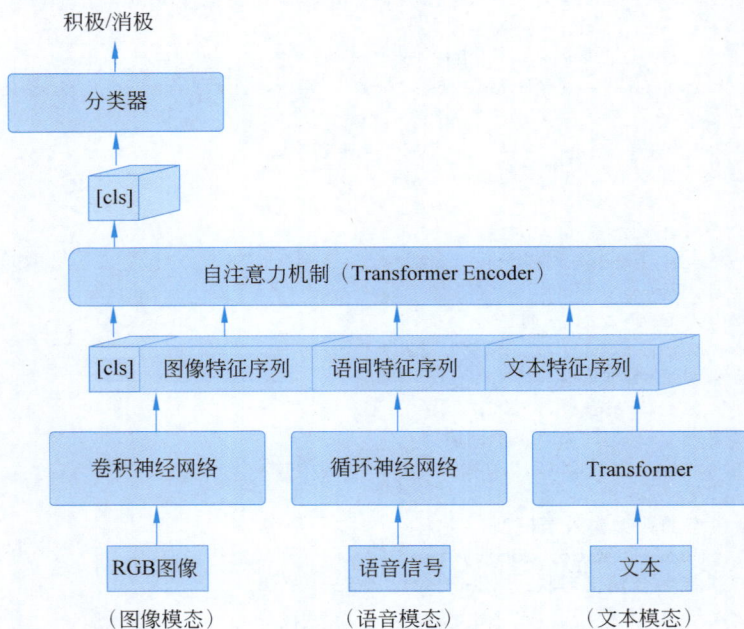

图 8-7　多模态特征的自注意力机制融合

接下来，将每一种模态得到的特征序列拼接到一起，并加入分类标记，输入至自注意力机制，即 Transformer Encoder 进行融合。自注意力机制能捕捉到不同模态特征之间的复杂交互关系，通过自动关注每个模态中最相关的信息，并基于其与其他模态的关系进行深度融合。这种机制尽可能地保留了来自不同模态的特征，允许模型有效整合不同模态的信息，使得视觉、语音和文本特征能在同一空间中交互，从而实现更全面的信息表达。

通过自注意力机制实现多模态输入融合，代码如下。

```python
class PositionalEncoding(nn.Module):
    def __init__(self, d_model, max_len=5000):
        """位置编码"""
        super(PositionalEncoding, self).__init__()
        #初始化位置编码
        pe = torch.zeros(max_len, d_model)
        #生成位置索引
        position = torch.arange(0, max_len, dtype=torch.float).unsqueeze(1)
        #用于控制位置编码的频率
        div_term = torch.exp(torch.arange(0, d_model, 2).float() * (-math.log
        (10000.0) / d_model))
        #计算位置编码
        pe[:, 0::2] = torch.sin(position * div_term)
        pe[:, 1::2] = torch.cos(position * div_term)
        #扩展维度
        pe = pe.unsqueeze(0)
        #注册缓冲区
        self.register_buffer('pe', pe)

    def forward(self, x):
        #加入位置编码
        x = x + self.pe[:, :x.size(1), :]
        return x


class Model(nn.Module):
    def __init__(self):
        super(Model, self).__init__()
        feature_dim = 512

        """卷积神经网络,用于处理图像模态"""
        resnet18 = list(models.resnet18().children())
        #去除分类层与平均池化层
        self.conv = nn.Sequential(* resnet18[: -2])

        """循环神经网络,用于处理语音模态"""
        #假设语音的输入维度为 10
        self.lstm = nn.LSTM(10, feature_dim)

        """Transformer,用于处理自然语言模态"""
        #词嵌入层,假设词表长度为 10000
        self.embedding = nn.Embedding(10000, feature_dim)
        #位置编码
        self.pe = PositionalEncoding(feature_dim)
```

```python
        #仅使用 Transformer 编码器提取特征
        trans_layer = nn.TransformerEncoderLayer(d_model=feature_dim, nhead=8)
        #构建 Transformer 模型
        self.transformer = nn.TransformerEncoder(trans_layer, num_layers=1)

        """使用自注意力机制对特征进行融合"""
        trans_layer = nn.TransformerEncoderLayer(d_model=feature_dim, nhead=8)
        self.fuse_att = nn.TransformerEncoder(trans_layer, num_layers=1)

        #构建分类 token
        self.cls_token = nn.Parameter(torch.randn(1, 1, feature_dim))
        #分类器
        self.classifier = nn.Linear(feature_dim, 2)

    def forward(self, image, sequence, text):
        #提取图像特征
        image_feature = self.conv(image)
        #按照宽度和高度拉直
        image_feature = torch.flatten(image_feature, start_dim=2, end_dim=3)
        image_feature = image_feature.permute(0, 2, 1)

        #提取语音特征
        sequence_feature, _ = self.lstm(sequence)

        #提取文本特征
        #词嵌入
        text_embedding = self.embedding(text)
        #加入位置编码
        text_feature = self.pe(text_embedding)
        text_feature = self.transformer(text_feature)

        #将所有特征序列进行拼接
        fuse_feature = torch.cat((image_feature, sequence_feature, text_
        feature), dim=1)

        #加入特征 token
        cls_token = self.cls_token.expand(fuse_feature.size(0), -1, -1)
        fuse_feature = torch.cat((cls_token, fuse_feature), dim=1)

        #自注意力机制融合
        fuse_feature = self.fuse_att(self.pe(fuse_feature))
        #取出分类特征
        fuse_feature = fuse_feature[:, 0, :]

        output = self.classifier(fuse_feature)
        return output

if __name__ == '__main__':
    model = Model()
    #生成数据
    #图像大小为 224×224,有三个通道
    image = torch.randn(1, 3, 224, 224)
    #语音长度为 128,维度为 10
```

```
audio = torch.randn(1, 128, 10)
#词典长度为 10000,生成 64 个词语
text = torch.randint(0, 10000, size=(1, 64))

#将三个模态的数据输入模型
output = model(image, audio, text)
print('拼接融合输出形状: ', output.shape)
```

也可以在处理数据输入时,直接将所有数据统一处理为序列数据。例如,对于图像数据,可以参照 ViT 的处理思路,将图像分成小块,作为数据输入。

8.3.3　交叉注意力机制

当需要处理的模态只有两种时,可以通过交叉注意力机制进行多模态数据的融合,如图 8-8 所示。利用交叉注意力机制进行多模态数据的融合,实际上是一个 Transformer Encoder-Decoder 的设计,两种不同模态的数据分别通过 Encoder 与 Decoder 进行特征提取,Encoder 与 Decoder 之间通过交叉注意力机制进行特征交互。

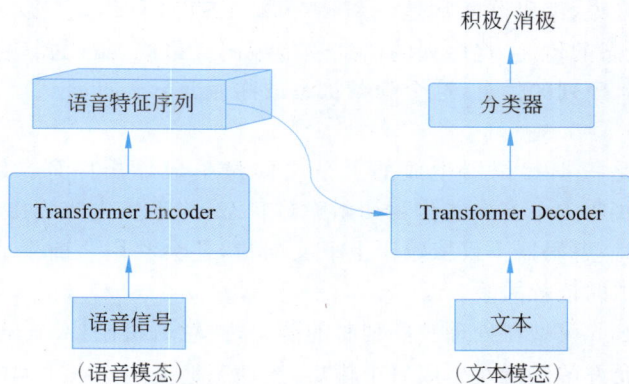

图 8-8　多模态特征的交叉注意力机制融合

通过交叉注意力机制进行特征融合,为了保证输入至 Decoder 的模态能进行有效的特征提取,需要将 Decoder 中掩码注意力机制的掩码去除,去除掩码后,Decoder 中的自注意力机制等同于 Encoder 中的自注意力机制。

8.4　跨模态输出

在多模态任务中,跨模态输出指的是将一种模态的输入转换为另一种模态的输出。在此任务中,需要模型学习从一个模态到另一个模态的映射关系。这一过程可以通过序列到序列(Seq2Seq)模型或对比学习方法实现。

8.4.1　Seq2Seq

Seq2Seq 模型是一种强大的深度学习框架,广泛应用于 NLP 任务,如机器翻译、文本摘要和对话生成等。其由于具有序列到序列的特性,也经常用在多模态领域。Seq2Seq 模型的基本思想是将一个输入序列映射到一个输出序列,这一过程可以被视为一种编码-解码机

制。该模型最早由谷歌提出，随着循环神经网络和长短期记忆网络的发展，Seq2Seq 模型快速发展并取得了显著的成功。Seq2Seq 模型结构如图 8-9 所示。

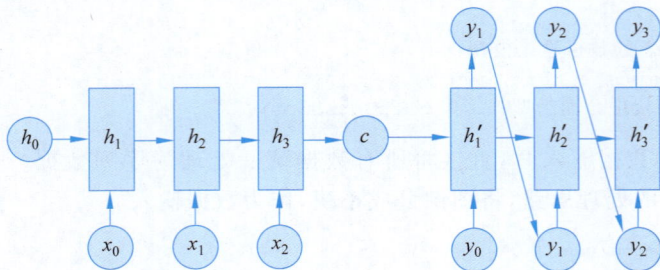

图 8-9　Seq2Seq 模型结构

Seq2Seq 模型的结构主要由编码器和解码器两部分组成。

1）编码器

编码器负责接收输入序列，并将其压缩成一个固定大小的上下文向量，代表了输入序列的语义信息。具体来说，编码器通常是一个 RNN 或 LSTM 网络，它接收输入序列的每一个时间步，通过隐藏状态的传递，将序列的信息逐步编码。最终，编码器输出的最后一个隐藏状态包含了整个输入序列的信息，这个隐藏状态被称为上下文向量。

2）解码器

解码器的任务是根据编码器生成的上下文向量生成输出序列。解码器同样是一个 RNN 或 LSTM，它接收上下文向量作为初始隐藏状态，并逐步生成输出序列中的每一个元素。生成每个输出时，解码器不仅依赖于上下文向量，还会利用之前生成的输出作为输入，从而捕捉序列生成中的依赖关系。

为了提高 Seq2Seq 模型在处理长序列时的能力，注意力机制（Attention Mechanism）被引入。注意力机制允许解码器在生成每个输出时，动态地关注输入序列的不同部分，而不是仅依赖固定的上下文向量。这种方法使得模型能更有效地捕捉长距离的依赖关系，尤其在机器翻译等任务中，源语言和目标语言之间的对齐关系往往并不明确。通过注意力机制，解码器可以在生成每个输出时，从编码器的所有隐藏状态中选择最相关的信息，从而提升生成质量。

多模态中的 Seq2Seq 模型是将所有的数据视为序列，通过从序列 1 到序列 2 的映射，实现跨模态的输出。多模态 Seq2Seq 模型在多个应用场景中展现出良好的效果。在图像描述生成任务中，模型可以从图像中提取视觉特征并生成相应的描述，这在自动化内容生成和无障碍技术中具有重要意义。此外，在视频理解中，模型可以结合视频帧的视觉信息和相关音频，生成准确的字幕或解说。

在图像模态作为输入，文本模态作为输出（假设词典大小为 10000）的情况下，通过 Seq2Seq 实现跨模态输出的代码实现如下。

```python
class Encoder(nn.Module):
    def __init__(self, input_size, hidden_size):
        super(Encoder, self).__init__()
        self.input_size = input_size
```

```python
        self.hidden_size = hidden_size

        #用于数据升维
        self.embedding = nn.Linear(input_size, hidden_size)
        #利用循环神经网络逐步提取特征
        self.encoder = nn.LSTM(hidden_size, hidden_size, batch_first=True)

    def forward(self, inputs):
        embedded = self.embedding(inputs)
        _, (hx, cx) = self.encoder(embedded)
        #返回状态
        return hx[0], cx[0]


class Decoder(nn.Module):
    def __init__(self, hidden_size):
        super(Decoder, self).__init__()
        self.hidden_size = hidden_size
        #由于需要逐步产生向量，因此这里使用 LSTMCell
        self.decoder = nn.LSTMCell(hidden_size, hidden_size)

    def forward(self, hx, cx, output_len):
        outputs = [hx]
        #循环产生每一个时间步的输出
        for i in range(output_len):
            #利用 LSTMCell 产生新的状态
            hx, cx = self.decoder(outputs[-1], (hx, cx))
            #保存输出
            outputs.append(hx)
        #去除第一个输入
        outputs = outputs[1:]
        #将列表拼接为张量，并调整维度的顺序
        outputs = torch.stack(outputs).permute(1, 0, 2)
        return outputs


class Seq2Seq(nn.Module):
    def __init__(self, hidden_size, output_size):
        super(Seq2Seq, self).__init__()
        #利用 CNN 处理图像模态
        self.cnn = nn.Sequential(
            * list(models.resnet18().children())[:-2],
        )

        #CNN 特征映射
        self.projection = nn.Linear(512, hidden_size)

        #利用 Seq2Seq 结构处理序列
        self.encoder = Encoder(hidden_size, hidden_size)
        self.decoder = Decoder(hidden_size)

        #将特征维度调整为输出维度
        self.fc = nn.Linear(hidden_size, output_size)

    def forward(self, x, output_len=100):
```

```
            #卷积神经网络处理图像模态
            x = self.cnn(x)
            #将图像拉直
            x = torch.flatten(x, start_dim=-2, end_dim=-1)
            #调整维度
            x = x.permute(0, 2, 1)
            #映射
            x = self.projection(x)

            #encoder 得到状态
            hx, cx = self.encoder(x)
            #decoder 逐步产生输出
            outputs = self.decoder(hx, cx, output_len)

            #调整输出维度
            outputs = self.fc(outputs)
            return outputs

if __name__ == '__main__':
    #定义图像
    x = torch.randn(32, 3, 224, 224)
    #定义模型
    model = Seq2Seq(hidden_size=512, output_size=10000)
    #根据图像得到输出
    output = model(x, output_len=100)
    #打印输出
    print(output.shape)
```

控制台输出如下。

```
torch.Size([32, 100, 10000])
```

通过 CNN 结合 Seq2Seq 的方式，实现了从图像到文本的跨模态输出。

8.4.2　Transformer Encoder-Decoder

　　Transformer Encoder-Decoder 结构是近年来自然语言处理和计算机视觉等领域的一个重要创新，特别在多模态任务中展现出强大的性能。其核心思想是利用自注意力（Self-Attention）机制处理序列数据，并通过编码器和解码器的双重结构实现复杂任务的建模。在多模态任务中，Transformer 能有效地整合来自不同模态的信息，如文本、图像和音频，从而生成高质量的输出。与 8.3.3 节提到的交叉注意力机制的多模态输入融合不同，这里的 Decoder 输出的是另一个模态，而不是一个分类或回归结果。

　　Transformer 模型由编码器和解码器两部分组成。编码器的主要任务是将输入序列映射到一个上下文表示，解码器则基于这个表示生成输出序列。编码器通常由多个堆叠的相同层组成，每一层包含自注意力机制和前馈神经网络两个主要组件。自注意力机制允许模型在处理每个输入时关注输入序列的其他部分，从而捕捉长距离的依赖关系。

　　解码器的结构与编码器相似，但增加了一些功能以生成输出序列。每个解码器层不仅包括自注意力机制，还通过编码器-解码器注意力层与编码器的输出进行交互。这样的设计使得解码器能在生成每个输出时，参考编码器提供的上下文信息，从而提高生成的准确性和流畅性。

在多模态任务中，Transformer Encoder-Decoder 结构通过整合来自不同模态的数据，提高了对复杂任务的处理能力。例如，在图像描述生成任务中，输入是图像特征，目标是生成描述性文本。编码器将图像特征转换为上下文向量，捕捉图像的语义信息。接下来，这个上下文向量作为输入传递给解码器，解码器基于上下文生成描述文本。在这一过程中，自注意力机制使得解码器能灵活地选择与当前生成的单词相关的图像特征，从而实现对图像内容的精准描述。这种动态选择的能力使得生成的文本更加自然，更符合上下文。

8.5 CLIP 视觉文本多模态

CLIP(Contrastive Language-Image Pretraining)模型[42]是 OpenAI 提出的一种深度学习架构，旨在通过对图像和文本的联合学习，促进视觉和语言的理解。CLIP 的设计理念是通过大规模的图像-文本配对数据进行预训练，使模型能理解并生成多模态信息。这一能力使得 CLIP 在许多下游任务中表现优异，尤其在零样本分类和多模态检索等领域。CLIP 构建了一个庞大的数据集，通过网络爬虫技术收集了 4 亿个图像文本对，即一幅图像对应一个描述文本，共 4 亿对。通过海量的数据对 CLIP 进行训练。CLIP 模型打通了图像模态与文本模态的关联，为后续一系列的视觉文本多模态任务打下了基础。

8.5.1 图像文本特征

CLIP 独特的图像和文本特征提取机制使得 CLIP 能有效地理解和处理多模态数据，从而展现出卓越的性能。CLIP 由图像编码器与文本编码器两部分组成，其中图像编码器负责图像特征的提取，文本编码器负责文本特征的提取，如图 8-10 所示。

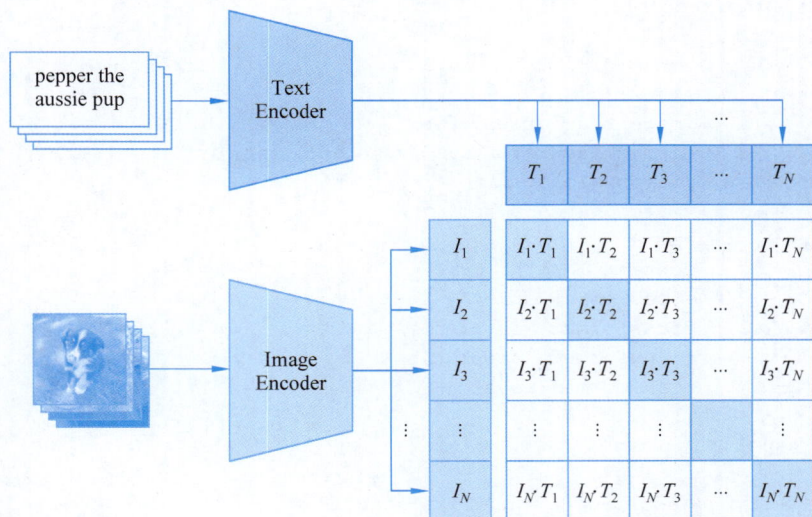

图 8-10 CLIP 模型

1）图像特征提取

CLIP 的图像编码器主要负责从输入的图像中提取特征表示。为了实现这一目标，

CLIP 通常使用 CNN 或 ViT 作为基础架构。这些网络通过多层的非线性变换，将原始图像转换为高维的特征向量。图像特征包含了图像的语义信息、形状、颜色、纹理等多种特征，能有效地描述图像的内容。

在具体实现中，图像编码器会首先对输入图像进行一系列预处理步骤，如缩放、裁剪和归一化，以确保数据的统一性和稳定性。经过这些处理后，图像被输入深度学习模型中，模型通过多个卷积层、池化层和激活函数逐步提取特征。最终，经过全连接层或自注意力机制处理后，生成一个高维的图像特征向量。

这些图像特征的维度通常较高，使得它们能捕捉到图像的丰富信息。通过在大规模的图像-文本配对数据集上进行训练，图像编码器学习到的特征不仅能表示图像本身，还能与相应的文本描述有效对齐。

2）文本特征提取

与图像编码器类似，CLIP 的文本编码器负责从输入的文本中提取特征表示。CLIP 使用 Transformer 架构处理文本，具体而言，通常采用 BERT 或 GPT 等预训练模型的变体。文本编码器将文本转换为向量表示，使得其能在相同的嵌入空间中与图像特征进行比较。

文本编码的过程包括多个步骤：首先，将文本分割成词或子词，并通过词嵌入技术将其转换为稠密的向量。接着，模型通过自注意力机制对这些向量进行处理，生成一个上下文相关的文本特征表示。这一表示不仅包含单个词的信息，还融入了上下文，从而使得模型能理解整个句子的语义。

在 CLIP 中，文本编码器的输出也是一个高维向量，这些文本特征与图像特征在同一空间中可以直接进行相似度计算。这一过程确保了图像和文本之间有效对齐，使得模型能理解它们之间的关系。

CLIP 模型实现代码如下所示。

```python
class CLIP(nn.Module):
    def __init__(self,
                 embed_dim: int,
                 #vision
                 image_resolution: int,
                 vision_layers: Union[Tuple[int, int, int, int], int],
                 vision_width: int,
                 vision_patch_size: int,
                 #text
                 context_length: int,
                 vocab_size: int,
                 transformer_width: int,
                 transformer_heads: int,
                 transformer_layers: int
                 ):
        super().__init__()

        self.context_length = context_length

        if isinstance(vision_layers, (tuple, list)):
            vision_heads = vision_width * 32 // 64
            self.visual = ModifiedResNet(
                layers=vision_layers,
```

```
                output_dim=embed_dim,
                heads=vision_heads,
                input_resolution=image_resolution,
                width=vision_width
            )
        else:
            vision_heads = vision_width // 64
            self.visual = VisionTransformer(
                input_resolution=image_resolution,
                patch_size=vision_patch_size,
                width=vision_width,
                layers=vision_layers,
                heads=vision_heads,
                output_dim=embed_dim
            )

        self.transformer = Transformer(
            width=transformer_width,
            layers=transformer_layers,
            heads=transformer_heads,
            attn_mask=self.build_attention_mask()
        )

        self.vocab_size = vocab_size
        self.token_embedding = nn.Embedding(vocab_size, transformer_width)
        self.positional_embedding = nn.Parameter(torch.empty(self.context_
        length, transformer_width))
        self.ln_final = LayerNorm(transformer_width)

        self.text_projection = nn.Parameter(torch.empty(transformer_width,
        embed_dim))
        self.logit_scale = nn.Parameter(torch.ones([]) * np.log(1 / 0.07))

        self.initialize_parameters()

    def initialize_parameters(self):
        nn.init.normal_(self.token_embedding.weight, std=0.02)
        nn.init.normal_(self.positional_embedding, std=0.01)

        if isinstance(self.visual, ModifiedResNet):
            if self.visual.attnpool is not None:
                std = self.visual.attnpool.c_proj.in_features ** -0.5
                nn.init.normal_(self.visual.attnpool.q_proj.weight, std=std)
                nn.init.normal_(self.visual.attnpool.k_proj.weight, std=std)
                nn.init.normal_(self.visual.attnpool.v_proj.weight, std=std)
                nn.init.normal_(self.visual.attnpool.c_proj.weight, std=std)

            for resnet_block in [self.visual.layer1, self.visual.layer2, self.
            visual.layer3, self.visual.layer4]:
                for name, param in resnet_block.named_parameters():
                    if name.endswith("bn3.weight"):
                        nn.init.zeros_(param)
```

```python
        proj_std = (self.transformer.width ** -0.5) * ((2 * self.transformer.
        layers) ** -0.5)
        attn_std = self.transformer.width ** -0.5
        fc_std = (2 * self.transformer.width) ** -0.5
        for block in self.transformer.resblocks:
            nn.init.normal_(block.attn.in_proj_weight, std=attn_std)
            nn.init.normal_(block.attn.out_proj.weight, std=proj_std)
            nn.init.normal_(block.mlp.c_fc.weight, std=fc_std)
            nn.init.normal_(block.mlp.c_proj.weight, std=proj_std)

        if self.text_projection is not None:
            nn.init.normal_(self.text_projection, std=self.transformer.width ** -0.5)

    def build_attention_mask(self):
        # lazily create causal attention mask, with full attention between the
          vision tokens
        #pytorch uses additive attention mask; fill with -inf
        mask = torch.empty(self.context_length, self.context_length)
        mask.fill_(float("-inf"))
        mask.triu_(1)  #zero out the lower diagonal
        return mask

    @property
    def dtype(self):
        return self.visual.conv1.weight.dtype

    def encode_image(self, image):
        return self.visual(image.type(self.dtype))

    def encode_text(self, text):
        x = self.token_embedding(text).type(self.dtype)  #[batch_size, n_ctx,
        d_model]

        x = x + self.positional_embedding.type(self.dtype)
        x = x.permute(1, 0, 2)  #NLD -> LND
        x = self.transformer(x)
        x = x.permute(1, 0, 2)  #LND -> NLD
        x = self.ln_final(x).type(self.dtype)

        #x.shape = [batch_size, n_ctx, transformer.width]
        #take features from the eot embedding (eot_token is the highest number in
          each sequence)
        #text.argmax(dim=-1) argmax 为结束标记<|endoftext|>的索引
        #x[torch.arange(x.shape[0]), text.argmax(dim=-1)]为取出每条文本的结束标
          记<|endoftext|>
        x = x[torch.arange(x.shape[0]), text.argmax(dim=-1)] @ self.text
        _projection
        #x[torch.arange(x.shape[0]), text.argmax(dim=-1)]得到的 shape 为[batch_
          size, transformer.width]

        return x
```

CLIP 在处理 Transformer 的输出时,使用了与循环神经网络相同的策略,即取结束位置标识符的特征表示作为整个序列的特征表示。

8.5.2 损失函数

CLIP 的损失函数是其成功的关键,它采用了对比学习(Contrastive Learning)损失。该损失函数旨在最小化同一对图像-文本的相似度,同时最大化不同对之间的相似度。CLIP 的损失函数可以表述为以下几个步骤。

1)生成图像和文本嵌入

将每幅图像和其对应的文本输到图像编码器和文本编码器中,得到相应的特征向量表示。设图像特征为 V 和文本特征为 T。

2)计算相似度矩阵

计算所有图像特征与所有文本特征之间的余弦相似度,生成一个相似度矩阵 S,矩阵的每个元素用 S_{ij} 表示第 i 个图像与第 j 个文本的相似度。

3)定义损失函数

对于每一对图像-文本,CLIP 采用的损失函数是对比损失,通常使用温度缩放的交叉熵损失。具体地,给定一对图像 V_i 与文本 T_i,损失函数可表示为

$$L_{image} = -\log \frac{e^{\frac{s_{ii}}{\tau}}}{\sum_{j=1}^{N} e^{\frac{s_{ij}}{\tau}}} \tag{8-1}$$

$$L_{text} = -\log \frac{e^{\frac{s_{ii}}{\tau}}}{\sum_{j=1}^{N} e^{\frac{s_{ji}}{\tau}}} \tag{8-2}$$

其中,τ 是一个温度参数,用于控制相似度分布的平滑度。以 L_{image} 为例,log 中的 $\frac{e^{s_{ii}/\tau}}{\sum_{j=1}^{N} e^{s_{ij}/\tau}}$ 是一个 $0 \sim 1$ 的值,因此 $\log \frac{e^{s_{ii}/\tau}}{\sum_{j=1}^{N} e^{s_{ij}/\tau}}$ 的取值为负值,需要在前面加一个负号。神经网络的优化目标是损失函数趋于 0。在公式中,等价于 $\frac{e^{s_{ii}/\tau}}{\sum_{j=1}^{N} e^{s_{ij}/\tau}}$ 部分趋于 1,$e^{s_{ii}/\tau}$ 应当尽可能接近 $\sum_{j=1}^{N} e^{s_{ij}/\tau}$。换句话讲,此损失函数的目的是让表示第 i 个图像与第 i 个文本的相似度尽可能大,而第 i 个图像与其他文本的相似度尽可能接近 0。这使得矩阵 S 的优化目标变为一个对角线为 1,其余值为 0 的矩阵。

4)综合损失

最终的损失是上述两部分损失的总和,即

$$L = L_{image} + L_{text} \tag{8-3}$$

通过这种对比损失的设计,CLIP 模型能有效地学习到图像与文本之间的对应关系,进而提升其在零样本分类等任务中的表现。

CLIP 损失函数计算如下所示。

```
def forward(self, batch):
    #获取图像和文本特征
    image_features = self.image_encoder(batch["image"])
    text_features = self.text_encoder(
        input_ids=batch["input_ids"], attention_mask=batch["attention_mask"]
    )
    #获取图像和文本嵌入(维度相同)
    image_embeddings = self.image_projection(image_features)
    text_embeddings = self.text_projection(text_features)

    #计算损失函数
    logits = (text_embeddings @ image_embeddings.T) / self.temperature
    images_similarity = image_embeddings @ image_embeddings.T
    texts_similarity = text_embeddings @ text_embeddings.T
    targets = F.softmax(
        (images_similarity + texts_similarity) / 2 * self.temperature, dim=-1
    )
    texts_loss = cross_entropy(logits, targets, reduction='none')
    images_loss = cross_entropy(logits.T, targets.T, reduction='none')
    loss = (images_loss + texts_loss) / 2.0  #shape: (batch_size)
    return loss.mean()
```

8.5.3　零样本分类

在常规分类中，需要预先定义好分类的类别。例如，在手写数字分类任务中，首先需要定义 0～9 十个类别，确定神经网络输出的大小为 10。因此，无论输入什么样本，神经网络只能输出 0～9 这十个类别。而在实际应用中，有时需要模型对输入具有一定的适应能力，此时就需要设计零样本分类任务(Zero-Shot Classification)。

零样本分类是一种机器学习任务，旨在识别和分类模型在训练期间未见过的类别。在传统的分类任务中，模型通常依赖大量标注样本学习每个类别的特征。然而，获取足够的标注数据往往是耗时且昂贵的，尤其在一些特定领域，如医疗影像或新兴物种的识别中。因此，零样本分类应运而生，允许模型在没有接触特定类别样本的情况下，依然能进行有效的分类。CLIP(Contrastive Language-Image Pretraining)模型的设计正好满足了这一需求。CLIP 通过大规模的图像-文本配对数据进行预训练，使得模型能学习到图像和文本之间的语义关系。其核心思想是利用自然语言描述表征类别，这一策略使得模型在处理新类别时具备灵活性和适应性。

具体来说，CLIP 可以通过文本构建类别，如图 8-11 所示。在测试阶段，首先根据目标类别生成文本。例如，对于 ImageNet 数据集中的 1000 个分类，需要生成 1000 条文本，文本的内容为："A photo of {object}"(一张{类别名}的图片)，1000 条文本将会通过文本编码器得到 1000 条文本向量。同样，一张图片经过图像编码器的处理，将会得到一条向量。一条图像向量将会与 1000 条文本向量进行匹配，逐一计算相似度。相似度最大的文本，即图像的分类。

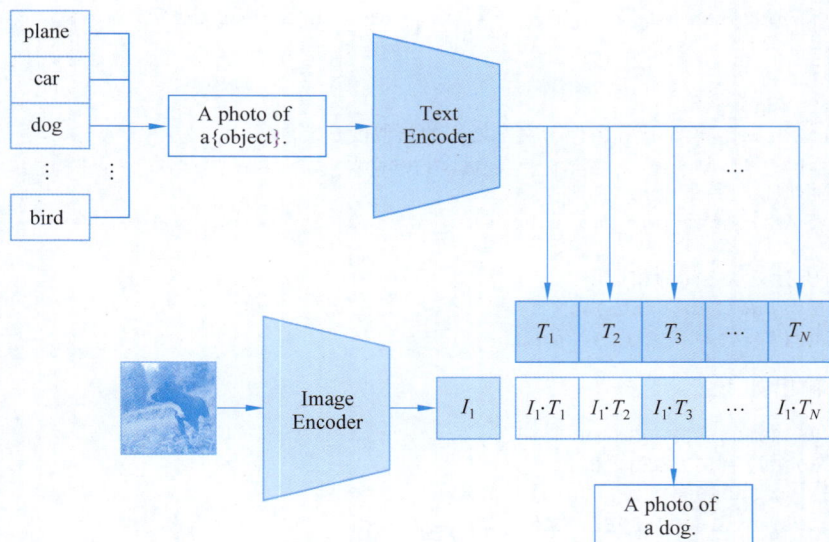

图 8-11　CLIP 的零样本分类

　　为了进一步演示 CLIP 的零样本分类能力,使用一幅测试图像测试 CLIP 的零样本分类能力,测试图像如图 8-12 所示。

图 8-12　CLIP 测试图像

测试代码如下。

```
#设置设备
device = "cuda" if torch.cuda.is_available() else "cpu"
#加载 CLIP 模型
model, preprocess = clip.load("ViT-B/32", device=device)

#加载图像并转换数据格式
image = preprocess(Image.open(r"img.png")).unsqueeze(0).to(device)

#定义候选文本
texts = ["cat", "dog", "two dogs", "three dogs", "four dogs",
        "four dogs on the road", "four dogs on the grass"]
#对候选文本进行向量化
```

```
text = clip.tokenize([f'A photo of {t}' for t in texts]).to(device)

#模型推理
with torch.no_grad():
    #通过 CLIP 慢模型计算图像与文本之间的相似度
    logits_per_image, logits_per_text = model(image, text)
    #对相似度进行归一化
    probs = logits_per_image.softmax(dim=-1).cpu().numpy()[0]

#输出与所有文本之间的相似度
for i in range(len(texts)):
    print(f"{texts[i]}, {probs[i]}")
```

控制台输出如下。

```
cat, 9.059906005859375e-06
dog, 0.0040779113769953125
two dogs, 0.0006060600280761719
three dogs, 0.0163726806640625
four dogs, 0.26025390625
four dogs on the road, 0.0223846435546875
four dogs on the grass, 0.6962890625
```

根据输出可以看出，CLIP 强大的零样本分类能力，不仅能分辨图像中物体的种类，还能辨别物体的数量，除此之外，还可以辨别物体所处的环境。

这种基于文本描述的分类方法有几个显著优势。首先，它大大减少了对标注数据的依赖，使得模型能快速适应新任务，尤其在数据稀缺的场景中。其次，CLIP 模型的灵活性使得它能处理各种复杂的多模态任务，包括图像描述生成、内容检索等。由于模型的设计使得图像和文本能相互作用，因此 CLIP 不仅能识别新类别，还能生成相应的文本描述，从而实现更为自然的交互。

8.6　多模态常见任务

多模态学习旨在结合不同类型的数据（如图像、文本和音频），以提高模型在各种任务中的表现。本节介绍多模态中的常见任务。

8.6.1　图文检索

图文检索任务的目标是从一个数据集中的图像或文本中找到与给定输入（图像或文本）最相关的项。例如，假设要在海量的图片中找到与"美食"相关的图像，就可以输入查询"一张美食的图片"，图文检索系统将会在大量的图片中检索出与美食相关的图片，如图 8-13 所示。

CLIP 模型的特性非常适用于图文检索任务。CLIP 的训练基于对比学习的思想，旨在将图像和文本特征映射到同一嵌入空间。在这一过程中，每幅图像都与其对应的文本描述成对存在，模型学习如何使匹配的图像和文本特征尽可能靠近，而不匹配的特征则尽量远离。

在图文检索任务中，常用的距离度量方法主要包括欧几里得距离、曼哈顿距离、余弦相

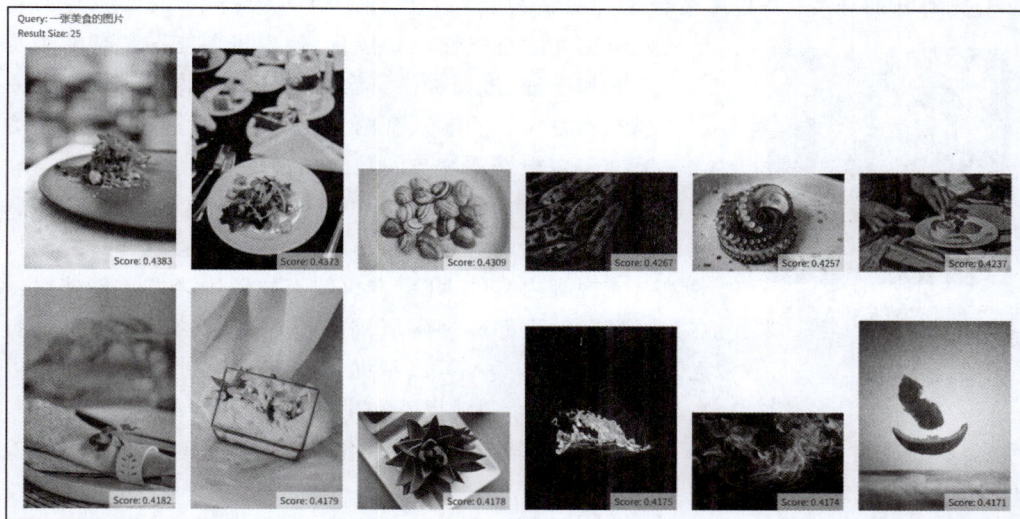

图 8-13　图文检索任务

似度等。距离越小,表示两个向量越相似。

1)欧几里得距离

欧几里得距离简单、直观,广泛应用于许多领域,易于理解和计算。但其对特征的尺度敏感,尤其在高维空间中,可能导致距离失真。欧几里得距离的计算公式如下。

$$\mathrm{d}(\boldsymbol{x},\boldsymbol{y}) = \sqrt{\sum_{i=1}^{n}(x_i - y_i)^2} \tag{8-4}$$

其中,$\boldsymbol{x}$ 与 $\boldsymbol{y}$ 为需要计算距离的两个向量,n 为特征的维数。欧几里得距离常用于特征分布相对均匀且尺度一致的数据。

2)曼哈顿距离

曼哈顿距离的灵感来源于街区的道路距离计算问题,从 A 点到 B 点只能走平行于坐标轴的方向。曼哈顿距离对异常值不敏感,相对稳定,特别适合高维数据,但不如欧几里得距离在几何意义上直观,且不具备平滑性。其计算公式如下。

$$\mathrm{d}(\boldsymbol{x},\boldsymbol{y}) = \sum_{i=1}^{n}|x_i - y_i| \tag{8-5}$$

3)余弦相似度

余弦相似度不受向量的绝对大小影响,更关注方向,适用于高维稀疏数据。其计算公式如下。

$$\mathrm{CosineSimilarity}(\boldsymbol{x},\boldsymbol{y}) = \frac{\boldsymbol{x} \cdot \boldsymbol{y}}{\|\boldsymbol{x}\|\|\boldsymbol{y}\|} \tag{8-6}$$

其中,$\boldsymbol{x} \cdot \boldsymbol{y}$ 为向量的点积,$\|\boldsymbol{x}\|$ 与 $\|\boldsymbol{y}\|$ 为向量的范数。

CLIP 模型在训练时使用余弦相似度计算损失,因此当使用 CLIP 作为文本检索模型时,也要使用余弦相似度衡量距离。

8.6.2　视觉问答

视觉问答(Visual Question Answering,VQA)是一项旨在使计算机能理解图像内容并回答相关问题的任务。VQA 结合了计算机视觉和自然语言处理的技术，其实际意义在于推动人机交互的自然性和智能化，使得机器能在复杂的视觉场景中理解和推理，进而提供符合人类认知的回答，如图 8-14 所示。视觉问答任务的输入有两个：第一个为图片；第二个为问题。模型需要根据图片与问题给出回答。

问题：图中的猫是什么颜色的？
回答：橘色

图 8-14　视觉问答任务

VQA 在多个领域中具有重要的应用意义。例如，在教育领域，VQA 可以为学生提供智能化的学习辅助，通过提问提高对教材或视频内容的理解；在机器人技术中，VQA 能使机器人在执行任务时更好地理解周围环境，提升其智能决策能力；在无障碍服务中，VQA 可以帮助视障人士通过语音询问视觉信息，从而增强他们的独立性和生活质量。

VQA 的经典架构如图 8-15 所示。它结合卷积神经网络和递归神经网络回答与图像内容相关的问题。

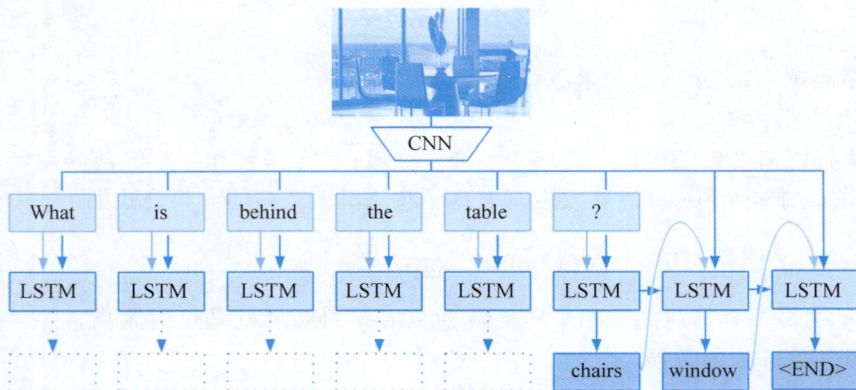

图 8-15　VQA 的经典架构

架构可以切分为四部分：输入图像的处理（卷积神经网络部分）、输入问题的处理（循环神经网络部分）、图像特征与问题特征的结合、输出答案的生成。

1）输入图像的处理（卷积神经网络部分）

图像首先通过卷积神经网络进行处理。卷积神经网络的主要任务是从图像中提取特征，将原始图像转换为高维的图像特征向量。这些特征向量表示图像中的重要视觉信息，例如对象的形状、颜色和位置等。

2）输入问题的处理（循环神经网络部分）

输入问题："What is behind the table?"。为了理解问题，系统需要对这个文本进行处理。为此，图中的问题首先被分词（即分解成多个单词），并且每个单词被转换为词向量或嵌入表示。然后，这些词向量被输入循环神经网络中进行处理。

3）图像特征与问题特征的结合

问题被 LSTM 处理后，生成了一个关于问题的特征表示。同时，输入图像通过 CNN 生成的特征也在这里起作用。在 VQA 任务中，关键的一步是将问题特征与图像特征相融合。融合的方式包括简单的拼接或相加，也可以通过注意力机制等方式，进行特征的融合。

4）输出答案的生成

接下来，系统进入答案生成阶段。这是通过另一个 LSTM 层完成的，如图 8-5 中所示。LSTM 接收融合后的图像-问题特征，并依次生成答案的单词。图 8-5 中显示了两个输出单词："chairs"和"window"，即模型认为桌子后面有椅子和窗户。

这个生成过程类似于机器翻译任务中的解码器部分。每个时刻的 LSTM 单元不仅依赖前一步生成的单词，还依赖前一步的隐藏状态，确保生成的答案流畅且连贯。当生成完所有相关的单词时，模型会输出一个特殊的＜END＞标记，表示回答结束。

除此之外，图像问答还常常与目标检测任务相结合，结合目标检测模型给出的检测结果，生成问题的回答。

8.6.3　文本-图像生成

文本-图像生成是一项重要的多模态学习任务，旨在根据输入的文本描述自动生成相应的图像。如图 8-16 所示，输入文本"请生成一张色彩丰富的山水风景图片"，模型即可通过文本输入，给出符合文本描述的生成图像。这一任务不仅能推动计算机视觉和自然语言处理的融合，也为创意设计、广告、教育等多个领域带来了新的可能性。近年来，扩散模型（Diffusion Model）成为文本-图像生成领域的主要方法。

图 8-16　文本图像生成任务

扩散模型是一类生成模型，其核心思想是通过逐步向数据添加噪声，并在生成阶段反向去除噪声，从而生成新的数据样本。扩散模型的工作原理可以分为两个阶段：前向过程（添加噪声）和反向过程（去除噪声）。

1）前向过程

在前向过程中，扩散模型逐步将噪声添加到真实数据中，使其逐渐变为一个纯高斯噪声分布。这个过程可以看作一系列逐步腐蚀数据的操作，通常在每个时间步向数据中添加少量噪声，直至最终数据完全变成噪声。这种逐步添加噪声的方式使得模型在每一步只需要处理少量的变化，简化了学习过程。

2）反向过程

在反向过程中，模型的目标是学会逐步去除噪声，恢复原始数据。训练时，模型会学习如何从某一阶段的带噪声数据恢复到上一阶段较少噪声的数据。最终，经过多次反向迭代，模型能从纯噪声生成出与训练数据分布相似的新数据样本。

通过扩散模型实现文本-图像生成的代表模型为 OpenAI 于 2022 年提出的 DALL-E 2 模型。DALL-E 2 模型很好地将扩散模型与 CLIP 模型相结合，实现了文本-图像生成任务。DALL-E 2 的模型结构如图 8-17 所示。

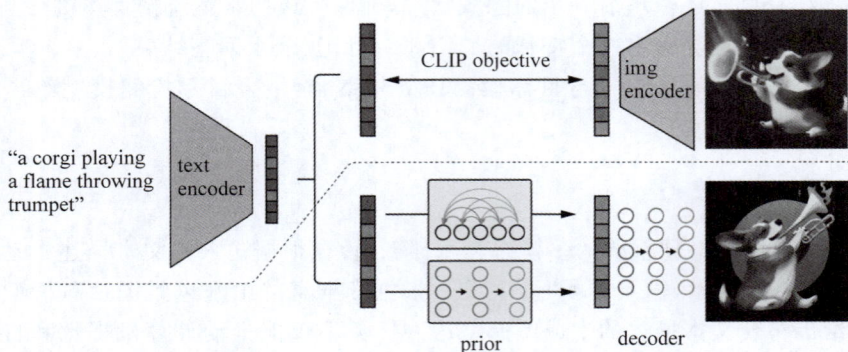

图 8-17　DALL-E 2 的模型结构

在 DALL-E 2 中，CLIP 起到非常关键的桥梁作用。它将输入的文本描述转换为高维的语义嵌入向量，同时确保这些嵌入向量与相应的图像特征在语义空间中对齐。通过 CLIP 的多模态对齐，模型能理解文本描述的语义，并将这些语义信息传递给后续的图像生成过程。这种文本到嵌入向量的转换是 DALL-E 2 能实现零样本图像生成的关键。

扩散模型主要负责完成实际的图像生成任务。模型从纯噪声开始，通过多个去噪步骤，逐步生成符合文本描述的图像。在每一个去噪步骤中，扩散模型会根据 CLIP 提供的文本嵌入向量指导生成过程。换句话说，文本信息会在整个生成过程中持续地影响图像的细节，从而保证生成的图像与输入的文本描述一致。

DALL-E 2 将 CLIP 和扩散模型有机结合，采用了一个两阶段的生成过程。

1）第一阶段：低分辨率图像生成

首先，文本描述会通过 CLIP 转换为一个语义嵌入向量。这个嵌入向量包含了文本的关键信息，并会被传递给扩散模型。扩散模型接收到文本嵌入向量后，会从随机噪声开始，逐步生成一幅低分辨率的图像。这一过程中，扩散模型利用文本的嵌入向量引导生成过程，从而确保生成的图像能准确反映文本描述的语义。

2）第二阶段：超分辨率生成

生成低分辨率图像之后，DALL-E 2 还会使用一个专门的超分辨率模型对图像进行进一步优化，提升分辨率。该超分辨率模型的任务是对低分辨率图像上的细节进行补充和优化，使得最终输出的图像更加清晰、细腻。

DALL-E 2 成功结合了 CLIP 和扩散模型的优势，利用 CLIP 的多模态对齐能力将文本描述转换为语义嵌入向量，并利用扩散模型逐步生成符合文本语义的高质量图像。这一结合方式不仅提高了图像生成的质量和多样性，还使得 DALL-E 2 能在零样本场景下生成与特定文本描述高度一致的图像。通过两阶段生成过程和嵌入空间对齐，DALL-E 2 成为文本到图像生成领域中的一个突破性进展。

8.6.4 多模态目标检测

多模态目标检测是计算机视觉领域中的一个重要研究方向,它的目标是利用多个不同模态的数据(如图像、文本、红外等)进行目标的识别和定位。与单模态目标检测相比,多模态目标检测通过融合不同模态的信息,可以更有效地应对复杂环境下的目标检测任务,提升检测的鲁棒性与准确率。常见的多模态目标检测任务为:红外与 RGB 模态融合、文本与图像模态融合。

1. 红外与 RGB 模态融合

在现实应用中,红外(Infrared,IR)和 RGB 图像的融合在目标检测任务中具有广泛的应用前景。RGB 图像在光照良好的情况下能捕捉丰富的细节和颜色信息,但在夜间或能见度差的情况下,RGB 相机的表现会受到严重影响。相比之下,红外图像可以在夜间或极端天气下有效地检测目标,因为红外传感器捕捉的是物体的热辐射,而非可见光。红外图像与 RGB 图像在黑夜环境下采集的图像如图 8-18 所示。融合红外和 RGB 信息可以有效提高模型在各种环境下的检测能力。

图 8-18 红外图像与 RGB 图像在黑夜环境下采集的图像

由于 RGB 相机与红外相机的摆放存在一定程度的偏移,因此 RGB 图像与红外图像也存在一定程度的偏差,不能对两个模态的图像数据做简单的拼接,形成一个 4 通道的图像作为输入。

近年来,许多研究致力于通过不同的融合策略结合红外和 RGB 数据,以提高目标检测的性能。主要策略包括以下两种。

1) 决策级融合

分别对红外和 RGB 图像进行单独检测,并通过条件判断等决策方式处理两种模态的检测结果,得出最终的预测结果。这种方法可以利用不同模态在不同场景下的优势,提高检测的准确性。在某些特定场景中,可以为不同模态设置优先级规则,例如在光照条件较好时,优先使用 RGB 模态的检测结果,而在夜间或低光条件下,优先使用红外模态的检测结果。这样可以最大化发挥各模态的优势,避免单一模态性能下降时影响整体检测效果。

2）特征级融合

在决策级融合中，两个模态相互独立，彼此之间没有干扰。而在实际情况中，红外模态与 RGB 模态中的特征往往为互补关系，特征级融合可以较好地利用这种互补的特征，从而得出检测结果。特征级融合会在 CNN 的不同层次上进行。红外和 RGB 模态图像可以共享相同的特征提取网络，也可以使用独立的网络提取特征，具体选择取决于任务需求和模型设计。具体的特征融合方式可以参照 8.3 节提到的多模态输入融合方式。

2. 文本与图像模态融合

文本与图像模态融合的目标检测是一种结合 NLP 和计算机视觉（CV）技术的多模态任务，通过融合文本信息与图像特征，提升目标检测模型的理解能力。传统的目标检测通常仅依赖于图像模态，模型在训练时需要预定义类别，并对这些已知类别进行检测。然而，随着应用场景的复杂化和目标检测需求的多样性，仅依赖图像模态的模型存在局限，特别是在应对新类别和开集目标检测时表现不佳。

开集目标检测是指模型不仅能检测训练集中已知类别的目标，还能识别和处理图像中出现的新类别或未知类别。引入文本模态的多模态目标检测在开集问题上有显著优势，因为文本描述可以动态扩展类别范围。

在开集目标检测中，模型不再依赖固定的标签集，而是通过文本模态灵活描述类别属性。这种机制使得模型能适应不断变化的类别需求，不需要针对每个新类别重新训练。例如，当一个新物种或新产品被引入检测任务中时，用户只提供一段描述该物种或产品特征的文本，模型即可根据该文本信息对图像进行检测。这种机制显著增强了模型的泛化能力。结合文本模态的开集目标检测的效果如图 8-19 所示。

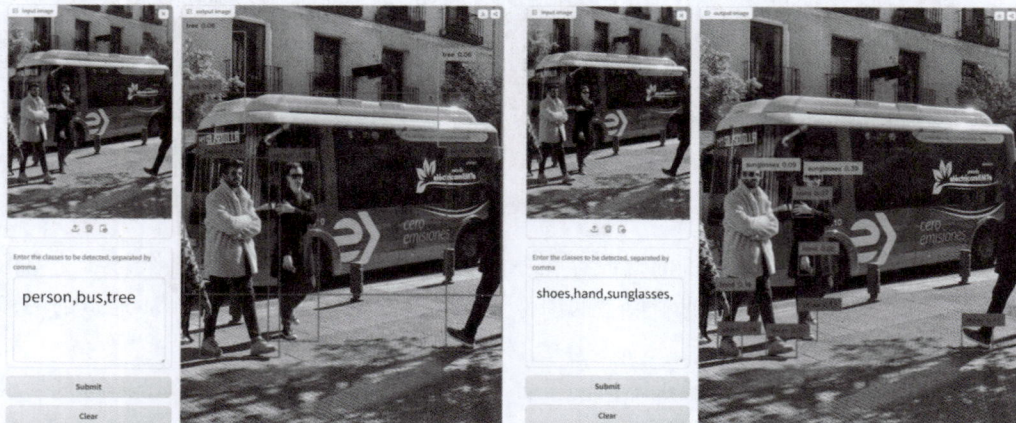

图 8-19　结合文本模态的开集目标检测的效果

对于一幅图像，可以通过文本描述想检测的类别。当文本描述为 person（人）、bus（公交车）、tree（树）时，模型会将图像中相应的目标检测出来；当文本描述为 shoes（鞋子）、hand（手）、sunglasses（墨镜）时，模型又会对图像中的鞋子、手、墨镜进行检测。

文本模态与图像模态相融合的代表模型是微软亚洲研究院于 2022 年提出的 GLIP（Grounded Language-Image Pre-training）模型。GLIP 模型的算法流程如图 8-20 所示。

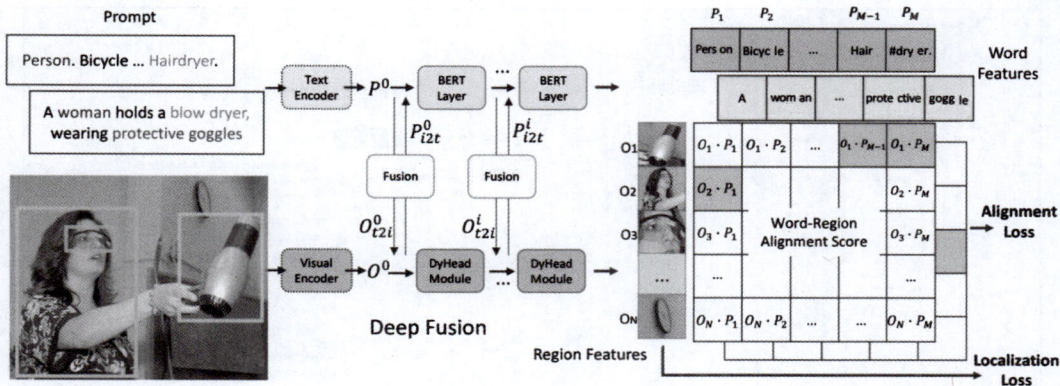

图 8-20　GLIP 模型的算法流程

GLIP 模型借鉴了 CLIP 模型的设计思路。CLIP 模型适用于零样本分类任务,然而 CLIP 得到的是整幅图像的向量表示,没有具体到每个对象的向量表示,因此不适用于目标检测任务。GLIP 模型通过学习文本中的短语与图像块之间的细粒度关系,很好地将 CLIP 的思路应用于目标检测中。

GLIP 的图像编码部分与 RCNN 系列模型的原理相似,是一个 RPN 结构,可以通过卷积神经网络实现,也可以通过 Transformer 实现。RPN 结构将原始图像分割为许多可能存在目标的区域。GLIP 的文本编码器与 CLIP 相似,并使用 BERT 模型提取文本特征。模型将通过标注信息,学习如何匹配词语与图像区域之间的相似度。

在测试阶段,GLIP 模型将会计算每个图像区域与文本短语之间的相似度,并将对相似度大于阈值的图像区域进行回归的微调,最后得到输出。

8.7　多模态技术实战探索:基于 CLIP 的文本图像检索实现

随着大数据时代的到来,利用文本检索图像的技术在现代信息检索系统中具有重要的价值和意义。文本图像检索显著提高了用户体验,使用户能通过自然语言描述进行图像搜索,无须记忆特定的关键词或标签,从而使检索过程更加直观、友好。文本与图像的结合推动了多模态学习的进步,开辟了新的研究方向和应用场景,在商业领域,能提升电商平台的产品推荐精准度,增加用户参与度,从而提高销售和客户的满意度。

接下来将逐步实现基于 CLIP 的文本图像检测。

1. 下载 CLIP 项目代码权重

首先通过 GitHub 搜索 Chinese-CLIP,找到 Chinses-CLIP 的代码仓库,如图 8-21 所示。Chinese-CLIP 为 CLIP 模型的中文版本,并将代码与预训练权重下载到本地。

下载完成后,可以删除不必要的文件,只保留 cn_clip 目录,可以在后续的代码中,通过此目录调用 CLIP 模型。

随后,在仓库中下载 ViT-B/16 模型,如图 8-22 所示,并将下载好的预训练权重放置在与 cn_clip 相同的目录下。

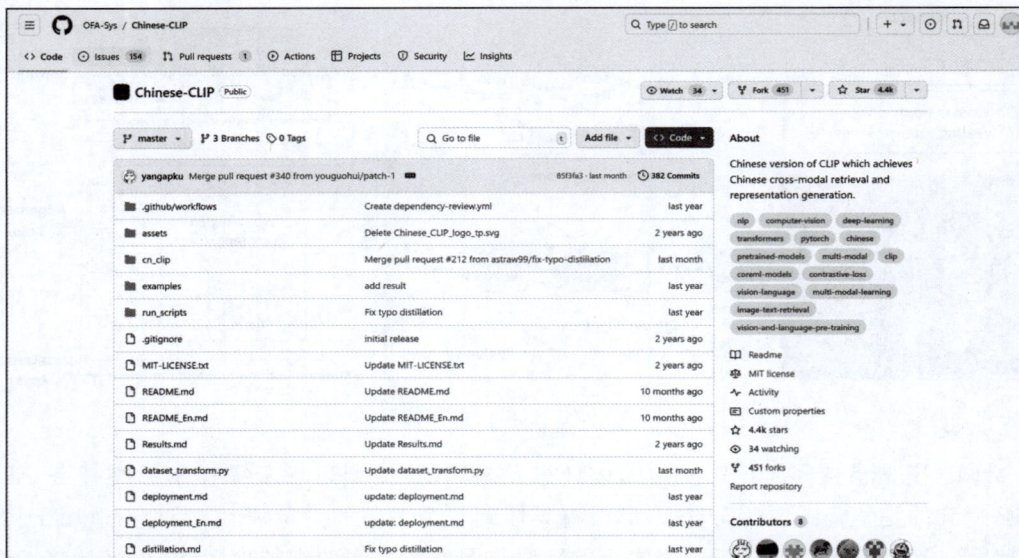

图 8-21　Chinese-CLIP 的代码仓库

模型规模	下载链接	参数量	视觉侧骨架	视觉侧参数量	文本侧骨架	文本侧参数量	分辨率
CN-CLIP$_{RN50}$	Download	77M	ResNet50	38M	RBT3	39M	224
CN-CLIP$_{ViT-B/16}$	Download	188M	ViT-B/16	86M	RoBERTa-wwm-Base	102M	224
CN-CLIP$_{ViT-L/14}$	Download	406M	ViT-L/14	304M	RoBERTa-wwm-Base	102M	224
CN-CLIP$_{ViT-L/14@336px}$	Download	407M	ViT-L/14	304M	RoBERTa-wwm-Base	102M	336
CN-CLIP$_{ViT-H/14}$	Download	958M	ViT-H/14	632M	RoBERTa-wwm-Large	326M	224

图 8-22　下载预训练权重

完成代码与预训练权重后，可以利用一段代码测试 CLIP 是否部署成功。测试代码如下。

```python
import torch
from PIL import Image
import cn_clip.clip as clip
from cn_clip.clip import load_from_name, available_models

device = "cuda" if torch.cuda.is_available() else "cpu"
model, preprocess = load_from_name("ViT-B-16", device=device, download_root=
'./')
model.eval()
image = preprocess(Image.open("img.png")).unsqueeze(0).to(device)
text = clip.tokenize(["一只狗", "两只狗", "三只狗", "四只狗"]).to(device)

with torch.no_grad():
```

```
        image_features = model.encode_image(image)
        text_features = model.encode_text(text)
        #对特征进行归一化,请使用归一化后的图文特征完成下游任务
        image_features /= image_features.norm(dim=-1, keepdim=True)
        text_features /= text_features.norm(dim=-1, keepdim=True)

        logits_per_image, logits_per_text = model.get_similarity(image, text)
        probs = logits_per_image.softmax(dim=-1).cpu().numpy()

    print("Label probs:", probs)  #Label probs: [[0.01232 0.00821 0.2634  0.716]]
```

代码运行成功,即 CLIP 模型部署成功。

2. 构建检索图像库

为了方便处理,对 ImageNet 数据集进行少量的采样,作为一个小型的数据集,共 5050 幅无标签图像。CLIP 模型将利用文本对数据集进行检索。

构建好图像索引库后,定义一个 Searcher 类,用于实现对数据库的检索。Searcher 类的代码实现如下。

```
class Searcher:
    def __init__(self):
        self.device = 'cuda' if torch.cuda.is_available() else 'cpu'
        #数据库路径
        self.db_path = 'database'
        self.db = None

        #加载模型及图像处理器
        self.clip, self.preprocess = load_from_name("ViT-B-16", device=self.
        device, download_root='./')
        #加载数据库
        self.load_db()

    def get_im_tensor(self, im_path):
        """读取图片并转为 tensor"""
        #读取并处理图片
        image = self.preprocess(Image.open(im_path)).unsqueeze(0).to(self.
        device)
        return image

    def mk_db(self):
        """产生图像数据库"""
        images_path = Path(self.db_path)
        #保存特征与路径
        features = []
        paths = []

        all_images = (list(images_path.glob("**/*.jpg")) +
                      list(images_path.glob("**/*.png")) +
                      list(images_path.glob("**/*.jpeg")))
```

```
            #遍历所有图片
            print('正在提取数据库特征')
            for i, im_path in enumerate(all_images):
                #读取图片并转为 Tensor
                image = self.get_im_tensor(im_path)
                #获取图像编码
                image_feature = self.clip.encode_image(image)
                #保存特征
                features.append(image_feature[0].detach().cpu().numpy().astype(np.
                float32))
                #保存路径
                paths.append(im_path)

            #保存所有的特征到文件
            np.save(str(self.db_path) + '.npy', np.array(features))
            #保存所有路径
            with open(str(self.db_path) + '_paths.txt', 'w', encoding='utf-8') as
            file:
                file.writelines([str(p.absolute()) + '\n' for p in paths])

            print('数据库特征提取完成')

        def load_db(self):
            """读取数据库"""
            #若没有数据库特征
            if not os.path.exists('database.npy'):
                self.mk_db()

            #将数据库处理为字典
            features = list(np.load('database.npy'))
            #读取路径
            with open('database_paths.txt', 'r', encoding='utf-8') as f:
                paths = [line.rstrip('\n') for line in f.readlines()]

            #保存特征与路径
            self.db_features = features
            self.paths = paths

            print('加载数据库完成')
```

Searcher 类实现了几个重要的功能。

1）加载 CLIP 模型

Searcher 类加载了 CLIP 模型与相应的图像读取处理方法，还通过定义 get_im_tensor()函数实现了输入图像路径，输出对应的图像张量。

2）提取数据库特征

Searcher 类通过 mk_db()与 load_db()函数，实现了对数据库的初步特征提取。其原理是遍历数据库中的每一幅图像，并获取图像相应的特征。遍历完数据库后，将会产生两个文件用于保存每幅图像的向量与图像的路径，分别为 database.npy 与 database_paths.txt。随后 load_db()函数将会读取两个文件，并将每一个样本作为一个元组：（图像特征，图像路径），保存在列表中。

代码将会逐步完善 Searcher 类中相关的函数，完成检索功能。

3. 定义距离函数

接下来定义一个 distance() 函数，用于计算两个向量之间的距离。为了保证效果，使用余弦相似度进行距离的计算，代码实现如下。

```python
def softmax(self, x):
    """实现 softmax 函数"""
    exp_x = np.exp(x)
    return exp_x / np.sum(exp_x)

def distance(self, x1, x2):
    """计算两个向量的距离"""
    #对两个向量进行归一化(除以模长)
    x1 = x1 / np.linalg.norm(x1, axis=-1, keepdims=True)
    x2 = x2 / np.linalg.norm(x2, axis=-1, keepdims=True)

    #计算余弦相似度
    #获取 CLIP 模型学习到的缩放尺度
    logit_scale = self.clip.logit_scale.exp().detach().cpu().numpy()
    #计算相似度
    similarity = logit_scale * x1 @ x2.T

    #softmax 归一化
    similarity = self.softmax(similarity)
    return similarity
```

4. 检索数据并排序

接下来实现搜索的具体操作。首先输入文本，利用 cn_clip 目录中提供的向量化方式，对输入文本进行向量化。随后，使用 CLIP 模型的文本编码器，获取文本向量。接下来将得到的文本向量与数据库中的向量进行余弦相似度对比，并将对比结果进行降序排序。

```python
def search_by_text(self, text, top=100):
    """遍历数据库,进行搜索"""
    #对待检索文本进行向量化
    text = clip.tokenize([text]).to(self.device)
    #获取文本向量
    text_vec = self.clip.encode_text(text).detach().cpu().numpy()
    #计算当前文本与数据库中所有图像的相似度
    similarity = self.distance(text_vec, self.db_features)[0]
    #对结果进行排序
    sorted_idx = np.argsort(similarity)[::-1]
    #获取前 top 个结果
    sorted_idx = sorted_idx[:top]
    #获取相似度
    sorted_similarity = similarity[sorted_idx]
    #获取路径
    path = [self.paths[i] for i in sorted_idx]
    return sorted_similarity, path
```

至此，检索功能的实现已经完成。为了展现文本-图像检索的效果，通过一段简单的代码，对搜索效果进行展示，代码如下。

```python
import matplotlib.pyplot as plt

plt.rcParams['font.sans-serif'] = ['SimHei']  #显示中文
plt.rcParams['axes.unicode_minus'] = False   #显示负号

#构建 Searcher 类
searcher = Searcher()
#检索文本
text = '白色的小狗'
#通过文本检索图片
sorted_similarity, path = searcher.search_by_text(text, top=8)

#绘图
figures, axes = plt.subplots(nrows=2, ncols=4, figsize=(20, 10))
figures.suptitle(text, fontsize=25)
for i in range(2):
    for j in range(4):
        ax = axes[i][j]
        idx = 4 * i + j
        ax.imshow(Image.open(path[idx]))
        ax.set_title(f'{sorted_similarity[idx]:.4f}')
        ax.axis('off')

plt.tight_layout()
plt.show()
```

文本"白色的小狗"的检索结果如图 8-23 所示。

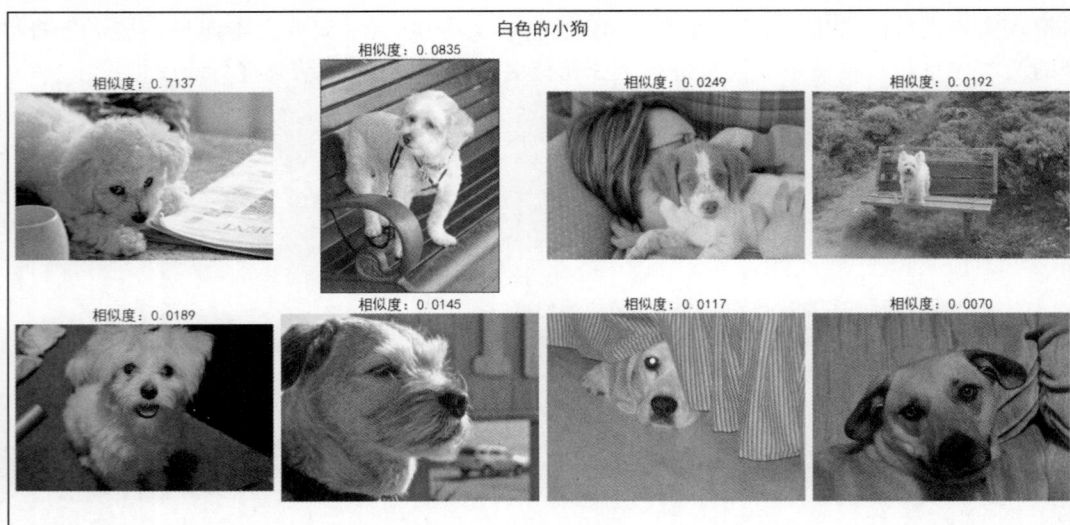

图 8-23　文本"白色的小狗"的检索结果

文本"踢足球"的检索结果如图 8-24 所示。

除"以文搜图"外，利用 CLIP 图像编码器的编码能力，还可以实现"以图搜图"，即利用

图 8-24 文本"踢足球"的检索结果

图像作为输入,在数据库中检索与输入图像相似的图像。代码实现如下。

```
def search_by_image(self, image_path, top=100):
    """通过图像进行搜索"""
    #处理输入图像
    image2search = self.get_im_tensor(image_path)
    #利用图像编码器获取图像向量
    vec2search = self.clip.encode_image(image2search).detach().cpu().numpy()
    #计算当前图像向量与数据库中所有向量的余弦相似度
    similarity = self.distance(vec2search, self.db_features)[0]
    #对结果进行排序
    sorted_idx = np.argsort(similarity)[::-1]
    #获取前 top 个结果
    sorted_idx = sorted_idx[:top]
    #获取相似度
    sorted_similarity = similarity[sorted_idx]
    #获取路径
    path = [self.paths[i] for i in sorted_idx]
    return sorted_similarity, path
```

与"以文搜图"不同的是,"以图搜图"在计算相似度之前,加载的向量为图像向量,而非文本向量。同样,可以通过一段代码测试以图搜图的效果,测试代码如下。

```
import matplotlib.pyplot as plt

plt.rcParams['font.sans-serif'] = ['SimHei']      #显示中文
plt.rcParams['axes.unicode_minus'] = False        #显示负号

#构建 Searcher 类
searcher = Searcher()
#待检索图像
image_path = "test1.jpg"
```

```
#通过图片检索图片
sorted_similarity, path = searcher.search_by_image(image_path, top=7)

#绘图
figures, axes = plt.subplots(nrows=2, ncols=4, figsize=(20, 10))
for i in range(2):
    for j in range(4):
        ax = axes[i][j]
        idx = 4 * i + j
        #第一幅图像显示待检索图像
        if idx == 0:
            ax.imshow(Image.open(image_path))
            ax.set_title(f'待检索图像', fontsize=20)
            ax.axis('off')
            continue
        idx -= 1
        ax.imshow(Image.open(path[idx]))
        ax.set_title(f'相似度: {sorted_similarity[idx]:.4f}', fontsize=20)
        ax.axis('off')

plt.tight_layout()
plt.show()
```

美食图像的检索结果如图 8-25 所示。其中，第一行的第一幅图像为待检索图像，其余图像为检索结果。待检索图像为一幅美食的照片，通过 CLIP 模型的特征提取，数据库中其他的美食图像也被检索出来了。

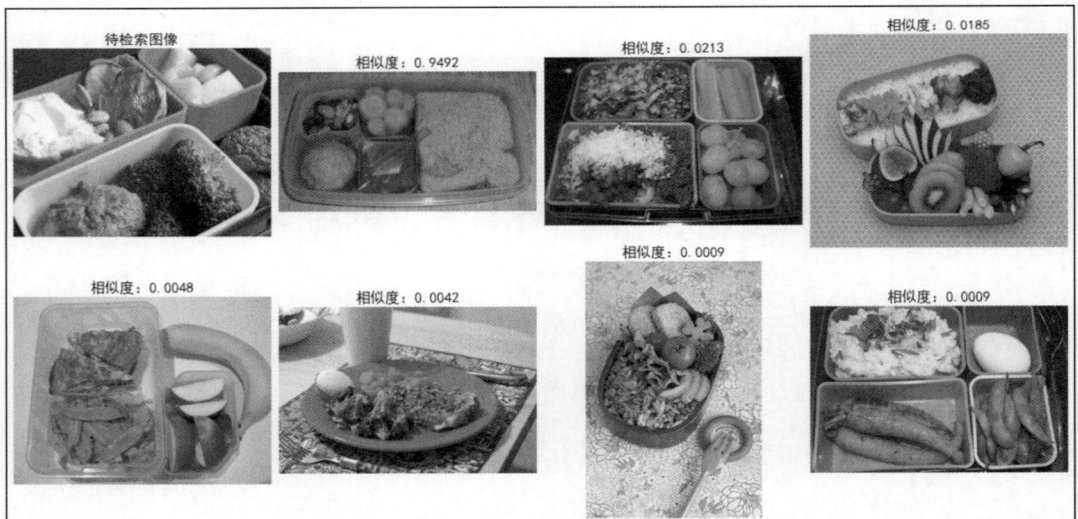

图 8-25　美食图像的检索结果

为了展示 CLIP 图像检索的强大之处，通过画板工具绘制一幅关于猫的图像，并将手绘结果作为输入，检索出数据集中的相关图像，检索结果如图 8-26 所示。CLIP 模型通过抽象的手绘结果，仍能在数据库中检索出相关的图像。

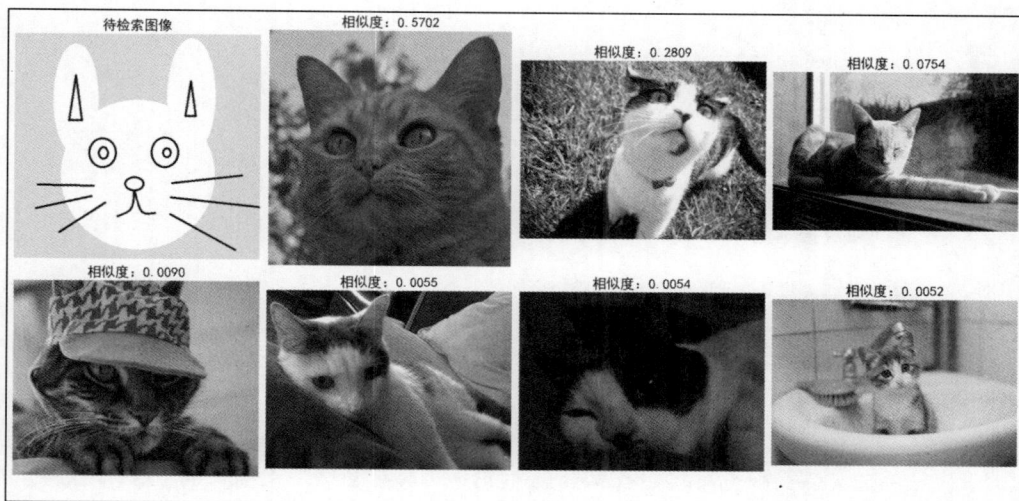

图 8-26　手绘图像的检索结果

5. 构建 GUI 可视化应用

为了实现更好的交互式应用,构建一个 GUI 界面来可视化地展示文本图像检索的应用。GUI 构建代码如下所示。

```python
import tkinter as tk
from PIL import Image, ImageTk
from pathlib import Path

from search import Searcher
from tkinter import messagebox as msg
from tkinter import filedialog as filedialog

class Window:
    def __init__(self, w=1300, h=700):
        #主窗口
        self.window = tk.Tk(className='基于 CLIP 的文本图像检索实现')
        self.window.geometry(f'{w}x{h}')
        self.window.resizable(0, 0)

        #标题
        self.title = tk.Label(text='基于 CLIP 的文本图像检索实现', font=("", 18))
        self.title.pack(pady=5)

        self.searcher = Searcher()
        self.init_frame()
        self.window.mainloop()

    def init_frame(self):
        #待检索区
        self.init_search_frame()
        #显示区域
```

```python
        self.init_show_frame()

        self.text = None
        self.image_path = None
        self.search_result = None

    def init_search_frame(self):
        """加载搜索窗口"""
        # 以文搜图
        self.search_by_text_frame = tk.LabelFrame(self.window, text='以文搜图',
        width=200, height=250, font=("", 15))
        self.search_by_text_frame.place(x=50, y=50)

        self.text_frame = tk.Text(self.search_by_text_frame, width=24, height=
        10, undo=False, font=("", 10))
        self.text_frame.place(x=10, y=30)

        self.search_by_text_button = tk.Button(self.search_by_text_frame, text
        ='开始检索', width=22, height=1, command=lambda: self.search_by_mode('
        text'))
        self.search_by_text_button.place(x=10, y=180)

        # 以图搜图
        self.search_by_image_frame = tk.LabelFrame(self.window, text='以图搜图',
        width=200, height=350, font=("", 15))
        self.search_by_image_frame.place(x=50, y=300)

        image = Image.new("RGB", (150, 150), (179, 199, 255))
        self.image_tk = ImageTk.PhotoImage(image)
        self.im2search = tk.Label(self.search_by_image_frame, image=self.image
        _tk, relief="solid", borderwidth=1)
        self.im2search.place(x=20, y=50)

        self.load_im_button = tk.Button(self.search_by_image_frame, text='加载
        图像', width=22, height=1, command=self.load_im)
        self.load_im_button.place(x=10, y=220)

        self.search_by_image_button = tk.Button(self.search_by_image_frame,
        text='以图搜图', width=22, height=1, command=lambda: self.search_by_
        mode('image'))
        self.search_by_image_button.place(x=10, y=260)

    def search_by_mode(self, mode='text'):
    """对数据库进行检索"""
        if mode == 'text':
            # 清空图像
            self.image_path = None
            self.image_tk = ImageTk.PhotoImage(Image.new("RGB", (150, 150),
            (179, 199, 255)))
            self.im2search['image'] = self.image_tk
```

```python
            text = self.text_frame.get('1.0', tk.END).rstrip('\n')
            if not text:
                msg.showwarning(message='请输入文本')
                return None
            input_ = text
        else:
            if self.image_path is None:
                msg.showwarning(message='请选择图像')
                return None
            input_ = self.image_path

        k = 100
        # 以文搜图
        search = self.searcher.search_by_text if mode == 'text' else self.searcher.search_by_image
        similarity, paths = search(input_, k)
        self.search_result = list(zip(paths, similarity))

        # 显示当前页数
        self.current_page = 1
        self.total_page = k // 8
        self.page('up')

    def init_show_frame(self):
        """添加显示区域窗口"""
        self.show_frame = tk.LabelFrame(self.window, text='显示区域',
        width=1000, height=600, font=("", 15))
        self.show_frame.place(x=250, y=50)
        self.show_frame.grid_propagate(False)

        self.image_grid = tk.Frame(self.show_frame, width=950, height=500, )
        self.image_grid.place(x=25, y=10)

        self.images_tk = [ImageTk.PhotoImage(Image.new("RGB", (150, 150), (179,
        199, 255))) for _ in range(8)]
        self.images_labels = [tk.Label(self.show_frame, image=im, relief="
        solid", borderwidth=1) for im in self.images_tk]

        for i in range(2):
            for j in range(4):
                self.images_labels[j + 4 * i].grid(row=i, column=j, padx=50,
                pady=50)

        self.bt_page_up = tk.Button(self.show_frame, text='上一页', width=22,
        height=1, command=lambda: self.page('up'))
        self.bt_page_up.place(x=250, y=520)
        self.bt_page_down = tk.Button(self.show_frame, text='下一页', width=22,
        height=1, command=lambda: self.page('down'))
        self.bt_page_down.place(x=550, y=520)
```

```python
    def load_im(self):
        #初始化工作
        self.init_frame()
        #选择文件
        file_path = filedialog.askopenfilename(initialdir='./')

        if file_path:
            if file_path.split('.')[-1] not in {"jpg", "png"}:
                msg.showerror(message='文件格式不支持')
            else:
                #加载图像
                image = Image.open(file_path).convert('RGB')
                image = image.resize((150, 150))
                self.image_tk = ImageTk.PhotoImage(image)
                self.im2search['image'] = self.image_tk
                #保存路径
                self.image_path = file_path

    def page(self, mode="up"):
        #限制页数
        if mode == "up":
            if self.current_page - 1 < 0:
                return
        else:
            if self.current_page + 1 >= self.total_page:
                return
        #减少或增加页数
        self.current_page += -1 if mode == "up" else 1
        self.page_label = tk.Label(self.show_frame, text=f'第{self.current_
        page + 1:0>2}页/共{self.total_page}页')
        self.page_label.place(x=850, y=520)

        self.images_tk, paths, similarity = [], [], []
        #截取每一页中的图片
        for im_path, sim in self.search_result[self.current_page * 8: self.
        current_page * 8 + 8]:
            self.images_tk.append(ImageTk.PhotoImage(Image.open(im_path).
            resize((150, 150))))
            paths.append(im_path)
            similarity.append(sim)

        self.images_labels = [tk.Label(self.show_frame, image=im, relief="
        solid", borderwidth=1) for im in self.images_tk]

        for i in range(2):
            for j in range(4):
                idx = j + 4 * i
                if idx > len(paths) - 1:
                    continue
                self.images_labels[idx].grid(row=i, column=j, padx=50, pady=50)
                self.lb = tk.Label(self.show_frame, text=f'相似度: {similarity
                [idx]:.4f}')
                self.lb.grid(row=i, column=j, padx=10, pady=10, sticky=tk.N)
```

```
                self.lb = tk.Label(self.show_frame, text=f'文件名：{Path(paths
                [idx]).name}')
                self.lb.grid(row=i, column=j, padx=30, pady=30, sticky=tk.N)

w = Window()
```

通过运行代码，即可得到可视化界面，如图 8-27 所示。

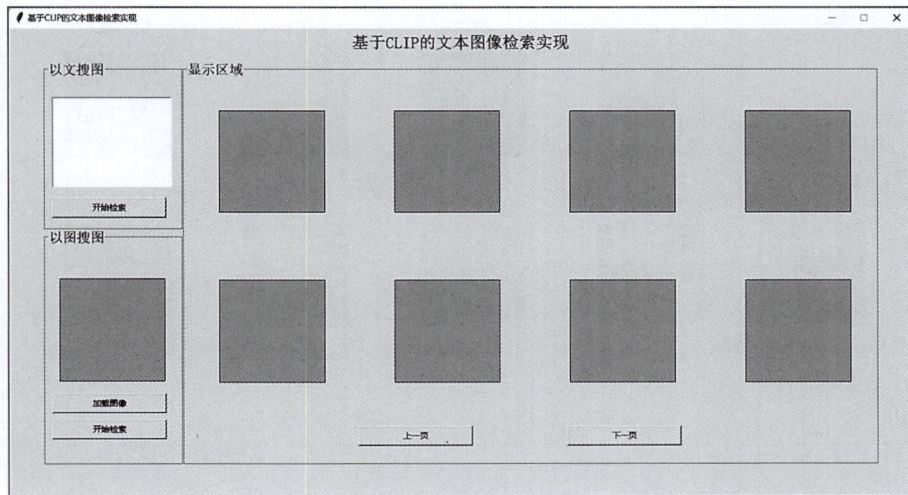

图 8-27　GUI 界面

GUI 界面中集成了"以文搜图"与"以图搜图"两个功能。

1）以文搜图

将想检索的文字输至文本框中，单击"开始检索"，即可通过文本检索数据库中的图像，并匹配出相似度最高的图像，检索结果将显示在右侧的显示区域中，如图 8-28 所示。

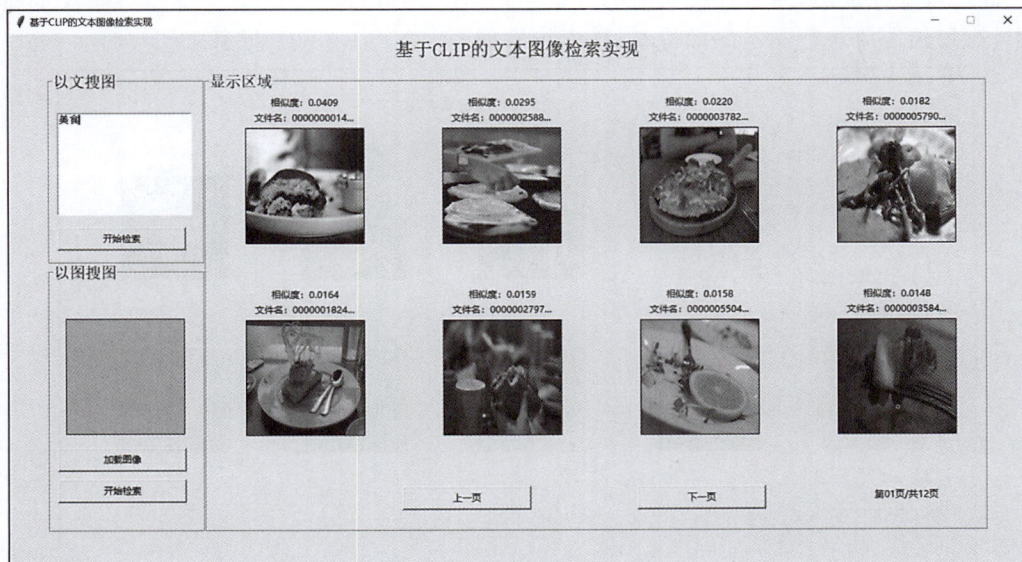

图 8-28　以文搜图功能演示

2）以图搜图

首先加载想检索的图像，单击"加载图像"对图像进行加载，图像加载完成后，即可单击"开始检索"，系统将通过 CLIP 模型检索数据库中与待检索图像相似的图像，展示在右侧的显示区域中，如图 8-29 所示。

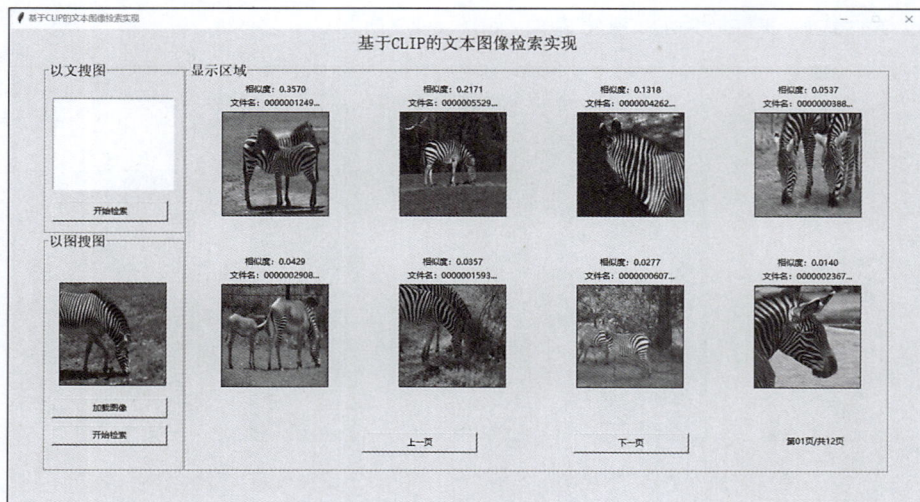

图 8-29　以图搜图功能演示

6. 通过 CLIP 文本图像检索实现古诗配图

为了展示文本图像检索在现实中的应用，利用 CLIP 的文本图像检索能力，实现对一首古诗进行配图。为了配合古诗中波澜壮阔的场景，首先需要对数据库进行一定程度的扩充。可以通过网络爬虫技术，获取一些图像，也可以添加一些自然场景中的常用数据集，作为检索图像。

数据添加完成后，对唐代柳宗元的五言绝句《江雪》进行配图。将古诗逐句输入至文本框中，对每句古诗进行文本图像检索，检索结果如图 8-30～图 8-33 所示。

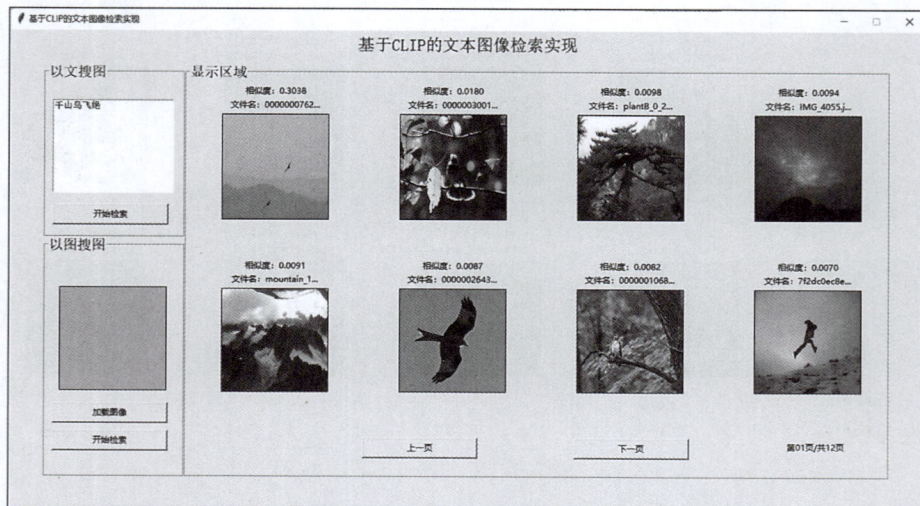

图 8-30　文本"千山鸟飞绝"的检索结果

图 8-31　文本"万径人踪灭"的检索结果

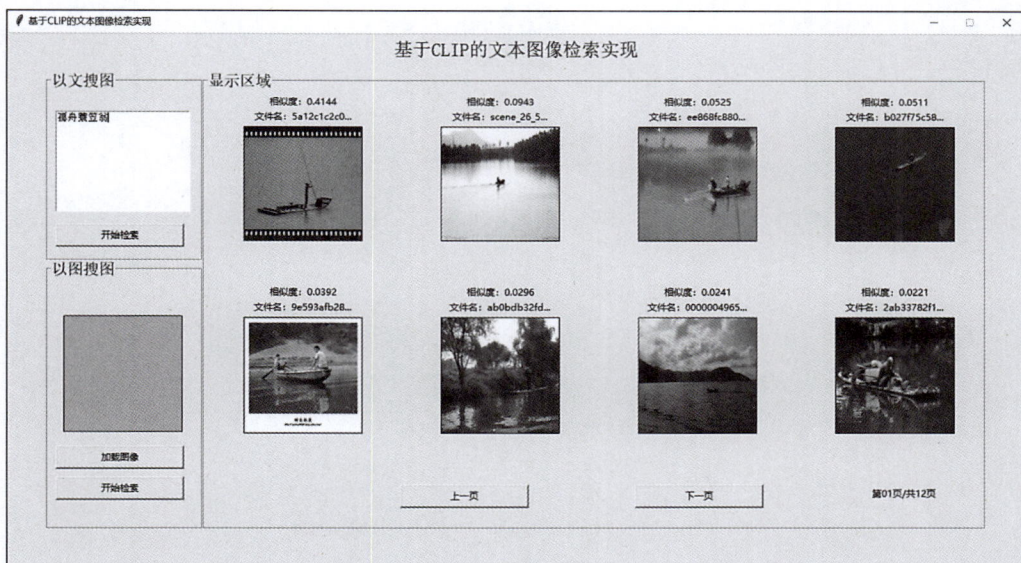

图 8-32　文本"孤舟蓑笠翁"的检索结果

　　根据检索结果可以看出,绝大多数的检索结果都能较好地符合古诗中的意境,说明 CLIP 模型不仅能理解普通的语义信息,还能较好地理解古诗中的语义信息,并找到与古诗中语义信息相似的图像编码,实现对古诗配图的效果。

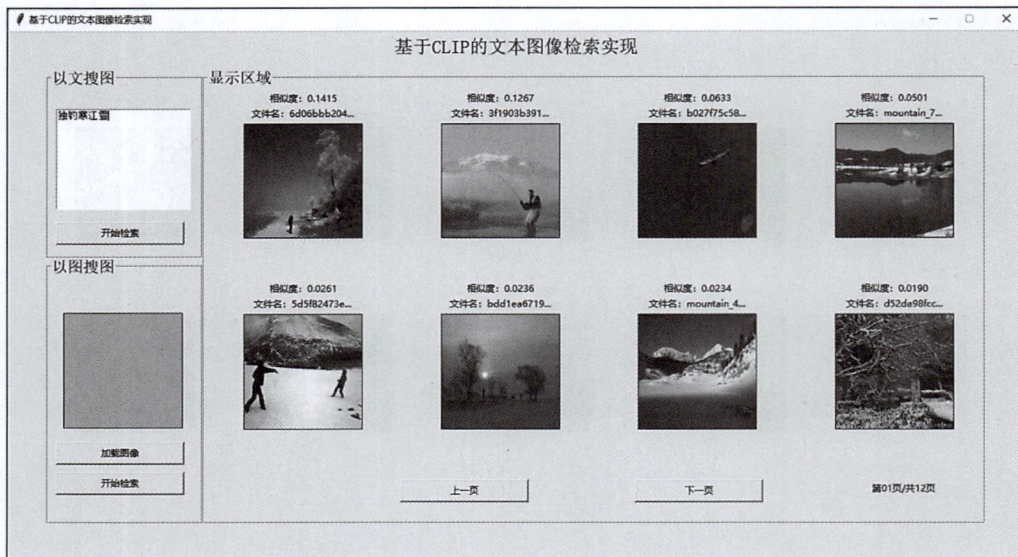

图 8-33　文本"独钓寒江雪"的检索结果

参 考 文 献

[1] KRIZHEVSKY A, SUTSKEVER I, HINTON G E. ImageNet classification with deep convolutional neural networks[J]. Communications of the ACM, 2017, 60(6): 84-90.

[2] SIMONYAN K, ZISSERMAN A. Very deep convolutional networks for large-scale image recognition [J]. arXiv preprint arXiv:1409.1556, 2014.

[3] HE K, ZHANG X, REN S, et al. Deep residual learning for image recognition[C]//Proceedings of the IEEE conference on computer vision and pattern recognition. 2016: 770-778.

[4] SELVARAJU R R, COGSWELL M, DAS A, et al. Grad-CAM: visual explanations from deep networks via gradient-based localization[J]. International journal of computer vision, 2020, 128: 336-359.

[5] HOCHREITER S. Long Short-term Memory[J]. Neural Computation MIT-Press, 1997.

[6] CHUNG J, GULCEHRE C, CHO K H, et al. Empirical evaluation of gated recurrent neural networks on sequence modeling[J]. arXiv preprint arXiv:1412.3555, 2014.

[7] VASWANI A. Attention is all you need[J]. Advances in Neural Information Processing Systems, 2017, 30: 20750-20762.

[8] KIRILLOV A, MINTUN E, RAVI N, et al. Segment anything[C]//Proceedings of the IEEE/CVF International Conference on Computer Vision. 2023: 4015-4026.

[9] LECUN Y, BOTTOU L, BENGIO Y, et al. Gradient-based learning applied to document recognition [J]. Proceedings of the IEEE, 1998, 86(11): 2278-2324.

[10] HOWARD A G. Mobilenets: Efficient convolutional neural networks for mobile vision applications [J]. arXiv preprint arXiv:1704.04861, 2017.

[11] TAN M. Efficientnet: Rethinking model scaling for convolutional neural networks[J]. arXiv preprint arXiv:1905.11946, 2019.

[12] LIU Z, MAO H, WU C Y, et al. Aconvnet for the 2020s[C]//Proceedings of the IEEE/CVF conference on computer vision and pattern recognition. 2022: 11976-11986.

[13] DOSOVITSKIY A. An image is worth 16x16 words: Transformers for image recognition at scale [J]. arXiv preprint arXiv:2010.11929, 2020.

[14] LIN T. Focal Loss for Dense Object Detection[J]. arXiv preprint arXiv:1708.02002, 2017.

[15] GIRSHICK R, DONAHUE J, DARRELL T, et al. Rich feature hierarchies for accurate object detection and semantic segmentation[C]//Proceedings of the IEEE conference on computer vision and pattern recognition. 2014: 580-587.

[16] GIRSHICK R. Fast r-cnn[J]. arXiv preprint arXiv:1504.08083, 2015.

[17] REN S. Faster r-cnn: Towards real-time object detection with region proposal networks[J]. arXiv preprint arXiv:1506.01497, 2015.

[18] REDMON J. You only look once: Unified, real-time object detection[C]//Proceedings of the IEEE conference on computer vision and pattern recognition. 2016.

[19] REDMON J, FARHADI A. YOLO9000: better, faster, stronger[C]//Proceedings of the IEEE conference on computer vision and pattern recognition. 2017: 7263-7271.

[20] REDMON J. Yolov3: An incremental improvement[J]. arXiv preprint arXiv:1804.02767, 2018.

[21] BOCHKOVSKIY A, WANG C Y, LIAO H Y M. Yolov4: Optimal speed and accuracy of object

detection[J]. arXiv preprint arXiv:2004.10934，2020.

[22]　Ultralytics. Yolov5，2024. Accessed：2024-07-23.

[23]　LI C，LI L，JIANG H，et al. YOLOv6：A single-stage object detection framework for industrial applications[J]. arXiv preprint arXiv:2209.02976，2022.

[24]　WANG C Y，BOCHKOVSKIY A，LIAO H Y M. YOLOv7：Trainable bag-of-freebies sets new state-of-the-art for real-time object detectors[C]//Proceedings of the IEEE/CVF conference on computer vision and pattern recognition. 2023：7464-7475.

[25]　Ultralytics. Yolov8：The latest in the yolo series，2023.

[26]　WANG C Y，YEH I H，LIAo H Y M. Yolov9：Learning what you want to learn using programmable gradient information[J]. arXiv preprint arXiv:2402.13616，2024.

[27]　WANG A，CHEN H，LIU L，et al. Yolov10：Real-time end-to-end object detection[J]. arXiv preprint arXiv:2405.14458，2024.

[28]　CARION N，MASSA F，SYNNAEVE G，et al. End-to-end object detection with transformers [C]//European conference on computer vision. Cham：Springer International Publishing，2020：213-229.

[29]　ZHU X，SU W，LU L，et al. Deformabledetr：Deformable transformers for end-to-end object detection[J]. arXiv preprint arXiv:2010.04159，2020.

[30]　RONNEBERGER O，FISCHER P，BROX T. U-net：Convolutional networks for biomedical image segmentation[C]//Medical image computing and computer-assisted intervention - MICCAI 2015：18th international conference，Munich，Germany，October 5-9，2015，proceedings，part III 18. Springer International Publishing，2015：234-241.

[31]　HE K，GKIOXARI G，DOLLÁR P，et al. Mask r-cnn[C]//Proceedings of the IEEE international conference on computer vision. 2017：2961-2969.

[32]　CHEN T，KORNBLITH S，NOROUZI M，et al. A simple framework for contrastive learning of visual representations[C]//International conference on machine learning. PMLR，2020：1597-1607.

[33]　HE K，CHEN X，XIE S，et al. Maskedautoencoders are scalable vision learners[C]//Proceedings of the IEEE/CVF conference on computer vision and pattern recognition. 2022：16000-16009.

[34]　LEA C，VIDAL R，REITER A，et al. Temporal convolutional networks：A unified approach to action segmentation[C]//Computer Vision - ECCV 2016 Workshops：Amsterdam，The Netherlands，October 8-10 and 15-16，2016，Proceedings，Part III 14. Springer International Publishing，2016：47-54.

[35]　ZHOU H，ZHANG S，PENG J，et al. Informer：Beyond efficient transformer for long sequence time-series forecasting[C]//Proceedings of the AAAI conference on artificial intelligence. 2021，35 (12)：11106-11115.

[36]　WU H，XU J，WANG J，et al. Autoformer：Decomposition transformers with auto-correlation for long-term series forecasting[J]. Advances in neural information processing systems，2021，34：22419-22430.

[37]　迟殿委,黄琪,刘丽贞,等. 基于 PCA-MIC-LSTM 的碟形湖溶解氧含量预测模型研究[J]. 人民长江，2022,53(06)：54-60.

[38]　LI W J，FANG H Y，QIN G X，et al. Concentration estimation of dissolved oxygen in Pearl River Basin using input variable selection and machine learning techniques[J].Sci. Total. Environ.，2020，731 (2)：139099.

[39]　MIKOLOV T. Efficient estimation of word representations in vector space[J]. arXiv preprint arXiv：

1301.3781，2013.

[40] DEVLIN J，CHANG M W，LEE K，et al. Bert：Pre-training of deep bidirectional transformers for language understanding[J]. arXiv preprint arXiv：1810.04805，2018.

[41] RADFORD A. Improving language understanding by generative pre-training[J]. 2018.

[42] RADFORD A，KIM J W，HALLACY C，et al. Learning transferable visual models from natural language supervision[C]//International conference on machine learning. PMLR，2021：8748-8763.